高等学校新工科智能制造工程专业系列教材

U0159925

数字化制造技术

田原嫄　主编

西安电子科技大学出版社

内 容 简 介

本书剖析了数字化制造技术的理念，对比分析了国内外数字化制造技术及智能化装备的产生和发展趋势，论述了数控机床数字化制造原理，并根据数控标准，按照零件程序编制的内容、步骤，依照程序编制的标准规定，介绍了数控机床的手工程序编制和数字化控制自动编程系统的程序编制。本书还阐释了程序编制中的数学处理方法，叙述了数控加工工艺，并且结合"中国制造2025"的工业背景，阐述了智能制造技术的先进理念、特征和关键技术，对国内外智能制造技术进行了深刻剖析。

本书共 7 章，内容全面、由浅入深，结合数控加工工艺三维工序建模技术，强化程序编制中加工工艺的相关知识。各章既有内在联系，又有一定的独立性。

本书既可作为高等院校的机械设计、机械制造、材料加工、机电一体化等相关专业的教材，也可作为教师、研究设计单位数控技术人员的参考资料。

图书在版编目(CIP)数据

数字化制造技术 / 田原嫄主编. —西安：西安电子科技大学出版社，2023.3
(2024.8 重印)
ISBN 978 - 7 - 5606 - 6571 - 9

Ⅰ．①数… Ⅱ．①田… Ⅲ．①数字技术—应用—机械制造工艺
Ⅳ．①TH16 - 39

中国版本图书馆 CIP 数据核字(2022)第 134634 号

策　　划　明政珠
责任编辑　许青青
出版发行　西安电子科技大学出版社(西安市太白南路 2 号)
电　　话　(029)88202421　88201467　　邮　　编　710071
网　　址　www.xduph.com　　　　　　电子邮箱　xdupfxb001@163.com
经　　销　新华书店
印刷单位　陕西天意印务有限责任公司
版　　次　2023 年 3 月第 1 版　2024 年 8 月第 2 次印刷
开　　本　787 毫米×1092 毫米　1/16　印张 22
字　　数　517 千字
定　　价　49.00 元
ISBN 978 - 7 - 5606 - 6571 - 9
XDUP 6873001 - 2

＊＊＊如有印装问题可调换＊＊＊

序

世界正面临百年不遇的经济转型，第四次工业革命热度空前。新一代信息技术和新一代人工智能与制造业的深度融合，正在引发深远的变革。全球范围内制造业的革命性发展趋势，推动形成新的生产方式、产业形态、商业模式。为了在世界制造业格局变化中占据有利地位，德国提出"工业4.0"，美国提出"工业互联网"。为主动应对新一轮科技革命与产业变革，"中国制造2025"等一系列国家战略陆续被提出，其主攻方向就是智能制造，它是我国实施制造强国战略第一个十年的行动纲领。

随着"工业4.0"的提出，各国争相加强人才储备，高校进一步深化课程改革。根据《教育部关于公布2017年度普通高等学校本科专业备案和审批结果的通知》（教高函〔2018〕4号）公告，我国高校2018年首次开设智能制造工程专业。当前，在我国以智能制造为代表的新业态正在蓬勃发展。在推动智能制造不断发展的过程中，急需一大批掌握核心技术、具有现代工匠精神的新型高技能人才，这套"高等学校智能制造工程专业系列教材"正是顺应新工科发展的趋势，顺应时代发展的潮流，为培养实用型、高层次、复合型人才而编写的。

该系列教材强调理论与实践相结合，重点突出工程实用性和可操作性。教材中提供了各种智能制造工艺的程序编制综合实例以及自动系统程序编制等内容，可以使读者在实际操作中更加牢固地掌握书中讲解的知识。该系列教材的设计采取循序渐进的原则，旨在使学生通过相关内容的学习掌握智能制造的基础理论和专业技能，具备利用智能制造技术解决工程领域实际问题的能力，为日后进入智能制造行业从事相关工作打下坚实基础。

在我国社会发展的繁荣时期，我们每个人都在为中华民族伟大复兴而努力奋斗，该系列教材将为我国智能制造业的创新发展注入鲜活血液。我们对该系列教材的实用效果充满期待！

教授

天津大学数字化制造与测控技术研究所　所长

天津市智能制造与设备维护技术协会　会长

天大精益智能制造创新研究院　院长

2021 年 3 月

高等学校新工科智能制造工程专业系列教材编委会

主　　任：王太勇

副 主 任：（按姓氏拼音排序）

郱志刚　蔡玉俊　郭　魂　何松林　黄　明　李建勇

李亮玉　李　亚　秦旭达　王士杰　王收军　解润海

杨化林　张建富　张建辉　张永飞　赵　坚　赵相宾

委　　员：（按姓氏拼音排序）

毕德学　曹晓倩　戴士杰　丁彦玉　董淑婧　何四平

贺春山　贺　莹　胡　明　李宏宾　刘恩宇　刘和生

刘丽冰　刘民杰　刘清建　乔卉卉　孙兴伟　田军委

田松龄　田　颖　田原嫄　汪文津　王存雷　王怀明

王　鹏　王　涛　王　勇　徐起贺　俞龙海　张　雷

张　英　张　玥　赵金龙　赵　鹏　赵　巍　赵新华

赵　元　周亦人

项目策划：毛红兵　明政珠

项目执行：明政珠

前　言

在数字化控制技术和制造技术融合的背景下，数字化制造既是制造技术、计算机技术、网络技术与管理科学的交叉、融合、发展与应用的结果，也是制造企业、制造系统与生产过程、生产系统不断实现数字化的必然趋势。数字化制造的内涵包括三个层面：以设计为中心的数字化制造技术、以控制为中心的数字化制造技术、以管理为中心的数字化制造技术。数字化制造是在虚拟现实、计算机网络、快速原型、数据库和多媒体等技术的支持下，根据用户的需求，迅速收集资源信息，对产品信息、工艺信息和资源信息进行分析、规划和重组，实现对产品设计和功能的仿真以及原型制造，进而快速生产出达到用户要求的产品。

数字化制造是实现智能制造的必由之路，数字化制造技术是提升各种装备性能的关键技术。通过数字化制造技术，各种装备升级为数字制造装备，如数控机床、电子制造装备、科学仪器、生物医疗装备，以及印刷、纺织等行业的轻工机械。数字制造装备的一个重要的发展趋势是对海量信息处理能力的提高，在数字仿形技术的基础上，利用激光扫描仪、CT 扫描仪、核磁共振成像仪等数字测量设备实现零件形状特征等几何量的数字化，然后通过数据预处理、表面建模、实体建模、后置处理等过程生成 STL 文件（或数控代码），驱动快速成型机（或数控机床）加工出新零件。

本书以数字化制造技术理论为背景，遵循循序渐进的原则详细介绍了与数字化控制加工相关的基本理论、加工工艺和零件加工程序的编制方法。本书在详细讲解理论的基础上，配以相应的实例，便于读者理解和进行相应的实践。书中还提供了各种加工工艺的程序编制综合实例，可以使读者在实际操作中牢固地掌握书中讲解的内容。

本书共分为 7 章。第 1 章剖析了机床的数字化制造技术的概念及组成、数控机床的分类及应用，对比分析了国内外数字化制造技术的产生和发展趋势。第 2 章论述了数控机床加工基本原理、零件程序的输入原理、译码原理、刀具补偿原理、插补原理、速度控制原理、位置控制原理、误差补偿原理、PLC 的基本结构及控制原理。第 3 章根据数控标准，依据零件程序的编制内容、步骤及手工编程的标准规定和代码，讨论了孔加工、车削加工、铣削加工、加工中心的程序编制。第 4 章基于自动编程系统的自动编程原理，结合数字化控制加工工艺，讨论了零件源程序的自动编程方法。第 5 章阐述了线性逼近、已知平面零件轮廓方程式、列表曲线平面轮廓、立体曲面零件、刀具中心轨迹等的数学处理方法。第 6 章介绍了数控机床加工工艺分析及特点，表面加工方法的选择，工件的安装、定位和夹紧，数控加工工序的划分及安排，走刀路线和工步顺序的确定，数控加工工艺参数的确定，数控加工工艺文件及典型零件的数控加工工艺分析，数控加工工艺三维工序模型，数控加工工艺参数的设计和选择。第 7 章结合"中国制造 2025"的工业背景，阐述了智能制造技术的概念、特征、分类、关键技术，并对国内外智能制造技术进行了深刻剖析。本书不仅包括丰富的理论知识，还包括很多实例，能有效提高读者的理解和实践能力。

本书由东北电力大学的一线教师田原嫄副教授主编。本书在编写过程中得到了东北电力大学教务处以及机械工程学院各位领导与同仁的大力支持，得到了"2018 年东北电力大学教材建设项目"的资助，在此一并表示衷心的感谢！

希望本书能使读者学有所得。同时，由于作者水平有限且时间仓促，书中难免存在不妥之处，恳切希望广大专家和读者批评指正，并提出宝贵意见。

田原嫄

于东北电力大学

2022 年 12 月

目　　录

第 1 章 概　　论

　　"个性化""小批量""精密制造"等需求推动制造业朝着高端化、细分化、自动化、智能化方向发展。智能制造作为技术核心，引起了世界各国的广泛关注。目前，德国"工业4.0"、美国"先进制造业国家战略计划"、欧盟"IMS 2020 计划"以及日本"智能制造系统国际合作"等全球性的制造业振兴战略计划正积极推动着第四次工业革命的蓬勃发展。中国百余名院士专家制定了"中国制造 2025"，为中国制造业未来 10 年设计了顶层规划并描绘出路线图，旨在推动中国到 2025 年基本实现工业化，迈入制造强国行列。智能制造技术是用计算机模拟、分析，对制造业智能信息进行收集、存储、完善、共享、继承、发展而诞生的先进制造技术。数字化制造技术是现代制造系统的动力源泉，集机械制造、自动化控制、微电子、信息处理等技术于一身，在实现制造自动化、集成化、网络化的过程中占据着举足轻重的地位。

1.1　数字化制造技术的概念及组成

　　数字化制造技术表征着高档数控机床的核心竞争力，其主要具备两大典型特征——开放化与智能化，此外还具有功能复合化、绿色化、集成化等重要特征。开放化主要指数控系统配备标准化基础平台，提供标准接口和互联网络，允许开发商的不同软硬件模块介入，具有模块化、可移植性、可扩展性以及可互换性等特性；智能化主要指数控机床与数控系统具备智能加工、智能监测、智能维护、智能管理、智能决策等智能功能。

1.1.1　数字化制造技术的概念

　　数字化制造技术是在数字化控制技术和制造技术融合的背景下应运而生的，它在虚拟现实、计算机网络、快速原型、数据库和多媒体等支撑技术的支持下，根据用户的需求，迅速收集资源信息，对产品信息、工艺信息和资源信息进行分析、规划和重组，实现对产品设计和功能的仿真以及原型制造，进而快速生产出达到用户要求的产品。数字化控制（Numerical Control，NC）是近代发展起来的一种自动控制技术，简称数控技术，是用数字化的信息实现机床控制的一种方法。在全球性智能制造大环境的影响下，数控技术逐渐从专用封闭式开环控制模式向通用开放式全闭环控制模式发展，而高档数控机床作为数控技术的物质载体，其典型功能一般包括智能测量、实时补偿、加工优化、工具管理、远程监控与诊断等。数字化制造技术已成为现代智能化高端装备领域的一大热点。

　　数字控制机床（Numerically Controlled Machine Tool，NCMT）是采用了数字控制技术的机床，简称数控机床。数控机床装有计算机数字控制系统，能够处理由数字或者其他符号按编码指令规定组成的程序。与普通机床相比，数控机床能够自动换刀，自动变更切削参数，完成平面、回旋面、平面曲线和空间曲面的加工，加工精度和生产效率都比较高，因而应用日益广泛。高档数控机床是应用先进数控技术的重要装备，相关先进数控技术主要涉及智能编程、多轴联动、高速高精控制、机床误差补偿、工艺参数优化、自适应控制、在线诊断和远程维护、智能生产管理、机床联网群控管理等。

在通用标准接口与网络互联、人工智能技术以及先进制造技术等的驱动和支持下，高档数控机床可作为集成制造系统的独立制造单元。它的发展也推动着集成化智能制造系统(Integrated Intelligent Manufacturing System，IIMS)的发展。

数控系统是数字控制系统(Numerical Control System)的简称，它是一种控制系统，能够自动完成信息的输入、译码、运算，从而控制机床的运动和加工过程。数控系统及相关的自动化产品主要用于与数控机床配套。数控系统是根据计算机存储器中存储的控制程序，执行部分或全部数值控制功能，并配有接口电路和伺服驱动装置的专用计算机系统。数控系统的配备大大提高了零件加工的精度、速度和效率。

1.1.2　数字化制造技术的组成

数控机床的基本组成包括控制介质、输入装置、数控装置、伺服系统、测量反馈装置、机床本体和其他辅助装置，如图1-1所示。

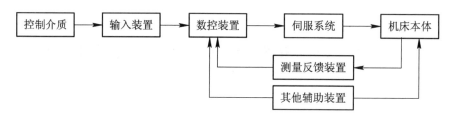

图 1-1　数控机床的组成

1. 控制介质

数控机床工作时，不需要操作工人直接操纵机床，但要实现对数控机床的控制，就需要在操作工人与机床之间建立某种联系，这种联系的中间媒介物即为控制介质，又称为信息载体。控制介质是用于记载各种加工零件的全部动作和刀具相对于工件位置信息(如零件加工的工艺过程、工艺参数和位移数据等)的媒介物。常用控制介质有标准的穿孔带(也称数控带，早期为8孔)、磁带、磁盘、光电纸带等，如图1-2所示。信息是以代码的形式按规定的格式存储的，代码表示十进制的数字、字母或符号。目前，国际上通常使用ISO和EIA两种标准信息代码。

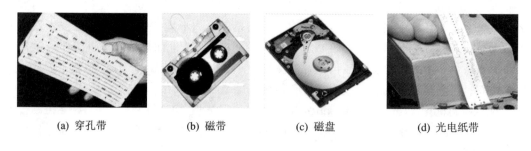

(a) 穿孔带　　　　　(b) 磁带　　　　　(c) 磁盘　　　　　(d) 光电纸带

图 1-2　控制介质

2. 输入装置

输入装置的作用是将控制介质（信息载体）上的数控代码传递并存入数控系统内。根据控制介质的不同，输入装置可以是光电阅读机、磁带机等。数控程序也可以通过键盘用手工方式直接输入数控系统。零件加工程序的输入过程有两种不同的方式：一种是边读入边加工；另一种是一次将零件加工程序全部读入数控装置内的存储器，加工时再从存储器中逐段调出进行加工。

3. 数控装置

数控装置是数控系统的核心硬件，是数控机床的神经中枢，由专用或通用计算机、输入/输出接口及机床控制器（可编程控制器）等组成。数控装置的实物图如图 1-3 所示。它接收输入装置输入的加工信息，完成计算、逻辑判断、输入/输出控制等功能，发出相应的数字信号给伺服系统，进一步通过伺服系统来控制机床的运动。现代数控机床均采用计算机数控装置（Computerized Numerical Control，CNC）。计算机数控装置包括微型计算机的电路、各种接口电路、显示器、键盘等硬件以及相应的软件。数控装置能够完成信息的输入、存储、变换、插补运算并能实现如下控制功能：

图 1-3　数控装置

（1）多坐标控制（多轴联动）功能。

（2）多种函数（直线、圆弧、抛物线等）的插补功能。

（3）多种程序的输入（人机对话的输入、手动数据的输入、上级计算机及其他输入设备的程序输入）、编辑和修改功能。

（4）信息转换功能：EIA/ISO 代码转换、英制/公制转换、坐标转换、绝对值/增量值转换、计数值转换等。

（5）补偿功能：刀具半径补偿、刀具长度补偿、传动间隙补偿、螺距误差补偿等。

（6）多种加工方式的选择：各种循环加工、重复加工、凹凸模加工和镜像加工等。

（7）故障自诊断功能。

（8）显示功能：用显示器可以显示字符、轨迹、平面图形和动态三维图形。

（9）通信和联网功能。

4. 伺服系统

伺服系统是数控系统的执行部分，它接收数控系统的指令信息，并按照指令信息的要求带动机床的移动部件运动或使执行部分动作，以加工出符合要求的工件。它由速度控制单元、位置控制单元、测量反馈单元、伺服电动机及机械传动装置组成。图 1-4 所示为伺服系统的实物图。伺服系统的性能直接影响数控机床的加工精度和生产效率。现在常用的伺服系统的驱动电机有步进电动机、直流伺服电动机和交流伺服电动机，而交流伺服电动机正在取代直流伺服电动机。伺服系统按照功能一般分为进给伺服系统、主轴伺服系统和辅助伺服系统。

图 1-4　伺服系统

5．测量反馈装置

通过测量反馈装置可以将机床的运动部件的实际位置、速度参数检测出来，并将其转换成电信号后，反馈到 CNC 中，和原指令比较，然后根据比较结果发出相应信号，构成闭环控制，纠正产生的误差。该装置可以安装在伺服系统中，它由检测元件和相应的电路组成。没有测量反馈装置的系统称为开环系统。常用的测量元件有脉冲编码器、旋转变压器、感应同步器、光栅和磁尺等，如图 1-5 所示。

　(a) 脉冲编码器　　　　　　(b) 旋转变压器　　　　　　(c) 感应同步器

　　　　(d) 光栅　　　　　　　　　(e) 磁尺

图 1-5　测量元件

6．机床本体

机床本体是数控机床的主体，由机床的基础件(床身、立柱、工作台)所组成。图 1-6 所示为机床本体的实物图。大多数数控机床采用了高性能的主轴及伺服系统，大大简化了

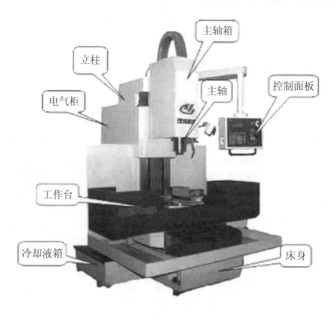

图 1-6　机床本体

机床的机械传动结构。在很多机床中采用了滚珠丝杠、直线滚动导轨等高效传动部件,提高了机床的传动效率和灵敏度。

为保证具有足够的刚度、精度、抗振性、热稳定性和精度保持性,数控机床进给系统的机械传动链采用滚珠丝杠、静压丝杠和无间隙齿轮副等,以尽量减小反向间隙。机床采用塑料减摩导轨、滚动导轨或静压导轨,以提高运动的平稳性并确保低速运动时不出现爬行现象。

由于采用了宽调速的进给伺服电动机和宽调速的主轴电动机,因此可以不用或少用齿轮传动和齿轮变速,这就简化了机床的传动机构。机床布局便于排屑和工件装卸,部分数控机床带有自动排屑器和自动工件交换装置。大部分数控机床采用具有微处理器的可编程控制器,以代替强电柜中的大量继电器,提高了机床强电控制的可靠性和灵活性。

7. 其他辅助装置

其他辅助装置的主要作用是接收数控装置输出的开关量指令信号,经过译码、逻辑判别和运算,再经功率放大后驱动相应的电器,带动机床的机械、液压、气动等辅助装置完成指令规定的动作。这些动作包括主轴运动部件的变速、换向和启停,刀具的选择,交换润滑装置的启停,工件和机床部件的松开、夹紧,分度工作台转位分度装置等的辅助动作。

随着微电子技术、计算机技术和软件技术的迅速发展,数控机床的控制系统日益趋向于小型化和多功能化,具备完善的自诊断功能,其可靠性也大大提高,数控系统本身将普遍实现自动编程。

1.2　数控机床的分类及应用

1.2.1　数控机床的分类

数字化制造技术除广泛用于各种机床(包括齿轮加工机床)外,还用于各种机械的运动控制。随着控制系统和传感元件的发展,机床的智能化程度越来越高,工艺范围越来越广泛,种类也越来越多。从控制原理和主要性能上看,数控机床可按下列方法分类。

1. 按工艺用途分类

数控机床按工艺用途可分为普通数控机床和加工中心。

1) 普通数控机床

普通数控机床又可分为金属切削类数控机床、金属成型类数控机床、数控特种加工及其他类型数控机床。

(1) 金属切削类数控机床。金属切削类数控机床有数控车床(NC Lathe)、数控铣床(NC Milling Machine)、数控钻床(NC Drilling Machine)、数控镗床(NC Boring Machine)、数控平面磨床(NC Surface Grinding Machine)、数控外圆磨床(NC External Cylindrical Grinding Machine)、数控轮廓磨床(NC Contour Grinding Machine)、数控工具磨床(NC Tool Grinding Machine)、数控坐标磨床(NC Jig Grinding Machine)、数控齿轮加工机床(NC Gearing Holding Machine),如图 1-7 所示。

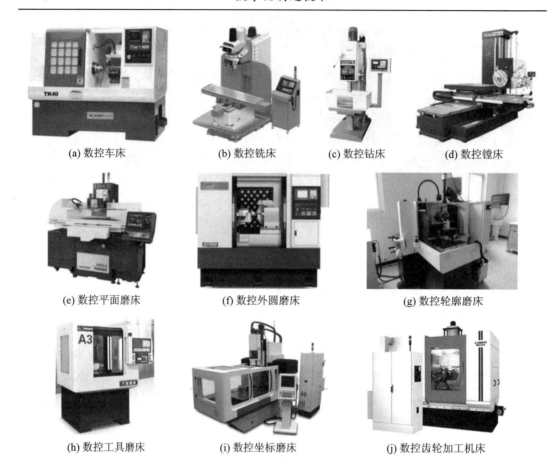

(a) 数控车床　　　　(b) 数控铣床　　　　(c) 数控钻床　　　　(d) 数控镗床

(e) 数控平面磨床　　　　(f) 数控外圆磨床　　　　(g) 数控轮廓磨床

(h) 数控工具磨床　　　　(i) 数控坐标磨床　　　　(j) 数控齿轮加工机床

图 1-7　金属切削类数控机床

（2）金属成型类数控机床。金属成型类数控机床有数控折弯机（NC Bending Machine）、数控弯管机（NC Tube Bender）、数控回转头压力机（NC Rotary Head Press）等，如图1-8所示。

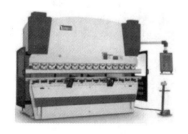　　

(a) 数控折弯机　　　　　　(b) 数控弯管机　　　　　　(c) 数控回转头压力机

图 1-8　金属成型类数控机床

（3）数控特种加工及其他类型数控机床。数控特种加工及其他类型数控机床有数控电火花加工机床（NC Electric Discharge Machine）、数控线切割机床（NC Linear Cutting Machine）、数控冲床（NC Punching Machine）、数控超声波加工机床（NC Ultrasonic Machine）等，如图 1-9 所示。

(a) 数控电火花加工机床　　(b) 数控线切割机床　　(c) 数控冲床　　(d) 数控超声波加工机床

图 1-9　数控特种加工及其他类型数控机床

目前，用量较大的是简易数控车床。简易数控车床是在普通机床上进行数控化改造而形成的，它利用普通机床的一些原有机构，把进给系统改装为伺服电动机和滚珠丝杠机构，由简易数控装置控制。由于其机械部分和数控部分都很便宜，因而整机的价格较低。

2）加工中心

加工中心是带有刀库和自动换刀机械手的数控机床，在一台机床上可实现不同工艺的加工，通常可完成钻孔、扩孔、铰孔、攻螺纹、镗削、铣削等多工序加工。为扩大加工范围和减少辅助时间，有些加工中心还能自动更换工作台、刀库和主轴。例如，车铣中心由数控车床发展而来，它同时具有车削和铣削功能。

2. 按加工路线分类

数控机床按加工路线可分为点位控制数控机床、直线控制数控机床和轮廓加工数控机床。

1）点位控制数控机床

点位控制数控机床的特点是只要求机床的移动部件从一点到另一点的定位精度，对其移动路线不作要求，在运动和定位过程中不进行任何加工工序。这种机床主要用在孔加工机床中，如数控钻床、数控坐标镗床、数控冲床、数控测量机、数控焊机和数控弯管机等。因为这些机床只要求获得孔系坐标位置精度，不要求从一孔到另一孔的运动轨迹精度，所以为提高生产效率，空行程时要快速移动，其控制方式如图 1-10(a)所示。

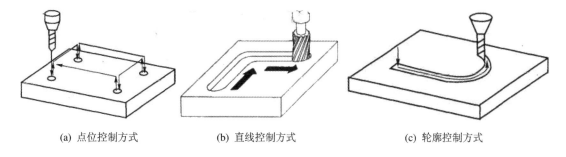

(a) 点位控制方式　　　　　　(b) 直线控制方式　　　　　　(c) 轮廓控制方式

图 1-10　点位控制方式、直线控制方式与轮廓控制方式

2）直线控制数控机床

直线控制数控机床的特点是机床的运动部件不仅要实现一个坐标位置到另一个坐标位置的精确移动和定位，还要控制刀具或工作台以适当的进给速度实现平行于坐标轴的直线进给运动，可以切削加工或控制两个坐标轴实现斜线进给运动，进给速度根据切削条件可

在一定范围内变化。直线控制简易数控车床只有两个坐标轴，可加工阶梯轴。直线控制数控铣床有三个坐标轴，可用于平面的铣削加工。现代组合机床采用数控进给伺服系统，驱动动力头带有多轴箱的轴向进给进行钻镗加工，这种系统也可以算是一种直线控制数控机床。数控镗铣床、加工中心等机床的各坐标方向的进给运动的速度都能在一定范围内进行调整，兼有点位和直线控制加工的功能，这类机床应该称为点位/直线控制数控机床，其控制方式如图 1-10(b)所示。

　　3) 轮廓加工数控机床

　　轮廓加工数控机床的特点是机床的运动部件能够实现两个坐标轴同时进行联动控制。它不仅要求控制机床运动部件的起点与终点坐标位置，而且要求控制整个加工过程每一点的速度和位移量，即要求控制运动轨迹，以便加工平面内的直线、曲线或空间内的曲面，还可以加工非直线轮廓。轮廓加工数控系统能够同时控制多个坐标轴联合动作，对不同形状的工件轮廓表面进行加工，如数控车床能够车削各种回转体表面，数控铣床能够铣削轮廓表面。这类机床不但能够加工各种回转曲面、三维曲面，有的还能加工螺旋桨表面，并且可达到很高的加工精度，其控制方式如图 1-10(c)所示。

　　3. 按有无检测装置分类

　　数控机床按有无检测装置可分为开环、全闭环和半闭环控制系统数控机床。

　　1) 开环控制系统数控机床

　　开环控制系统的数控机床没有位置检测装置，因此加工精度较低，通常由步进电机驱动。这种系统结构简单，价格便宜，适用于精度要求不高的数控机床。目前，制造业中应用最普遍的是基于步进电机开环控制的经济型数控机床。开环控制系统数控机床的工作原理如图 1-11 所示。

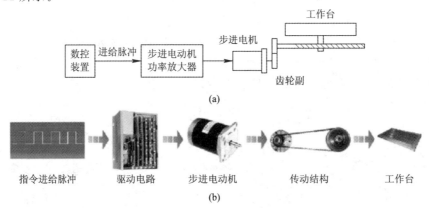

图 1-11　开环控制系统数控机床的工作原理图

　　2) 全闭环控制系统数控机床

　　全闭环控制系统数控机床在伺服轴上装有位置检测装置，且位置检测装置（一般是光栅尺）装在床身、机床工作台和移动部件上，可以把坐标移动的准确位置检测出来并反馈给计算机，用以检测机床工作台的实际运行位置（直线位移），并将其与 CNC 装置计算出的指令位置（或位移）相比较，用差值进行控制。这类控制系统一般都是在驱动器和伺服电机两者之间形成闭环的，其位置控制精度很高，但由于它将丝杠、螺母副及机床工作台这些大惯性环节放在闭环内,因此其系统稳定状态的调试比较麻烦。现在国外焊接机器人用的都是全闭环控制系统。全闭环控制系统数控机床的工作原理图与流程图如图1-12所示。

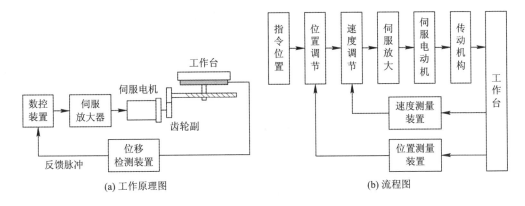

图1-12 全闭环控制系统数控机床的工作原理图与流程图

3) 半闭环控制系统数控机床

半闭环控制系统数控机床在开环控制系统的伺服机构中装有角度测量装置,可通过检测伺服机构的滚珠丝杠转角,间接检测移动部件的位移,然后反馈到数控装置的比较器中,与输入原指令位移值进行比较,用比较后的差值进行控制,使移动部件补充位移,直到差值消除。由于半闭环控制系统数控机床将移动部件的传动丝杠螺母不包括在环内,因此传动丝杠螺母机构的误差仍会影响移动部件的位移精度。半闭环控制系统数控机床调试维修方便,稳定性好,目前应用比较广泛。半闭环控制系统的伺服机构所能达到的精度、速度和动态特性优于开环控制系统的伺服机构,为大多数中小型数控机床所采用。与全闭环控制系统数控机床不同的是,半闭环控制系统数控机床的检测元件为圆盘形(如编码盘),装在伺服电机的尾部,用测量电机转角的方式检测坐标位置。由于电机到工作台之间的传动部件有间隙、弹性变形和热变形等,因而检测数据与实际坐标值有误差。但由于半闭环控制系统具有价格较便宜、结构较简单、安装调试方便且检测元件不易受到损害等优点,因此这种系统多用于加工精度要求不太高的数控机床。目前,制造业中应用最普遍的是基于交流伺服电机编码器反馈的半闭环控制系统数控机床。半闭环控制系统数控机床的工作原理图与流程图如图1-13所示。

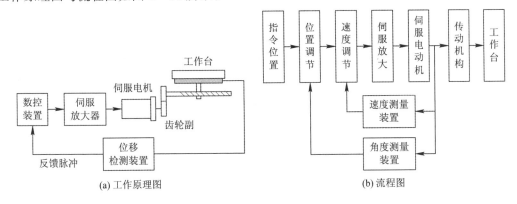

图1-13 半闭环控制系统数控机床的工作原理图与流程图

4．按可联动的坐标轴数分类

联动的坐标轴主要是指数控系统中能够联动的轴，是由同一个插补程序控制的移动坐标轴数。这些坐标轴的移动规律是由所加工的轮廓表面来规定的，它能够反映机床的加工能力。在了解坐标轴的联动轴数时，要考虑控制软件的功能。机床所具有的坐标轴数往往大于等于坐标轴的联动轴数，机床所具有的伺服电机数也不等于坐标轴的联动轴数。理论上，联动轴数是无限制的，因为可以引入多关节机械结构。但轴数越多，联动起来就越复杂，对控制系统和编程的要求就越复杂。

数控机床按可联动的坐标轴数可分为两轴、三轴、四轴、五轴联动的数控机床等。由于可联动的坐标轴数不同，因此机床的加工能力区别很大。普通的数控铣床一般有三个及以上的轴（即 x、y、z 三轴）。当 x 和 y 两个轴同时运动（进给）时，就是两轴联动，此时只能加工平面曲线表面；当三个轴中的两个轴同时运动（进给），而另一个轴做周期性的运动（进给）时，就叫两轴半联动；当三个坐标轴同时运动（进给）时，就称为三轴联动，此时能加工三维空间曲面。在加工多维曲面时，为使刀具能够合理地切削，刀具的回转中心线也要转动，因此需要更多的坐标轴联动。五轴联动的镗铣床能够加工螺旋桨表面。世界上最高级数控装置的可联动轴数已达到 24 轴，我国目前最高级数控装置的可联动轴数为 8 轴。

5．按功能水平分类

数控机床按功能水平可分为经济型数控机床、普及型数控机床和高级型数控机床。其参考指标包括 CPU 性能、分辨率、进给速度、伺服性能、通信功能、联动轴数等。

1）经济型数控机床

经济型数控机床通常为低档数控机床，一般采用 8 位 CPU 或单片机控制，分辨率为 10 μm，进给速度为 6～15 m/min，采用步进电机驱动，具有 RS232 接口。低档数控机床的最多联动轴数为二轴或三轴，具有简单 CRT 字符显示或数码管显示功能，无通信功能。经济型数控机床的结构如图 1-14 所示。经济型数控机床的软件（功能模型如图 1-15 所示）是一系列完成多种功能的程序的集合，主要完成系统的监测与控制功能，主要包括输入数据处理程序、插补运算程序、速度控制程序、管理程序和诊断程序。

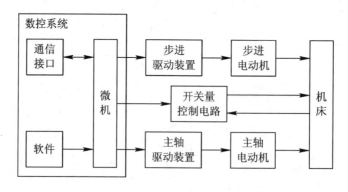

图 1-14　经济型数控机床的结构

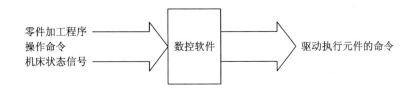

图 1-15　经济型数控机床的软件的功能模型

2）普及型数控机床

我国大多数普及型数控机床的结构为：进给系统采用步进电机驱动，主轴驱动系统不变，通常由 8 位单片机组成 CNC 系统。这种结构虽然成本低，但有其不足之处：主轴靠手动换挡变速；切削用量选得不恰当时，可能会出现"大马拉小车"的现象，浪费电能，也可能会出现"闷车"现象，以致烧坏电机。普及型数控机床的结构如图 1-16 所示。图中，P_1表示变频器的输出功率，P_2表示电机的输出功率，P_3表示主轴箱的输出功率，T表示转速传感器的输入扭矩，N表示转速传感器的输出扭矩。

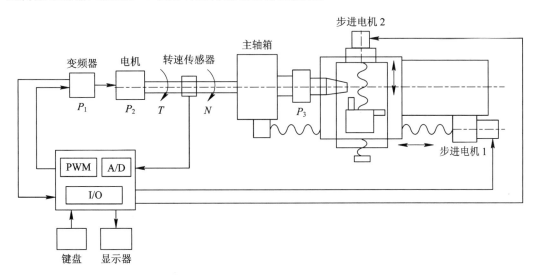

图 1-16　普及型数控机床的结构

普及型数控机床通常为中档数控机床，一般采用 16 位或更高性能的 CPU，分辨率在 1 μm 以内，进给速度为 15～24 m/min；采用交流或直流伺服电机驱动，联动轴数为 3～5 轴；有较齐全的 CRT 显示器及很好的人机界面；大量采用菜单操作，不仅有字符显示功能，还有平面线性图形显示、人机对话、自诊断等功能；具有 RS232 或 DNC 接口，通过 DNC 接口，可以实现几台数控机床之间的数据通信，也可以直接对几台数控机床进行控制。

3）高级型数控机床

高级型数控机床通常为高档数控机床，一般采用 32 位或 64 位 CPU，并采用精简指令集（Reduced Instruction Set Chip，RISC）作为中央处理单元，分辨率可达 0.1 μm，进给速度为 15～100 m/min，采用数字化交流伺服电机驱动，联动轴数在 5 轴以上，有三维动态图形显示功能。高级型数控机床具有高性能通信接口，具备联网功能，通过采用制造自动化协议(Manufacturing Automation Protocol，MAP)等高级工业控制网络或以太网(Ethernet)协议，可实现远程故障诊断和维修，为解决不同厂家生产的不同类型数控机床联网和数控机床进入柔性制造系统(Flexible Manufacturing System，FMS)和计算机集成制造系统(Computer Integrated Manufacturing Systems，CIMS)创造了条件。

这种按功能水平分类的方式没有严格的界限，经济型数控机床是相对于标准型数控机床而言的，在不同时期、不同国家其含义是不一样的。通常为了与经济型数控机床相区别，把功能比较齐全的数控机床称为全功能数控机床，也称为标准型数控机床。

1.2.2　数控机床的应用及优缺点

数控机床是新型的自动化机床，它具有广泛通用性和很高的自动化程度。数控机床是实现柔性自动化最重要的装置，是发展柔性生产的基础。数控机床在下面这些零件的加工中更能显示出它的优越性。

(1) 批量小而多次生产的零件。

(2) 几何形状复杂的零件。

(3) 在加工过程中必须进行多种加工的零件。

(4) 切削用量大的零件。

(5) 必须控制公差(即公差带范围小)的零件。

(6) 工艺设计会变化的零件。

(7) 加工过程中的错误会造成严重浪费的贵重零件。

(8) 必须全部检测的零件。

数控机床有许多优点，因而发展很快，逐渐成为机械加工的主导机床。其主要优点如下：

(1) 用数控机床加工可以获得较高的加工精度，加工质量稳定。数控机床的传动件特别是滚珠丝杠，制造精度很高，装配时消除了传动间隙，并采用了提高刚度的措施，因而传动精度很高。采用伺服电机、力矩电机、直线电机驱动的系统没有机械传动误差，传动精度更高。机床导轨采用滚动导轨或粘贴有摩擦系数很小且动、静摩擦系数很接近，以聚四氟乙烯为基体的合成材料，因而减小了摩擦阻力，消除了低速爬行。在闭环、半闭环伺服系统中装有精度很高的位置检测元件，并随时把位置误差反馈给计算机，使之能够及时地进行误差校正，因而可使数控机床获得很高的加工精度。数控机床的一切动作都是由程序支配的，与手工操作比较，数控机床没有人为干扰，因而加工质量稳定。

(2) 具有较高的生产效率。在数控机床上装有用于自动换刀、自动变换工件方位和自动检测的机构，可以在一次装夹中完成全部加工工序，减少了装卸刀具、装卸工件及调整机床的辅助时间，并可在同一台机床上进行粗、精加工。数控机床采用功率更大的主电机和新型刀具，提高了切削速度，缩短了加工时间。在数控机床上使用的刀具通常是不重磨装夹式刀具，这种刀具具有很硬的表面涂层，因而切削速度较高。数控机床采用对刀仪对刀，使刀尖的位置精度很高，每把刀具都有很精确的长度数据，为自动换刀提供了必要的条件。在加工中心的刀库中备有足够数量的刀具，可以实现快速自动换刀。换刀速度一般在几秒到十几秒之间，有的可达 0.8 s。空行程的速度在 15 m/min 以上，有些可以达到 240 m/min，因而辅助时间很短。与普通机床相比，数控机床的生产效率可提高 2~3

倍,甚至可提高几十倍。

（3）功能多。许多数控机床具有很多加工功能,如在一台机床上可以进行钻孔、镗孔、铣平面、铣槽、铣凸轮曲线及各种轮廓线甚至刻字。除了装夹面外,数控机床可对六面体的五个面进行加工,有时还能对与坐标平面成一定角度的平面进行加工。有的数控机床有双主轴,两个主轴严格同步,同心回转,在不停车的情况下自动更换装夹面,可实现六面体的全部加工。在一次装夹下数控机床可完成多种加工,可消除因重复装夹而带来的误差,也减少了测量和装夹的辅助时间。

（4）对不同零件的适应性强。同一台数控机床可适应不同品种及尺寸规格的零件的自动加工。改变加工零件的品种时只需更换加工程序。

（5）不需要专用夹具。数控机床能够完成普通机床不能完成的复杂空间曲面的加工。例如,对于螺旋桨表面,用普通机床加工很困难,而用五坐标联动数控机床加工就很方便,并可得到很高的曲面精度。采用数控仿形机床加工曲面也很方便,且可重复应用,有镜像加工功能。

（6）大大减轻了工人的劳动强度。

（7）提高了经济效益。数控机床可以进行精确的成本计算和生产进度安排,减少在制品,加速资金周转,提高经济效益。

数控机床具有如下缺点:

（1）价格昂贵,一次投资较多。

（2）维修和操作比较复杂。数控机床是高技术产品,是机电一体化系统的典型代表,要求具有较高技术水平的工人和维修人员进行操作和维修。

数控机床适用于多品种、中、小批量生产和形状比较复杂、精度要求较高的零件的加工,也适用于产品更新频繁、生产周期要求短的零件的加工。用数控机床可以组成自动化车间和自动化工厂（FA）,目前应用较多的是组成柔性自动生产线（FML）、柔性制造单元（FMC）和柔性制造系统（FMS）。

1.3 数字化制造技术的发展

1.3.1 数字化制造技术与数控机床的发展历史

世界信息化、市场化、全球化和知识化的发展趋势,给传统制造业带来的影响和冲击是广泛和深远的。普通机械已逐渐被高效率、高精度的数控机械设备所替代,并向着集成化、系统化、优化传统制造业比例的方向发展。

数字化制造技术是用数字信息对机械运动和工作过程进行控制的技术,它是集传统的机械制造技术、计算机技术、现代控制技术、传感检测技术、网络通信技术和光机电技术等于一体的现代制造业的基础技术,具有高精度、高效率、柔性自动化等特点,对制造业实现柔性自动化、集成化和智能化起着举足轻重的作用。

数控机床是由美国发明家约翰·帕森斯于20世纪发明的。随着电子信息技术的发展,世界机床业已进入了以数字化制造技术为核心的机电一体化时代,其中数控机床就是代表产品之一。数控机床是制造业的加工母机和国民经济的重要基础。它为国民经济各部门提供装备和手段,具有极大的经济与社会效应。欧洲各国、美国、日本等工业化国家已先后完成了数控机床产业化进程,而中国从 20 世纪 80 年代开始起步,目前仍处于发展阶段。

1. 国外数字化制造技术及数控机床的产生和发展

20 世纪 40 年代末,美国密歇根州的一个小型飞机工业承包商帕森斯公司(Parsons Corporation)最早提出了采用数字化制造技术进行机械加工的思想,在制造飞机框架及直升机叶片轮廓用样板时,借助全数字电子计算机采用坐标位置数据对翼型表面轮廓路径进行数据处理,并考虑了刀具直径对加工路径的影响,使得加工精度达到了 ± 0.0015 inch(± 0.038 mm)。注:1 inch ≈ 2.54 cm。

1951 年 4 月,美国空军和美国麻省理工学院(MIT)伺服实验室协议研发了数控机床。1952 年,美国麻省理工学院成功研制出了世界上第一套三坐标联动、利用脉冲乘法器原理的试验性数字控制系统(如图 1-17 所示),并把它安装在一台立式铣床上,当时用的电子元器件是电子管。这就是第一代数控机床,也是世界上第一台数控机床。数控机床的问世成为世界机械工业史上一件划时代的事件,推动了自动化的发展。当时控制程序是记录在纸带上的字符和数字,故称之为数字控制机床。

图 1-17　Cincinnati 铣床

1959 年,计算机行业的科研人员研制出了晶体管元器件,之后不久,数控系统中广泛采用晶体管和印刷电路板,数控机床的发展跨入第二代。1953 年 3 月,克耐·杜列克公司(Keaney & Trecker Co.)发明了带有自动换刀装置的数控机床,称为加工中心。

从 1960 年开始,发达国家普遍重视机床工业,不断研究机床的发展方向,提出科研任务,并为此网罗世界性人才,为之提供充足的经费。德国、日本都陆续开发、生产及使用了数控机床。

1965 年,出现了小规模集成电路。由于它的体积小,功耗低,因此使得数控系统的可靠性得以进一步提高,数控系统发展到了第三代。

以上讲述的三代数控系统都是采用专用控制计算机的硬逻辑数控系统，装有这类数控系统的机床称为普通数控机床（简称 NC 机床）。

1967 年，英国莫林斯公司首次根据大卫·威廉姆森提出的柔性制造系统（Flexible Manufacturing System，FMS，它是由加工系统、物料运送及管理系统和计算机管理系统组成的自动加工线），把数台数控机床连接成具有柔性的加工系统，研制出了第一台 FMS24。FMS24 的主要设备是六台模块化结构的多工序数控机床，目标是在无人看管的条件下实现昼夜 24 小时连续加工，但最终由于经济和技术上的困难而未全部建成。同年，美国的怀特·森斯特兰公司建成了 Omniline 系统，它由八台加工中心和两台多轴钻床组成，工件被装在夹盘上的夹具中，按固定顺序以一定节拍在各机床间传送和进行加工。这种柔性自动化设备适合在少品种、大批量生产中使用，在形式上与传统的自动生产线相似，所以也叫柔性自动线。日本、苏联、德国等也都先后开展了 FMS 的研制工作。

1970 年，在美国芝加哥国际机床展览会上，首次展出了由软件程序实现多种数控功能的计算机数控（CNC）机床，称为第四代机床。

1970 年前后，美国英特尔公司开发和使用了微处理器。

1974 年，美国、日本等国首先研制出了以微处理器为核心的数控系统。美国约瑟夫·哈灵顿博士在论文《计算机集成制造》中提出了计算机集成制造（CIM）理念，为计算机集成制造系统的实现奠定了理论基础。在以后的 30 多年中，装备微处理机数控系统的数控机床得到了飞速发展和广泛应用，这就是第五代数控机床（MNC）。

1976 年，日本发那科（FANUC）公司展出了由加工中心和工业机器人组成的柔性制造单元（Flexible Manufacturing Cell，FMC），为发展柔性制造系统（FMS）提供了重要的设备形式，国际上出现了柔性制造单元。柔性制造单元一般由 12 台数控机床与物料传送装置组成，有独立的工件存储站和单元控制系统，能在机床上自动装卸工件，甚至自动检测工件，可实现有限工序的连续生产，适于多品种、小批量生产应用。随着时间的推移，FMS 在技术上和数量上都有较大发展，实用阶段以由 3～5 台设备组成的 FMS 为最多，但也有规模更庞大的系统投入使用。1982 年，日本发那科公司建成自动化电机加工车间，由 60 个柔性制造单元（包括 50 个工业机器人）和 1 个立体仓库组成，另有两台自动引导车传送毛坯和工件，此外还有一个无人化电机装配车间，它们都能连续 24 小时运转。这种自动化和无人化车间的出现，是向实现计算机集成的自动化工厂迈出的重要一步。与此同时，还出现了若干仅具有 FMS 基本特征、但自动化程度不很完善的经济型 FMS，使 FMS 的设计思想和技术成就得到了普及应用。FMC 和 FMS 被认为是实现 CIMS 的必经阶段和基础。

20 世纪 80 年代后，数字化制造技术进入了快速发展的时期。三菱（MITSUBISHI）与发那科公司先后于 1986 年、1987 年推出了 32 位 CPU 数控系统，使系统内部数据的交换速度有了显著提高。

20 世纪 90 年代后，随着计算机技术的推广，数字化制造技术朝着开放式系统的方向发展。这种系统使数字化制造技术有了良好的通用性，也为网络化和智能化打下了技术基础。欧洲各国和日本相继开展了 OSACA 与 OSEC 计划，抢先建立了基于 PC 的开放式数控系统。

21 世纪后,数字化制造技术在控制精度上有了大幅度的突破。在 2010 年国际制造机床展览会(IMTS 2010)上,FANUC 公司展出了 Series 30i/31i/32i/35i – MODEL B 数控系统。这套系统运用人工智能(Artificial Intelligence,AI)纳米级控制、非有理 B 样条(NURBS)插补控制等先进原理,大幅度提高了工件表面的光洁度与轮廓的精确度。

目前,国外具有世界影响力的机床公司有很多,主要有两大阵营:一个是以日本山崎马扎克(MAZAK)、德国德玛吉(DMG)为代表的数控系统厂商;另一个是以德国西门子(SIEMENS)、日本 FANUC 为代表的大型机床制造商。下面对具有世界影响力的机床公司及其制造的机床作一些介绍。

(1) 日本山崎马扎克公司在第七代 MAZATROL Smooth X 技术的基础上,提出了全新的制造理念——光滑技术(Smooth Technology),旨在提供高性能、高智能化的产品与生产服务,并开发出了一种可以使用长镗杆切削工件的复合加工机床——马扎克机床,如图 1 – 18 所示。马扎克公司主要有两种机床:一种是以卧式车床为原型,与卧式加工中心(Machining Center,MC)组合而成的卧式

图 1 – 18　日本山崎马扎克机床

复合加工机床 INTEGREX e – 650H Ⅱ;另一种是以立式车床为原型,与立式加工中心组合而成的立式复合加工机床 INTEGREX e – 1060V/8 Ⅱ。

(2) 德玛吉(DMG)公司生产的 CTX 310 ECO 通用车床如图 1 – 19 所示,其主轴驱动在无级可调情况下转速可达 5000 r/min,输出功率为 11 kW,扭矩为 112 N·m,直径范围为 $\phi51\sim\phi200$ mm。此外,CTX 310 ECO 通用车床在标准配置中拥有德玛吉的创新产品:一个带有 12 个刀位的 VDI30 刀塔,其中的 6 个刀位可以选配动力刀具并配置 c 轴。除此之外,用于轴加工的可编程移动的尾座也包含在标准配置中。标准配置还包括为保证工艺的稳定性及工件的加工精度,每根轴均配有数字驱动装置,它使 x 轴的快速移动速度可以达到 24 m/min,z 轴的快速移动速度可以达到 30 m/min。

(3) 德国西门子数控车床 CK6140 如图 1 – 20 所示,它配备了 SINUMERIK 801 系统和交流伺服单元,采用自动刀架及手压式润滑系统。该机床床身导轨采用超音频淬火工艺,最大工件回转直径为 400 mm,耐磨性强,精度保持性好,主轴系统结构先进,回转精度高,抗振性好,主轴转速范围为 100~1600 r/min,具有运行平稳、工作可靠、精度高、功能丰富、操作方便、应用范围广等特点。对于开深槽、坯料去除、螺纹车削、深孔、弹性攻丝等工艺,该机床都可以通过固定的车削循环以及丰富的编程指令集来实现,适合于多品种、中小批量产品的加工。

图 1 – 19　德玛吉机床

图 1 – 20　德国西门子数控车床 CK6140

（4）日本 FANUC 钻孔攻丝加工中心 α－T21/
14iFb 如图 1－21 所示。该加工中心用于铣削、镗
孔、侧面切削加工中进行多面和轮廓加工，即加工
各种不同类型的汽车部件，高速、高精度地加工树
脂模型、电极、精密部件和模具，还适用于铝等轻
金属的高速切削和不锈钢小部件的加工，并可对镁
注塑部件、压铸部件、锻造部件等进行去毛边和倒
角加工。

图 1－21　日本 FANUC 钻孔攻丝
加工中心 α－T21/14iFb

发达国家先进制造业水平体现为机床设备的数控化率，一般为 20％。日本机床设备的
数控化率为 30％；美国机床的数控化率高达 40％。发达国家先进制造业水平还体现为先进
的制造系统的应用。根据联合国统计资料，全世界的柔性制造系统（FMS）主要分布在日
本、美国、德国等发达国家。采用 FMS 所获得的经济效益大致为：操作人员减少 50％，成
本降低 60％，在制时间为原来的一半，机床利用率为 60％～80％，机床台数减少 50％，生
产面积减少 40％。

2. 国内数字化制造技术及数控机床的发展

我国自研制出第一台数控机床到如今数控机床的发展大致可分为两大阶段：1958—
1979 年为第一阶段，从 1979 年至今为第二阶段。在第一阶段，数控系统的稳定性、可靠性
尚未得到很好的解决，限制了国产数控机床的发展，而数控线切割机床由于结构简单，得
到了较快的发展。在第二阶段，通过引进先进的数字化制造技术和采用合作生产等方式，
解决了数控机床的可靠性、稳定性等问题，数控机床开始批量生产和使用。经过第二阶段
的发展，我国数控机床的设计和制造技术有了较大提高：开发了立式加工中心、卧式加工
中心，以及数控车床、数控铣床等多种数控机床；培训了一些数控机床设计、制造、使用、
维护方面的人才；通过利用国外的先进元器件及配套的数控系统，能够自行设计配套系
统，能够自行设计及制造高速、高性能、多面、多轴联动的数控机床；在加工中心的基础
上，研制了柔性制造单元，建造了柔性制造系统。

我国从 1958 年开始研究数控技术，一直到 20 世纪 60 年代中期都处于研制、开发阶段。
当时，一些高等院校、科研单位研制试验性样机，在刚开始研制时也是从电子管着手的。

1965 年，国内开始研制晶体管数控系统。20 世纪 60 年代末至 20 世纪 70 年代初研制
成了劈锥数控铣床、数控非圆齿轮插齿机、CJK－18 晶体管数控系统及 X53K－1G 立式数
控铣床。

从 20 世纪 70 年代开始，我国数字化制造技术在车削、铣削、钻削、镗削、磨削、齿轮
加工、电加工等领域全面展开，数控加工中心在上海、北京研制成功。但由于电子元器件
的质量和制造工艺水平差，致使数控系统的可靠性、稳定性未得到解决，因此未能广泛推
广。在这一时期，数控线切割机由于结构简单、使用方便、价格低廉，因而在模具加工中得
到了推广。

20 世纪 80 年代，我国从日本发那科公司引进了 5、7、3 等系列数控系统、直流伺服电
机和直流主轴电机技术，并从美国、德国等国家引进了一些新技术，进行商品化生产，这
些系统可靠性高，功能齐全，推动了我国数控机床的稳定发展，使我国的数控机床在性能
和质量上都有了一个质的飞跃。

1985 年，我国许多技术复杂的大型数控机床、重型数控机床都相继研制出来。为了跟踪国外技术的发展，北京机床研究所研制出了 JCS-FM-1、JCS-FM-2 型柔性制造单元（FMC）和柔性制造系统（FMS）。在这个时期，我国在引进、消化国外技术的基础上进行了大量开发工作。一些较高档次的数控系统（五轴联动）、分辨率为 $0.02~\mu m$ 的高精度数控系统、数字仿形数控系统以及为柔性单元配套的数控系统都开发了出来，并造出了样机。

20 世纪 80 年代末，我国在一定范围内探索研究了 CIMS，并取得了宝贵的经验，掌握了一定的技术。至此，我国已经建立了以中、低档数控机床为主的产业体系。

20 世纪 90 年代，我国开始了高档数控机床的研发和生产。1995 年以后，我国数控机床的品种有了新的发展。数控机床品种不断增多，规格齐全。

我国航天航空、国防军工制造业需要大型、高速、精密、多轴、高效的数控机床；交通运输业、家电制造业需要高效、高可靠性、高自动化的数控机床和成套柔性生产线；电站设备、冶金石化设备、轨道交通设备等需要以高精度、重型为特征的数控机床；IT、生物工程等高技术产业需要纳米级和亚微米超级精密加工的数控机床；产业升级的工程机械、农业机械等传统制造行业，特别是蓬勃发展的民营企业，需要大量数控机床进行装备。因此，加快发展数控机床产业也是我国装备制造业发展的现实要求。

目前，我国生产数控机床的厂家约占机床厂家总数的 1/3，数控机床产量不断增长，但数控机床的需求量增长得更快，国产数控机床产量还满足不了社会发展的需求，大量的数控机床仍需要进口。由于系统技术含量低，产生的附加值少，不具备与进口系统进行全面抗衡的能力，因此国产数控机床只在低端市场占有一席之地，还不能为我国数控机床产业起到支撑的作用。与国外相比，我国的数字化制造技术和数控机床还有不小的差距，主要体现以下几个方面：

（1）技术创新成分低，消化吸收能力不足。目前，我国数字化制造技术的研究主要还是依照国外开发的一些模式按部就班地进行，真正创新的成分不多，对国外技术的依赖度较高。对所引进技术的消化依旧停留在掌握已有技术和提高国产化率上，没有完全形成产品自主开发能力和技术创新能力。技术引进是加快我国数字化制造技术发展的一条重要途径，但引进的技术要实现从根本上提高我国数字化制造技术水平，必须进行充分的消化吸收。消化吸收的力度不强，不但无法摆脱对国外技术的依赖，还会受到对国外技术依赖性增强的反作用。

（2）技术创新环境不完善。我国尚未形成有利于企业技术创新的竞争环境，企业技术创新的动力来源于对经济利益的追求和外部市场的竞争压力，其技术创新意识不强，企业还没有建立良好的技术创新机制，绝大部分企业的技术创新组织仍处于一种分散状态，很难取得高水平的科研成果。

（3）产品可靠性、稳定性不高。可靠性指标一般取决于平均无故障时间（Mean Time Between Failture，MTBF，单位为小时），国外数控系统的平均无故障时间在 1 万小时以上，国产数控系统的平均无故障时间为 3000～6000 小时，使得可靠性、稳定性与国外技术相差很大，必然影响产品的市场占有率。

（4）网络化程度不够。我国数字化制造技术的网络化程度不够，目前该技术主要用于 NC 程序传送，采用纸带阅读器、串口通信技术，其集成化、远程故障排除、网络化水平有限。

（5）体系结构不够开放。大部分数控产品体系结构不够开放，用户接口不完善，少数具有开放功能的产品又不能形成真正的产品,只是停留在试验、试制阶段。用户不能根据自己的需要将积累的技术经验融入系统中,无形中流失了很多对数控技术改进、创新和完善的资源。

针对以上不足,国内机床公司(厂家)作出了很大的努力。目前,较具规模的企业有广州数控、北京航天数控(即北京航天数控系统有限公司)、华中数控等,它们生产出了具有中国特色的经济型、普及型数控系统。下面对这些数控系统作简单的介绍。

(1) 华中"世纪星"数控系统(如图1–22所示)在功能和配置方面远优于国外普及型数控系统,特别是在多轴(9轴)联动、三维图形显示、动态仿真、大容量程序内存、双向螺距补偿、汉字界面、网络功能、开放体系结构、TFT彩色薄形显示器等配置方面,已达到国外高档系统(如FANUC182、SIMENSE840)的水平。

图1–22　华中"世纪星"数控系统

另外,开放式、网络化已成为当今数控系统发展的主要趋势。华中"世纪星"系列数控系统包括的世纪星HNC 18i、HNC 19i、HNC 21和HNC 22四个系列产品均采用工业微机(IPC)作为硬件平台的开放式体系结构的创新技术路线,充分利用PC软硬件的丰富资源,通过软件技术的创新,实现了数字化制造技术的突破。该系统采用工业PC的先进技术和低成本来保证数控系统的高性价比和可靠性,并充分利用通用微机已有的软硬件资源,分享计算机领域的最新成果,如大容量存储器、高分辨率彩色显示器、多媒体信息交换、联网通信等技术,使数控系统可以伴随PC技术的发展而发展,从而长期保持技术上的优势。

(2) 广州数控生产的GSK983M系统(如图1–23所示)是中高档数控系统产品。该系统最多可以实现5轴4联动,可以实现高速高精闭环加工,最高移动速度可达24 m/min,精度达1 μm,可以实现12种固定循环,并具有空间螺旋线插补、C刀补、螺距补偿、用户宏A/B、比例缩放、坐标系旋转等功能,还包括内嵌式PMC、192/128个I/O点、5000步容量、梯图编程,大大方便和简化了机床强电设计,并可由用户自行二次开发。该系统可以实现DNC加工,程序及参数传输功能极大地方便了加工程序的备份保存和机床调整,且具备图形显示、中/英文菜单、后台编辑,配备10.4英寸TFT液晶显示器,具有低价格、高性能、高可靠性等优点,较适合用于铣床和小型加工中心,其加工稳定性在国产系统中占有一定的优势。目前,该系统已被国内绝大多数机床厂家所认可。

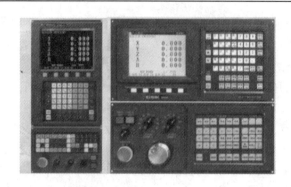

图 1-23　广州数控生产的 GSK983M 系统

（3）北京航天数控系统有限公司推出的 CASNUC2100E 数控系统（如图 1-24 所示）是一个将 PC104 板嵌入控制系统中的一体化的车床、铣床闭环数控系统。该系统将控制系统、显示面板、操作面板集于一体，结构紧凑，易于安装，并且是彩色 LCD 显示，具有功能全面、性能可靠、连接简单、性价比高等优点。CASNUC2100E 数控系统适用于车床、铣床、钻床、磨床等 4 轴以下的机械设备控制。

图 1-24　北京航天数控的 CASNUC2100E 数控系统

（4）凯奇数控开发的 NC110 系统（如图 1-25 所示）采用开放式结构、模块化设计、嵌入式 PC，可跟随 PC 技术的不断发展而丰富系统的功能，保持系统的高处理速度。该系统

图 1-25　凯奇数控的 NC110 系统

经过广泛的国际、国内合作，能为用户提供最佳的软硬件配置方案和合理的性能价格比。该系统可进行多过程控制、大容量程序存储，且内藏 PLC 控制器，能够提供充足的 I/O 点。该系统采用一体化设计，使用维修方便，经过了严格的国内外电磁兼容性和环境试验、检测，具有高可靠性。该系统的软件功能强大，可控制多种机床，如车床、铣床、磨床、各类加工中心等。该系统已在国内外得到了广泛应用。

（5）由齐齐哈尔二机床集团、清华大学和哈尔滨电机厂有限公司密切合作开发的大型龙门式 5 轴联动混联机床（如图 1-26 所示）是我国在并联机床研究方面的一个突破。该机床结合串联结构与并联结构的优点，采用移动式双柱龙门工作台，用直线驱动实现虚拟空间坐标的位置变换，结构简单，自由度多，运动能力强，具有较高的柔性和工艺集成度。并联结构采用两组平行四边形机构形成基础龙门，提高了整机刚性，并在并联平台上附加两自由度串联结构的 A、C 轴摆角铣头，实现了 A 轴转角 $\pm 105°$、C 轴连续转角 $0°\sim400°$，从而实现了叶片、导叶等复杂空间曲面的加工。

图 1-26　大型龙门式 5 轴联动混联机床

由清华大学开发的基于 Rt Linux 的数控系统采用高精度控制算法，应用数控后置处理系统可将标准刀位文件转换为标准加工代码。

（6）山东大学研制的具有自主知识产权的内装式电机驱动的磁悬浮轴承高速主轴单元样机，通过采用遗传算法对电磁轴承联动混联机床进行了多目标优化设计，开展了磁悬浮轴承的仿真研究，并进行了轴承刚度测试、工业磨削试验以及磁悬浮轴承实验等。该主轴单元样机的最高转速可达 3400 r/min，刚度达 645.9 N/μm，回转精度可达 0.0015 mm，数字控制器采用 DSPTMS320 VC33 作为系统硬件平台，PC 监视状态实时显示。通过在济南四机数控机床有限公司研制的 J4K 095 数控内外圆复合磨床上进行磨削试验，目前磨削出的钢件内孔的表面粗糙度为 0.89 μm。

（7）南京数控机床公司开发的高效、大型车削单元是国内重机、军工和航天等行业急需的设备。通过大型车削加工单元的研制，主轴最大输出扭矩可达 2500 N·m，主轴最高转速为 2500 r/min，适合大扭矩切削。该机床具有较高的加工效率，同时对主轴的加工工艺、轴单元的动平衡、主轴箱体孔的研磨工艺、轴承与主轴和箱体孔的配合、主轴轴承的预加负荷及温升控制进行了大量的试验，保证了主轴单元规定的技术要求。该机床采用模块化设计，针对不同零件采用了不同的模块组合，使机床具有较宽的适用范围。此外，该机床还针对兵器和航天行业典型的弹体类零件的特点和要求设计了龙门式上下料机械手。

（8）武汉重型机床厂研制的 CK53160 型数控单柱移动立式铣车床（如图 1-27 所示），加工直径为 16 m，加工高度为 6.3 m，工作台承重为 550 t，并可精确分度。该机床要求工件一次装卡完成车削、铣削、镗削、钻削、攻丝、磨削等全部加工工序，制造难度大。该机床的试制成功保证了三峡电站 550 t 巨型水轮机转轮的加工。武汉重型机床厂研制开发的重型 7 轴 5 联动车铣复合加工机床，其最大加工高度为 2000 mm，最大加工直径为 8000 mm，承重为 100 t，具有 5 联动车铣复合加工、在线测量等功能，可以实现工作台自动精确分度，能够一次装卡完成螺旋桨的全部工序的加工，是我国首台自行研制的大型螺旋桨数控 5 轴联动加工机床，并达到了当代国际先进水平。

图 1-27　单柱移动立式铣车床 CK53160

1.3.2　数字化制造技术的发展水平

数字化制造技术是衡量一个国家的制造业现代化程度的一个核心标志，实现加工机床及生产过程数字化制造是当今制造业的发展方向，机械制造的竞争其实就是数控行业的竞争。《国家中长期科学和技术发展规划纲要(2006—2020 年)》将"高档数控机床与基础制造技术"确定为 16 个重大专项之一。

随着时代的进步，社会的发展速度越来越快，现代的数控设备集制造技术、计算机技术、成组技术与现代控制技术、传感检测技术、信息处理技术、网络通信技术、液压气动技术、光机电技术于一体，是现代制造技术的基础，它的发展和应用开创了制造业的新时代，使世界的格局发生了巨大的变化。

数控机床的发展日新月异，高速化、高精度化、复合化、智能化、开放化、并联驱动化、网络化、极端化、绿色化已成为数控机床发展的趋势和方向。我国作为制造大国，主要还是依靠劳动力、价格、资源等方面的优势，而在产品的技术创新与自主开发方面与国外同行的差距还很大。我国的数控产业不能安于现状，应该抓住机会不断发展，努力提高自己的先进技术，加大技术创新与人才培训力度，提高企业的综合服务能力，努力缩小与发达国家的差距。

数字化制造技术的发展水平主要体现在数控装置、伺服驱动系统、程序编制、机床主机、数控机床的监测和监督、适应控制等方面。

1. 数控装置

推动数字化制造技术发展的关键因素是数控装置。由于微电子技术的发展，当今占绝对优势的微型计算机数控系统发展得非常快，其技术发展状况如下：

(1) 数控装置的微处理器 CPU 由 8 位过渡到 16 位、32 位乃至更多位，频率由原来的 5 MHz 提高到 16 MHz、20 MHz、32 MHz 乃至更高，并且开始采用精简指令集运算芯片 RISC 作为主 CPU，进一步提高了运算速度。数控装置采用大规模和超大规模集成电路与多个微处理器，使结构模块化、标准化和通用化，使其数控功能可以根据用户需要进行任意组合和扩展。

(2) 具有强功能的内装式机床可编程控制器，可用梯形语言、C 语言或 Pascal 语言进行编程。在 CNC 和 PC 之间有高速接口，它们有机地结合起来，除了能够完成开关量的逻辑控制功能外，还具有监控功能和轴控制功能。

（3）配备多种遥控接口和智能接口。系统除了配有 RS232C 串行接口、光纤维和 20 mA 电流回路外，还有 DNC 接口，可以实现几台数控机床之间的数据通信，也可以直接对几台数控机床进行控制。现代数控机床为了适应自动化技术的进一步发展和工厂自动化规模越来越大的要求，纷纷采用 MAP 等高级工业控制网络，实现不同厂家和不同类型机床的联网要求。

（4）具有很好的操作性能。系统具有友好的人机界面，普遍采用薄膜软按钮的操作面板，减少了指示灯和按钮数量，使操作一目了然。数控系统大量采用菜单选择操作的方法，使操作越来越方便。CRT 显示技术大大提高，彩色图像显示已很普遍，不仅能显示字符、平面图形，还能显示三维动态立体图形。

（5）数控系统的可靠性大大提高。数控系统大量采用高集成度的芯片、专用芯片及混合式集成电路，提高了硬件质量，减少了元器件数量，降低了功耗，提高了可靠性。新型大规模集成电路采用了表面安装技术（SMT），实现了三维高密度安装工艺。元器件经过严格筛选，建立了由设计、试制到生产的一整套质量保证体系，使得数控装置的平均无故障时间（MTBF）为 10 000～36 000 小时。

2. 伺服驱动系统

制造业产业的不断推进，为我国伺服技术的发展提供了巨大的市场。近年来，随着数控机床、包装机械、电子专用设备等行业继续保持较好发展以及交流伺服技术日益成熟，新兴行业（如新能源行业）中风电产业伺服技术的应用使得我国伺服市场迅速发展。伺服驱动系统是数控机床的重要组成部分，与数控装置配合工作。伺服驱动系统的静态和动态特性直接影响机床的定位精度、加工精度和位移速度。目前伺服电机的位置、速度及电流环都实现了数字化，并采用了新的控制理论，形成了不受机械负荷变动影响的高速响应系统。当前伺服驱动系统的特点如下：

（1）采用了前馈控制技术。传统的伺服驱动系统把检测器信号与位置指令的差值乘以位置环增益作为速度指令。这种控制方式总是存在追踪滞后误差，该使得在拐角加工及圆弧加工时精度变低。前馈控制技术就是在原来的控制系统上加上速度指令的控制，使追踪滞后误差大大减小。

（2）采用了补偿静止摩擦的非线性控制技术。对于一些具有较大静止摩擦的数控机床，新型数字伺服驱动系统具有补偿机床驱动系统静止摩擦的非线性控制功能。

（3）伺服驱动系统的位置环和速度环均采用软件控制。为了适应不同类型的机床的不同精度和不同速度的要求，需预先调整加、减速性能。

（4）采用了高分辨率的位置检测装置（如高分辨率的脉冲编码器），内有微处理器组成的细分电路，使得分辨率大大提高。增量位置检测为 10 000 P/r，绝对位置检测为 1 000 000 P/r。

（5）现代数控机床利用 CNC 的补偿功能，对伺服驱动系统进行了多种补偿，有轴向运动误差补偿、丝杠螺距误差补偿、热补偿和空间误差补偿。

3. 程序编制

数控机床的零件程序编制是实现数控加工的主要环节。程序编制技术的发展状况如下：

（1）脱机编制发展到在线编制。传统的程序编制是脱机进行的，由手工、电子计算机以及专用编程机来完成，然后输入数控装置。现代的 CNC 有很强的存储和运算能力，把很多自动编程机具有的功能植入数控装置里，使零件的程序编制工作可在数控系统上在线进行，实现了人机对话。在手工操作键和彩色显示器的配合下，实现了程序输入、编辑、修改、删除，数控系统具有了前台操作、后台编辑的前后台功能。

（2）具有机械加工技术中的特殊工艺方法和组合工艺方法的程序编制功能。除了具有圆切削、固定循环和图形循环功能外，程序编制技术还有宏程序设计、会话式自动编程、蓝图编程和实物编程等功能。

（3）程序系统由只能处理几何信息发展到可以同时处理几何信息和工艺信息的新阶段。新型 CNC 中装入了小型工艺数据库，使得在线程序编制过程中可以自动选择最佳刀具和切削用量。

4. 机床主机

机床主机的发展状况如下：

（1）采用了机电一体化的总体布局。

（2）采用了自动换刀装置、自动更换工件机构、数控夹盘、数控夹具。

（3）伺服驱动系统和机床主机进行了很好的机电匹配。

（4）对主机进行了优化设计。

5. 数控机床的监测和监督

每当一批零件开始加工时，数控机床需要完成大量的监测和监督，包括夹具和零件的装卡、找正，零件编程原点的测定，首件零件的检测，工序间的检测及加工完毕的检测等。数控机床的监测和监督的作用如下：

（1）发现工件超差、刀具磨损或破损时及时报警，并给予补偿，或对刀具进行调换，保证产品质量。

（2）具有良好的故障自诊断功能及保护功能。

（3）软件限位和自动返回功能避免了因加工过程中出现特殊情况而造成的工件报废和事故。

6. 适应控制

数控机床增加更完善的适应控制（Adaptive Control）功能是数字化制造技术发展的一个重要方向。适应控制是指随着加工过程中切削条件的变化，自动地调整切削用量，实现加工过程的最佳化。数控机床的适应控制功能由检测单一或少数参数（如功率、力矩或力等）进行调整的约束适应控制（Adaptive Control Constraint，ACC）发展到检测调控多参数的最佳适应控制（Adaptive Control Optimization，ACO）和学习适应控制（Trainable Adaptive Control Optimization，TACO）。

1.3.3　数字化制造技术的发展趋势

当今世界各国的制造业广泛采用数字化制造技术，以提高制造能力和水平，以及对动态多变市场的适应能力和竞争能力。工业发达国家还将数字化制造技术及数控装备列为国家的战略物资，不仅大力发展数字化制造技术及其产业，还在高精尖数字化制造关键技术和装备方面对我国实行封锁和限制政策。因此，大力发展以数字化制造技术为核心的先进制造技术已成为世界各发达国家加速经济发展、提高综合国力和国家地位的重要途径。从目前世界上数字化制造技术的发展趋势来看，其主要研究热点有以下几个方向。

1. 向智能化方向发展

计算机技术的革新使得数控机床的智能化发展迅猛。新一代数控机床采用了神经网络、模糊系统等控制理论，其性能得到了极大的改善。通过引进自适应控制技术，数控系统可以通过自动调节切削速度、进给量等实现加工过程的最优化，从而实现加工精度的控制，得到最佳的工件表面粗糙度、直线度等。数控系统的智能化主要体现在以下几个方面：

1）智能化自适应控制技术

智能化自适应控制最重要的目标就是对预定条件的破坏进行实时监测与诊断，并采取相应的必要措施以保证自适应控制系统的正常运行。随着加工过程中切削条件的变化，数控机床自动地调整切削用量，实现加工过程的最佳化，如图 1-28 所示。数控机床采用ACM 技术优化了金属切削 CNC 加工过程，提高了加工效率。例如，轮廓铣削省时约 38%，铣槽省时约 34%，3D 铣面省时约 37%，钻孔省时约 28%。

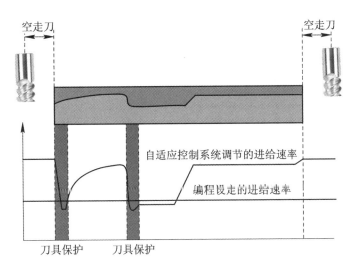

图 1-28　切削用量（进给速度）的变化情况

2）自动编程技术

在机械加工中，数控加工的份额日益增加。由于传统数控加工依靠手工编程，效率低，易出错，加工对象简单，限制并影响了数控机床的应用，因此自动编程逐渐成为主要的编程方式。20 世纪 70 年代出现并迅速发展起来的 CNC 技术推动了 CAD 和 CAM 向一体化方向发展，促使计算机集成制造系统（CIMS）兴起。作为现代制造新生产模式的 CIMS，成为各国竞相发展的高新技术，我国"国家高技术研究发展计划（863）"已将 CIMS 作为重点发展的高科技的战略需求。作为 CIMS 主要内容的数控加工自动编程技术，展现出了向集成化、可视化、网络化、自动化、智能化发展的趋势。

3）故障自诊断功能

现阶段的数控机床都采用了计算机集成系统，软件与硬件配合应用，功能强大，具有较强的自诊断能力。故障自诊断是数控系统中十分重要的功能，当数控机床发生故障时，借助数控系统的自诊断功能，可以迅速、准确地查明原因并确定故障部位。自诊断功能按诊断的时间因素一般分为启动诊断、在线诊断和离线诊断。

4）智能化交流伺服驱动装置

智能化交流伺服驱动装置包括智能主轴交流伺服驱动装置和智能进给交流伺服驱动装置。智能化交流伺服驱动装置能自动识别电机及负载的转动惯量，并自动对控制系统的参数进行优化和调整，使驱动系统获得最佳运行效果。

5）加工参数智能优化与选择

数控加工系统的加工效率、加工成本及加工质量与装备加工参数的选择有着很大的关系。目前，大都采用优化方法建立加工参数优化模型，并通过一定的优化算法得到最优加工参数，以实现优化加工过程的目的。

2. 向体系结构开放化、柔性化方向发展

传统的数控系统具有不同的软硬件模块、不同的编程语言、五花八门的人机界面、多种实时操作系统、非标准化接口等，造成了数控系统使用和维护不便，也限制了数字化制造技术的进一步发展。为了解决这些问题，人们提出了"开放式数控系统"的概念，该概念最早于 1987 年在美国 NGC(Next Generation Controller)计划中提出。NGC 通过实现基于相互操作和分级式软件模块的开放式体系结构标准规范找到解决问题的办法。

开放式体系结构(Open System Architecture, OSA)数控系统是开放式、高性能、智能化、网络化的数控系统，具有应用系统的开放性、可移植性、可扩展性、相互替代性、相互操作性。现代开放式数控系统的技术要求如下：

(1) 采用通用性开放式闭环控制模式。

(2) 采用通用计算机组成总线式、模块化、开放式体系结构，利用开放式数控系统的软硬件平台，可视需求通过重构、编辑调整系统的组成，便于裁减、扩展和升级，功能可专用也可通用，可组成不同档次、不同类型、不同集成程度的数控系统，功能价格比可调，可集成用户的技术诀窍。

开放式体系结构的解决方案是一种更彻底的开放方案，提供从软件到硬件、从人机界面到底层控制内核的全方位开放，人们可以在开放式的标准及一系列规范的指导下，按需配置功能可繁可简、性能可高可低、价格可控的总成系统。

3. 向高精度、高速度方向发展

精度与速度是数控机床的两个非常重要的指标，主要影响加工零件或产品的质量以及生产周期，对企业在市场中的竞争地位起关键作用。

数控机床的加工精度主要由两部分组成：普通数控机床的加工精度和精密加工中心的加工精度。随着技术的进步，前者的加工精度从 $10~\mu m$ 发展到 $5~\mu m$，后者从 $3\sim5~\mu m$ 发展到 $1\sim1.5~\mu m$，超精密加工精度可以达到纳米级($0.001~\mu m$)。

机床向高速化方向发展，可以充分发挥现代刀具材料的性能，大幅度提高加工效率，降低加工成本，提高零件的表面加工质量和精度。图 1-29 所示为切削速度与材料性能的关系。自 20 世纪 90 年代以来，高速主轴单元（电主轴，转速为 15 000～100 000 r/min）、高速且高加/减速度的进给运动部件（快速移动速度为 60～120 m/min，切削进给速度高达 60 m/min）、高性能伺服系统以及工具系统都有了新的突破。1931 年，德国切削物理学家萨洛蒙（Salomon）提出了高速切削理论：在常规的切削速度范围内，切削温度随着切削速度的增大而提高。对于每一种零件，存在一个速度范围，在该范围内，由于切削速度太快，任何刀具都无法承受，切削加工不可能进行。但是，当切削速度进一步提高，超过这个范围后，切削温度反而会降低，同时切削力也会大幅度下降。国内外高速加工中心的主要参数如表 1-1 所示。

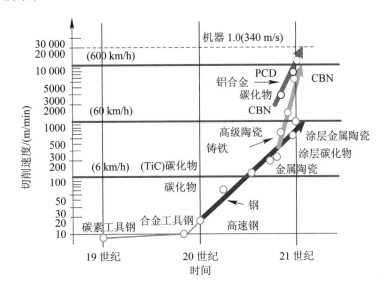

图 1-29 切削速度与材料性能的关系

表 1-1 国内外高速加工中心的主要参数

机床型号	主轴转速 /(r/min)	最大进给速度 /(m/min)	快移速度 /(m/min)	制造商（国家）
DMC85	18 000～30 000	120	120	DECKEL MAHO（德国）
HSM700	42 000	20	40	MIKRON（瑞士）
K211/214	40 000	24	24	FIDIA SPA（意大利）
HYPERMARK	60 000	60	100	CINCINATI（美国）
FF510	15 000	40	60	MAZAK（日本）
DIGIT165	40 000	30	30	沈阳机床厂
KT1400 - VB	15 000	48	48	北京机床研究所
DHSC500	18 000	62	62	大连机床集团
VMC1250	100 00	48	48	北京机电研究院

4. 向交互可视化方向发展

为了使设备易操作和维修，数控系统应具备以下三个特点：

（1）用户界面图形化。可通过窗口和菜单进行操作，以实现蓝图编程和快速编程、三维彩色立体动态显示、图形模拟、图像动态跟踪和仿真、不同方向视图和局部显示比例缩放等功能。

（2）计算可视化。在数控系统中，信息交流不再局限于用文字和语言表达，而可以直接使用图形、图像、动画等可视化信息，使系统满足参数的自动设定、刀具补偿和刀具管理数据的动态处理和显示，以及加工过程的可视化仿真和自动编程设计等要求。

（3）数控编程自动化。CAD/CAM 图形交互自动编程和 CAD/CAPP/CAM 集成的全自动编程是数控技术发展的新趋势。

5. 向通信网络化方向发展

为了实现机床联网，实现中央集中控制的群控加工，数控系统应该具有较强的网络功能。通过联网，可以在任何一台机床上对其他机床进行编程、设定、操作、运行，不同机床的画面可以同时显示在每一台机床的屏幕上，可以进行远程化控制和无人操作，实现信息共享，满足柔性制造系统、计算机集成制造系统对基层设备的要求，同时便于形成全球制造的基础单元的需求。

6. 向功能集成化方向发展

现代数控机床呈现多轴化，比如出现了 5 轴、6 轴数控机床，并可以实现自动换刀及工作平台交换，且功能集成化特征逐渐突出。一台现代数控机床能够实现车削、镗削、铣削、磨削、钻削，并可以实现加工、测量以及装卸一体化。多功能集成化机床消除了车床、铣床、磨床、激光设备等之间的传统差异。

7. 向数控机床机械结构创新方向发展

数控机床对机械结构的基本要求是具有较高的静、动刚度和良好的抗振性，良好的热稳定性，较高的运动精度和低速稳定性，以及良好的操作、安全防护措施。为了提高数控机床的性能，数控机床选用创新的机械结构，如用直线电机取代滚珠丝杠，用电主轴取代主轴箱等。

本 章 小 结

本章首先解释了数字化制造技术、数控机床、数控系统等与数字化制造技术相关的概念，介绍了数控机床的组成及各组成部分的功能；其次，根据工艺用途、加工路线、有无检测装置、可联动的坐标轴数、功能水平对数控机床进行了分类，结合各种数控机床的特点介绍了其应用；最后，介绍了数字化制造技术与数控机床的产生与发展过程、目前数字化制造技术的发展水平以及数字化制造技术的未来发展趋势。

第 2 章 数控机床数字化制造原理

数控机床的工作方法与仿形机床的类似,不同之处在于:仿形机床通过仿形探头采集数据点,将此点位置传递到机床控制单元,使刀具运动到相应位置,从而加工出所需零件;而数控机床通过程序直接得知刀具与工件的相对位置,从而进行加工。

2.1 数控机床加工基本原理

2.1.1 数控机床加工基本原理

在数控机床上加工零件时,首先要将待加工零件图纸上的几何信息和工艺信息(工件的尺寸、刀具运动中心轨迹、位移量、切削参数以及辅助操作)数字化,按规定的代码和格式编制加工程序。数控系统按照程序的要求,经过信息处理,使坐标移动若干个最小位移量,实现刀具与工件的相对运动,完成零件的加工。信息数字化就是把刀具与工件的坐标分割成一些细小的单位量,即最小位移量。数控机床加工基本原理如图 2-1 所示。

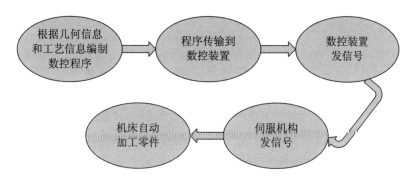

图 2-1 数控机床加工基本原理

2.1.2 刀具与工件相对运动的控制方式

刀具与工件的相对运动可以通过点位控制方式和轮廓控制方式控制。在钻削、镗削或攻丝等孔加工中,使刀具中心在一定时间内从 P 点移动到 Q 点(见图 2-2),即刀具在 x 坐标、y 坐标上移动规定的最小单位量,它们的合成量为 P 点和 Q 点间的距离。但是,刀具轨迹没有严格的控制,可以先使刀具在 x 轴方向由 P 点向 R 点移动,再使刀具沿 y 轴方向从 R 点移动到 Q 点。两个坐标也可以以相同的速度使刀具移动到 K 点。这时 y 坐标值达到规定的位移量,然后刀具沿 x 轴方向由 K 点移动到 Q 点,这样的控制称为点到点的控制(Point to Point Control),其特点是严格控制用最小位移量表示的两点间的距离。

　　在轮廓加工中，要求刀具 T 沿如图 2-3 所示的任意曲线 L 运动，进行切削加工。可以将曲线 L 分割为 l_0，l_1，l_2，…，l_i 等线段。用直线(或圆弧)代替(逼近)这些线段，当逼近误差 δ 相当小时，这些折线段之和就接近了曲线。数控系统通过合成最小单位量的单位运动连续地控制刀具运动，不偏离地走出直线(或圆弧)，从而非常逼真地加工出曲线轮廓。这种在允许误差范围内用沿曲线(精确地说，是沿逼近函数)的最小单位移动量合成的分段运动代替任意曲线运动，以得出所需要的运动，是数字化制造的基本思路之一。上述控制方法称为轮廓控制或连续轨迹控制(Contouring 或 Continous Path Control)。轮廓控制的特点是不但对坐标的移动量进行控制，还对各坐标的速度及它们之间的比率进行控制。

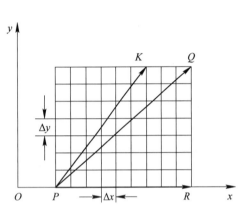

图 2-2　点到点的控制

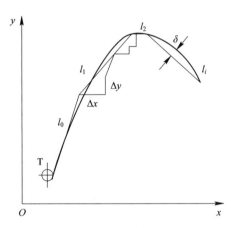

图 2-3　轮廓控制

　　在进行曲线加工时，可以用给定的数学函数来模拟曲线上分割出的线段 l_i。根据给定的已知函数(如直线、圆弧或高次曲线)，在被加工轨迹或轮廓上的已知点之间进行数据点的密化，确定一些中间点的方法，称为插补(Interpolation)。用直线来模拟被加工零件轮廓曲线称为直线插补；用圆弧来模拟被加工零件轮廓曲线称为圆弧插补；用其他二次曲线或高次函数模拟被加工轨迹轮廓曲线称为二次曲线插补(如抛物线插补)或高次函数插补(如螺旋线插补)等。这些插补的算法称为插补运算。

　　机床的数字控制是由数控系统完成的。数控系统包括数控装置、伺服驱动装置、可编程控制器和检测装置。数控装置是用于机床数字控制的具有特殊用途的电子计算机，它能够接收零件图纸加工要求等信息，进行插补运算，实时地向各坐标轴发出速度控制指令并给出切削用量。伺服驱动装置能快速响应数控装置发出的指令，并带动机床各坐标轴运动，同时提供足够的功率和扭矩。伺服驱动装置按其工作原理可分为两种控制方式：关断控制和调节控制。关断控制是将指令值与实测值在关断电路的比较器中进行比较，若两者相等则发出指令信号，控制结束，这种方式用于点位控制。调节控制是数控装置发出运动的指令信号，伺服驱动装置快速响应跟踪指令信号。可编程控制器用于开关量控制，如主轴的启停、刀具的更换和冷却液的开关等。检测装置将位移的实际值检测出来，反馈给数控装置中的调节电路比较器，有差值就发出信号，不断比较指令值与反馈的实测值，不断发出信号，直到差值为零，运动结束。这种方式用于连续轨迹控制。从理论上讲，检测装置的检测精度决定了数控机床的加工精度。

机械加工是由切削的主运动和进给运动共同完成的。控制主运动可以得到合理的切削速度，控制进给运动则可得到各种不同的加工表面。数控机床的坐标运动是进给运动。在三坐标的数控机床中，各坐标的运动方向通常是相互垂直的，即各自沿笛卡儿直角坐标系的 x、y、z 轴的正负方向移动。如何控制这些坐标运动来完成各种不同的空间曲面的加工，是数字控制的主要任务。

2.2　零件程序的输入原理

CNC 的输入主要指零件程序的输入。输入程序的功能有两个：一是把零件程序从阅读机或键盘经相应的缓冲器输入零件程序存储器，现代 CNC 装置也可通过 DNC 和通信接口由上级中心计算机或其他设备输入；二是将零件程序从程序存储器取出后送入缓冲器。输入程序中均有阅读机中断处理程序、键盘中断处理程序和输入管理程序。当纸带阅读机读入一个字符至接口中时，就向主机发出中断，由中断处理程序将纸带阅读机读入的该字符通过中导孔产生中断的方式读入缓冲器，经过有效性判别、纸带垂直奇偶校验、水平奇偶检验、代码转换，在输入管理程序的配合下将内部代码存入零件程序缓冲区（即纸带缓冲区），然后送到内存的零件程序存储区。同样地，如用键盘输入零件程序，则每次按键表示向 CPU 申请一次中断，调出键盘服务程序，将信息先送到 MDI 缓冲区，

再送入零件程序存储区，对相应的键盘命令进行处理。零件程序存储区的规模较大（几千字节至几万字节），零件程序缓冲区和 MDI 缓冲区的容量较小，有的只能存几个数据段。CNC 装置最常用的工作方式为存储器工作方式，即在零件程序已存入内存的情况下，用键盘调出指定的程序，而且允许用键盘输入修正程序段。输入过程中信息传送流程如图 2-4所示。

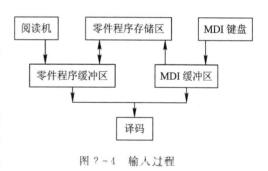

图 2-4　输入过程

零件程序在内存中是连续存储的，段与段之间、程序与程序之间不留任何空隙。一个零件程序中又是按程序段存放的，每个程序段中还有几个单元存放该段字数、字符数、顺序号等信息。这是为了便于读取、显示及编辑等而设定的。零件程序存储器设有指针，永远指向下一步应该存储或读取数的单元。为了调用程序，设有零件程序目录（包括各程序的名称、起址和终址）表，查到程序名称后，将该零件程序的起址、终址读取出来并存放在指定单元，然后逐段读取出来，直到读取完为止。

2.3　译　码　原　理

译码程序的功能是将输入的加工程序翻译成系统能识别的语言。它以程序段为单位对信息进行处理，把其中的各种工件轮廓信息（如起点、终点、直线或圆弧等）、加工速度 F和其他辅助信息（M、S、T）依照计算机能识别的数据形式，以一定的格式存放在指定的内

存专用区间。在译码过程中，还要完成对程序段的语法检查，若发现语法错误，则立即报警。

2.3.1　译码的概念

　　译码是任何计算机系统要执行输入程序必须经过的一个过程，就是从数控加工程序缓冲器或 MDI 缓冲器中逐个读入字符，先识别出其中的文字码和数字码，然后根据文字码所代表的功能，将后续数字码送到相应译码结果缓冲器单元中。译码有解释和编译两种方法。解释方法是将输入程序整理成某种形式，在执行时，由计算机顺序读取出进行分析、判断和处理，即一边解释，一边执行。编译方法是将输入程序作为源程序，对它进行编译，形成由机器指令组成的目的程序，然后计算机执行这个目的程序。

　　数控代码比较简单，零件程序不复杂，解释执行并不慢，同时解释程序占内存少，操作简单，故 CNC 控制软件中多采用解释方法。译码工作包括对程序的整理（如换码、"十翻二"运算等）和存放（M、G 功能字应压缩存放，坐标尺寸字存放时要去掉地址码）。CNC 装置中采用两种整理与存放方法。

2.3.2　译码的整理与存放

1. 不按字符格式的整理与存放方法

　　每个程序段数据以程序段结束符（如 LF）开头与结尾。功能字用特征码表示其地址字符，编码不一定与原输入的标准编码一致。尺寸字进行"十翻二"运算转换为二进制，不保留地址字符，按固定格式存放。G、M、S、T 字符用一个字节的高四位表示其特征（如 1、2、3、4），用该字节的低四位表示其代码，当代码数用四位表示不够时，可用两个字节表示一个功能字。例如，G04 可用 14 或 1004 表示，M0 可用 27 或 2030 表示。尺寸字的固定顺序为 X、Y、Z、I、J、K，某尺寸没有时应占零。每个尺寸字占用的字节数由输入的尺寸字中最多可能的数字位数决定。

　　这种整理方法不复杂，对一般不带有自动编程功能的 CNC 系统，在纸带输入过程中，在各排孔逐排输入的间隔时间即可进行，对于有自动编程功能的 CNC 系统，这部分工作在后置处理部分完成。

2. 保留字符格式的整理与存放方法

　　这种方法接收并存放纸带上（或程序上）的全部字符。程序输入时，只对标准代码字符进行"换码"，暂不进行"十翻二"运算及格式整理，这给程序段检索及程序编辑提供了方便，输出加工程序只要进行反换码即可。但这种整理方法使各程序段之间、各尺寸字之间的差别很大，若对它们直接进行数据处理、解释执行，将使程序变得复杂。因此，应对零件加工程序进行编辑，将其转换成一种固定格式。图 2-5 是一个程序段编辑后得到的固定格式，图中每一框代表两个字节。在编辑过程中，要将零件加工程序区已换码字符逐个读取出来，识别后将序号字及功能字后的数字拼装，按图 2-5 中的预定单元存放；尺寸字、速度字和暂停时间要进行"十翻二"运算并装入预定单元。图 2-6 是编辑程序框图。因为系统允许插入程序段、修改程序段或删除程序段和字，所以源程序区除了零件加工程序外，还可能有修改程序，故编辑程序时若遇到修改程序应先予以处理。

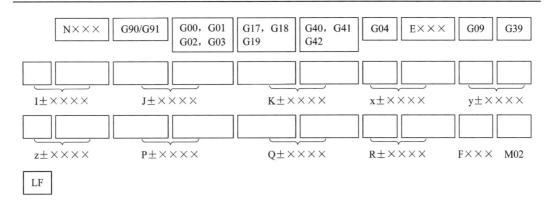

图 2-5 编辑后的固定格式程序段

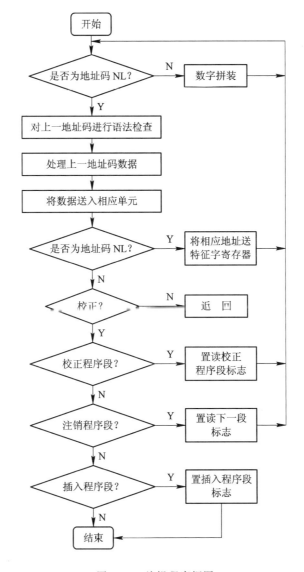

图 2-6 编辑程序框图

2.4　刀具补偿原理

经过译码后的程序数据不能直接用于插补程序，要经过刀具补偿计算，将编程时工件轮廓数据转换成刀具中心轨迹数据。刀具补偿分为刀具半径补偿、刀具长度补偿和刀具位置偏置。

2.4.1　刀具半径补偿原理

在加工过程中，数控机床控制的是刀具中心的轨迹。为了方便起见，用户总是按零件轮廓编制加工程序，因而为了加工所需的零件轮廓，在进行内轮廓加工时，刀具中心必须向零件的内侧偏移一个刀具半径值，在进行外轮廓加工时，刀具中心必须向零件的外侧偏移一个刀具半径值。这种根据零件轮廓编制的程序和预先设定的偏置参数，数控装置能实时自动生成刀具中心轨迹的功能称为刀具半径补偿功能。根据 ISO 标准，当刀具中心轨迹在编程轨迹（零件轮廓）前进方向的右边时，称为右刀补，用 G42 指令实现；反之称为左刀补，用 G41 指令实现。刀具半径补偿的执行过程分为刀补建立、刀补进行和刀补撤销三步。如图 2-7 所示，实线为所需加工的零件轮廓，虚线为刀具中心轨迹。刀补仅在指定的二维坐标平面内进行。刀具半径补偿可分为 B 刀补和 C 刀补。

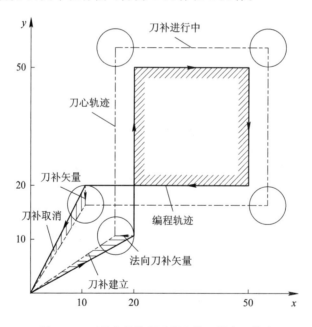

图 2-7　刀具半径补偿过程中的刀具中心轨迹

1. B 功能刀具半径补偿计算（B 刀补）

B 刀补的特点是刀具中心轨迹段间都是用圆弧连接过渡的，算法简单，实现容易，如图 2-8 所示。在进行外轮廓加工时，由于圆弧连接时刀具始终在一点切削，因此外轮廓尖角被加工成小圆角。在进行内轮廓加工时，必须由编程人员人为加一个辅助的过渡圆弧，且必须保证过渡圆弧的半径大于刀具半径。这样不但会增加编程工作的难度，而且稍有疏忽，过渡圆弧半径小于刀具半径时还会因刀具干涉而产生过切，使加工零件报废。B 刀补在处理方法上采用读一段、算一段、走一段的处理方法，故无法预计刀具半径造成的下一段轨迹对本段轨迹的影响。

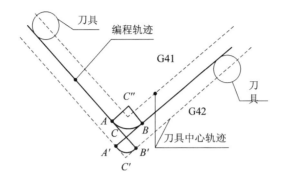

图 2-8　B 刀补过程中用圆弧连接过渡的刀具中心轨迹

2. C 功能刀具半径补偿计算(C 刀补)

C 刀补和 B 刀补都是针对零件拐角(尖角)该如何处理而提出的过渡方法。C 刀补的特点是刀具中心轨迹段采用直线连接过渡，直接实时自动计算刀具中心轨迹的转接交点，尖角工艺性好。在进行内轮廓加工时，可实现过切自动预报。C 刀补在处理方法上采用一次对两段程序并行处理的方法。为了解决下一段加工轨迹对本段加工轨迹的影响，在计算完本段轨迹前，将读进下一段程序，然后根据它们之间转接的具体情况，再对本段的轨迹作适当的修正，得到正确的本段加工轨迹。

普通 NC 系统的工作方式是：将程序轮廓轨迹数据送到工作寄存器 AS 后，由运算器进行刀补运算，运算结果送到输出寄存器 OS，直接作为伺服系统的控制信号。其工作方式如图 2-9(a)所示。改进后的 NC 系统与普通 NC 系统相比，增加了一组数据输入的缓冲寄存区 BS，当在 AS 中存放正在加工的程序段信息时，BS 中已经存入了下一段要加工的程序段信息，这样节省了数据读入的时间，其工作方式如图 2-9(b)所示。C 刀补方式与 NC

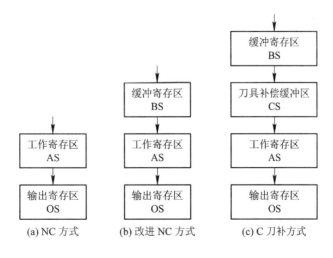

图 2-9　几种数控系统工作方式

方式不同的是，CNC 装置内部又增设了一个刀具补偿缓冲区 CS。当系统启动后，第一个程序段先被读入 BS，在 BS 中算得第一段刀具中心轨迹，被送到 CS 中暂存后，又将第二个程序段读入 BS，算出第二个程序段的刀具中心轨迹，对第一、第二两段程序轨迹的连接方式进行判别，根据判别结果再对第一段刀具中心轨迹进行修正，然后顺序地将修正后的第一段刀具中心轨迹由 CS 送入 AS 中，第二段刀具中心轨迹由 BS 送入 CS 中，随后由 CPU 将 AS 中的内容送到 OS 中进行插补运算，运算结果送到伺服系统中执行。当修正了的第一段刀具中心轨迹开始被执行时，利用插补时间，CPU 又命令读入第三个程序段送到 BS 中，又根据 BS、CS 中的第三、第二段轨迹的连接情况，对 CS 中的第二个程序段刀具中心轨迹进行修正，依次进行下去。可见，CNC 装置内部总是同时存有三个程序段的信息，其工作方式如图 2-9(c) 所示。

　　在 CNC 装置中，由于两个程序段的线型不同（有直线与直线、直线与圆弧、圆弧与圆弧等），刀具补偿方向不同，以及两个程序轨迹的适量夹角 α 不同，相邻两程序段中心轨迹的连接方式（转接过渡方式）可分为三种类型，即伸长型、缩短型、插入型，如图 2-10 所示。

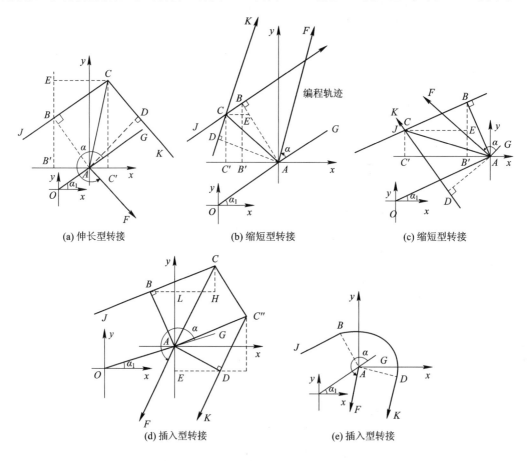

(a) 伸长型转接　　　　　(b) 缩短型转接　　　　　(c) 缩短型转接

(d) 插入型转接　　　　　　　(e) 插入型转接

图 2-10　C 刀补直线与直线转接情况

　　为了便于计算交点以及对各种编程情况进行分析，可将 C 刀补偿方式中所有的编程输入轨迹、计算中的各种线型都当作矢量来看待。C 刀补程序主要计算转接矢量。所谓转接矢量，主要指刀具半径矢量和两个程序段轨迹交点与刀具中心轨迹交点的连接线。转接矢量的计算可以采用平面几何方法或求解联立方程组的方法。一般采用平面几何方法，这是因为计算软件简单，不用进行复杂的判断。

2.4.2　刀具长度补偿原理

刀具长度补偿是一个很重要的概念。在对一个零件编程时，首先要指定零件的编程中心，然后才能建立工件编程坐标系，而此坐标系只是一个工件坐标系，零点一般在工件上。长度补偿只和 z 坐标有关，它不像 x、y 平面内的编程零点，因为刀具由主轴锥孔定位且不改变，然而 z 坐标的零点是会改变的。每一把刀的长度都是不同的。例如，要钻一个深为 50 mm 的孔，攻丝深为 45 mm，分别采用一把长为 250 mm 的钻头和一把长为 350 mm 的丝锥。先用钻头钻孔，此时机床已经设定工件零点，当换上丝锥攻丝时，如果两把刀都从设定零点开始加工，则丝锥会因为比钻头长而攻丝过长，损坏刀具和工件。此时如果设定刀具补偿，把丝锥和钻头的长度进行补偿，则机床零点设定之后，即使丝锥和钻头长度不同，因补偿的存在，在调用丝锥工作时，零点 z 坐标已经自动向 $z+$（或 $z-$）补偿了丝锥的长度，从而保证了加工零点的正确。

在实际中，应用刀具的实际长度作为刀具长度的补偿（推荐使用这种方式）。使用刀具长度作为补偿就是使用对刀仪测量刀具的长度，然后把这个数值输入刀具长度补偿寄存器中，作为刀具长度补偿。使用刀具长度作为刀具长度补偿的理由如下：首先，使用刀具长度作为刀具长度补偿，可以避免在不同的工件加工中不断地修改刀具长度偏置，这样同一刀具用在不同的工件上也不用修改刀具长度偏置；其次，使用刀具长度作为刀具长度补偿，可以让机床一边进行加工，一边在对刀仪上进行其他刀具的长度测量，不必因为在机床上对刀而占用机床运行时间，这样可以充分发挥加工中心的效率。当主轴移动到编程 z 坐标点时，终点坐标值就是主轴坐标加上（或减去）刀具长度补偿后的 z 坐标数值。

2.4.3　刀具位置偏置原理

刀具位置偏置（简称刀具偏置）是指刀具位置沿平行于控制坐标方向的补偿位移。刀具偏置是在一个加工程序的全部或指定部分，施加于机床坐标轴上的相对位移，该轴的位移方向由偏置值的正负来确定。刀具偏置使加工余量的预留可以通过修改刀具的偏置参数来实现，而不必为粗、精加工各编制一个程序。

2.5　插　补　原　理

2.5.1　概述

1. 插补的基本概念

机床数字化控制的核心问题，就是如何控制刀具或工件的相对运动。数控机床的运动控制中，工作台（刀具）x、y、z 轴的最小移动单位是一个脉冲当量。因此，刀具的运动轨迹是具有极小台阶的折线（数据点密化）。例如，用数控车床加工直线 OA、曲线 OB，刀具沿 x 轴移动一步或几步（一个或几个脉冲当量），再沿 y 轴方向移动一步或几步（一个或几个脉冲当量），直至到达目标点，从而合成所需的运动轨迹（直线或曲线）。数控系统根据给定的直线、圆弧(曲线)函数等编程时的有限信息,依照一定方法确定刀具运动轨迹的过程,即根据零件轮廓的几何形状、几何尺寸以及轮廓加工的精度要求和工艺要求,在零件轮廓的起点和终点之间插入一系列中间点(折线端点)的过程,就是数据点的密化过程。以此为基础完成所需要轮廓轨迹的拟合工作,确定这些中间点的方法,称为插补(Interpolation)。插补的任务就是根据进给速度的要求,计算出每一段零件轮廓起点与终点之间所插入中间点的坐标值,机床伺服系统根据此坐标值控制各坐标轴协调运动,走出预定轨迹。

无论是普通数控(硬件 NC)系统,还是计算机数控(CNC、MNC)系统,都必须具有完成插补功能的部分。能完成插补工作的装置叫插补器。插补器的形式有很多。插补工作可以由硬件电路或软件程序完成,因而可分为硬件插补器和软件插补器。软件插补器(包括 CNC 装置的微处理器和程序)结构简单,灵活易变。现代数控系统都采用软件插补器。完全是硬件的插补器已逐渐被淘汰,只在特殊应用场合或作为软件、硬件结合插补器中的第二级插补器使用。根据产生的数学模型,插补器分为一次(直线)插补器、二次(圆、抛物线等)插补器及高次曲线插补器等。大多数数控机床的数控装置都具有直线插补器和圆弧插补器。在 NC 系统中,插补器由数字电路组成,称为硬件插补器;而在 CNC 系统中,插补器功能由软件来实现,称为软件插补器。

插补运算速度是影响刀具进给速度的重要因素。为了减少插补运算时间,在插补运算过程中应该尽量避免三角函数、乘、除以及开方等复杂的数学运算。因此插补运算一般都采用迭代算法。插补运算速度直接影响数控系统的运行速度;插补运算精度又直接影响数控系统的运行精度。插补是数控系统的主要功能,它直接影响数控机床加工的质量和效率。因此,对插补器有如下严格的要求:

(1)插补所需的原始数据较少。

(2)有较高的插补精度,插补结果没有累积误差,局部偏差不能超过允许的误差(一般应保证小于规定的分辨率)。

(3)沿进给路线,进给速度恒定且符合加工要求。

(4)硬件线路简单可靠,软件插补算法简捷,计算速度快。

2. 插补方法的分类

一个零件的轮廓往往是多种多样的,有直线、圆弧,也有任意曲线、样条线等。数控机床的刀具往往不能以曲线的实际轮廓走刀,而近似地以若干条很小的直线走刀,走刀的方向一般是 x 方向、y 方向或这两个方向的合成方向。插补方式有直线插补、圆弧插补、抛物线插补、样条线插补等。根据插补所采用的原理和计算方法不同,插补方法可分为不同类型。目前应用的插补方法可分为基准脉冲插补和数据采样插补两种。

基准脉冲插补又称为行程标量插补或脉冲增量插补,主要为各坐标轴进行脉冲分配计算。这种插补方法的特点是每次插补结束仅产生一个脉冲(行程增量),以基准脉冲序列的形式输出至数控装置的每个运动坐标进给轴的伺服电机。每个脉冲代表了最小位移,脉冲序列的频率代表了坐标运动速度,而脉冲的数量则表示移动量。一个脉冲所产生的进给轴移动量叫作脉冲当量,用 δ 表示。脉冲当量是脉冲分配计算的基本单位,根据加工精度,普通机床 δ 取 0.01 mm,精密机床 δ 取 1 μm 或 0.1 μm,插补误差不得大于一个脉冲当量。基准脉冲插补的实现方法比较简单(只有加法和位移),容易用硬件实现,而且硬件电路本身完成一些简单运算的速度很快。目前也可以用软件来完成,但控制精度和进给速度较低，仅适用于一些中等精度或中等速度要求的计算机数控系统，主要用于以步进电机为驱动装置的开环控制系统。基准脉冲插补方法可以分为数字脉冲相乘法、逐点比较法、数字积分法、矢量判别法、比较积分法、最小偏差法、目标点跟踪法、单步追踪法、直接函数法、加密判别法和双判别插补法。

数据采样插补又称为时间标量插补或数字增量插补。这种插补方法的特点是数控装置产生的不是单个脉冲，而是标准二进制字。这种插补运算分两步完成：第一步为粗插补，即在给定起点和终点的曲线之间插入若干个点，用若干条微小直线段逼近给定曲线，每一微小直线段的长度 ΔL 都相等，且与给定进给速度有关。粗插补在每个插补运算周期中计算一次，因此，每一微小直线段的长度 ΔL 与进给速度 F 和插补周期 T 有关，即 $\Delta L = FT$。第二步为精插补，即在粗插补算出的每一微小直线段的基础上再作数据点的密化工作，这一步相当于对直线的脉冲增量插补。数据采样插补方法适用于以直流和交流伺服电机为驱动装置的闭环或半闭环的位置采样控制系统。粗插补在每个插补周期内计算出坐标实际位置增量值；精插补则在采样周期内采样闭环或半闭环反馈位置增量值及插补输出的指令位置增量值，然后计算出各坐标轴相应的插补指令位置和实际反馈位置，并将二者进行比较，求得跟随误差，之后根据所求得的跟随误差计算出各相应轴的进给速度，并传输给驱动装置。粗插补运算用软件实现，而精插补运算既可以用软件实现，也可以用硬件实现。通常插补周期是采样周期的整数倍。插补运算是计算机数控系统中实时性很强的一项工作，必须在有限时间内完成计算任务。为了提高计算精度，缩短计算时间，可采用以下三种方式进行改进。

（1）采用软/硬件结合的两级插补的单微机系统。

（2）采用具有单台高性能微型计算机的数控系统，如采用 Intel80386、Intel80486 等在 32 位以上的微处理器。

（3）采用具有分布式、多微处理器的微机控制系统。在这种控制系统中，将数控功能划分为几个子系统，专门有一个微处理器（CPU）承担插补工作，其他功能由另外的微处理器实现。这种系统具有较高的性价比，代表了数字化制造发展的一个方向。

数据采样插补采用时间分割的思想，根据编程的进给速度，将轮廓曲线分割为采样周期内的进给段（轮廓步长），即用弦线或割线逼近轮廓轨迹。注意：此处的"逼近"是为了产生基本的插补曲线，如直线、圆弧等；然而，编程中的"逼近"是为了用基本的插补曲线代替其他曲线。数据采样插补方法有很多，有直线函数法、扩展数字积分法、二阶递归扩展数字积分法、双数字积分法、角度逼近法、改进吐斯丁法（Improved Tustin Method，ITM）等。

2.5.2　基准脉冲插补原理

基准脉冲插补适用于以步进电机为驱动装置的开环数控系统、闭环数控系统以及特定的经济型数控系统。在这种插补方法中，数字脉冲相乘法、逐点比较法、数字积分法（DDA）得到了广泛应用。这些插补方法最初在 NC 装置中用硬件实现，现今在 CNC 系统中用软件来模拟，下面介绍它们的插补原理。

1. 数字脉冲相乘法

1）概述

数字脉冲乘法器又称二进制比例乘法器（Binary Rate Multiplier，BRM），它是世界上数控机床最早使用的一种插补器，是由美国麻省理工学院（MIT）研制的，也是一种最简单的直线插补器，它可以方便地实现多坐标直线插补。

数字脉冲乘法器把两个基点间的各坐标增量值用几串同一时间段内发出的脉冲数来表示。通过这些脉冲控制系统运动所得到的合成轨迹就是一条近似直线，直线与理想直线的偏差小于一个脉冲当量。

数字脉冲相乘法就是将各坐标增量数字变成相应的数字脉冲，按二进位相乘法则来实现插补。

2）数字脉冲相乘法的插补原理

根据二进制计数器的工作原理，从 CP 端每输入 16 个脉冲，计数器就完成一次计数循环；计数器在计数过程中一次计数循环时间是指全部触发器由 0 态（$Q_1 \sim Q_4$ 全为 0）开始计数到下一次全部为 0 态的时间。在这段时间，可以利用 T 触发器的进位脉冲（即溢出脉冲）作为计数循环时间的分隔信号，称为程序间隔信号，如图 2-11 所示。同时在计数过程中，由于各触发器的输出经过适当的"与"运算后，经与门 P_1、P_2、P_3、P_4 输出，结果当各触发器的输出 Q 每次由 0 态到 1 态跳变时，在各自的触发器的与门 P 端输出，即有一个脉冲输出（宽度等于 CP 脉冲的宽度），如 P 端分别输出第 1、3、5、7、9、11、13、15 号共 8 个脉冲，P_1 端输出第 8 号仅 1 个脉冲。因此，在一次计数循环中，或者说在前后两个溢出脉冲出现的时间间隔中，P 端共发出 8 个脉冲，P_3 共发出 4 个脉冲（第 2、6、10、14 号），P_2 共发出 2 个脉冲（第 4、12 号），P_1 发出 1 个脉冲，这些脉冲在时间上是互不重叠的，实质上就是把一次计数循环中的 16 个脉冲按 8、4、2、1 的分配方式分别从 $P_4 \sim P_1$ 输出，而相邻两级的脉冲输出的数目相差一倍，所以称它为脉冲分频器。图 2-11 所示为各级分频器的 P 端输出波形图。

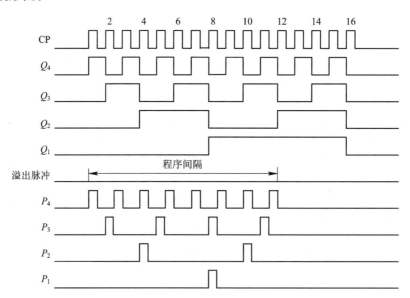

图 2-11　各级分频器的 P 端输出波形

数字脉冲乘法器是由一个分频器和一系列"乘法门"所组成的线路，如图 2-12 所示。数字脉冲乘法器的作用实质上就是将输入的数值转换为对应的脉冲数目后输出。由图 2-12 可见，N 位分频器在一次循环中，各级触发器按 2^{n-1}，2^{n-2}，…，2^1，2^0 的规律将发出的脉

冲送到各级乘法门 G_n，G_{n-1}，$\cdots$，G_2，G_1（即"与"门）的输入端，各乘法门的输出和输入之间有如下的逻辑关系：

$$G_n = a_n P_n$$
$$G_{n-1} = a_{n-1} P_{n-1}$$
$$\vdots$$
$$G_1 = a_1 P_1$$

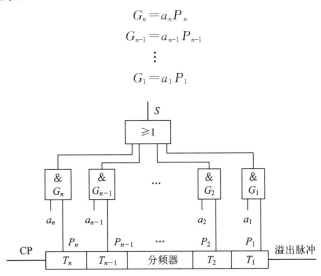

图 2-12　数字脉冲乘法器的逻辑线路图

在一个程序间隔时间内，图 2-12 中"或"门输出的脉冲总数 S 应为

$$S = [A]_2 = [a_n a_{n-1} \cdots a_2 a_1]_2 = 2^{n-1} a_n + 2^{n-2} a_{n-1} + \cdots + 2^{i-1} a_i + \cdots + 2^1 a_2 + 2^0 a_1$$

这里，数字脉冲乘法器在一个程序间隔时间段内输出的脉冲总数 S 等于控制端的二进制数 A。例如，设四位分频器，当 $[A]_2 = [0011]_2$ 时，$S = [a_4 a_3 a_2 a_1]_2 = 2^3 \times 0 + 2^2 \times 0 + 2^1 \times 1 + 2^0 \times 1 = 3$，则输出脉冲为 3 个。显然，若 T_1 溢出 m 个脉冲（即在 m 个程序间隔时间段内），则 S 输出的脉冲总数 $S = mA$。换句话说，在一时间段内，S 输出的脉冲总数等于溢出的脉冲数 m 与二进制数 A 之乘积。数字脉冲乘法器的名称即由此而来。

以直线加工为例，输入"与"门的数据分别是直线的终点坐标 x_e 和 y_e 值，这两个数值是用二进制数码表示的。通常情况下，x_e 和 y_e 数值存放在各自的寄存器 J_{x_e} 和 J_{y_e} 中，由寄存器的各位输出端和乘法器的"与"门控制端直接连接。因此，数字脉冲乘法器的平面直线插补装置由分频器、坐标寄存器和乘法门等组成。这样，在一个程序时间间隔内，两正交与门电路输出序列的总数 $S_x = \Delta x$，$S_y = \Delta y$。x 方向和 y 方向这两个方向的脉冲数之比 $S_y / S_x = \Delta y / \Delta x = K$（常数）。这两个方向的速度比 $\Delta v_y / \Delta v_x = K$（常数）。因此，利用这两个序列脉冲 S_x 和 S_y 控制各自的伺服系统，使机床工作台运动，就可以描出平面上坐标增量为 Δx 和 Δy、斜率 $K = y_e / x_e$ 的直线。

【例 2-1】　欲用数字脉冲乘法器（四位分频器）加工直线 OE，起点在原点 $O(0, 0)$，终点为坐标 $E(10, 6)$，即 $[x_e]_2 = [1010]_2$，$[Y_e]_2 = [0110]_2$，试画出脉冲分配图和插补轨迹。

解　$[x_e]_2 = [a_4 a_3 a_2 a_1]_2 = [1010]_2$，因而 $a_4 = a_2 = 1$，使 G_4 和 G_2 门开启，结果在一个循环内从 S_x 门输出了 10 个脉冲（S_x 等于 G_2 门输出的 2 个脉冲与 G_4 门输出的 8 个脉冲之和）；$[Y_e]_2 = [b_4 b_3 b_2 b_1]_2 = [0110]_2$，因而 $b_3 = b_2 = 1$，使 G_3 和 G_2 门开启，因此在一个循环内从 S_y 门输出了 6 个脉冲。因此，$S_x = 10$，$S_y = 6$。

脉冲分配图和插补轨迹如图 2-13 所示。

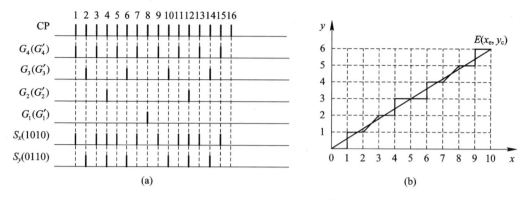

图 2-13　脉冲分配图和插补轨迹

2. 逐点比较法

1）定义

逐点比较法（Point-to-Point Comparison Method）是指采用正弦激励，在频率测量范围内选取频率点，逐点测量被测传感器的频率响应并与标准传感器的响应相比较的方法。逐点比较法也称区域判别法、代数运算法或醉步式近似法。该方法应用范围广泛，能实现平面直线、圆弧、二次曲线插补，精度高。这种方法的基本原理是：数控装置在控制刀具按要求的轨迹加工零件轮廓的过程中，每次仅向一个坐标轴输出一个进给脉冲，刀具每走一步都要逐点计算和判别加工误差，不断比较刀具与被加工零件轮廓之间的相对位置，判别该点是在给定轨迹的上方或下方，或是给定轨迹的里面或外面，根据比较结果决定下一步的进给方向，使刀具向减小误差的方向进给，以便逼近给定轨迹。也就是说，如果加工点走到图形外面，那么下一步就要向图形里面走，如果加工点在图形里面，那么下一步就要向图形外面走，以缩小偏差，得到一个接近规定图形的轨迹。

2）特点

逐点比较法的特点是：既可以作直线插补，又可以作圆弧插补；每次插补运算后，只有一个坐标轴方向有进给；这种方法规定的加工直线或圆弧之间的最大插补误差一般不会超过一个脉冲当量 δ，因此只要把脉冲当量取得足够小，就可达到加工精度的要求；运算直观，输出脉冲均匀，而且输出脉冲的速度变化小，调节方便。该方法的缺点是不容易实现两坐标以上的联动插补，因此，在两坐标联动的数控机床中应用较为广泛。

3）插补过程

逐点比较法插补过程的每一步都要经过以下四个工作节拍。这四个节拍间的关系如图 2-14 所示。

（1）偏差判别：根据偏差值的符号（大于等于 0 还是小于 0），判别当前刀具加工点相对于零件轮廓的位置偏差，以决定刀具下一步的进给走向。

（2）坐标进给：根据偏差判别的结果，控制相应的坐标工作台进给一步，使刀具向零件轮廓靠拢，缩小偏差。

（3）偏差计算：刀具进给一步后，针对新的刀具位置，

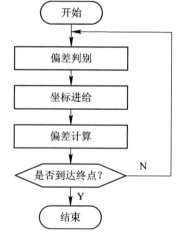

图 2-14　四个节拍的关系

计算新的刀具加工点对零件轮廓的偏差,作为下一步判别的依据。

(4) 终点判别:刀具进给一步后,需要判断刀具是否已经到达零件轮廓的终点。若已经到达终点,则停止插补过程;若未到达终点,则返回到第(1)步,重复上述四个节拍。

4) 应用

(1) 直线插补。

① 偏差判别。

当进行直线插补时,如图 2-15 所示,对于第一象限平面内的被加工直线 OE,起点 O 为坐标原点,编程时,给出直线的终点坐标 $E(x_e, y_e)$,直线方程为 $x/y = x_e/y_e$,令 $F = yx_e - xy_e$,则 $F = 0$。

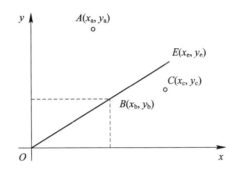

图 2-15　第一象限直线插补

定义偏差判别函数:

$$F = yx_e - xy_e$$

当进行直线插补时,插补偏差可能有三种情况:插补点位于直线上方(A 点),插补点在直线上(B 点),插补点在直线下方(C 点)。

综上,偏差判别函数 F 与刀具位置具有以下关系:

当 $F > 0$,即 $yx_e - xy_e > 0$ 时,刀具在直线上方(A 点);

当 $F = 0$,即 $yx_e - xy_e = 0$ 时,刀具在直线上(D 点);

当 $F < 0$,即 $yx_e - xy_e < 0$ 时,刀具在直线下方(C 点)。

② 坐标进给。

当刀具在直线上方,即 $F > 0$ 时,应向 $+x$ 方向走一步,才能接近直线。

当刀具在直线上,即 $F = 0$ 时,可以沿 $+x$ 方向走一步,也可以沿 $+y$ 方向走一步。为了继续运动,可归入 $F > 0$ 的情况。

当刀具在直线下方,即 $F < 0$ 时,应向 $+y$ 方向走一步,才能接近直线。

③ 偏差计算。

为了便于计算机计算,下面将 F 的计算进行简化。假设第一象限中的点 (x_i, y_j) 的偏差判别函数的值为 $F_{i, j}$,则 $F_{i, j} = y_j x_e - x_i y_e$。

若沿 $+x$ 方向走一步,则

$$x_{i+1} = x_i + 1$$
$$y_{j+1} = y_j$$
$$F_{i+1, j} = y_j x_e - (x_i + 1) y_e = F_{i, j} - y_e$$

若沿 $+y$ 方向走一步，则

$$x_{i+1}=x_i$$
$$y_{j+1}=y_j+1$$
$$F_{i,j+1}=(y_j+1)x_e-x_iy_e=F_{i,j}+x_e$$

④ 终点判别。

在进行插补计算、坐标进给后还要进行终点判别。直线插补的终点判别可以采用两种方法：一种是每走一步判断动点 (x_i,y_j) 与终点坐标值 (x_e,y_e) 之差是否为零，若为零则说明到达终点，插补结束；另一种是把每个程序段中的总步数求出来，即 $n=x_e+y_e$，每走一步，计步器进行 $n-1$ 操作，直到 $n=0$ 时为止。因而，直线插补方法可归纳如下：

当 $F\geqslant 0$ 时，沿 $+x$ 方向走一步，然后进行新的偏差和终点判别计算：

$$F\leftarrow F-y_e$$
$$n=n-1$$

当 $F<0$ 时，沿 $+y$ 方向走一步，然后进行新的偏差和终点判别计算：

$$F\leftarrow F+x_e$$
$$n=n-1$$

以上讨论的直线插补运算公式只适用于第一象限通过原点的直线插补，若不采取措施，则不能适用其他象限的直线插补。对于第二象限，只要用 $|x|$ 代替 x 即可，至于输出驱动，应使 x 轴步进电机反向旋转，而 y 轴步进电机仍为正向旋转。同理，第三、第四象限的直线也可以变换到第一象限。当进行插补运算时，用 $|x|$ 和 $|y|$ 代替 x、y。输出驱动的原则是：在第三象限，若点在直线上方，则向 $-y$ 方向步进，若点在直线下方，则向 $-x$ 方向步进；在第四象限，若点在直线上方，则向 $-y$ 方向步进，若点在直线下方，则向 $+x$ 方向步进。四个象限各轴插补运动方向和偏差计算公式如表 2-1 所示。由此看出，当 $F\geqslant 0$ 时，在 x 方向步进，$|x|$ 增大，向 $+x$ 或 $-x$ 步进可由象限标志控制，一、四象限向 $+x$ 方向步进，二、三象限向 $-x$ 步进；同样地，当 $F<0$ 时，总是向 y 方向步进，$|y|$ 增大，向 $+y$ 或 $-y$ 步进可由象限标志控制，一、二象限向 $+y$ 方向步进，三、四象限向 $-y$ 方向步进。

表 2-1 直线插补四个象限各轴插补运动方向和偏差计算公式

	进给方向判定			偏差计算公式
	线型	$F\geqslant 0$ 时	$F<0$ 时	
	L_1	$+\Delta x$	$+\Delta y$	
	L_2	$-\Delta x$	$+\Delta y$	当 $F\geqslant 0$ 时，$F_{i+1}=F_i-y_e$；
	L_3	$-\Delta x$	$-\Delta y$	当 $F<0$ 时，$F_{i+1}=F_i+x_e$
	L_4	$+\Delta x$	$-\Delta y$	

【例 2-2】 设加工第一象限直线段 OA，起点 $O(0,0)$，终点坐标 $A(6,4)$，试用逐点比较法加工出直线 OA，并画出插补轨迹。

解 坐标进给的总步数 $n_{xy}=|6-0|+|4-0|=10$，$x_e=6$，$y_e=4$，$F_0=0$，轨迹如图 2-16 所示，运动方程如表 2-2 所示。

表 2 - 2　运 动 方 程

步数 起点	偏差判别	坐标进给	偏差计算 $F_0 = 0$	终点判断 $n_{xy} = 10$
1	$F_0 = 0$	$+x$	$F_1 = F_0 - y_e = -4$	$n_{xy} = 9$
2	$F_1 < 0$	$+y$	$F_2 = F_1 + x_e = 2$	$n_{xy} = 8$
3	$F_2 > 0$	$+x$	$F_3 = F_2 - y_e = -2$	$n_{xy} = 7$
4	$F_3 < 0$	$+y$	$F_4 = F_3 + x_e = 4$	$n_{xy} = 6$
5	$F_4 > 0$	$+x$	$F_5 = F_4 - y_e = 0$	$n_{xy} = 5$
6	$F_5 = 0$	$+x$	$F_6 = F_5 - y_e = -4$	$n_{xy} = 4$
7	$F_6 < 0$	$+y$	$F_7 = F_6 + x_e = 2$	$n_{xy} = 3$
8	$F_7 > 0$	$+x$	$F_8 = F_7 - y_e = -2$	$n_{xy} = 2$
9	$F_8 < 0$	$+y$	$F_9 = F_8 + x_e = 4$	$n_{xy} = 1$
10	$F_9 > 0$	$+x$	$F_{10} = F_9 - y_e = 0$	$n_{xy} = 0$

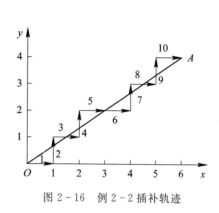

图 2 - 16　例 2 - 2 插补轨迹

【例 2 - 3】　设加工第二象限直线 OA，起点 O 在坐标原点，终点坐标为 $(-3,5)$，试用逐点比较法加工出直线 OA，并画出插补轨迹。

　　解　坐标进给的总步数 $n_{xy} = |-3-0| + |5-0| = 8$，$x_e = -3$，$y_e = 5$，$F_0 = 0$，轨迹如图 2 - 17 所示，运动方程如表 2 - 3 所示。

表 2 - 3　运 动 方 程

序号	偏差判别	坐标进给	偏差计算	终点判别
1	$F_0 = 0$	$-x$	$F_1 = F_0 + y_e = 0 + 5 = 5$	$n_{xy} = 8 - 1 = 7$
2	$F_1 = 5 > 0$	$+y$	$F_2 = F_1 + x_e = 5 - 3 = 2$	$n_{xy} = 7 - 1 = 6$
3	$F_2 = 2 > 0$	$+y$	$F_3 = F_2 + x_e = 2 - 3 = -1$	$n_{xy} = 6 - 1 = 5$
4	$F_3 = -1 < 0$	$-x$	$F_4 = F_3 + y_e = -1 + 5 = 4$	$n_{xy} = 5 - 1 = 4$
5	$F_4 = 4 > 0$	$+y$	$F_5 = F_4 + x_e = 4 - 3 = 1$	$n_{xy} = 4 - 1 = 3$
6	$F_5 = 1 > 0$	$+y$	$F_6 = F_5 + x_e = 1 - 3 = -2$	$n_{xy} = 3 - 1 = 2$
7	$F_6 = -2 < 0$	$-x$	$F_7 = F_6 + y_e = -2 + 5 = 3$	$n_{xy} = 2 - 1 = 1$
8	$F_7 = 3 > 0$	$+y$	$F_8 = F_7 + x_e = 3 - 3 = 0$	$n_{xy} = 1 - 1 = 0$

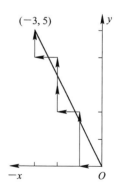

图 2 - 17　例 2 - 3 插补轨迹

　　一般地，在 NC 系统中，由逻辑电路实现逐点比较，但是在 CNC 系统中用软件实现是很方便的。根据直线插补的象限处理原则，四个象限直线插补流程图如图 2 - 18 所示。

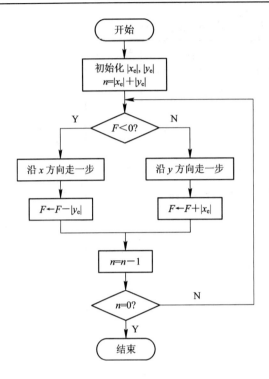

图 2-18　四个象限直线插补流程图

（2）圆弧插补。

① 偏差判别。

圆弧插补加工是将加工点到圆心的距离与被加工圆弧的半径相比较，并根据偏差大小确定坐标进给方向。以第一象限逆圆为例，以坐标原点为圆心，设圆弧起点为$(x_0，y_0)$，终点坐标为$(x_e，y_e)$，设圆上任意一点为$(x，y)$，如图 2-19 所示，则

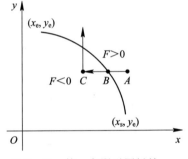

图 2-19　第一象限逆圆插补

$$(x^2+y^2)-(x_0^2+y_0^2)=0$$

定义偏差判别函数为

$$F=(x_i^2+y_j^2)-(x_0^2+y_0^2)$$

当进行圆弧插补时，插补偏差可能有三种情况：插补点在圆弧外（A 点），插补点在圆弧上（B 点），插补点在圆弧内（C 点）。

综上，偏差判别函数 F 与刀具位置具有以下关系：

当 $F>0$，即$(x_i^2+y_j^2)-(x_0^2+y_0^2)>0$ 时，刀具在圆弧外（A 点）；

当 $F=0$，即$(x_i^2+y_j^2)-(x_0^2+y_0^2)=0$ 时，刀具在圆弧上（B 点）；

当 $F<0$，即$(x_i^2+y_j^2)-(x_0^2+y_0^2)<0$ 时，刀具在圆弧内（C 点）。

② 坐标进给。

当刀具在圆弧外，即 $F>0$ 时，应向 $-x$ 方向走一步，才能接近圆弧。

当刀具在圆弧上，即 $F=0$ 时，为了继续运动，可归入 $F>0$ 的情况。

当刀具在圆弧内，即 $F<0$ 时，应向 $+y$ 方向走一步，才能接近圆弧。

③ 偏差计算。

每走一步后，计算一次偏差判别函数，作为下一步进给的判别标准，同时进行一次终点判别。设第一象限中的点(x_i, y_i)的偏差判别函数的值为$F_{i,j}$，则$F_{i,j} = (x_i^2 + y_j^2) - (x_0^2 + y_0^2)$。

若沿$-x$方向走一步，则

$$x_{i+1} = x_i - 1, \qquad y_{j+1} = y_j$$
$$F_{i+1,j} = (x_i - 1)^2 + y_j^2 - (x_0^2 + y_0^2) = F_{i,j} - 2x_i + 1$$

若沿$+y$方向走一步，则

$$x_{i+1} = x_i, \qquad y_{j+1} = y_j + 1$$
$$F_{i,j+1} = x_i^2 + (y_j + 1)^2 - (x_0^2 + y_0^2) = F_{i,j} + 2y_j + 1$$

④ 终点判别。

终点判别可采用与直线插补相同的方法，归纳如下：

当$F \geqslant 0$时，沿$-x$方向走一步，然后进行新的偏差和终点判别计算：

$$F_{i+1,j} = (x_i - 1)^2 + y_j^2 - (x_0^2 + y_0^2) = F_{i,j} - 2x_i + 1$$
$$x_{i+1} = x_i - 1, \qquad y_{j+1} = y_j$$
$$n \leftarrow n - 1$$

当$F < 0$时，沿$+y$方向走一步，然后进行新的偏差和终点判别计算：

$$F_{i,j+1} = x_i^2 + (y_j + 1)^2 - (x_0^2 + y_0^2) = F_{i,j} + 2y_j + 1$$
$$x_{i+1} = x_i, \qquad y_{j+1} = y_j + 1$$
$$n \leftarrow n - 1$$

以上仅讨论了第一象限的逆圆圆弧插补，实际上若圆弧所在的象限不同，顺、逆不同，则插补公式和运动点的走向均不同，因而圆弧插补有八种情况。四个象限顺、逆圆弧插补运动方向和偏差计算公式如表 2-4 所示。

表 2-4　四个象限顺、逆圆弧插补运动方向和偏差计算公式

		进给方向判定		偏差计算公式
	线型	$F_m \geqslant 0$ 时	$F_m < 0$ 时	
顺圆 SR	SR₁	$-\Delta y$	$+\Delta x$	$F_m \geqslant 0$ 时：$F_{m+1} = F_m - 2y_m + 1$ $x_{m+1} = x_m$ $y_{m+1} = y_m - 1$
	SR₃	$+\Delta y$	$-\Delta x$	
	NR₂	$-\Delta y$	$-\Delta x$	$F_m < 0$ 时：$F_{m+1} = F_m + 2x_m + 1$ $x_{m+1} = x_m + 1$ $y_{m+1} = y_m$
	NR₄	$+\Delta y$	$+\Delta x$	
逆圆 NR	SR₂	$+\Delta x$	$+\Delta y$	$F_m \geqslant 0$ 时：$F_{m+1} = F_m - 2x_m + 1$ $x_{m+1} = x_m - 1$ $y_{m+1} = y_m$
	SR₄	$-\Delta x$	$-\Delta y$	
	NR₁	$-\Delta x$	$+\Delta y$	$F_m < 0$ 时：$F_{m+1} = F_m + 2y_m + 1$ $x_{m+1} = x_m$ $y_{m+1} = y_m + 1$
	NR₃	$+\Delta x$	$-\Delta y$	

（表左侧为四象限顺圆、逆圆插补运动方向示意图）

为了获得较好的算法，需要解决圆弧过象限问题。圆弧过象限是指圆弧的起点和终点不在同一象限内，如图 2-20 中的 $\overset{\frown}{AB}$ 所示。因为在进行插补计算时，比较方便的办法是运动点和终点坐标均采用绝对值参加运算。但采用这种办法会引起一些问题，如图 2-20 中，A_1 和 B 点纵坐标的绝对值是一样的，从 A 向 B 插补时，走到 A_1 就会停止。因此在编制零件加工程序时，就要求将 $\overset{\frown}{AB}$ 分成两段：$\overset{\frown}{AB_1}$ 和 $\overset{\frown}{B_1B}$。过象限有一个显著特点：圆弧与坐标轴相交，因此只要检查交点的两个坐标值中是否有零即可判断是否过象限。

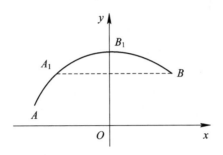

图 2-20　圆弧过象限

【例 2-4】　设 $\overset{\frown}{AB}$ 为第一象限逆圆弧，起点为 $A(5,0)$，终点为 $B(0,5)$，用逐点比较法加工圆弧 AB，并画出圆弧插补轨迹。

解　坐标进给的总步数为

$$n_{xy} = |5-0| + |5-0| = 10$$

开始加工时刀具在圆弧起点，插补轨迹如图 2-21 所示，运动方程如表 2-5 所示。

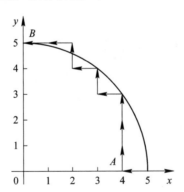

图 2-21　例 2-4 圆弧插补轨迹

表 2-5　运 动 方 程

序号	偏差判别	进给方向	偏差 计 算	终点判别
0			$F_0 = 0$ 　　　　　　　$x_0 = 5$, $y_0 = 0$	$n = 0$
1	$F_0 = 0$	$-x$	$F_1 = F_0 - 2x + 1 = 0 - 2 \times 5 + 1 = -9$ 　　　　　　　$x_1 = 4$, $y_1 = 0$	$n = 10 - 1 = 9$
2	$F_1 < 0$	$+y$	$F_2 = F_1 + 2y + 1 = -9 + 2 \times 0 + 1 = -8$ 　　　　　　　$x_2 = 4$, $y_2 = 1$	$n = 8$

续表

序号	偏差判别	进给方向	偏差计算		终点判别
3	$F_2 < 0$	$+y$	$F_3 = -8 + 2 \times 1 + 1 = -5$	$x_3 = 4$，$y_3 = 2$	$n = 7$
4	$F_3 < 0$	$+y$	$F_4 = -5 + 2 \times 2 + 1 = 0$	$x_4 = 4$，$y_4 = 3$	$n = 6$
5	$F_4 = 0$	$-x$	$F_5 = 0 - 2 \times 4 + 1 = -7$	$x_5 = 3$，$y_5 = 3$	$n = 5$
6	$F_5 < 0$	$+y$	$F_6 = -7 + 2 \times 3 + 1 = 0$	$x_6 = 3$，$y_6 = 4$	$n = 4$
7	$F_6 = 0$	$-x$	$F_7 = 0 - 2 \times 3 + 1 = -5$	$x_7 = 2$，$y_7 = 4$	$n = 3$
8	$F_7 < 0$	$+y$	$F_8 = -5 + 2 \times 4 + 1 = 4$	$x_8 = 2$，$y_8 = 5$	$n = 2$
9	$F_8 > 0$	$-x$	$F_9 = 4 - 2 \times 2 + 1 = 1$	$x_9 = 1$，$y_9 = 5$	$n = 1$
10	$F_9 > 0$	$-x$	$F_{10} = 1 - 2 \times 1 + 1 = 0$	$x_{10} = 0$，$y_{10} = 5$	$n = 0$

【例 2 - 5】　设欲加工第一象限逆圆弧 AE，起点 A 的坐标为 $(4, 3)$，终点 E 的坐标为 $(0, 5)$，试用逐点比较法进行插补，并画出加工插补轨迹。

解　坐标进给的总步数 $n_{xy} = |0 - 4| + |5 - 3| = 6$，开始加工时刀具在圆弧起点，插补轨迹如图 2 - 22 所示，运动方程如表 2 - 6 所示。

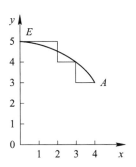

图 2 - 22　例 2 - 5 圆弧插补轨迹

表 2 - 6　运 动 方 程

序号	偏差判别	坐标进给	偏差计算	坐标计算	终点判别
1	$F_0 = 0$	$-\Delta x$	$F_1 = 0 - 2 \times 4 + 1 = -7$	$x_1 = 3$，$y_1 = 3$	$\Sigma_1 = 6 - 1 = 5$
2	$F_1 = -7 < 0$	$+\Delta y$	$F_2 = -7 + 2 \times 3 + 1 = 0$	$x_2 = 3$，$y_2 = 4$	$\Sigma_2 = 5 - 1 = 4$
3	$F_2 = 0$	$-\Delta x$	$F_3 = 0 - 2 \times 3 + 1 = -5$	$x_3 = 2$，$y_3 = 4$	$\Sigma_3 = 4 - 1 = 3$
4	$F_3 = -5 < 0$	$+\Delta y$	$F_4 = -5 + 2 \times 4 + 1 = 4$	$x_4 = 2$，$y_4 = 5$	$\Sigma_4 = 3 - 1 = 2$
5	$F_4 = +4 > 0$	$-\Delta x$	$F_5 = 4 - 2 \times 2 + 1 = 1$	$x_5 = 1$，$y_5 = 5$	$\Sigma_5 = 2 - 1 = 1$
6	$F_5 = +1 > 0$	$-\Delta x$	$F_6 = 1 - 2 \times 1 + 1 = 0$	$x_6 = 0$，$y_6 = 5$	$\Sigma_6 = 1 - 1 = 0$

　　根据圆弧插补的象限处理原则，四个象限圆弧插补软件流程如图 2 - 23 所示。图中，J_x 表示 x 坐标，J_y 表示 y 坐标，J_F 表示判别式值，J_n 表示步数，SR_1、SR_2、SR_3、SR_4 分别表示在第一象限、第二象限、第三象限、第四象限内的顺时针圆弧，NR_1、NR_2、NR_3、NR_4 分别表示在第一象限、第二象限、第三象限、第四象限内的逆时针圆弧，x_A、y_A 分别表示圆弧起点的 x 坐标和 y 坐标。

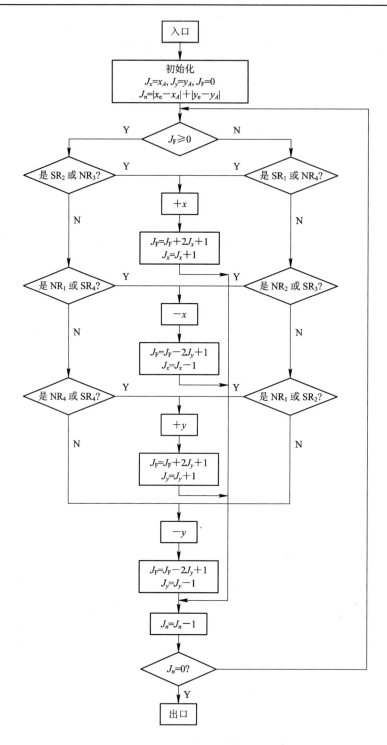

图 2 - 23　四个象限圆弧插补软件流程图

5）插补速度

设脉冲源频率为 f，x 方向脉冲频率为 f_x，y 方向脉冲频率为 f_y，则有：

$$f = f_x + f_y$$

x 方向进给速度 v_x：

$$v_x = 60\delta f_x$$

y 方向进给速度 v_y：

$$v_y = 60\delta f_y$$

逐点比较法合成进给速度：

$$v = \sqrt{v_x^2 + v_y^2} = 60\delta\sqrt{f_x^2 + f_y^2}$$

得

$$v_{\max} = v_g = 60\delta f$$

$$\frac{v}{v_{\max}} = \frac{\sqrt{f_x^2 + f_y^2}}{f_g} = \sqrt{\frac{x^2 + y^2}{x + y}}$$

$$k_v = \frac{v_{\max}}{v_{\min}} = 1.414$$

3. 数字积分法

数字积分法又称为数字微分分析法（Digital Differential Analyzer，DDA），它具有运算速度快、逻辑功能强、脉冲分配均匀、易于实现多坐标联动、可描绘平面各种函数曲线等特点，较容易实现二次曲线、高次曲线的插补，并且输入很少的数据，就能加工出直线、圆弧等较复杂的曲线轨迹，精度也能满足要求。因此，DDA 在数控系统中的应用比较广泛。

根据积分的基本原理，函数 $y = f(t)$ 在 $t_0 \sim t_n$ 区间的积分就是该函数曲线与横坐标 t 在区间 $t_0 \sim t_n$ 所围成的面积（如图 2-24 所示），并可近似地看成该曲线下面许多小矩形面积之和，用公式表示为

$$S = \int_0^t f(t)\,\mathrm{d}t = \sum_{i=1}^n y_{i-1}\Delta t$$

式中，y_i 为 $t = t_i$ 时的 $f(t)$ 值。这个公式说明，每来一个脉冲，与门打开一次，将函数值寄存器中的函数值送往累加器相加一次；累加器的容量取为一个单位面积；当累加和超过累加器的容量时，便向面积寄存器溢出一个脉冲，表示获得一个单位面积，面积寄存器累计溢出脉冲。累计结束后，面积寄存器的计数值就是面积积分的近似值。累加运算的基本逻辑如图 2-25 所示。在进行数学运算时，若 Δt 取为最小的基本单位"1"，则上式简化为

$$S = \sum_{i=1}^n y_{i-1}$$

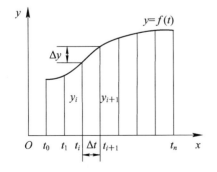

图 2-24　函数 $y = f(t)$ 的积分

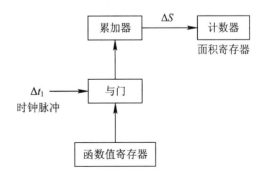

图 2-25　累加运算的基本逻辑图

1）DDA 直线插补原理

设在 xOy 平面上加工线段 OA，如图 2-26 所示，起点在原点，终点为 $A(x_e, y_e)$，v_x 和 v_y 是两个坐标轴方向的分速度，设 x、y 方向的微小增量为 Δx、Δy，则

$$\Delta x = v_x \cdot \Delta t$$

$$\Delta y = v_y \cdot \Delta t$$

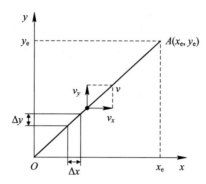

图 2-26　DDA 直线插补加工线段

而 $x_e = v_x t_1$，$y_e = v_y t_2$，所以

$$\frac{y_e}{x_e} = \frac{v_y t_2}{v_x t_1}$$

因为 $t_1 = t_2$（同时到达），所以

$$\frac{y_e}{x_e} = \frac{v_y}{v_x}$$

对于直线函数来说，v_x 和 v_y 是常数，则

$$\frac{v_x}{x_e} = \frac{v_y}{y_e} = k$$

式中，k 为比例系数，即常数。在 Δt 时间内，x、y 位移增量的参数方程为

$$\begin{cases} \Delta x = v_x \cdot \Delta t = k \cdot x_e \cdot \Delta t \\ \Delta y = v_y \cdot \Delta t = k \cdot y_e \cdot \Delta t \end{cases}$$

各坐标轴的位移量分别为

$$\begin{cases} x = \int_0^t kx_e \mathrm{d}t = \sum_{i=1}^n kx_e \Delta t \\ y = \int_0^t ky_e \mathrm{d}t = \sum_{i=1}^n ky_e \Delta t \end{cases} \tag{2-1}$$

取单位时间 $\Delta t = 1$，则公式化为

$$\begin{cases} x = k \cdot \sum_{i=1}^n x_e \\ y = k \cdot \sum_{i=1}^n y_e \end{cases} \tag{2-2}$$

所以，动点从起点走向终点的过程可以看作各坐标轴每经过一个单位时间间隔 Δt，分别以增量 kx_e 及 ky_e 同时累加的过程。据此可以做出平面直线插补器，如图 2-27 所示。平面直

线插补器由两个数字积分器组成，每个数字积分器由积分累加器和被积函数寄存器所组成，终点坐标值存在被积函数寄存器中。其工作过程为：每发一个插补迭代脉冲（即来一个 Δt），使 kx_e 和 ky_e 向各自的累加器里累加一次，累加的结果有无溢出脉冲 Δx（或 Δy）取决于累加器的容量和 kx_e（或 ky_e）的大小。一旦有溢出，x、y 积分器的溢出脉冲 Δx、Δy 必然符合式（2-1）和式（2-2），即积分值为溢出脉冲数与余数之和。

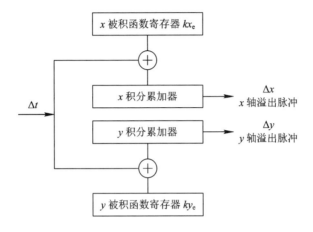

图 2-27　平面直线插补结构

若经过 m 次累加后，x 和 y 分别（或同时）到达终点 (x_e, y_e)，则

$$\begin{cases} x = \sum_{i=1}^{m} kx_e \Delta t = kx_e m = x_e \\ y = \sum_{i=1}^{m} ky_e \Delta t = ky_e m = y_e \end{cases} \tag{2-3}$$

式中，k、x_e、y_e 为常数，$\Delta t = 1$，m 为累加器的容量（即累加总次数）。

式（2-3）成立的条件为

$$mk = 1 \quad 或 \quad m = \frac{1}{k}$$

上式表明了比例常数 k 和累加（迭代）次数 m 的关系。由于 m 必须是整数，所以 k 一定是小数。

k 的选择主要考虑每次增量 Δx 或 Δy 不大于 1 的情况。若寄存器位数为 n，则 x_e、y_e 的最大寄存容量为 $2^n - 1$，为保证坐标轴上每次分配进给脉冲不超过一个，也就是说，要满足：

$$\begin{cases} \Delta x = kx_e = k(2^n - 1) < 1 \\ \Delta y = ky_e = k(2^n - 1) < 1 \end{cases} \tag{2-4}$$

则

$$k < \frac{1}{2^n - 1}$$

一般取 $k = \dfrac{1}{2^n}$ 可满足 $\begin{cases} \Delta x = kx_e = \dfrac{2^n - 1}{2^n} < 1 \\ \Delta y = ky_e = \dfrac{2^n - 1}{2^n} < 1 \end{cases}$，故累加次数 $m = \dfrac{1}{k} = 2^n$。

因为 $k=1/2^n$，所以对于一个二进制数来说，使 kx_e（或 ky_e）等于 x_e 乘以 $1/2^n$ 是很容易实现的，即 x_e（或 y_e）数字本身不变，只要把小数点左移 n 位即可。所以一个 n 位的寄存器存放 x_e（或 y_e）和存放 $kx_e(ky_e)$ 的数字是相同的，后者只认为小数点出现在最高位数的前面，其他没有差异。这样积分器的方块图如图 2-28 所示，其逻辑符号如图 2-29 所示。图 2-28 中，J_{Vx} 为被积函数寄存器；J_{Rx} 为累加寄存器，用于寄存余数，又称余数寄存器。显然，当直线插补时，要实现两个坐标方向的累加，即实现 $\Delta x=k \cdot x_e \cdot \Delta t$ 和 $\Delta y=k \cdot y_e \cdot \Delta t$ 的累加，必须用两个积分器来进行，这样组成的直线插补数字积分器如图 2-30 所示，写成增量形式为

$$\begin{cases}\Delta x=x_e\Delta t\\ \Delta y=y_e\Delta t\end{cases} \tag{2-5}$$

写成积分形式为

$$\begin{cases}x=\int x_e\mathrm{d}t\\ y=\int y_e\mathrm{d}t\end{cases} \tag{2-6}$$

若从直线方程直接求微分，同样可得到式(2-6)，由此可看出 DDA 名称的由来。

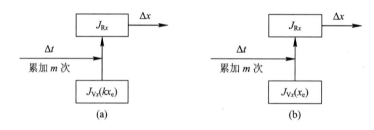

图 2-28　数字积分器的方块图

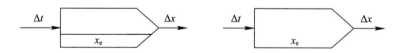

图 2-29　积分器的逻辑符号

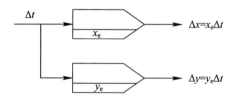

图 2-30　DDA 直线插补器

采用数字积分法进行直线插补时终点判别比较简单。设一个位数为 n 的计数器 J_E，用加计数（预置 0）或减计数（预置累加次数 $m=2^n$）来计算累加脉冲数，当插补（累加）2^n 次时，J_E 的最高位有溢出，停止插补运算。

【例 2-6】　设要插补如图 2-31 所示的直线 OA，起点坐标为原点 O，终点 A 坐标为 $(5,3)$，试用数字积分法进行插补计算，并画出加工轨迹。

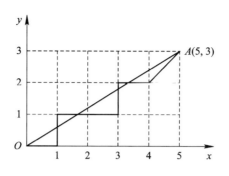

图 2-31　DDA 直线插补

解　根据起点、终点坐标的绝对值的最大值小于 2^3，可以设置被积函数寄存器 J_{Vx}、J_{Vy} 和余数寄存器 J_{Rx}、J_{Ry} 以及终点计数器 J_E 均为三位二进制寄存器，则迭代（累加）次数 $m=2^3=8$ 次时，插补完成，其插补过程如表 2-7 所示。在插补前，J_E、J_{Rx}、J_{Ry} 均为零，J_{Vx}、J_{Vy} 分别存放 $x_e=5$，$y_e=3$。在直线插补过程中，J_{Vx}、J_{Vy} 中的数值始终保持不变（始终为 x_e 和 y_e）。

表 2-7　DDA 直线插补过程

累加次数 Δt	x 积分器			y 积分器			终点 计数器 J_E	备注
	$J_{Vx}(x_e)$	J_{Rx}	溢出 Δx	$J_{Vy}(y_e)$	J_{Ry}	溢出 Δy		
0	101	000		011	000		000	初始状态
1	101	101		011	011		001	第一次迭代
2	101	010	1	011	110		010	J_{Rx} 有进位，Δx 溢出脉冲
3	101	111		011	001	1	011	J_{Ry} 有进位，Δy 溢出脉冲
4	101	100	1	011	100		100	Δx 溢出
5	101	001	1	011	111		101	Δx 溢出
6	101	110		011	010	1	110	Δy 溢出
7	101	011	1	011	101		111	Δx 溢出
8	101	000	1	011	000	1	000	Δx、Δy 同时溢出 $J_E=1$，插补结束

DDA 直线插补的终点判别比较简单，因为直线程序段需要进行 2^n 次累加运算才能达到终点，所以可由一个积分寄存器中寄存器容量相同的终点计数器 J_E 来实现，其初始值为 0。每累加一次，J_E 加 1，当累加 2^n 次后，产生溢出，使 $J_E=0$，完成插补，其软件流程如图 2-32 所示。

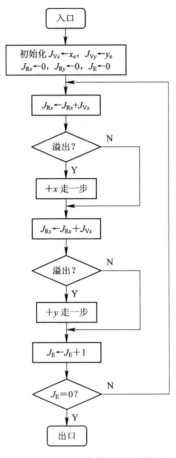

图 2-32　DDA 直线插补软件流程

2）DDA 圆弧插补原理

数字积分直线插补的物理意义是动点沿速度矢量的方向前进，这同样适合圆弧插补。在第一象限，以逆圆弧为例，半径为 R，刀具切向速度为 v，P 点 $(x，y)$ 为动点，动点移动分速度为 v_x、v_y，如图 2-33 所示。

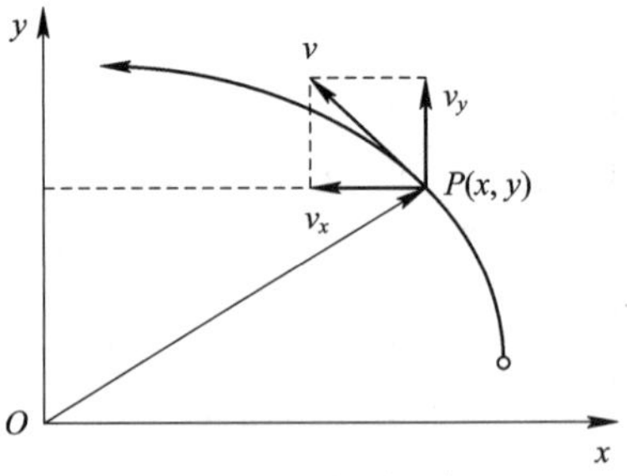

圆弧的参数方程为

$$\begin{cases} x_i = R\cos\theta \\ y_i = R\sin\theta \end{cases} \qquad (2-7)$$

动点 P 的分速度为

$$\begin{cases} v_x = \dfrac{\mathrm{d}x_i}{\mathrm{d}t} = -v\sin\alpha = -v\dfrac{y_i}{R} = -\left(\dfrac{v}{R}\right)y_i \\ v_y = \dfrac{\mathrm{d}y_i}{\mathrm{d}t} = v\cos\alpha = v\dfrac{x_i}{R} = \left(\dfrac{v}{R}\right)x_i \end{cases} \qquad (2-8)$$

图 2-33　圆弧插补

在单位时间 Δt 内，x、y 位移增量方程为

$$\begin{cases} \Delta x_i = v_x\Delta t = -\left(\dfrac{v}{R}\right)y_i\Delta t \\ \Delta y_i = v_y\Delta t = \left(\dfrac{v}{R}\right)x_i\Delta t \end{cases} \qquad (2-9)$$

当 v 恒定不变时，则

$$\frac{v}{R} = \frac{v_x}{y} = \frac{v_y}{x} = k \tag{2-10}$$

式中，k 为比例常数。式(2-10)可写为

$$\begin{cases} \Delta x_i = -k y_i \Delta t \\ \Delta y_i = k x_i \Delta t \end{cases} \tag{2-11}$$

与 DDA 直线插补一样，取累加器容量为 2^n，$k = 1/2^n$，n 为累加寄存器的位数，则各坐标的位移量为

$$\begin{cases} x = \int_0^t (-k y) \mathrm{d}t = -\dfrac{1}{2^n} \sum_{i=1}^m y_i \Delta t \\ y = \int_0^t k x \, \mathrm{d}t = \dfrac{1}{2^n} \sum_{i=1}^m x_i \Delta t \end{cases} \tag{2-12}$$

图 2-34 所示为 DDA 圆弧插补原理框图。图中，省略系数 k 的原因和 DDA 直线插补时的原因类同。但需要注意：第一，坐标值 x、y 存入被积函数寄存器 J_{Vx}、J_{Vy} 中的对应关系与直线插补时恰好相反，即 x 存入 J_{Vy} 中，而 y 存入 J_{Vx} 中；第二，在直线插补中，J_{Vx}、J_{Vy} 寄存常量，而在 DDA 圆弧插补时寄存的是动点坐标，是个变量。因此在插补过程中，必须根据动点位置的变化来改变 J_{Vx} 和 J_{Vy} 中的内容。J_{Vx}、J_{Vy} 中寄存的数值会影响插补速度，所以又将其称为速度寄存器。在起点处，J_{Vx}、J_{Vy} 分别寄存起点坐标值 y_0、x_0；在插补过程中，J_{Ry} 每溢出一个 Δy 脉冲，J_{Vx} 应该加 1，反之，当 J_{Rx} 溢出一个 Δx 脉冲时，J_{Vy} 应该减 1，这是因为当进行逆圆弧插

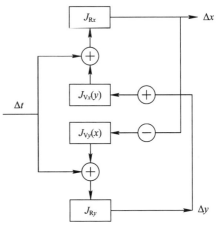

图 2-34　DDA 圆弧插补原理框图

补时，x 坐标向负方向进给，动点 x 坐标不断减少。图 2-34 中用 ⊕ 和 ⊖ 分别表示修改动点坐标时加 1 和减 1 的关系。

在 xOy 平面中各象限坐标位移与被积函数的修正关系如表 2-8 所示。

表 2-8　各象限坐标位移与被积函数的修正关系

象限	SR_1	SR_2	SR_3	SR_4	NR_1	NR_2	NR_3	NR_4
$J_{Vx}(y)$	⊖	⊕	⊕	⊖	⊕	⊖	⊖	⊕
$J_{Vy}(x)$	⊕	⊖	⊖	⊖	⊖	⊖	⊕	⊕
Δx	+	+	−	−	−	−	+	+
Δy	−	+	+	−	+	+	−	+

DDA 圆弧插补的终点判别利用的是两个终点减法计数器，即把 x、y 坐标所需输出的脉冲数 $|x_e - x_0|$ 和 $|y_e - y_0|$ 分别存入这两个计数器中，x 或 y 积分器每输出一个脉冲，相应地减法计数器减 1，当某一坐标计数器为 0 时，该坐标到达终点，这时该坐标停止迭代。当两个计数器均为 0 时，圆弧插补结束。DDA 圆弧插补流程图如图 2-35 所示。图中，J_{Vx} 表示 x 坐标的被积函数积分器，J_{Vy} 表示 y 坐标的被积函数积分器，J_{Rx} 表示 x 坐标余数积分器，J_{Ry} 表示 y 坐标余数积分器，J_{Ex} 表示 x 坐标走步计数器，J_{Ey} 表示 y 坐标走步计数器。

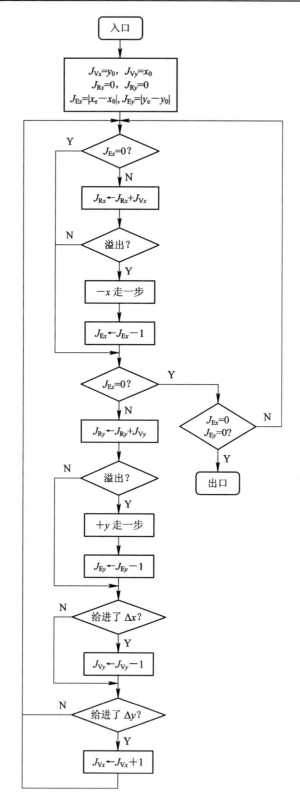

图 2-35 DDA 圆弧插补流程

圆弧插补与直线插补的区别如下：

（1）直线插补时，被积函数寄存器为常数累加；而圆弧插补时，被积函数寄存器为变量累加。

（2）圆弧插补时，x 轴动点坐标值累加的溢出脉冲作为 y 轴的进给脉冲，y 轴动点坐标值累加的溢出脉冲作为 x 轴的进给脉冲。

（3）直线插补过程中，被积函数值 x_e 和 y_e 不变；圆弧插补过程中，被积函数值必须由累加器的溢出来修改。圆弧插补过程中，x 轴累加器的初始值存入 y 轴的起点坐标 y_0，y 轴累加器的初始值存入 x 轴的起点坐标 x_0。

【例 2-7】 设有第一象限逆圆弧 AB，起点为 $A(5，0)$，终点为 $B(0，5)$，脉冲当量为一个单位，试用 DDA 圆弧插补法插补此圆弧，并画出插补轨迹。

解　根据起点、终点坐标的绝对值的最大值小于 2^3，可以设置被积函数寄存器 J_{Vx}、J_{Vy} 和余数寄存器 J_{Rx}、J_{Ry} 以及终点计数器 J_E 均为三位二进制寄存器，$J_{Vx}＝000_二（0_+）$，$J_{Vy}＝101_二（5_+）$，J_{Rx}、J_{Ry} 清零，两个终点寄存器各置入 $101_二（5_+）$，其插补过程如表 2-9 所示，插补轨迹如图 2-36 所示。

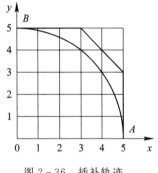

图 2-36　插补轨迹

表 2-9　第一象限逆圆弧 AB 的插补过程

运算次序	x 积分器			$x_终$	y 积分器			$y_终$	备　注
	$J_{Vx}(y_i)$	$J_{Rx}(\sum y_i)$	Δx		$J_{Vy}(x_i)$	$J_{Ry}(\sum x_i)$	Δy		
0	000	000	0	101	101	000	0	101	初始状态
1	000	000	0	101	101	101	0	101	第一次迭代
2	000	000	0	101	101	010	1	100	产生 Δy，修正 y_i
	001								
3	001	001	0	101	101	111	0	100	
4	001	010	0	101	101	100	1	011	y 积分器再次溢出，修正 J_{Vx}（即修正 y_i）
	010								
5	010	100	0	101	101	001	1	010	产生 Δy，修正 y_i
	011								
6	011	111	0	101	101	110	0	010	
7	011	010	1	100	101	011	1	001	同时产生 Δx、Δy，修正 x_i、y_i
	100					100			
8	100	110	0	100	100	111	0	001	

运算次序	$J_{Vx}(y_i)$	$J_{Rx}(\sum y_i)$	Δx	$x_终$	$J_{Vy}(x_i)$	$J_{Ry}(\sum x_i)$	Δy	$y_终$	备 注
9	100	010	1	011	100	011	1	000	产生 Δx, Δy, y 到达终点, 停止 y 迭代
	101			011	011	011	0	000	
10	101	111	0	011	011	011	0	000	
11	101	100	1	010	011	011	0	000	产生 Δx, 修正 x_i
				010	011	011	0	000	
12	101	001	1	001	010	011	0	000	产生 Δx, 修正 x_i
				001	011	011	0	000	
13	101	110	0	001	001	011	0	000	
14	101	011	1	000	001	011	0	000	产生溢出 Δx, x 到达终点, 插补结束
				000					

注：表中 J_{Vx} 表示 y 坐标的被积函数积分器，J_{Vy} 表示 x 坐标的被积函数积分器，J_{Rx} 表示 x 坐标余数积分器，J_{Ry} 表示 y 坐标余数积分器，Δx 表示 x 坐标溢出寄存器，Δy 表示 y 坐标溢出寄存器。

3) DDA 插补的合成进给速度及改进数字积分插补质量的措施

(1) 数字积分插补的合成进给速度。

DDA 插补的特点是控制脉冲源每产生一个脉冲，做一次积分运算。如果 f_x、f_y 分别是 x、y 坐标进给脉冲的频率，f_g 为控制脉冲源的频率，累加器的容量为 2^n，则 x 方向的平均进给比率为 $x/2^n$，而 y 方向的平均进给比率为 $y/2^n$，所以各坐标的进给脉冲频率为

$$f_x = \frac{x}{2^n} \cdot f_g$$

$$f_y = \frac{y}{2^n} \cdot f_g$$

各坐标的进给速度为

$$v_x = f_x \cdot \delta = \delta \cdot f_g \cdot \frac{x}{2^n}$$

$$v_y = f_y \cdot \delta = \delta \cdot f_g \cdot \frac{y}{2^n}$$

式中，δ 为脉冲当量。合成速度为

$$v = \sqrt{v_x^2 + v_y^2} = \delta \cdot \frac{f_g}{2^n} \sqrt{x^2 + y^2} = \delta \cdot \frac{L}{2^n} \cdot f_g \tag{2-13}$$

一般频率的量纲为 1/s，速度中时间的单位是分钟，故式(2-13)可写成

$$v = 60 \cdot \delta \cdot \frac{L}{2^n} \cdot f_g \tag{2-14}$$

式中，$L = \sqrt{x^2 + y^2}$。当插补段为直线时，L 为直线长度；当插补段为圆弧时，L 应改为圆

弧半径 R。

插补的轮廓合成速度与插补迭代控制脉冲源的虚拟速度(假定每发一个插补控制脉冲，坐标轴走一步)的比值称为插补速度变化率，其表达式如下：

$$\frac{v}{v_g}=\frac{L}{N} \tag{2-15}$$

式中，v_g 为虚拟速度，$N=2^n$。

可见，速度变化率与程序段的 L(或 R)成正比。当插补迭代控制脉冲源的频率 f_g 一定时，行程长，脉冲溢出快，走刀快，行程短，脉冲溢出慢，走刀慢。数据段行程的变化范围为 $0\sim2^n$，所以合成速度 $v=(0\sim1)v_g$。

(2) 改进数字积分插补质量的措施。

如前所述，插补合成速度的变化很大，这种变化在加工时是不允许的，为此采用如下措施来稳定进给速度。

① 左移规格化。

在直线插补中，当被积函数被送入寄存器时，进行左移，直到 x 或 y 寄存器有一个最高位为"1"时，左移停止，转入插补运算。寄存器中最高位为"1"的数，称为规格化数；最高位为"0"的数，称为非规格化数。显然，规格化数累加两次必有一次溢出，而非规格化数必须作两次以上的多次累加才有一次溢出。直线插补经过左移规格化处理后，x、y 两个方向的脉冲分配速度扩大同样的倍数(即左移次数)，而两者之比不变，所以斜率不变。因为规格化后，每累加两次运算必有一次溢出，溢出速度比较均匀，所以加工的效率和质量都大为提高。

由于左移迫使数据段的行程增大，因此为了使发出的脉冲总数不变，就要相应地减少累加次数。如果左移 Q 次，则累加次数为 2^{n-Q}。为了达到这个目的，只要在 J_{vx}、J_{vy} 左移的同时，终点判别计数器 J_E(使用加计数时)把"1"信号从最高位输入，进行右移，使 J_E 的使用长度(位数)减少 Q 位即可。

圆弧插补与直线插补的左移规格化处理基本相同，唯一区别是：圆弧插补的左移规格化是使坐标值最大的被积函数寄存器的次高位为"1"。也就是说，在圆弧插补中，将 J_{vx}、J_{vy} 寄存器中次高位为"1"的数称为规格化数。这是由于在圆弧插补过程中，J_{vx}、J_{vy} 寄存器中的数 x、y 在加工过程中不断地进行修改(作加 1、减 1 修正)，如某坐标作加 1 修正，则可能出现溢出，而规格化提前后，就避免了溢出。另外，由于规格化数提前一位产生，因此要求寄存器的容量必须大于被加工圆弧半径的两倍。

左移规格化还有另一个新问题——左移 Q 位相当于坐标 x、y 扩大为原来的 2^Q 倍，即 J_{vx}、J_{vy} 寄存器中的数分别为 $2^Q x$ 和 $2^Q y$。这样当 y 积分器有一个溢出脉冲 Δy 时，J_{vx} 寄存器中的数应修正为

$$2^Q y\rightarrow 2^Q(y+1)=2^Q y+2^Q \tag{2-16}$$

式(2-16)指明，规格化处理后，插补中的坐标得到了修正，加"1"变成了加 2^Q。同理，减"1"变成了减 2^Q。

综上所述，虽然直线插补和圆弧插补时规格化数不一样，但是均能提高溢出速度。在进行直线插补时，经规格化后最大坐标的被积函数可能的最大值为 $11\cdots111$，可能的最小值为 $100\cdots000$，最大坐标每次迭代都有溢出，最小坐标两次迭代也会有溢出，可见其溢出

速率仅相差一倍；而在进行圆弧插补时，经规格化后最大坐标的被积函数可能的最大值为 011…111，可能的最小值为 010…000，其溢出速率也相差一倍。因此，经过左移规格化后，不仅提高了溢出速度，而且使溢出脉冲变得比较均匀。

② F 功能采用进给速率数"FRN"。

为了实现不同长度程序段的恒速加工，在编程时考虑被加工直线长度或圆弧半径，采用进给速率数表示程编进给速度功能 F 的数值。它的实质是控制迭代频率 f_g，而 f_g 与 v/L（直线插补）或 v/R（圆弧插补）成正比。FRN $=v/L$（直线插补）或 FRN $=v/R$（圆弧插补），当插补尺寸（L 或 R）不同时，F 也不同，使迭代频率也作相应的改变，从而保证了所选定的进给速度 v。基于该方法，在使用稳定的和保证要求的进给速度时要注意一点，当尺寸变化范围很大时，因为寄存器容量是按最大尺寸设计或选定的，所以要保证最小尺寸也具有相同的进给速度上限，就要求 f_g 很高，而这个要求有时不可能达到。

③ 自动改变迭代频率 f_g。

编制程序时 F 功能直接用进给速度 v 表示，而在程序被输入数控装置后，由 F 后面的数值直接控制迭代频率 f_g，但当尺寸变化时，数控装置能自动地改变 f_g。计算机数控软件插补很容易实现 f_g 的改变，其方法有软件定时法和可变频外部实时时钟中断法。

④ 一次插补多步（如八步）。

一次插补多步是指插补结果并行输出并寄存，然后按控制脉冲源的频率 f_g 由外部硬件进行"并行变串行"后发送，串行完成时发生插补中断。插补计算与串行输出在同一时间完成，即第一次插补计算的八步结果依次存入寄存器中，然后并行传送到硬件寄存器中，在 f_g 的作用下串行输出进给脉冲。在串行输出的同时，插补计算出第二个字节的结果，这样以 f_g 的频率连续地发出脉冲，没有插补的等待延迟。

⑤ 比值积分。

进行直线（平面或空间直线）插补时，每发来进给脉冲，会有三种可能的走法：在 x、y、z 三个方向中仅沿其中一个方向走一步，如沿 x 方向走一步；沿两个方向同时走一步，如沿 x、y 方向同时走一步；沿三个方向同时各走一步。从合成速度的方向看，这三种情况分别为走一步、$\sqrt{2}$ 步和 $\sqrt{3}$ 步。欲使合成速度恒定不变，应使控制脉冲源的频率 f_g 变化。实现方法为：用一个 $1/N$ 分频器，输入脉冲频率为 $3f_g$，令沿一个方向走一步时，$N=3$，沿两个方向同时走一步时，$N=4$，沿三个方向同时各走一步时，$N=5$。也就是说，沿一个方向时：

$$f'_g = \frac{3f_g}{3}, \ T'_g = T_g$$

沿两个方向时：

$$f'_g = \frac{3f_g}{4}, \ T'_g = \frac{4}{3}T_g = T_g + \frac{1}{3}T_g$$

沿三个方向时：

$$f'_g = \frac{3f_g}{5}, \ T'_g = \frac{5}{3}T_g = T_g + \frac{1}{3}T_g + \frac{1}{3}T_g$$

由此可见，每增加一个进给方向，周期增加 $\frac{1}{3}T_g$，则一个程序（设 x 方向最大）的运行时间为

$$T = xT_g + y\frac{1}{3}T_g + z\frac{1}{3}T_g = T_g\left(x + \frac{1}{3}y + \frac{1}{3}z\right)$$

或

$$\frac{T}{T_g} = x + \frac{1}{3}y + \frac{1}{3}z$$

合成速度与进给脉冲源虚拟速度之比为

$$\frac{v}{v_g} = \frac{L/T}{f_g \cdot \delta} = \frac{\delta\sqrt{x^2 + y^2 + z^2}/T}{\delta/T_g} = \frac{\sqrt{x^2 + y^2 + z^2}}{T/T_g} = \frac{\sqrt{x^2 + y^2 + z^2}}{x + \frac{1}{3}y + \frac{1}{3}z} \qquad (2-17)$$

可见，合成速度随终点坐标值的不同而发生变化。当 $x:y:z = 3:1:1$ 时，合成速度有最小值，代入式(2-17)得

$$\left.\frac{v}{v_g}\right|_{min} \approx 0.904$$

当 $x:y:z = 1:0:1$ 或 $1:1:0$ 时，合成速度有最大值：

$$\left.\frac{v}{v_g}\right|_{max} \approx 1.06$$

故速度 $v = (0.904 \sim 1.06)v_g$。

(3) DDA 的插补精度。

DDA 直线插补的插补误差小于一个脉冲当量，但是 DDA 圆弧插补的插补误差有可能大于一个脉冲当量，其原因是：数字积分器溢出脉冲的频率与被积函数寄存器的存数成正比，当在坐标轴附近进行插补时，一个积分器的被积函数值接近于 0，而另一个积分器的被积函数值接近于最大值(圆弧半径)，这样后者连续溢出，而前者几乎没有溢出脉冲，两个积分器的溢出脉冲速率相差很大，致使插补轨迹偏离理论曲线。圆弧插补误差小于或等于两个脉冲当量。

减小插补误差的方法有减小脉冲当量法和余数寄存器预置数法。减小脉冲当量，则误差的几何尺寸减小，但信息量变大，寄存器的容量需加大，而且欲获得同样的进给速度，需要提高运算速度。在 DDA 插补之前，余数寄存器 J_{R_x}、J_{R_y} 置某一数值(不为零，常用的是预置为最大容量值或 0.5)。下面以预置 0.5 为例来说明。预置 0.5 称为"半加载"，在 DDA 迭代前，余数寄存器的初始值置为 100…00(即 0.5)，这样再叠加 0.5，余数寄存器就可以产生第一个溢出脉冲。在被积函数较小、迟迟不能产生溢出的情况下，这样做有很大的实际意义，它改善了溢出脉冲的时间分布，减小了插补误差。

2.5.3　数据采样插补原理

在以直流伺服电机或交流伺服电机为驱动元件的数控系统中，一般采用数据采样插补(又称时间分割法)。与基准脉冲插补法不同，数据采样插补法得出的不是进给脉冲，而是用二进制表示的进给量。计算机定时对反馈回路采样，对采样数据与插补程序所产生的指令数据进行比较后，以误差信号输出，驱动伺服电机。

1. 概述

1) 数据采样插补的基本原理

数据采样插补法根据程编进给功能 F，将给定轮廓曲线按插补周期 T(某一单位时间

间隔)分割为插补进给段(轮廓步长),即用一系列首尾相连的微小线段来逼近给定曲线。每经过一个插补周期就进行一次插补计算,从而计算出下一个插补点,即计算出插补周期内各坐标轴的进给量,得出下一个插补点的指令位置。

数据采样插补可以划分为两个阶段:粗插补和精插补。其中,粗插补是主要环节。第一步是粗插补,即在给定曲线的起点与终点之间插入若干动点,将曲线分割成若干微小直线段,用微小的直线段逼近给定的曲线(该微小直线段与指令给定的速度有关,常采用软件来实现);第二步是精插补,即将这些微小直线段进一步进行数据的密化处理,之后对直线进行脉冲增量插补(计算简单,可以用硬件或软件实现)。这种插补方法所产生的最大速度不受计算机最大运算速度的限制,但插补程序比较复杂。

2) 插补周期与采样周期

插补周期 T 虽然不会直接影响进给速度,但是影响插补误差及高速运行情况。插补周期与插补运算时间有密切关系,一旦选定了插补算法,则完成该算法的时间也就确定了。一般来说,插补周期必须大于插补运算占用 CPU 的时间。这是因为当系统进行轮廓控制时,CPU 除了要完成插补运算外,还必须实时地完成其他工作,如显示、监控甚至精插补。所以,插补周期应大于插补运算时间和其他实时任务所需时间之和。

采用数据采样插补算法,首先需要解决的问题是选择合适的插补周期。插补周期是系统的常数。对于位置采样控制系统,当确定插补周期时,主要考虑如何满足采样定理(香农定理),以保证采集到的实际位移数据不失真。CNC 系统中位置环的典型宽带为 20 Hz 左右,根据采样定理,采样频率应该等于或大于信号最高频率的 2 倍。取信号最高频率的 5 倍(即 100 Hz)作为采样频率,因此典型的采样周期(或插补周期)取为 10 ms 左右。美国 A - B 公司生产的一些 CNC 系统,其插补周期和采样周期均取 10.24 ms。日本 FANUC 公司生产的一些 CNC 系统,其采样周期取 4 ms,插补周期取 8 ms,插补程序每 8 ms 调用一次,为下一个周期计算出各坐标轴的增量值,而位置反馈采样程序每 4 ms 调用一次,将插补程序计算好的坐标位置增量值除以 2 后再与坐标位置采样值进行比较。插补周期与位置反馈采样周期有一定的关系。插补周期和采样周期可以相同,也可以不同。如果不同,则可以选定插补周期是采样周期的整数倍。

3) 插补精度及其与插补周期、速度的关系

数据采样插补的最大进给速度不受计算机最大运算速度的限制,而主要受圆弧弦线误差和伺服系统性能的限制。

在直线插补中,插补形成的每个微小线段与给定的直线重合,不会造成轨迹误差。在圆弧插补中,通常用内接弦线或内外均差弦线来逼近圆弧(见图 2 - 37),这种逼近必然会造成轨迹误差。对于内接弦线,最大半径误差与角步距的关系为

$$e_r = r\left(1 - \cos\frac{\delta}{2}\right) \text{ 或 } \cos\frac{\delta}{2} = 1 - \frac{e_r}{r} \tag{2-18}$$

若 e_r 为允许的最大半径误差,则最大允许角步距:

$$\delta_{\max} = 2\arccos\left(1 - \frac{e_r}{r}\right)$$

即

$$\cos\frac{\delta_{\max}}{2} = 1 - \frac{e_r}{r} \tag{2-19}$$

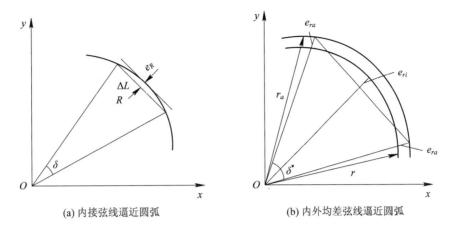

(a) 内接弦线逼近圆弧　　　　　　　　　　(b) 内外均差弦线逼近圆弧

图 2 - 37　内接弦线或内外均差弦线逼近圆弧

对于半径为 r 的圆弧的内外均差弦线，在直线段中点处的圆弧内侧，产生一个半径偏差 e_{ri}，在半径为 r_a 的圆上的交点处向圆弧 r 外产生一个偏差 e_{ra}。当 $e_{ri}=e_{ra}=e_r$ 时，得到的内外均差弦线的最大允许角步距为

$$\delta_{\max}^* = 2\arccos\left(\frac{1-\dfrac{e_r}{r}}{1+\dfrac{e_r}{r}}\right)$$

即

$$\cos\frac{\delta_{\max}^*}{2} = \frac{1-\dfrac{e_r}{r}}{1+\dfrac{e_r}{r}} \tag{2-20}$$

从而

$$e_r = r\left[\frac{\left(1-\cos\dfrac{\delta_{\max}^*}{2}\right)}{\left(1+\cos\dfrac{\delta_{\max}^*}{2}\right)}\right]$$

式(2-19)、式(2-20)中的 $\cos\dfrac{\delta_{\max}}{2}$ 和 $\cos\dfrac{\delta_{\max}^*}{2}$ 可用幂级数展开式表达：

$$\cos\frac{\delta_{\max}}{2} = 1-\frac{e_r}{r} = 1-\frac{\left(\dfrac{\delta_{\max}}{2}\right)^2}{2!}+\frac{\left(\dfrac{\delta_{\max}}{2}\right)^4}{4!}-\cdots$$

$$\cos\frac{\delta_{\max}^*}{2} = \frac{1-\dfrac{e_r}{r}}{1+\dfrac{e_r}{r}} = 1-\frac{\left(\dfrac{\delta_{\max}^*}{2}\right)^2}{2!}+\frac{\left(\dfrac{\delta_{\max}^*}{2}\right)^4}{4!}-\cdots$$

由于

$$\frac{\left(\dfrac{\delta}{2}\right)^4}{4!} = \frac{\delta^4}{384} \ll 1$$

得

$$\frac{\delta_{\max}^{*}}{\delta_{\max}} \approx \sqrt{\frac{2}{1+e_r/r}} \approx \sqrt{2}，\frac{e_r}{r} \ll 1$$

可见，内外均差弦线的最大允许角步距 $\delta_{\max}^{*}$ 是内接弦线的最大允许角步距 $\delta_{\max}$ 的 $\sqrt{2}$ 倍，但这种方法消耗的资源较多，一般推荐采用内接弦线逼近方法。

用轮廓进给步长 l 代替弦长，则有

$$\delta = \frac{l}{r} \tag{2-21}$$

而

$$l = Tv \tag{2-22}$$

式中：T——插补周期；

　　　v——刀具的移动速度。

将 $e_r = r\left(1-\cos\dfrac{\delta}{2}\right)$ 中的 $\cos\dfrac{\delta}{2}$ 用幂级数展开式表达，得

$$e_r = r - r\cos\frac{\delta}{2} = r\left\{1-\left[1-\frac{\left(\frac{\delta}{2}\right)^2}{2!}+\frac{\left(\frac{\delta}{2}\right)^4}{4!}\right]-\cdots\right\} = \frac{\delta^2}{8}r，\frac{\left(\frac{\delta}{2}\right)^4}{4!} \ll 1$$

将式（2-21）、式（2-22）代入上式，得

$$e_r = \frac{l^2}{8} \cdot \frac{1}{r} = \frac{(Tv)^2}{8} \cdot \frac{1}{r} \tag{2-23}$$

由式（2-23）可以看出，在进行圆弧插补时，插补周期 T 分别与精度 e_r、半径 r 和速度 v 有关。如果以弦线误差作为最大允许的半径误差，则要得到尽可能大的速度，插补周期要尽可能小。当 e_r 给定时，小半径时的插补周期比大半径时的小（小半径时，曲率大，要求轮廓步长小）。由于插补周期对速度减小的影响率比半径对速度增加的影响率大，因此，小半径时可以得到一个最大允许轨迹速度。

2. 直线函数法

直线函数法是 System-7CNC 系统首先采用的时间分割法，以弦线逼近圆弧。

1）直线插补

如图 2-38 所示，在 xOy 平面内插补加工直线 OP，终点 P 的坐标分量为 x_e 和 y_e，OP 与 x 轴的夹角为 α，插补进给步长为 l，则

$$\begin{cases} \Delta x = l\cos\alpha \\ \Delta y = \dfrac{y_e}{x_e}\Delta x \end{cases} \tag{2-24}$$

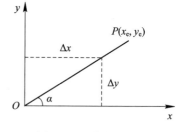

图 2-38　直线插补

2）圆弧插补

在图 2-39 中，圆弧上的点 B 是继点 A 之后的插补瞬时点，其坐标分别为 $A(x_i, y_i)$、$B(x_{i+1}, y_{i+1})$。所谓插补，是指由已加工点 A 求出下一点 B，实质上是求在一个插补周期的时间内 x 轴和 y 轴的进给增量 Δx 和 Δy。图 2-39 中，弦 AB 正是圆弧插补时每周期的进给步长 l。AP 是点 A 的切线，M 是弦的中点，$OM \perp AB$，$ME \perp AF$，E 为 AF 的中点。圆心角具有下面的关系：

$$\varphi_{i+1} = \varphi_i + \delta$$

式中，δ——进给步长 l 对应的角增量，称为角步距。

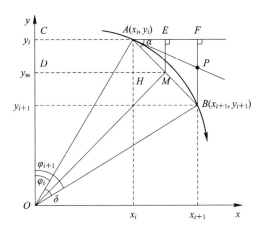

图 2-39 圆弧插补

因为 $OA \perp AP$，所以

$$\angle AOC = \angle PAF = \varphi_i$$

则

$$\triangle AOC \sim \triangle PAF$$

因为 AP 为切线，所以

$$\angle BAP = \frac{1}{2} \angle AOB = \frac{1}{2}\delta$$

$$\alpha = \angle PAF + \angle BAP = \varphi_i + \frac{1}{2}\delta$$

在 $\triangle MOD$ 中，有

$$\tan\left(\varphi_i + \frac{1}{2}\delta\right) = \frac{DH + HM}{OC - CD}$$

将 $DH = x_i$，$OC = y_i$，$HM = \frac{1}{2}l\cos\alpha = \frac{1}{2}\Delta x$ 和 $CD = \frac{1}{2}l\sin\alpha = \frac{1}{2}\Delta y$ 代入上式，则有

$$\tan\alpha = \tan\left(\varphi_i + \frac{1}{2}\delta\right) = \frac{x_i + \frac{1}{2}\cos\alpha \cdot l}{y_i - \frac{1}{2}\sin\alpha \cdot l} \qquad (2-25)$$

又因为 $\tan\alpha = \dfrac{FB}{FA} = \dfrac{\Delta y}{\Delta x}$，所以可以推出 $(x_i,\ y_i)$ 与 Δx、Δy 的关系式：

$$\frac{\Delta y}{\Delta x} = \frac{x_i + \frac{1}{2}\Delta x}{y_i - \frac{1}{2}\Delta y} = \frac{x_i + \frac{1}{2}l\cos\alpha}{y_i - \frac{1}{2}l\sin\alpha} \qquad (2-26)$$

式（2-26）充分反映了圆弧上任意相邻的两个插补点坐标之间的关系，只要找到计算 Δx（或 Δy）的适当方法，就可以求出新的插补点坐标：

$$\begin{cases} x_{i+1} = x_i + \Delta x \\ y_{i+1} = y_i - \Delta y \end{cases}$$

上式的关键是 Δx 和 Δy 的求解。在式（2-25）中，$\cos\alpha$ 和 $\sin\alpha$ 都是未知数，难以求解，所

以采用近似算法，用 $\cos45°$ 和 $\sin45°$ 来代替，即

$$\tan\alpha = \frac{x_i + \frac{1}{2}l\cos\alpha}{y_i - \frac{1}{2}l\sin\alpha} \approx \frac{x_i + \frac{1}{2}l\cos45°}{y_i - \frac{1}{2}l\sin45°}$$

从而造成了 $\tan\alpha$ 的偏差。在 $\alpha=0°$ 处，进给速度较大时，偏差大。如图 2-40 所示，由于无法精确计算 $\tan\alpha$，因此采用近似计算法，令 α 角近似为 α'（为 $0\sim45°$，$\alpha'<\alpha$），则 $\cos\alpha'$ 变大，因而影响到 Δx 的值，使之近似为 $\Delta x'$：

$$\Delta x' = l'\cos\alpha' = AF'$$

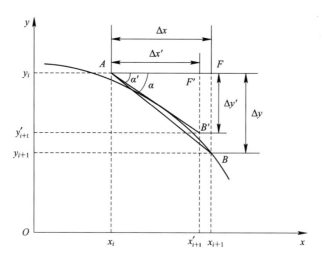

图 2-40　速度偏差

但是这种偏差不会使插补点离开圆弧轨迹，这是由式（2-26）保证的。因为圆弧上任意相邻两点满足：

$$\Delta y = \frac{\left(x_i + \frac{1}{2}\Delta x\right)\Delta x}{y_i - \frac{1}{2}\Delta x} \tag{2-27}$$

反之，平面上任意两点只要其坐标及增量满足式（2-27），这两点就在同一圆弧上。因此，当已知 x_i、y_i 和 $\Delta x'$ 时，若按式（2-27）近似求出 $\Delta y'$，那么这样确定的 B' 点一定在圆弧上。采用近似计算引起的偏差 $\Delta x \to \Delta x'$，$\Delta y \to \Delta y'$，$AB \to AB'$，即 $l \to l'$。这种算法能够保证圆弧插补中每一插补点位于圆弧上，仅造成每次插补进给量 l 的微小变化，实际进给速度的变化小于指令进给速度的 1%，这种变化在加工中是允许的，完全可以认为插补的速度是均匀的。

在圆弧插补中，由于是以直线（弦）逼近圆弧的，因此插补误差主要表现在半径的绝对误差上。该误差取决于进给速度的大小，进给速度越快，则一个插补周期进给的弦长越长，误差就越大。为此，当加工的圆弧半径确定后，为了使径向绝对误差不致过大，对进给速度要有一个限制。

由式（2-23）可以求出：

$$l \leqslant \sqrt{8e_r r}$$

式中：e_r——最大径向误差；

　　r——圆弧半径。

当 $e_r \leqslant 1\ \mu\mathrm{m}$ 时，插补周期 $T = 8\ \mathrm{ms}$，则进给速度为

$$v \leqslant \sqrt{45000r}$$

式中：v——进给速度，单位为 mm/min。

3. 扩展数字积分法

美国 A-B 公司的 7360CNC 系统最早采用了扩展数字积分法（简称扩展 DDA）。扩展 DDA 是在 DDA 的基础上发展起来的，它将 DDA 切线逼近圆弧的方法改变为割线逼近圆弧的方法。

1）直线插补原理

假设要加工直线 OP，如图 2-41 所示，起点为 O，终点为 $P(x_e, y_e)$。根据进给速度的要求，在时间 T 内走完该直线段。刀具在任一时刻 t 的位置，可由各坐标轴的轴向速度分量积分得到：

$$x = \int_0^t v_x \mathrm{d}t = \int_0^t \frac{x_e - x_0}{T} \mathrm{d}t$$

$$y = \int_0^t v_y \mathrm{d}t = \int_0^t \frac{y_e - y_0}{T} \mathrm{d}t$$

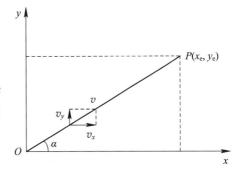

将时间 T 用采样周期 Δt 分割为 n 个子区间（n 取大于等于 $T/\Delta t$ 最接近的整数），由此可得直线的插补公式：

$$\begin{cases} x_i = \displaystyle\sum_{i=1}^n \frac{x_e - x_0}{n} = \sum_{i=1}^n \Delta x_i \\ y_i = \displaystyle\sum_{i=1}^n \frac{y_e - y_0}{n} = \sum_{i=1}^n \Delta y_i \end{cases}$$

图 2-41　扩展 DDA 直线插补

由上式可导出直线插补的迭代公式：

$$\begin{cases} x_{i+1} = x_i + \Delta x_{i+1} \\ y_{i+1} = y_i + \Delta y_{i+1} \end{cases} \tag{2-28}$$

在直线插补中，每次迭代形成一个子线段，其斜率等于给定直线的斜率，即

$$\frac{\Delta y}{\Delta x} = \frac{\dfrac{y_e - y_0}{n}}{\dfrac{x_e - x_0}{n}}$$

轮廓步长在各坐标轴上的分量 Δx 和 Δy 的大小取决于编程速度值，表达式为

$$\begin{cases} \Delta x = v\Delta t \cos\alpha = \dfrac{v(x_e - x_0)\Delta t}{\sqrt{(x_e - x_0)^2 + (y_e - y_0)^2}} = \lambda_t \cdot \mathrm{FRN} \cdot (x_e - x_0) \\ \Delta y = v\Delta t \sin\alpha = \dfrac{v(y_e - y_0)\Delta t}{\sqrt{(x_e - x_0)^2 + (y_e - y_0)^2}} = \lambda_t \cdot \mathrm{FRN} \cdot (y_e - x_0) \end{cases} \tag{2-29}$$

式中：v——编程的进给速度，单位为 mm/min；

　　FRN——进给速率数，它是进给速度的一种表示方法，其计算式为

$$\text{FRN}=\dfrac{v}{\sqrt{(x_e-x_0)^2+(y_e-y_0)^2}}=\dfrac{v}{L}\quad(L\ \text{直线长度})$$

Δt——采样周期，单位为 ms；

λ_t——经时间换算的采样周期。

对于同一条直线来说，由于 FRN 和 λ_t 均为已知常数，因此式(2-29)中的 FRN·λ_t 可用常数 λ_d 表示，称为步长系数。式(2-29)可写成：

$$\begin{cases}\Delta x=\lambda_d(x_e-x_0)\\ \Delta y=\lambda_d(y_e-y_0)\end{cases}\quad(2-30)$$

式(2-30)在插补准备程序中完成，式(2-28)在插补程序中完成。

2) 圆弧插补原理

如图 2-42 所示，第一象限顺圆弧 AQ 为需要加工的圆弧，圆心在 O 点，半径为 R。设现时刀具在 $A_i(x_i，y_i)$ 点位置。若在一个采样周期 λ_t 内，用 DDA 沿切线方向进给的步长为 l，一个插补周期后到达 C''_{i+1} 点。显然，这种方法的径向误差较大。为了减小径向误差，采用扩展 DDA，将切线逼近圆弧转化为弦线(准确地说是割线)逼近圆弧。

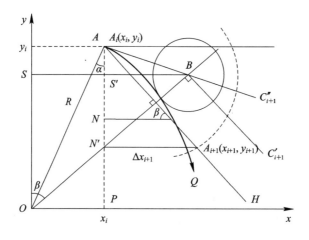

图 2-42　扩展 DDA 圆弧插补

如果通过 $A_iC''_{i+1}$ 线段的中点 B 作半径为 OB 的圆弧的切线 BC'_{i+1}，再通过 A_i 点作 BC'_{i+1} 的平行线 A_iH，即 $A_iH \parallel BC'_{i+1}$，并在 A_iH 上截取 $A_iA_{i+1}=A_iC''_{i+1}=l$(容易证明 A_{i+1} 点在圆弧外侧)。扩展 DDA 用 A_iA_{i+1} 线段代替切线 $A_iC''_{i+1}$ 逼近圆弧，使径向误差减小了。现在来计算在采样周期 λ_t 内轮廓进给步长 l 的坐标分量 Δx_{i+1} 和 Δy_{i+1}，由此就可以得到一个采样周期后所到达的 A_{i+1} 点的坐标位置。

由图 2-42 可见，在直角 $\triangle OPA_i$ 中，有

$$\sin\alpha=\frac{OP}{OA_i}=\frac{x_i}{R}\quad(2-31)$$

$$\cos\alpha=\frac{A_iP}{OA_i}=\frac{y_i}{R}\quad(2-32)$$

设进给速度为 v，则 $A_iA_{i+1}\approx l=v\lambda_t$。过 B 点作 x 轴的平行线 BS 交 y 轴于 S 点，交 A_iP 线段于 S' 点。过 A_{i+1} 点作 $A_{i+1}N'$ 平行于 x 轴，交 A_iP 于 N'。

从图 2-42 中还可以看出，直角 $\triangle OSB$ 与直角 $\triangle A_i N' A_{i+1}$ 相似，从而有比例关系：

$$\frac{N'A_{i+1}}{A_i A_{i+1}} = \frac{OS}{OB} \tag{2-33}$$

式中：

$$N'A_{i+1} = \Delta x_{i+1}$$

$$A_i A_{i+1} = l = v\lambda_t$$

OS 可由 $OS = A_i P - A_i S'$ 得出，而 $A_i S'$ 可通过直角 $\triangle A_i S'B$ 得出，即

$$OS = A_i P - A_i S' = y_i - \frac{1}{2} l \sin\alpha$$

OB 可通过直角 $\triangle OA_i B$ 求出：

$$OB = \sqrt{(A_i B)^2 + (OA_i)^2} = \sqrt{\left(\frac{1}{2}l\right)^2 + R^2}$$

将以上各式都代入式(2-33)中，得

$$\frac{\Delta x_{i+1}}{l} = \frac{y_i - \frac{1}{2} l \sin\alpha}{\sqrt{\left(\frac{1}{2}l\right)^2 + R^2}}$$

将式(2-31)代入上式并整理，得

$$\Delta x_{i+1} = \frac{l\left(y_i - \frac{1}{2} l \frac{x_i}{R}\right)}{\sqrt{\left(\frac{1}{2}l\right)^2 + R^2}}$$

因为 $l \ll R$，所以将 $\left(\frac{1}{2}l\right)^2$ 略去不计，可得

$$\Delta x_{i+1} \approx \frac{l}{R}\left(y_i - \frac{1}{2} l \frac{x_i}{R}\right) = \frac{v}{R} \cdot \lambda_t \left(y_i - \frac{1}{2} \frac{v}{R} \cdot \lambda_t \cdot x_i\right)$$

若令 $\lambda_d = \frac{v}{R} \cdot \lambda_t = \text{FRN} \cdot \lambda_t$，则

$$\Delta x_{i+1} = \lambda_d \left(y_i - \frac{1}{2} \lambda_d x_i\right) \tag{2-34}$$

由直角 $\triangle OBS$ 与直角 $\triangle A_i N' A_{i+1}$ 相似，还可得出

$$\frac{A_i N'}{A_i A_{i+1}} = \frac{SB}{OB}$$

即

$$\frac{A_i N'}{A_i A_{i+1}} = \frac{SS' + S'B}{OB} \tag{2-35}$$

将

$$A_i A_{i+1} = l = v\lambda_t$$

$$OB = \sqrt{\left(\frac{1}{2}l\right)^2 + R^2}$$

$$S'B = A_i B \cos\alpha = \frac{1}{2} l \frac{y_i}{R} \quad （由直角 \triangle A_i S'B 求出）$$

$$SS' = x_i$$

代入式(2-35)，可求得

$$\Delta y_{i+1}=A_i N'=\frac{l\left(x_i+\frac{1}{2}l\frac{y_i}{R}\right)}{\sqrt{\left(\frac{1}{2}l\right)^2+R^2}}$$

因 $l\ll R$，故略去 $\left(\frac{1}{2}l\right)^2$ 不计，则

$$\Delta y_{i+1}\approx\frac{l}{R}\left(x_i+\frac{1}{2}\frac{l}{R}y_i\right)$$

令 $\lambda_{\mathrm{d}}=\frac{l}{R}=\frac{v}{R}\cdot\lambda_t$，则

$$\Delta y_{i+1}=\lambda_{\mathrm{d}}\left(x_i+\frac{1}{2}\lambda_{\mathrm{d}}y_i\right) \tag{2-36}$$

A_{i+1} 点的坐标值可用下式求得：

$$\begin{cases}x_{i+1}=x_i+\Delta x_{i+1}\\y_{i+1}=y_i-\Delta y_{i+1}\end{cases} \tag{2-37}$$

式(2-34)、式(2-36)和式(2-37)为第一象限顺圆插补计算公式，依照此原理不难得出其他象限的扩展 DDA 的圆弧插补计算公式。

扩展 DDA 的插补计算公式也可采用下面方法推导出来。

在图 2-43 中，圆弧插补动点坐标 $P_i(x_i,y_i)$ 用角度参量解析式给出，顺圆插补恒定的轨迹速度为 v，插补周期为 λ_t，则每次插补的角步距为

$$\delta=\frac{v\lambda_t}{R}=\lambda_{\mathrm{d}}$$

因而每次插补运算的插补点的角度值 $\varphi_{i+1}=\varphi_i-\delta$，故插补动点坐标为

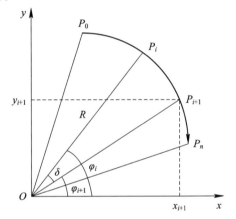

图 2-43 扩展 DDA 圆弧插补

$$\begin{cases}x_{i+1}=R\cos\varphi_{i+1}=R\cos(\varphi_i-\delta)\\y_{i+1}=R\sin\varphi_{i+1}=R\sin(\varphi_i-\delta)\end{cases}$$

由三角函数公式：

$$\begin{cases}x_{i+1}=R\cos(\varphi_i-\delta)=R\cos\varphi_i\cos\delta+R\sin\varphi_i\sin\delta\\y_{i+1}=R\sin(\varphi_i-\delta)=R\sin\varphi_i\cos\delta-R\cos\varphi_i\sin\delta\end{cases}$$

得

$$\begin{cases}x_{i+1}=x_i\cos\delta+y_i\sin\delta\\y_{i+1}=y_i\cos\delta-x_i\sin\delta\end{cases} \tag{2-38}$$

式(2-38)为一阶递归插补公式。

将式(2-38)中的三角函数 $\cos\delta$ 和 $\sin\delta$ 用幂级数展开并进行二阶近似，即

$$\begin{cases}\cos\delta\approx1-\frac{1}{2}\delta^2\\\sin\delta\approx\delta\end{cases}$$

将上式代入式(2-38)，并将 $\delta=\lambda_{\mathrm{d}}$ 代入，得

$$\begin{cases} x_{i+1} = x_i \left(1 - \dfrac{1}{2}\delta^2\right) + y_i\delta = x_i - \dfrac{1}{2}\lambda_{\mathrm{d}}^2 x_i + y_i\lambda_{\mathrm{d}} \\ y_{i+1} = y_i \left(1 - \dfrac{1}{2}\delta^2\right) - x_i\delta = y_i - \dfrac{1}{2}\lambda_{\mathrm{d}}^2 y_i - x_i\lambda_{\mathrm{d}} \end{cases} \qquad (2-39)$$

$$\begin{cases} \Delta x_{i+1} = x_{i+1} - x_i = y_i\lambda_{\mathrm{d}} - \dfrac{1}{2}\lambda_{\mathrm{d}}^2 x_i = \lambda_{\mathrm{d}}\left(y_i - \dfrac{1}{2}\lambda_{\mathrm{d}} x_i\right) \\ \Delta y_{i+1} = y_i - y_{i+1} = x_i\lambda_{\mathrm{d}} + \dfrac{1}{2}\lambda_{\mathrm{d}}^2 y_i = \lambda_{\mathrm{d}}\left(x_i + \dfrac{1}{2}\lambda_{\mathrm{d}} y_i\right) \end{cases} \qquad (2-40)$$

式(2-39)和式(2-40)是二阶近似的 DDA。由此可以看出，由一阶递归和二阶近似推导得出的结果与式(2-34)、式(2-36)和式(2-37)是一致的。因此扩展 DDA 也可以称为一阶递归二阶近似插补。

由近似计算可知，插补点 A_{i+1} 不能落在圆弧上，总是落在圆的外侧。插补线段是一条内差大、外差小的割线。因此扩展 DDA 插补的径向误差 e_r 介于内接弦线和内外均差弦线（即割线）的径向误差之间，即

$$R\left[\frac{\left(1 - \cos\dfrac{\delta}{2}\right)}{\left(1 + \cos\dfrac{\delta}{2}\right)}\right] \ll e_r < R\left(1 - \cos\frac{\delta}{2}\right)$$

式中：R——半径；

δ——步距角。

扩展 DDA 插补需要进行加减法和二次乘法运算，没有超越函数的计算，具有一定的简单性和高速性。为了进一步简化插补运算，可用二阶递归算法（这里不再叙述）。

4. 其他插补方法

现代计算机数控机床大多采用数据采样插补方法，其原理都是按时间将被加工轮廓分割为若干微小插补段，用弦线或割线逼近圆弧。实现用直线逼近圆弧的插补有各种各样的方法，而且还在不断发展中。插补算法要遵循的原则是：算法简单，速度快；插补误差小，精度高。下面对其他适用于时间标量的插补方法作一下简单介绍。

1）双 DDA

一般的 DDA 圆弧插补利用数据采样插补法，以切线逼近圆弧，误差较大。首先通过一点所对应的坐标值 (x_i, y_i) 来求得该点处的增量 Δx_i、Δy_i，然后用得到的增量值去修正此点的坐标，得到下一点 (x_{i+1}, y_{i+1})，即可得到下一步长圆弧插补的被积函数。

双 DDA 采用两套数据，第一套数据由下面第一组公式计算得出，即得到插补点 B，F，…，第二套数据由下面第二组公式计算得出，得到插补点 C，G，…。将这两套数据相对应的两点（如 B 和 C，F 和 G 等）连接，求出中点（如点 P_1 和 P_2）坐标，点 P_1 和点 P_2 即为双 DDA 圆弧插补的步长分隔点，插补轨迹如图 2-44 中虚线所示。

第一组公式：

第一步：

$$\Delta y_{01} = \left(\frac{v}{R}\right)x_{01}, \qquad y_{11} = y_{01} + \Delta y_{01}$$

$$\Delta x_{01} = -\left(\frac{v}{R}\right)y_{11}, \qquad x_{11} = x_{01} + \Delta x_{01}$$

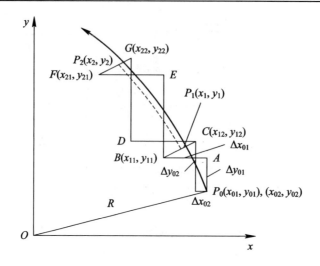

图 2-44　双 DDA 插补

第二步：

$$\Delta y_{11} = \left(\frac{v}{R}\right)x_{11}, \qquad y_{21} = y_{11} + \Delta y_{11}$$

$$\Delta x_{11} = -\left(\frac{v}{R}\right)y_{21}, \qquad x_{21} = x_{11} + \Delta x_{11}$$

第二组公式：

第一步：

$$\Delta x_{02} = -\left(\frac{v}{R}\right)y_{02}, \qquad x_{12} = x_{02} + \Delta x_{02}$$

$$\Delta y_{02} = \left(\frac{v}{R}\right)x_{12}, \qquad y_{12} = y_{02} + \Delta y_{02}$$

第二步：

$$\Delta x_{12} = -\left(\frac{v}{R}\right)y_{12}, \qquad x_{22} = x_{12} + \Delta x_{12}$$

$$\Delta y_{12} = \left(\frac{v}{R}\right)x_{22}, \qquad y_{22} = y_{12} + \Delta y_{12}$$

式中：Δy_{01}、Δx_{01} 和 Δx_{02}、Δy_{02}——采样周期 λ_t 时间内，从起点开始第一组和第二组坐标轴方向的进给增量；

v——合成速度；

R——圆弧半径；

x_{01}、y_{01} 和 x_{02}、y_{02}——第一组和第二组插补起点（第 0 点）的坐标值；

x_{11}、y_{11} 和 x_{12}、y_{12}——一个插补周期后，第一组和第二组分别得到的新插补点（第一点）的坐标值。

双 DDA 插补用第一组插补公式先求 Δy_i，然后修正 y 值，用修正的 y 值求 Δx_i，再修正 x 值，从而得到第一组新的插补点 (x_{i1}, y_{i1})。以此类推，循环进行下去，可以计算出许多插补点 $B, F, \cdots$。

第二组先求出 Δx_i，修正 x 值，然后用修正后的 x_{i+1}（$x_{i+1} = x_i + \Delta x$）去求这一点的 Δy

值,从而得到该点的坐标值(x_{i2},y_{i2}),即第二组新的插补点。同上,也可以求出许多插补点 C, G, …。

每次取两组计算的平均值作为本采样周期的数字增量值,即

第一步:

$$\begin{cases} \Delta y_0 = \dfrac{\Delta y_{01} + \Delta y_{02}}{2} \\ \Delta x_0 = \dfrac{\Delta x_{01} + \Delta x_{02}}{2} \end{cases}$$

第二步:

$$\begin{cases} \Delta y_1 = \dfrac{\Delta y_{11} + \Delta y_{12}}{2} \\ \Delta x_1 = \dfrac{\Delta x_{11} + \Delta x_{12}}{2} \end{cases}$$

写成一般式:

$$\begin{cases} \Delta y_i = \dfrac{\Delta y_{i1} + \Delta y_{i2}}{2} \\ \Delta x_i = \dfrac{\Delta x_{i1} + \Delta x_{i2}}{2} \end{cases}$$

经过取平均值处理,使原来一组坐标点在圆内、另一组坐标点在圆外的误差大大减小。在图 2-44 中,加工起点在 P_0,用第一组公式的第一步求出点 $B(x_{11},y_{11})$,用第二组公式的第一步求出点 $C(x_{12},y_{12})$,取点 B 和点 C 的中点值,即求得实际插补点坐标 $P_1(x_1,y_1)$。然后用第一组公式的第二步以点 B 为基点求出点 $F(x_{21},y_{21})$,用第二组公式的第二步以点 C 为基点求出点 $G(x_{22},y_{22})$,取点 F 和点 G 的中点值,即求得实际第二步的插补点坐标 $P_2(x_2,y_2)$。依次类推,即求出一系列 P_1, P_2, …, P_i, …。

2) 角度逼近法

基于数据采样插补法,轮廓步长插补段的形成有各种算法。采用角度逼近法时,步长插补段的分隔点(插补点)是由圆弧矢量圆心角来确定的,不同的角度能确定不同的插补点,用这些点之间的小直线段来逼近圆弧。

如图 2-45 所示,$\widehat{P_0 P_e}$ 是以坐标原点为圆心的逆圆弧,$P_0(x_0,y_0)$ 是圆弧起点,$P_e(x_e,y_e)$ 是圆弧终点,R 是圆弧半径,v 是刀具沿圆弧的移动速度。

下面说明角度逼近法的原理。

由已知可推出:

起始角:　　　$\theta_0 = \arctan\dfrac{y_0}{x_0}$

终点角:　　　$\theta_e = \arctan\dfrac{y_e}{x_e}$

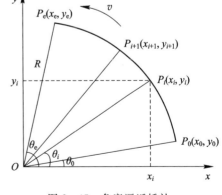

图 2-45　角度逼近插补

在每个插补周期,半径矢量移动角 $\Delta\theta = vT/R$(T 为插补周期),半径矢量与 x 轴的正向夹角:

$$\begin{cases} \theta_1 = \theta_0 + \Delta\theta \\ \theta_2 = \theta_1 + \Delta\theta \\ \vdots \\ \theta_i = \theta_{i-1} + \Delta\theta \end{cases}$$

角度逼近法主要是根据 θ_i 角，求插补点 P_i 的坐标值 x_i 和 y_i，计算公式如下：

$$\begin{cases} x_i = R\cos\theta_i \\ y_i = R\sin\theta_i \end{cases}$$

插补点 P_i 的坐标值的计算可以采用各种方法。

3）直接函数计算法（DFB）

直接函数计算法（DFB）主要对以参量形式出现的空间曲线方程式进行计算。在计算中，可以将几何尺寸和轨迹速度的产生结合起来，所用方法有以下三种：

（1）空间曲线以与时间 t 成比例的参数 τ 作参量。已知 $\tau_0 = 0$，$\tau_n = 1$，则

$$\begin{cases} x = x_0 + (x_e - x_0)\tau \\ y = y_0 + (y_e - y_0)\tau \end{cases}$$

各进给坐标运动方程式由空间曲线的坐标方程式产生。

（2）空间曲线以行程 x 作参量。已知 $s_0 = 0$，$s_n = \overline{P_0 P_e}$（$\overline{P_0 P_e}$ 是曲线方程的逼近直线），则

$$\begin{cases} x = x_0 + (x_e - x_0) \cdot \dfrac{s}{s_n} \\ y = y_0 + (y_e - y_0) \cdot \dfrac{s}{s_n} \end{cases}$$

恒定的轨迹速度由参量与时间之比得出。

（3）参量在各插补段内的增量相等。此时每个插补循环在相等的时间间隔 Δt 内调用一次。插补总时间（T）和插补段数（n）的计算式为

$$\begin{cases} T = \dfrac{s_n}{v} \\ n = \dfrac{T}{\Delta t} \end{cases}$$

坐标的计算式为

$$\begin{cases} x = x_0 + \dfrac{(x_e - x_0)t}{T} \\ y = y_0 + \dfrac{(y_e - y_0)t}{T} \end{cases}, \quad \begin{cases} x_k = x_0 + \dfrac{x_e - x_0}{n}k \\ y_k = y_0 + \dfrac{y_e - y_0}{n}k \end{cases}$$

式中：v——进给速度，单位为 mm/s；

s_n——行程距离，单位为 mm；

Δt——采样周期（输出插补段时间），单位为 s；

k——插补段输出序号，取 $0 \sim n$。

直接函数法可用于一级或二级插补，能实现固定时间或可变时间的输出。

圆弧插补可采用幂级数形式的近似三角函数的直接函数（DFB）法。

4）递归函数计算法（RFB）

在扩展 DDA 中提到过递归函数计算法，这里对递归函数计算法的基本概念和算法作一总结。

RFB 是建立在空间曲线参量表达式的基础上的一种插补方法，它不计算曲线方程式，而是由前面已计算过的空间直线的中间点得到下一个中间点。参量的选择和轨迹速度的产生与 DFB 相同。RFB 的优点在于递归公式比较简单，可用于一级或二级插补，能实现固定时间和可变时间的输出。RFB 的缺点是存在累积误差，因此要求算法非常精确。

（1）圆弧的一阶递归插补计算公式（见式（2 - 38））。

第一象限逆圆弧：

$$\begin{cases} x_{k+1}=x_k\cos\delta+y_k\sin\delta \\ y_{k+1}=y_k\cos\delta-x_k\sin\delta \end{cases}$$

式中：δ——步距角，计算式为

$$\delta=v\frac{\Delta t}{r}$$

步距角受半径 r、轨迹速度 v 和时间标量 Δt 的限制，在 $\cos\delta$ 和 $\sin\delta$ 的数值计算中将产生误差。

由三角函数的一阶近似（$\sin\delta\approx\delta$，$\cos\delta\approx1$）可得插补公式：

$$\begin{cases} x_{k+1}=x_k+\delta y_k \\ y_{k+1}=y_k-\delta x_k \end{cases}$$

该插补引起的半径误差为

$$e_{rk}=\left[(1+\delta^2)^{\frac{k}{2}}-1\right]r$$

由于一阶近似误差较大，因此常采用二阶近似（$\sin\delta\approx\delta$，$\cos\delta\approx1-\delta^2/2$）。二阶近似时的插补公式如下：

第一象限逆圆弧：

$$\begin{cases} x_{k+1}=x_k\left(1-\dfrac{\delta^2}{2}\right)+\delta y_k \\ y_{k+1}=y_k\left(1-\dfrac{\delta^2}{2}\right)-\delta x_k \end{cases}$$

插补公式引起的半径误差为

$$e_{rk}=\left[\left(1+\frac{\delta^4}{4}\right)^{\frac{k}{2}}-1\right]r$$

（2）圆弧的二阶递归插补计算公式。

第一象限逆圆弧：

$$\begin{cases} x_k=r\cos\varphi_k=r\cos(\varphi_0+k\delta) \\ y_k=r\sin\varphi_k=r\sin(\varphi_0+k\delta) \end{cases}$$

可得

$$\begin{cases} x_{k+2}=x_k-2y_{k+1}\sin\delta \\ y_{k+2}=y_k+2x_{k+1}\sin\delta \end{cases}$$

上式表示的二阶递归圆弧插补，除加、减计算外，只执行一次乘法，因此计算速度快。

步距角 δ 的误差只对轨迹速度有影响，对半径误差无影响。采用二阶递归时，必须有第一点和第二点值，它们必须应用直接函数计算法或其他方法来求取。$\sin\delta$ 可用泰勒级数展开，根据精度要求来选取项数。

5) 直线插补算法

下面对实用直线插补算法作一介绍。

如图 2-46 所示，OP_e 为需要插补加工的直线。起点为原点 $O(0,0)$，终点为 $P_e(x_e,y_e)$，在这一程序段中，刀具沿直线移动的速度为 v，设插补周期为 λ_t，则每个插补周期的进给步长为

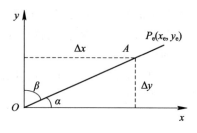

图 2-46 直线插补

$$l = v\lambda_t$$

x 轴和 y 轴的位移增量分别为 x_e、y_e，直线段长度为

$$L = \sqrt{x_e^2 + y_e^2}$$

从图 2-46 中可以得到如下关系：

$$\frac{\Delta x}{x_e} = \frac{l}{L}, \quad \frac{\Delta y}{y_e} = \frac{l}{L}$$

设 $\dfrac{l}{L} = k$，则

$$\begin{cases} \Delta x = \dfrac{l}{L} x_e = k x_e \\ \Delta y = \dfrac{l}{L} y_e = k y_e \end{cases} \quad (2-41)$$

而插补第 i 点的动点坐标为

$$\begin{cases} x_i = x_{i-1} + \Delta x_i = x_{i-1} + k x_e \\ y_i = y_{i-1} + \Delta y_i = y_{i-1} + k y_e \end{cases} \quad (2-42)$$

在数控装置中，曲线的插补计算通常是分成两步来完成。第一步是插补准备，完成一些在插补计算过程中固定不变的常值的计算，如公式 (2-41) 中 k 值的计算。插补准备计算程序在每个程序段中只调用一次。第二步是插补计算，要求每个插补周期计算一次，并计算出一个插补点 (x_i, y_i)。在直线插补中，根据插补准备和插补计算所完成的任务不同，可以有以下几种计算方法。

(1) 进给速率数法。

插补准备：

$$k = \frac{l}{L}$$

插补计算：

$$\Delta x_i = k x_e, \quad \Delta y_i = k y_e$$
$$x_i = x_{i-1} + \Delta x_i, \quad y_i = y_{i-1} + \Delta y_i$$

(2) 方向余弦法 1。

插补准备：

$$\cos\alpha = \frac{x_e}{L}, \quad \cos\beta = \frac{y_e}{L}$$

插补计算：

$$\Delta x_i = l\cos\alpha, \qquad \Delta y_i = l\cos\beta$$
$$x_i = x_{i-1} + \Delta x_i, \qquad y_i = y_{i-1} + \Delta y_i$$

（3）方向余弦法 2。

插补准备：

$$\cos\alpha = \frac{x_e}{L}, \qquad \cos\beta = \frac{y_e}{L}$$

插补计算：

$$L_i = L_{i-1} + l$$
$$x_i = L_i\cos\alpha, \qquad y_i = L_i\cos\beta$$
$$\Delta x_i = x_i - x_{i-1}, \qquad \Delta y_i = y_i - y_{i-1}$$

（4）直接函数法。

插补准备：

$$\Delta x_i = \frac{l}{L}x_e, \qquad \Delta y_i = \frac{\Delta x_i}{x_e}y_e$$

插补计算：

$$x_i = x_{i-1} + \Delta x_i, \qquad y_i = y_{i-1} + \Delta y_i$$

（5）一次计算法。

插补准备：

$$\Delta x_i = \frac{l}{L}x_e, \qquad \Delta y_i = \frac{l}{L}y_e$$

插补计算：

$$x_i = x_{i-1} + \Delta x_i, \qquad y_i = y_{i-1} + \Delta y_i$$

以上几种直线插补算法都是在国内外计算机数控系统中实际使用过的算法。

2.6　速度控制原理

在数控机床加工零件的过程中，进给速度是指刀具与工件之间沿切削进给方向的相对运动速度，即刀具上的基准点沿着刀具轨迹相对于工件移动时的速度。进给速度的大小与机床克服的切削力大小直接相关；对进给速度的控制不仅会影响到加工零件的表面粗糙度和精度，还与刀具和机床的使用寿命及生产效率密切相关。对于不同材质的零件进行切削加工时，应考虑加工机床的技术参数及零件的粗糙度和精度要求。数控机床需要有较宽的进给速度调整范围，以提供合理的选择，满足加工工艺的要求。按照加工工艺的需要，一般将所需的进给速度用 F 代码值设定，通过机床操作面板的进给倍率开关来调节，从而确定实际加工中的进给速度，之后数控系统根据确定的进给速度，完成位置控制插补计算，并输出与速度相应的脉冲频率源，以驱动伺服控制装置。在机床加工过程中，进给状态会发生变化，如起动、升速、降速和停止，为了防止产生冲击、失步、超程或振荡等，保证运动平稳和准确定位，必须按一定规律完成升速和降速过程。

数控装置对进给速度控制的基本要求为：速度要稳定，要有一定的调速范围，起动快而不失步，停止的位置要准确（即定位准确），不超程。

2.6.1　基准脉冲系统的进给速度控制和加减速控制原理

1. 基准脉冲系统的进给速度控制

进给速度与加工精度、表面粗糙度和生产效率有密切关系。基准脉冲系统要求进给速度稳定，有一定的调速范围。进给速度控制方法与所采用的插补算法有关。基准脉冲插补多用于以步进电机作为执行元件的开环数控系统中，各坐标的进给速度是通过控制向步进电机发出脉冲的频率来实现的，所以进给速度处理是根据程编的进给速度来确定脉冲源频率的过程。在 CNC 中，可用软件或软件与接口硬件配合实现进给速度控制。常用的进给速度控制方法有程序计时法、时钟中断法和 $v/\Delta L$ 积分法。

1）程序计时法（软件数控中的速度控制方法）

在开环数控系统中，机床坐标轴的运行速度通过控制向步进电机输出脉冲的频率来调节，速度的实际值是根据程编的 F 值计算求得的。开环数控系统每输出一个脉冲，步进电机就转过一定的角度，驱动坐标轴进给一个脉冲对应的距离（称为脉冲当量，用 δ 表示）。插补程序根据零件轮廓尺寸和进给速度的要求，向各坐标轴分配脉冲，脉冲的频率决定了进给速度。进给速度 F（mm/min）与进给脉冲频率 f 的关系如下：

$$F = 60\delta f \quad (\text{mm/min}) \tag{2-43}$$

式中，δ——脉冲当量（mm）。

根据程编进给速度 F 可确定脉冲源发送频率 f，使得机床坐标轴按要求的速度进给。

对于开环伺服驱动系统，各进给轴分配的进给脉冲由脉冲增量插补运算结果直接确定。按照确定的脉冲增量插补算法，调节不同的插补运算周期，亦可实现对进给速度的调节。

采用程序计时法，要计算每次插补运算占用的时间，由各种进给速度要求的进给脉冲间隔时间减去插补运算时间得到插补运算后的等待时间，用空运转循环对这段等待时间计时。程序计时法多用于点位直线控制系统，该系统采用脉冲增量法，不同的空运转时间对应不同的进给速度，空运转等待时间越短，发出进给脉冲的频率越高，速度就越快。

点位直线运动的速度分为升速段、恒速段、降速段、低速段。速度控制过程可用图 2-47 描述。速度准备的内容包括按照指定的速度预先计算出降速距离，并置于相应单元。此外，还需置入速度控制字和速度标志 FK（当前速度控制值）、FK_0（存恒速值）、FK_1（存低速值）。位置计算是指计算出移动过程中的当前位置，以便确定位移是否到达降速点和低速点，并给出相应标志 GD（GD=10 时到达降速点，GD=01 时到达低速点）。速度控制子程序的主要功能是给出当前速度值，以实现升速、降速和低速控制。在升速段，控制速度逐步上升，并判断是否到达预定恒速，如到达则设定恒速标志，下一次转入恒速处理。在恒速段，保持

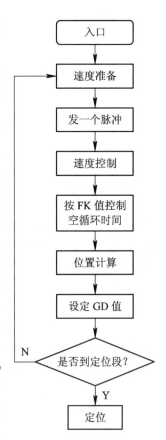

图 2-47　速度控制过程

速度为给定的恒速值。在降速段，控制速度逐步下降，直到下降到低速，设置标志，下次调用时转入低速控制。低速段也是恒速。

【例 2 - 8】 已知系统脉冲当量 $\delta = 0.01$ mm/脉冲，进给速度 $F = 300$ mm/min，插补运算时间 $t_{ch} = 0.1$ ms，求延时子程序的调节时间。

解 脉冲源频率：

$$f = \frac{F}{60\delta} = \frac{300}{60 \times 0.01 \times 60} = \frac{25}{3} \text{ s}^{-1}$$

插补周期：

$$T = \frac{1}{f} = 0.12 \text{ s} = 120 \text{ ms}$$

调节时间：

$$t_j = T - t_{ch} = 120 - 0.1 = 119.9 \text{ ms}$$

【例 2 - 9】 已知系统脉冲当量 $\delta = 0.01$ mm/脉冲，进给速度 $F = 300$ mm/min，插补运算时间 $t_{ch} = 0.1$ ms，延时子程序的延时时间为 $t_y = 0.1$ ms，求延时子程序的循环次数。

解 脉冲源频率：

$$f = \frac{F}{60\delta} = \frac{300}{60 \times 0.01 \times 60} = \frac{25}{3} \text{ s}^{-1}$$

插补周期：

$$T = \frac{1}{f} = 0.12(\text{s}) = 120 \text{ ms}$$

程序计时时间：

$$t_j = T - t_{ch} = 119.9 \text{ ms}$$

循环次数：

$$n = \frac{t_j}{t_y} = 1199$$

程序计时法比较简单，但占用 CPU 时间较长，适用于比较简单的控制过程，如点位直线控制系统。空运转等待时间越短，发出进给脉冲的频率越高，速度就越快。

2）时钟中断法

时钟中断法只要求一种频率，用软件控制每个时钟周期内的插补次数，以达到控制进给速度的目的，该方法适用于脉冲增量插补。

设 F 是以 mm/min 为单位的给定速度。为了换算出每个时钟周期应插补的次数（即发出的进给脉冲数），要选定一个适当的时钟频率，选择的原则是满足最高插补进给的要求，并考虑到计算机计算方便，取一个特殊 F 值（如 $F = 256$ mm/min $= 2^8$ mm/min）对应的频率。该频率对给定速度，每个时钟周期插补一次。当以 0.01 mm 为脉冲当量时，有

$$F = 256 \text{ mm/min} = 256 \times \frac{100}{60} = 426.67 \quad (0.01 \text{ mm})/\text{s}$$

故取时钟频率为 427 Hz，即对于 $F = 256$ mm/min 的进给速度，恰好每次时钟中断做一次插补运算。

采用该方法时，要对给定速度进行换算。因为 $256 = 2^8$，用二进制表示为 100000000，所以将 16 位的字长分为两个半字（各 8 位），并分别称为 $F_{整}$ 和 $F_{余}$。对于速度 $F = 256$ mm/min，

$F_整=1$，$F_余=0$。对于任意一个用 mm/min 为单位给定的 F 值做 $F/256$ 运算后，即可得到相应的 $F_整$ 和 $F_余$。例如，$F=600$ mm/min 经转换后在计算机中得到如图 2-48 所示的结果。

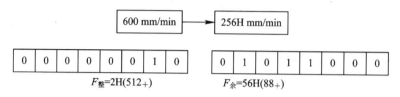

图 2-48 $F=600$ mm/min 经换算后的形式

应根据给定速度换算的结果 $F_整$ 和 $F_余$ 进行给定速度的控制。以图 2-48 为例，第一个时钟中断来到时，$F_整$ 即是本次时钟周期中应插补的次数，插补 427 次（即用 427 Hz 频率插补），得到 512 mm/min 的速度。同时，$F_余$ 不能丢掉，否则将使实际速度减小（512 mm/min<600 mm/min）。$F_余$ 在本次时钟周期保留，并在下次时钟中断到来时做累加运算，若有溢出，则应多做一次插补运算，并保留累加运算的余数。经过 427 次插补（即用 427 Hz 频率插补），得到 88 mm/min 的速度，进给速度为 $F_整$ 和 $F_余$ 两个速度合在一起，即 512+88=600 mm/min。

3）$v/\Delta L$ 积分法

在 DDA 插补方法中，速度 F 代码是用进给速率数（FRN）给定的。将速率数 FRN 作为与坐标积分器串联的速度积分器的被积函数，使用计算得到的累加频率，可以产生适当的速度积分器的溢出频率。将它作为坐标积分器的累加频率，就能使 DDA 插补器输出的合成速度保持恒定。

在 CNC 中采用这种速度控制原理更加方便，速度只需要用直观的单位 mm/min 表示出来，一些参数的选择和计算均由计算机完成。在软件的辅助下，升降速问题也可以同时得到解决。下面介绍用扩展 DDA 二级插补的第二级插补设置 $v/\Delta L$ 积分器进行速度控制的原理。

扩展 DDA 插补方式是将输出线段送到接口，由接口进行 DDA 直线插补（即细插补）。因为使用线性积分器，所以合成进给速度除受指定速度的直接制约外，还与一级输出线段长度 ΔL 和积分器的工作频率有关，即

$$v=60\delta\frac{\Delta L}{N}f_g$$

而其 x 轴的输出频率为

$$f_x=\frac{x}{N}\cdot f_g$$

式中：δ——脉冲当量；

ΔL——第一级插补器输出的线段长；

N——积分器的容量；

f_g——积分器的累加脉冲频率；

f_x——x 坐标轴的输出脉冲频率。

在插补器接口（即第二级插补器）中设置一个 v 积分器和一个 $1/\Delta L$ 积分器，串联构成 $v/\Delta L$ 积分器（见图 2-49），其输出作为坐标积分器的积分命令，这样就可以达到合成速度

恒定的控制要求。图中，"±1 控制"部分在每次升降速时钟 t_n 来到时，对 v 积分器的被积函数 K_1F 做一次"加 1"（或"减 1"）运算，以达到升（或降）速的目的。在升降速过程中，因为 v 积分器中被积函数是按线性规律变化的，所以其溢出脉冲频率也按线性规律变化，使 $1/\Delta L$ 积分器和各坐标积分器的溢出频率也线性上升或下降，但各坐标积分器的溢出频率的比值仍与恒速时一样，因此没有运动误差。

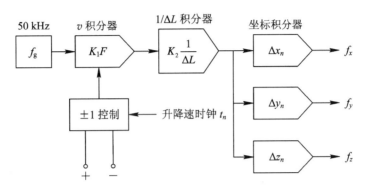

图 2-49　带 $v/\Delta L$ 积分器的 DDA 直线插补器

若积分器均为 8 位，被积函数分别为 K_1F、$K_2\dfrac{1}{\Delta L}$、Δx_n、Δy_n（Δz_n），则

$$K_1 = \frac{1}{at_n}$$

$$K_1F = \frac{F}{at_n}$$

式中：a——伺服系统的加速度；

t_n——升降速的时钟周期（ms）。

由 DDA 插补速度公式，以 x 坐标轴为例，可得

$$F_x = \delta \cdot 60 \cdot f_x$$

$$f_x = \frac{f_g K_1 F_x \cdot K_2 \dfrac{1}{\Delta L_x} \cdot \Delta x_n}{2^{24}}$$

式中：δ——脉冲当量；

2^{24}——积分器的总容量；

ΔL_x——插补线段在 x 坐标上的投影，其值与 Δx_n 相等；

K_1、K_2——系数。

由上式可得

$$K_1 K_2 = \frac{2^{24}}{f_g \delta \times 60}$$

故

$$K_2 = \frac{2^{24} \cdot at_n}{f_g \delta \times 60}$$

$$K_2 \frac{1}{\Delta L} = \frac{2^{24}}{60 \delta f_g} \cdot \frac{at_n}{\Delta L}$$

式中，ΔL——输出线段长度，其计算式为

$$\Delta L = \sqrt{\Delta x^2 + \Delta y^2 + \Delta z^2} \quad (mm)$$

在速度控制中，应先计算出 v 和 $\dfrac{1}{\Delta L}$ 积分器的被积函数，在升降速时，可根据速度变化量 ΔF 计算升降速的次数 ΔN_i，即按升降速时钟频率对 v 积分器的被积函数加或减"1"的次数，达到：

$$\Delta N_i = \frac{\Delta F}{at_n}$$

规定的速度值，停止加速或减速。

2. 基准脉冲系统的加减速控制

加减速控制就是指在工作台运动过程中按照一定的速度曲线计算每个瞬时的脉冲源频率，进而对其进行速度控制，目的是获得平稳、快速的运动。由于任何机床的工作台都具有一定的质量，因此在运动过程中都要有一个加速、恒速、减速的过程。步进电机的启动频率比最高运行频率低得多，为了减少定位时间，可通过加速使电机逐渐接近最高运行速度。随着目标位置的接近，为使电机平稳停止，需要使频率降下来。步进电机开环控制过程中，运行速度都需要有一个加速-恒速-减速-停止的过程，如图 2-50 所示。

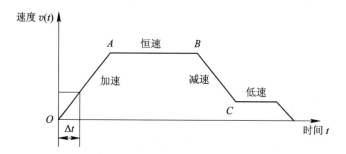

图 2-50　电机转速过程

2.6.2　数据采样系统的进给速度控制和加减速控制原理

在半闭环和闭环系统中，采用数据采样插补进行加工，根据程编的 F 值，将轮廓曲线分割成插补周期对应的轮廓步长，通过调节对应插补周期时间段内数控机床各坐标方向上的进给增量值，从而实现进给速度的控制。闭环和半闭环数控系统的插补周期越短，加工精度越高。开环与闭环数控系统的进给速度的计算方法略有不同。具体地，已知程编指令速度 F 和插补周期 T，由公式 $\Delta = FT/60$，计算出每个插补周期的轮廓步长 $\Delta L(\mu m)$，即一定时间（插补周期）内多轴联动的合成进给量 ΔL，并由系统计算出下一个插补点的坐标轴运动增量值 Δx、Δy、Δz，从而得出轮廓速度在各个坐标方向的分速度。

加减速控制多数采用软件来实现，这样会给系统带来很大的灵活性。加减速控制既可以在插补前进行，也可以在插补后进行。在插补前进行的加减速控制称为前加减速控制。在插补后进行的加减速控制称为后加减速控制。

前加减速控制是对合成速度——程编指令速度 F 进行的控制，所以它的优点是不影响

实际插补输出的位置精度。前加减速控制的缺点是需要预测减速点，这个减速点要根据实际刀具位置与程序段终点之间的距离来确定，而这种预测工作需要完成的计算量较大。

后加减速控制是指对各运动轴分别进行加减速控制，不需要预测减速点，在插补输出为零时开始减速，并通过一定的时间延迟逐渐靠近程序段终点。后加减速控制的缺点是：由于它对各运动坐标轴分别进行控制，因此实际的各坐标轴的合成位置可能不准确。但这种影响仅在加减速过程中才会有，当系统进入匀速状态时这种影响就不存在了。

1. 前加减速控制

进行前加减速控制，首先要计算出稳定速度和瞬时速度。所谓稳定速度，就是系统处于稳定进给状态时每插补一次（一个插补周期）的进给量。在数据采集系统中，零件的程编指令速度 $F(\text{mm/min})$ 需要转换成每个插补周期的进给量。另外，为了调速方便，设置了快速倍率和切削进给两种倍率开关。稳定速度的计算公式如下：

$$v_g = \frac{TKF}{60 \times 1000}$$

式中：v_g——稳定速度（mm/min）；

　　　T——插补周期（ms）；

　　　F——编程指令速度（mm/min）；

　　　K——速度系数，包括快速倍率、切削进给倍率等。

在计算完稳定速度后，应进行速度限制检查，如果稳定速度超过由参数设定的最高速度，则选取限制的最高速度为稳定速度。

所谓瞬时速度，即系统在每个插补周期的进给量。当系统处于稳定进给状态时，瞬时速度 $v_i = v_g$；当系统处于加速（或减速）状态时，$v_i < v_g$（或 $v_i > v_g$）。

1）线性前加减速处理

当机床起动、停止或在切削加工中改变进给速度时，系统自动进行加减速处理。常用的处理方法有指数加减速、线性加减速和钟形加减速等。现以线性加减速说明其计算方法。

加减速度分为快速进给和切削进给两种，它们必须由机床参数预先设定好。设进给速度为 $F(\text{mm/min})$，加速到 F 所需的时间为 $t(\text{ms})$，则加/减速度 a 可按下式计算：

$$a = 1.67 \times 10^{-5} \times \frac{F}{t} \quad [\mu\text{m}/(\text{ms})^2]$$

当加速时，系统每插补一次都要进行稳定速度、瞬时速度和加减速处理。当计算出的稳定速度 v_g' 大于原来的稳定速度 v_g 时，要加速。每加速一次，瞬时速率为

$$v_{i+1} = v_i + at$$

新的瞬时速度 v_{i+1} 的求解参见插补计算，对各坐标轴进行分配，如图 2-51 所示。

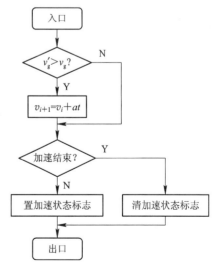

图 2-51　加速处理框图

当减速时，系统每进行一次插补计算，都要进行终点判别，计算出离开终点的瞬时距离 S_i，并根据本程序的减速标志检查是否已到达减速区域 S，若已到达，则开始减速。当稳定速度 v_g 和设定的加/减速度 a 确定后，减速区域 S 为

$$S = \frac{v_g^2}{2a}$$

若本程序段要减速，即 $S_i \leqslant S$，则设置减速状态标志，开始减速处理。每减速一次，瞬时速度为

$$v_{i+1} = v_i - at$$

新的瞬时速度 v_{i+1} 参加插补运算，对各坐标轴进行分配，一直减速到新的稳定速度或减速到 0，如图 2-52 所示。若要提前一段距离开始减速，则将提前量 ΔS 作为参数预先设置好，由下式计算：

$$S = \frac{v_g^2}{2a} + \Delta S$$

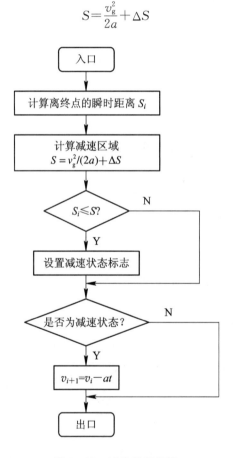

图 2-52 减速处理框图

2）终点判别处理

在每次插补运算结束后，系统都要根据求出的各坐标轴的插补进给量来计算刀具中心离开本程序段终点的距离 S_i，然后进行终点判别。在即将到达终点时，设置相应的标志。若本程序段要减速，则还需要检查是否已到达减速区域并开始减速。

进行直线插补时，S_i 的计算公式如下：

$$\begin{cases} x_i = x_{i-1} + \Delta x \\ y_i = y_{i-1} + \Delta y \end{cases}$$

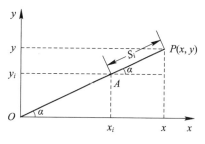

计算其各坐标分量值，取其长轴（如 x 轴），则瞬时点 A 离终点 P 的距离 S_i 为

$$S_i = |x - x_i| \cdot \frac{1}{\cos\alpha}$$

式中：α——x 轴（长轴）与直线的夹角，如图 $2-53$ 所示。

图 $2-53$　直线插补终点判别

圆弧插补时 S_i 的计算分为圆弧所对应的圆心角小于 π 和大于 π 两种情况。

当圆弧所对应的圆心角小于 π 时，瞬时点离圆弧终点的直线距离越来越小，如图 $2-54(a)$ 所示。$A(x_i, y_i)$ 为顺圆插补时圆弧上某一瞬时点，$P(x, y)$ 为圆弧的终点；AM 为 A 点在 x 方向上离终点的距离，$|AM| = |x - x_i|$；MP 为 A 点在 y 方向离终点的距离，$|MP| = |y - y_i|$；$AP = S_i$。以 MP 为基准，则 A 点离终点的距离为

$$S_i = |MP| \frac{1}{\cos\alpha} = |y - y_i| \frac{1}{\cos\alpha}$$

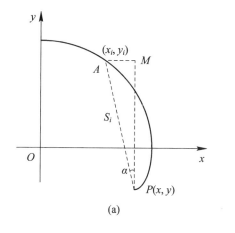

(a)

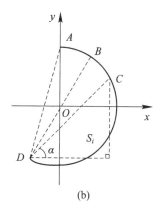

(b)

图 $2-54$　圆弧插补终点判别

当圆弧所对应的圆心角大于 π 时，设 A 点为圆弧 $\overset{\frown}{AD}$ 的起点，B 点为其与终点连接的弧长所对应的圆心角等于 π 时的分界点，C 点为插补的某一瞬时点，它与终点连接的弧长所对应的圆心角小于 π，如图 $2-54(b)$ 所示。显然，此时瞬时点离圆弧终点的距离 S_i 的变化规律是：从圆弧起点 A 开始，插补到 B 点，S_i 越来越大，直到 S_i 等于直径；当插补越过分界点 B 后，S_i 越来越小，与图 $2-54(a)$ 所示的情况相同。为此，在计算 S_i 前，首先要判别 S_i 的变化趋势。若 S_i 变大，则不进行终点判别处理，直到越过分界点；若 S_i 变小，再进行终点判别处理。

2. 后加减速控制

常用的后加减速控制算法有指数加减速控制算法和直线加减速控制算法。

1）指数加减速控制算法

指数加减速控制的目的是将起动或者停止时的速度突变成随时间按指数规律上升或下

降，如图 2-55 所示。指数加减速控制中速度与时间的关系如下：

加速时：

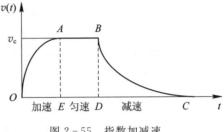

图 2-55　指数加减速

$$v(t) = v_c(1 - e^{-\frac{t}{T}})$$

匀速时：

$$v(t) = v_c$$

减速时：

$$v(t) = v_c e^{-\frac{t}{T}}$$

式中：T——时间常数；

　　　v_c——稳定速度。

图 2-56 是指数加减速控制算法的原理图。其中，Δt 表示采样周期，它在算法中的作用是对加减速运算进行控制，即每个采样周期进行一次加减运算。误差寄存器 E 的作用是对每个采样周期的输入速度 v_c 与输出速度 v 之差 $(v_c - v)$ 进行累加，累加结果一方面被保存在误差寄存器中，另一方面与 $1/T$ 相乘，乘积作为当前采样周期加减速控制的输出 v。同时 v 又反馈到输入端，准备在下一个采样周期重复以上过程。

图 2-56　指数加减速控制算法的原理图

上述过程可以用以下迭代公式实现：

$$\begin{cases} E_i = \sum_{k=0}^{i-1} (v_c - v_k)\Delta t \\ v_i = E_i \dfrac{1}{T} \end{cases}$$

式中：E_i、v_i——第 i 个采样周期内误差寄存器 E 中的值和输出速度值，迭代初始值 v_0、E_0 为零。

2）直线加减速控制算法

直线加减速控制使机床在起动和停止时速度沿着一定斜率的直线上升或下降。如图 2-57 所示，速度变换曲线是 $OABC$。

直线加减速控制过程如下：

（1）加速过程。如果输入速度 v_c 与输出速度 v_{i-1} 之差大于一个常数 KL，即 $v_c - v_{i-1} >$ KL，则使输出速度增加 KL 的值：

图 2-57　直线加减速度控制

$$v_i = v_{i-1} + KL$$

式中，KL——加减速的速度阶跃因子。

显然，在加速过程中，输出速度沿斜率 $k' = \dfrac{KL}{\Delta t}$ 的直线上升，这里 Δt 为采样周期。

（2）加速过渡过程。如果输入速度 v_c 大于输出速度 v_i，但其差值小于 KL，即

$$0 < v_c - v_{i-1} < KL$$

则改变输出速度，使其与输入相等，即

$$v_i = v_c$$

经过这个过程后，系统进入稳定速度状态。

（3）匀速过程。在这个过程中，保持输出速度不变，即

$$v_i = v_{i-1}$$

但此时的输出 v_i 不一定等于 v_c。

（4）减速过渡过程。如果输入速度 v_c 小于输出速度 v_{i-1}，但其差值不足 KL，即

$$0 < v_{i-1} - v_c < KL$$

则改变输出速度，使其减小到与输入速度相等。

（5）减速过程。如果输入速度 v_c 小于输出速度 v_{i-1} 且差值大于 KL，即

$$v_{i-1} - v_c > KL$$

则改变输出速度，使其减少 KL 值，即

$$v_t = v_{i-1} - KL$$

显然，在减速过程中，输出速度沿斜率 $k' = -\dfrac{KL}{\Delta t}$ 的直线下降。

在直线加减速和指数加减速控制算法中，要保证系统不失步和不超程，输入加减速控制器的总位移量应等于该控制器输出的总位移量，如图 2-57 所示，即使区域 OEA 的面积等于区域 DBC 的面积。为了做到这一点，以上两种加减速算法都用位置误差累加器来解决。在加速过程中，用位置误差累加器寄存由于加速延迟失去的位置增量之和；在减速过程中，将位置误差累加器中的位置按一定规律逐渐放出，以保证到达规定位置。

2.7　位置控制原理

位置控制环是伺服系统的外环（如图 2-58 所示），它接收数控装置插补器每个插补采样周期发出的指令，作为位置环的给定值，同时还接收每个位置采样周期测量反馈装置得出的实际位置值，然后与位置给定值进行比较（给定值减去反馈值），得出位置误差，并将该误差作为速度坏的给定值，用其差值去控制电机。实际上，要根据伺服系统各环节增益（放大倍数）、倍率及其他要求对位置环的给定值、反馈和误差信号进行处理。从完整意义上来看，位置控制包括的速度环和电流环的给定值、反馈和误差信号也都需要处理。早期的位置控制的速度环和电流环均采用模拟控制，其中有些系统只有位置环具有数字控制的概念，而且采用的是脉冲比较方式，其位置误差数据经 D/A 转换变成模拟量后再送给速度环。

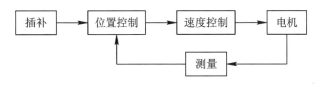

图 2-58　位置控制环

位置控制工作可以由软件来完成，也可以由硬件来完成。位置控制主要完成以下几步计算（如图 2-59 所示）：

$$\begin{cases} x_{2新}=x_{2旧}+\Delta x_2 \\ y_{2新}=y_{2旧}+\Delta y_2 \end{cases} \tag{2-44}$$

$$x_{1新}=x_{1旧}+\Delta x_1 \tag{2-45}$$

$$y_{1新}=y_{1旧}+\Delta y_1$$

$$\Delta x_3=x_{2新}-x_{1新} \tag{2-46}$$

$$\Delta y_3=y_{2新}-y_{1新}$$

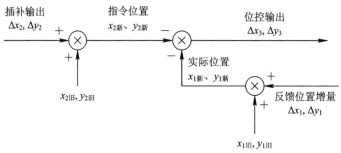

图 2-59　位置控制的计算

式(2-44)中，$x_{2新}$ 和 $y_{2新}$ 的指令位置是由本次插补周期的插补输出 Δx_2、Δy_2 与上次指令位置 $x_{2旧}$、$y_{2旧}$ 相加得来的。

式(2-45)中，$x_{1新}$、$y_{1新}$ 为反馈的实际位置，它是由第一个插补周期指令执行后的反馈位置增量 Δx_1、Δy_1 和其指令位置 $x_{1旧}$、$y_{1旧}$ 相加求得的。

式(2-46)中，Δx_3 和 Δy_3 是本次插补输出转换来的位置控制的输出，它是由本次插补周期的指令位置 $x_{2新}$、$y_{2新}$ 和上次的实际位置 $x_{1新}$、$y_{1新}$ 相减求得的。

2.8　误差补偿原理

要提高数控机床的精度，首先要提高机床各部件的机械精度和动态性能，但机械精度提高到一定程度后就很难再提高了，或者成本过高，难以应用。通过数控系统对误差进行补偿是提高精度的有效途径，使用误差补偿技术可以以很小的代价获得"硬技术"难以达到的精度水平和动态性能。

机床误差包括几何误差、热误差、间隙误差、摩擦误差和动态误差五类。按误差产生的原因，机床误差可分为属于机床本体误差的几何误差和间隙误差，属于机床运行误差的热误差、摩擦误差和动态误差。按误差的性质，机床误差可分为属于静态误差的几何误差，属于准静态误差的热误差，属于动态误差的摩擦误差和动态误差，属于机械系统误差的间隙误差(其在机床运行时表现得比较特殊)。

1. 几何误差补偿原理

几何误差属于静态或准静态误差，可通过修正插补指令来实现。

1) 几何误差分析

任意物体在空间中都具有六个自由度，即沿空间坐标轴 x、y、z 直线方向的移动自由

度和绕这三个坐标轴的转动自由度。以 x 轴为例，移动误差包括水平直线度误差、垂直直
线度误差和定位误差，转动误差包括滚动误差、偏转误差和俯仰误差。沿 x 轴移动时，移
动误差包括线性位移误差 $\delta_x(x)$、y 向直线度误差 $\delta_y(x)$、z 向直线度误差 $\delta_z(x)$、滚动误
差 $\varepsilon_y(x)$、偏转误差 $e_z(x)$ 和俯仰误差 $e_x(x)$。沿 y 轴移动与沿 z 轴移动时同理。三轴之间
的垂直度误差分别为 e_{xy}、e_{xz}、e_{yz}。因此，x、y、z 三个线性轴共有 21 项误差，如图 2-60
所示。

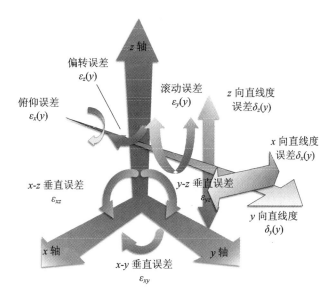

图 2-60 三个线性轴的几何误差分析

2) 几何误差建模

几何误差的建模过程是：首先，根据机床结构类型（如图 2-61 所示，图中 B、C、D 分
别表示在滑台、工作台、主轴头上的三个局部坐标系下的原点），建立机床坐标系和各运动
部件坐标系；然后，运用齐次坐标变换方法，计算并得到机床的几何误差模型：

$$\begin{cases} \Delta x = -\delta_x(x) + \delta_x(y) - \delta_x(z) - y\varepsilon_z(x) - z\varepsilon_y(x) + z\varepsilon_y(y) + z\varepsilon_{xz} \\ \Delta y = -\delta_y(x) + \delta_y(y) - \delta_y(z) + z\varepsilon_x(x) - z\varepsilon_x(y) + x\varepsilon_{xy} + z\varepsilon_{yz} \\ \Delta z = -\delta_z(x) + \delta_z(y) - \delta_z(z) - y\varepsilon_x(x) \end{cases}$$

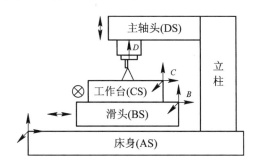

图 2-61 立式机床简易结构

根据矢量变换原理，将几何误差模型分解到各个轴上：

$$E(x, y, z) = \Delta \bar{x} + \Delta \bar{y} + \Delta \bar{z}$$
$$= Ex(x) + Ey(x) + Ez(x) + Ex(y) + Ey(y) +$$
$$Ez(y) + Ex(z) + Ey(z) + Ez(z)$$

轴向几何误差主要是定位误差，轴间几何误差主要是垂直度误差。

3）几何误差测量

（1）螺距光栅误差测量：将测量行程平均分为 N 个点，然后激光干涉仪运动到第 n 个点，获得该点的正方向误差，并在该点多次测量求得误差平均值，形成双向误差补偿数据。

（2）轴向、轴间误差测量：如图 2-62 所示，测量三组对角线，建立几何关系方程组，并求解方程组，可得到所需的补偿值 $\Delta E_x(x)$、$\Delta E_x(y)$、$\Delta E_x(z)$、$\Delta E_y(y)$、$\Delta E_y(x)$、$\Delta E_y(z)$、$\Delta E_z(z)$、$\Delta E_z(x)$、$\Delta E_z(y)$，利用激光干涉仪测量机床各坐标轴的 21 项几何误差项，再经过转换形成单轴误差补偿数据和轴间关系误差补偿数据。

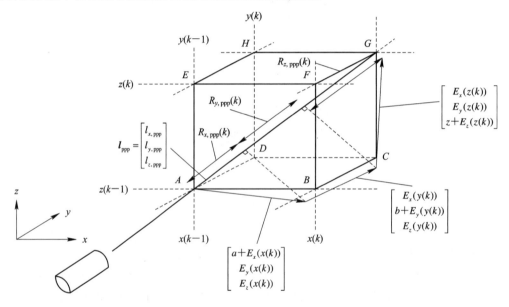

图 2-62　对角线法测量原理图

4）几何误差补偿

几何误差补偿是指利用测量得到的数据建立补偿表文件（文本文件），当系统启动时将补偿表文件读入数控系统，建立补偿数组，机床返回参考点后，利用查表、线性插值等方法，在每个插补周期对插补指令进行修正。几何误差补偿原理图如图 2-63 所示。

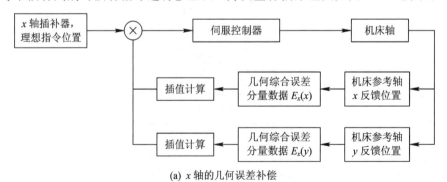

(a) x 轴的几何误差补偿

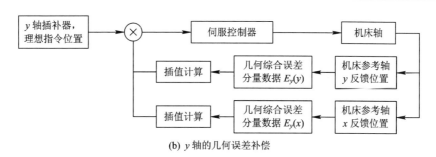

(b) y 轴的几何误差补偿

图 2-63　几何误差补偿原理图

补偿表文件的格式为：基准轴、补偿轴、初始位置、终点位置、补偿点的距离、补偿点的补偿值。文件包含多个补偿数组，同一个基准轴可补偿多个补偿轴。

2. 热误差补偿原理

1）热误差补偿分析

数控机床的热误差是指机床热变形致使机床按某种操作规程指令所产生的实际响应与该操作规程所预期产生的响应之间的差异。

大量研究表明，热变形误差是数控机床的最大误差源，占总误差的 40% ～ 70%，因此由于热变形导致的精度下降问题就显得日益突出，所以热误差的控制将是提高精密机床特别是精密高速数控机床的精度的关键技术。

机床热误差的主要影响因素是内部热源。各种发热元件包括电机和摩擦运动副。其中，摩擦运动副如齿轮、轴承等的发热影响最大。机床的热变形规律和机床上许多重要部件的温度变化有关，必须在机床上布置一定数量的测温点来测量机床的整体温度，通过数据处理和计算，在机床上找到与热变形相关性好的重要测温点，最终用于创建热误差模型。热变形位移场是多温度变量的函数。研究结果表明，神经网络模型和多元回归模型能够较好地描述对应于机床温度变化的热误差规律。减少机床热误差的途径有结构优化，减少热源，隔离发热元件，实时进行测温补偿。如果利用数控装置补偿热误差，则最好在前几项措施后进行。按表现形式不同，热误差可分为平移型热误差（如图 2-64(a)中的 Δx、Δy）和扭转型热误差（如图 2-64(b)中的 α）。平移型热误差可以通过误差补偿消除；扭转型热误差不可以通过误差补偿消除。因此，在设计机床时总是希望采用热均衡结构，以使热误差的方向一致，以免发生扭转型热误差。

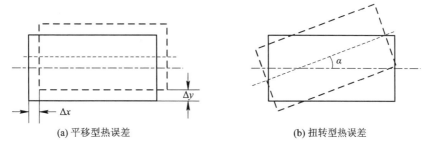

(a) 平移型热误差　　　　　　　　　　　(b) 扭转型热误差

图 2-64　平移型热误差和扭转型热误差

按发生的部位不同，热误差可分为主轴系统热误差（如图 2-65(a)中的 Δz）和进给系统热误差（如图 2-65(b)中的 Δx）。主轴系统热误差与工作台位置无关，只与温度相关；进给系统热误差除了与温度相关之外，还与工作台的当前位置相关。因此，需要根据不同的热误差形式进行补偿。

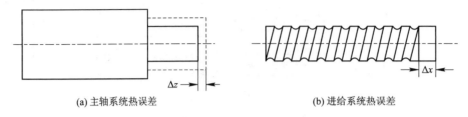

(a) 主轴系统热误差　　　　　　　　　(b) 进给系统热误差

图 2-65　主轴系统热误差和进给系统热误差

2）热误差测量

（1）主轴热变形的测量。

测量主轴热变形时，在主轴表面布置多个温度传感器。在主轴端面布置非接触式位移传感器，其目的是让主轴连续运行，同时采集各温度传感器传送的温度信号和位移传感器传送的位移信号。在主轴端面布置接触式位移传感器，其目的是让主轴连续运行一段时间后，记录一次各温度传感器传送的数据，测量一次热变形。主轴热变形的测量原理如图 2-66 所示。

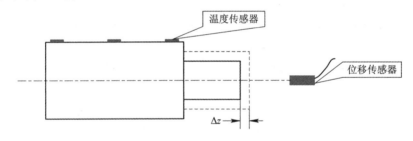

图 2-66　主轴热变形的测量原理

（2）进给系统热误差的测量。

测量进给系统热误差时，在丝杠两端轴承和螺母副处布置温度传感器。让机床工作一段时间后，采用光栅或激光干涉仪测量进给轴某位置处的定位误差。进给系统热误差的测量原理如图 2-67 所示。

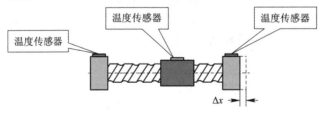

图 2-67　进给系统热误差的测量原理

3）热误差补偿建模

通过热误差测量可以得到多个测温点的温度值和热误差值。由于测温点比较多，所以需要对测温点进行优化，找出热敏感点，然后用线性回归的方法建立误差值与热敏感点之间的函数关系。热误差补偿建模如下：

$$\Delta K_x = K_0(T) + \tan\beta(t) \cdot (P_x - P_0)$$

3. 间隙误差补偿原理

为了保证滚珠丝杠与螺母副之间的反向传动精度和轴向刚度，必须消除轴向间隙。通常采用双螺母预紧的办法，其基本原理是使两个螺母产生轴向位移，以消除它们之间的间隙，施加预紧力。当工作台反向运动时，电机空转，而工作台并不运动，会造成 $\pm D/2$ 的定位误差，影响机床的精度。当间隙过大时，动态响应特性会变差，产生振荡。可通过选用高精度的滚珠丝杠、安装丝杠时进行预紧、用数控系统指令等方法来补偿间隙。

根据光栅反馈值与位置指令值之差，可测得机床反向间隙误差 D。根据激光干涉仪测得的机床实际位置值与位置指令值之差，可测得机床反向间隙误差 D。

当间隙较小时，正向运动转为负向运动，全部行程之内都补偿 $D/2$；当负向运动转为正向运动时，全部行程之内都补偿 $-D/2$。当间隙较大时，会造成电机加速度过大，系统不平稳，电机产生振荡，控制器产生饱和现象，控制器产生跟随误差。在一定的插补周期内，应逐步增加补偿量，实现补偿值的跳跃，从而避免一个周期内补偿值产生大的变化。

在间隙补偿过程中，补偿量的符号会在反向点处发生变化，因此能够准确地判断反向点至关重要。根据数控系统内部提供的位置插补命令，可以准确地判断反向点。当前插补周期的位置命令为 y_i，上一插补周期的位置插补命令为 y_{i-1}，则

$$\Delta = y_i - y_{i-1}$$

当 $\Delta > 0$ 时，工作台沿正向运动；当 $\Delta < 0$ 时，工作台沿负向运动；当 $\Delta = 0$ 时，在反向点处工作台短时间内静止。若 Δ 的符号由">"" ="变为"<"，或由"<"" ="变为">"，则认为发生反向，该点可以被认为是反向点。

4. 摩擦误差补偿原理

1）摩擦误差插补模型

图 2-68 所示为摩擦误差补偿工作台示意图。图中，KS 表示弹簧传递函数，JS 表示滚珠丝杠传递函数，BS 表示液压缸传递函数，K_J 表示转动时的黏性阻尼系数，B_J 表示扭转弹簧的刚度，$F(s)$ 表示 $F(t)$ 的拉普拉斯变换函数，$x(t)$ 表示运动位移，$\theta(t)$ 表示旋转角度，$\theta(s)$ 表示 $\theta(t)$ 的拉普拉斯变换函数。当工作台低速运动时，静摩擦占主导地位，当工作台速度较高时，系统体现为与方向相关的库仑摩擦和与速度相关的黏性摩擦（阻尼），两者之间呈现剧烈的非线性特性，满足如下公式：

$$F_f = \begin{cases} F_s^+ e^{-(v/v_{s1}^+)^\delta} + (1-F_c^+) e^{-(v/v_{s2}^+)^\delta} + F_w v & v>0, \ v \rightarrow 0_+ \\ F_s^- e^{-(v/v_{s1}^-)^\delta} + (1-F_c^-) e^{-(v/v_{s2}^-)^\delta} + F_w v & v<0, \ v \rightarrow 0_- \end{cases}$$

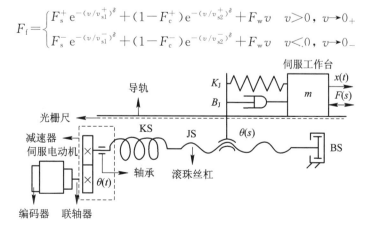

图 2-68 摩擦误差补偿工作台示意图

式中，F_c 表示切削力，F_f 表示进给力，F_w 表示背向力，v 表示速度，v_s 表示 $v(t)$ 的拉普拉斯变换函数。

当工作台速度较高时，速度指令大，电机转矩大于摩擦力矩，不会造成摩擦误差；当工作台速度较低时，速度指令小，电机转矩小，电机转矩小于摩擦力矩，电机在旋转，但工作台并不运动，会造成摩擦误差。当电机转矩小于摩擦力矩时，能量被传动系统的弹性环节存储起来；当电机转矩大于摩擦力矩时，由于静摩擦力大于动摩擦力，使得能量释放，因而会造成系统振荡。

当工作台改变方向时，速度为 0，静摩擦力最大，摩擦误差最大，因此通常把摩擦误差称为过象限误差。摩擦误差补偿通常从反向点处开始。

2）摩擦误差插补方法

（1）减小传动系统的摩擦力。采用滚动导轨、液体静压导轨、空气静压导轨或磁悬浮导轨可以减小系统的摩擦力，同时减小动摩擦与静摩擦力之间的差异，提高进给系统的动态性能。但若采用高性能导轨，则将极大地提高机床成本。

（2）提高伺服驱动系统刚度。当摩擦误差产生时，通过提高伺服驱动系统的位置环、速度环和电流环的刚度，小的误差信号就能及时地调整电机驱动电流，但高刚度容易引起系统振荡。

减小伺服驱动器各控制环的控制周期也有利于提高系统的响应速度，但减小控制周期对数控装置的硬件性能要求比较高。

（3）进行摩擦误差补偿。

摩擦误差插补原理是在短暂的时间内在机床反向处向各控制环施加补偿量，增加电机转矩，以克服摩擦力。施加补偿量的位置有：

① 位置环：施加位置校正量，系统响应较慢，动态特性比较差。

② 速度环：施加速度校正量，增加电机输出扭矩，效果比较好。

③ 电流环：施加电流补偿量，直接校正扭矩，抗干扰能力差。

摩擦补偿方法分为恒值摩擦补偿法和自适应摩擦补偿法。

① 恒值摩擦补偿法：在补偿时间内摩擦补偿值为恒定不变的数值，不随外界条件的改变而变化。

② 自适应摩擦补偿法：在数控机床的允许加速度范围内，摩擦的补偿量根据加工参数自动变化，并取得最优补偿值。

5. 动态误差补偿（伺服参数优化）原理

数控机床通过调节如图 2-69 所示的位置环增益、前馈系统、电流环、速度环增益等控制参数来调整动态性能。

位置环增益 K_p 是数控机床进给伺服系统的重要参数，它决定了位置控制精度和机械系统的振荡情况。直线插补、圆弧插补在 x、y 轴的位置环增益分别为 K_{px}、K_{py}，位移量与增益的关系如下：

$$\Delta x = \frac{v_x}{K_{px}}, \ \Delta y = \frac{v_y}{K_{py}}$$

$$\Delta R = \frac{K_{py}^2 v^2 + (K_{px}^2 - K_{py}^2)v_y^2}{2RK_{px}^2 K_{py}^2}$$

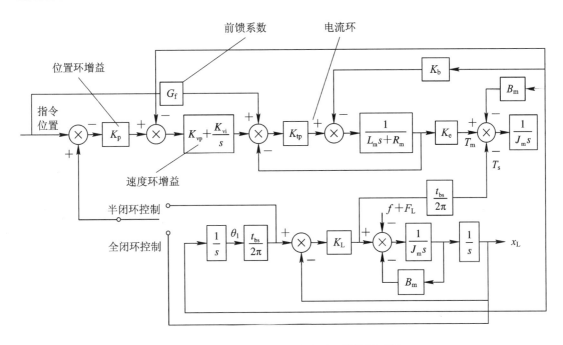

图 2-69　伺服驱动系统动态误差补偿原理图

动态误差补偿方法如下：

（1）手动调整控制环参数。在保证系统稳定性的前提下，提高伺服驱动系统的比例增益，可以减小位置偏差。当多轴联动运行时，位置环比例增益保持一致，使得轮廓误差降低，避免了伺服不匹配现象的产生。适当设定积分系数，可以减小稳态误差。施加电子滤波器，可以抑制系统谐振。

（2）采用遗传算法智能整定控制参数。由支持向量机回归方法可以看出，在支持向量机优化过程中，不敏感系数、惩罚系数以及核函数中的结构参数无法在优化过程中自动选择，只能凭经验或采用交叉验证的方法确定。然而，遗传算法作为一种新的全局优化搜索算法，正好可以对支持向量机中的这些参数进行优化选择，这样不仅使支持向量机模型中整定控制参数的选择更具理论性，而且可以保证模型最优。

2.9　PLC 的基本结构及控制原理

可编程控制器（Programmable Logic Controller，PC 或 PLC）是一种利用数字运算操作的电子系统，专门为工业环境下的应用而设计。它采用可以编制程序的存储器来执行存储逻辑运算、顺序控制、定时、计数和算术运算等操作的指令，并通过数字或模拟的输入（I）和输出（O）接口，控制各种类型的机械设备或生产过程。可编程控制器是在电气控制技术和计算机技术的基础上开发出来的，并逐渐发展成为以微处理器为核心，将自动化技术、计算机技术、通信技术融为一体的新型工业控制装置。目前，PLC 已被广泛应用于各种生产机械和生产过程的自动控制中，已经成为一种最重要、最普及、应用场合最多的工业控制装置，被公认为现代工业自动化的三大支柱（PLC、机器人、CAD/CAM）之一。

1. 可编程控制器的基本结构

PLC 的实质就是工业控制计算机,属于过程控制计算机的一个分支。可编程控制器的主机由中央微处理单元(CPU)、存储器(RAM、ROM、EPROM、EEPROM)、输入/输出接口、编程器及通信电源等部分组成。对于整体式 PLC,主要部件在同一机壳内;对于以 PLC 为模块的机型,各功能单元可以独立封装,构成模块,各模块通过框架或连接电缆组合在一起。编程器是可编程控制器的外围设备。

1) 中央微处理单元(CPU)

中央微处理单元(CPU)既是 PLC 的控制中枢,也是 PLC 的核心,起神经中枢的作用,每套 PLC 至少有一个 CPU。它按照 PLC 系统程序赋予的功能接收并存储从编程器键入的用户程序和数据,检查电源、存储器、I/O 以及警戒定时器的状态,并诊断 PLC 电源、内部工作电路的工作状态和所存储的用户程序中的语法错误。首先,当 PLC 投入运行时,它以扫描的方式接收现场各输入装置的状态和数据,并分别存入 I/O 映像区;然后,从用户程序存储器中逐条读取用户程序,经过命令解释后按指令的规定执行逻辑运算或算术运算的结果,送入 I/O 映像区或数据寄存器内;最后,在所有的用户程序执行完毕之后,将 I/O 映像区的各输出状态或输出寄存器内的数据传送到相应的输出装置,如此循环运行,直到停止运行。

小型 PLC 大多采用 8 位微处理器或单片机作为 CPU;中型 PLC 大多采用 16 位微处理器或单片机作为 CPU;大型 PLC 大多采用位片式微处理器。通常采用的单片机芯片为 8031、8096;位片式微处理器为 AMD-2900;通用微处理器为 8086、80286、80386。例如,FX2 可编程控制器使用的微处理器是 16 位的 8096 单片机。为了进一步提高 PLC 的可靠性,大型 PLC 采用了冗余技术,即采用双 CPU 构成的冗余系统,或采用三 CPU 的表决式系统。这样即使某个 CPU 出现故障,整个系统仍能正常运行。采用冗余技术的 PLC 的平均无故障工作时间为几十万小时以上。

CPU 的速度和内存容量是 PLC 的重要参数,它们决定着 PLC 的工作速度、I/O 数量及软件容量等,因此限制着控制规模。

2) 存储器

存储器分为系统程序存储器、用户程序存储器、用户数据存储器。系统程序存储器是存放系统软件的存储器;用户程序存储器是存放 PLC 用户程序的存储器;用户数据存储器是用来存储 PLC 程序执行时的中间状态与信息的存储器,它相当于 PLC 的内存。系统程序存储器通常采用 ROM 或 EPROM,存放监控程序,用户不能访问和修改。用户程序存储器采用 RAM、EPROM 或 EEPROM,存放经编程器输入的用户程序或正在调试的应用程序。为了便于调试和修改,总是先把用户程序存放在随机存取存储器(RAM)中,经过运行、考核、修改、完善,达到设计要求后,再把它固化到 EPROM 中,代替 RAM 使用。用户数据存储器采用 RAM,暂存输入、输出数据映像,定时器/计数器预置数和当前值等。

3) 输入/输出接口

PLC 与电气回路的接口是通过输入/输出(I/O)接口完成的。I/O 接口集成了 PLC 的 I/O 电路,其输入暂存器反映输入信号状态,输出点反映输出锁存器状态。输入模块将电信号转换成数字信号后传送到 PLC 系统,而输出模块则相反。输入/输出接口的作用是连接用户输入/输出设备和 PLC 控制器，将各输入信号转换成 PLC 标准电平以供 PLC 处理，再将处理好的输出信号转换成用户设备所要求的信号来驱动外部负载。

对输入/输出接口的要求是：具有良好的抗干扰能力；对各类输入/输出信号（开关量、模拟量、直流量、交流量）具有匹配能力。各种输入接口均采取了光电耦合器、RC 滤波器等抗干扰措施。

I/O 接口分为开关量输入（DI）、开关量输出（DO）、模拟量输入（AI）、模拟量输出（AO）、特殊量输入（SI）、特殊量输出（SO）等模块。开关量是主要的控制单元，模拟量是配合其他模块完成的单元，特殊量是通过其他模块实现的单元。开关量输入单元分为直流输入单元（如图 2-70 所示）、交流输入单元（如图 2-71 所示）和交直流单元。输入电路的电源可由外部供给，有的也可由 PLC 内部提供。输入接口电路采用光电耦合器，以防止强电干扰，如图 2-72 所示，外界直流电源为任意极性。有的 PLC 内部提供 24 V 直流电源，这样可以简化用户接线。开关量 I/O 接口的点数一般是 2^n。开关量输出单元分为晶体管输出单元（如图 2-73 所示）、晶闸管输出单元（如图 2-74 所示）、继电器输出单元（如图 2-75 所示）。输出接口电路均采用模块式。

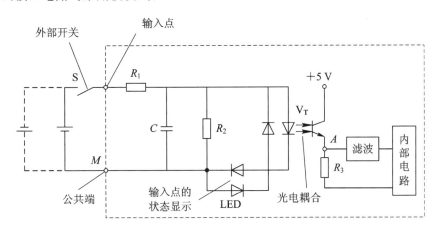

图 2-70　直流输入电路

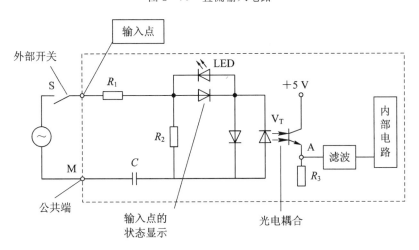

图 2-71　交流输入电路

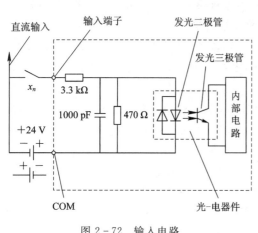

图 2-72　输入电路

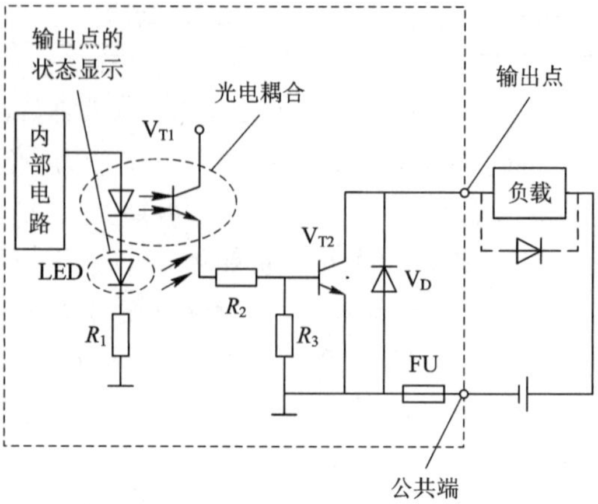

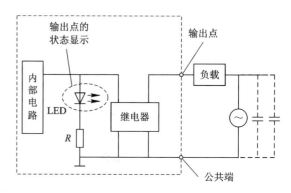

图 2-73　晶体管输出电路

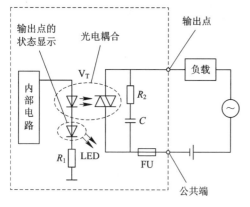

图 2-74　晶闸管输出电路

图 2-75　继电器输出电路

　　晶体管输出为无触点开关，所以使用寿命比较长，响应速度快。晶体管输出的负载电源一般为直流电源，输出电流相对较小，工作电流仅为 0.3～0.5 A，响应速度很快，其延迟一般为 0.5～1 ms。

　　双向晶闸管输出单元的负载电源根据需要可以选用直流电源和交流电源。晶闸管输出单元的负载较大，一般工作电流在 1 A 左右，响应速度较快，延迟导通 1～2 ms，关断 8～10 ms。PLC 的输出单元也可以分为共点式、分组式和隔离式。

　　继电器输出电路的 PLC 负载电源可以根据需要选用直流电源或交流电源。继电器触点的电气寿命一般在 10 万次至 30 万次。继电器输出从线圈通电到触点响应存在一定的延迟，所以在输出点频繁通断的场合不宜使用这种形式。继电器输出电流范围较大，一般为 2～5 A。信号响应速度较慢，延迟为 8～10 ms。继电器输出也是最常用的开关量逻辑控制方式。

　　4）编程器

　　编程器是 PLC 的重要外围设备，使用编程器将用户编写的程序存入用户程序存储区，可实现人与 PLC 的对话。编程器可分为专用编程器和配有专用编程软件包的计算机。专用编程器是由厂商提供的配套编程工具，又可分为简易编程器（见图 2-76）和图形编程器。简易编程器不能直接输入梯形图程序，只能输入语句表程序，它又可分为专用型和通用型两种。图形编程器可以直接输入梯形图程序，它又可分为手持式和台式两种。

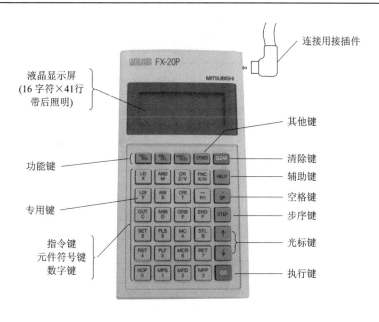

液晶显示屏
(16 字符×41行
带后照明)

连接用接插件

其他键

功能键

清除键

辅助键

专用键

空格键

步序键

指令键
元件符号键
数字键

光标键

执行键

图 2-76　简易编程器

5) 通信电源

一般地，PLC 配有开关式稳压电源，该电源为内部电路提供工作电源，在整个系统中起着十分重要的作用。一个良好的、可靠的电源系统是 PLC 的最基本保障。一般交流电压波动在＋10％(或＋15％)范围内，可以不采取其他措施而将 PLC 直接连接到交流电网上。电源输入类型有交流电源(220 V AC 或 110 V AC)和直流电源(常用的为 24 V DC)两种。

6) 扩展接口

若 PLC 主机板(又称基本单元)的 I/O 点数不能满足输入/输出设备的需要，则可用扩展电缆将 I/O 扩展单元与基本单元相连，达到灵活配置、增加 I/O 点数的目的。另外，可以通过 I/O 扩展接口连接各种智能单元，扩展 PLC 的功能。I/O 扩展接口采用并行通信方式，可扩展 I/O 模块、位置控制模块(如 F2-30GM)、通信模块(如 FX-232AW 等)、模拟量控制模块(如 FX-2DA、FX-4AD 等)。

7) 外设通信接口

通信接口的主要作用是实现 PLC 与外部设备之间的数据交换(通信)。通信接口的形式多样，最基本的有 UBS、RS-232、RS-422/RS-485 等标准串行接口，可以通过多芯电缆、双绞线、同轴电缆、光缆等进行连接。

2. 可编程控制器的工作原理

1) 可编程控制器的工作方式

PLC 上电后，就在系统程序的监控下，周而复始地按固定顺序对系统内部的各种任务进行查询、判断和执行，这个过程实质上是一个不断循环的顺序扫描过程。一个循环扫描过程称为扫描周期。

PLC 采用周期扫描机制，简化了程序设计，提高了系统的可靠性。其具体表现在：在一个扫描周期内，前面执行的任务结果立即就被后面将要执行的任务所用；可以通过设定一个监视定时器来监视每个扫描周期的时间是否超过规定值，避免某个任务进入死循环而引起故障。

2）可编程控制器的工作过程

PLC 投入运行后，要完成以下操作：以故障诊断和处理为主进行公共操作；读入输入端子/读出输出端子的通断状态，并将读入/读出的信息存入内存中所对应的映像寄存器，在此过程中输入/输出寄存器被刷新；执行用户程序；执行服务于外设命令的操作。PLC 中的 CPU 采用分时方式去执行这些操作，按顺序每一时刻执行一个操作。PLC 循环扫描流程如图 2 - 77 所示。

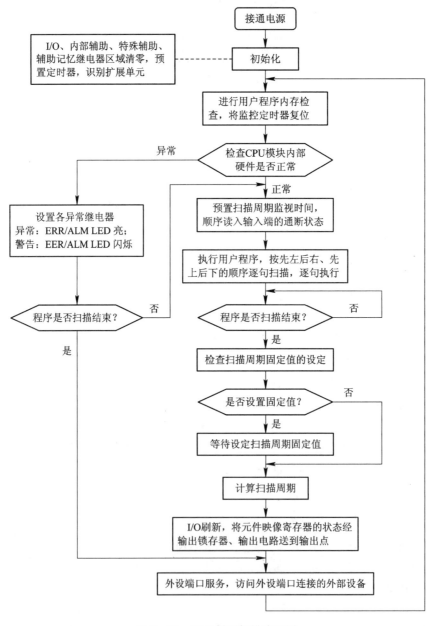

图 2 - 77 　PLC 循环扫描流程图

(1) PLC 扫描工作各环节的功能。

① PLC 上电后，首先检查硬件是否正常。若正常，则进行下一步；若不正常，则报警并作处理。

② 按自上而下的顺序，逐条读入用户程序并执行，对输入的数据进行处理，将结果存入元件映像寄存器。

③ 计算扫描周期。

④ 在 I/O 刷新阶段，读入输入点的状态并写入输入映像寄存器，将元件映像寄存器的状态经输出锁存器、输出电路送到输出点。

⑤ 访问外设端口连接的外部设备。

(2) PLC 执行用户程序的过程。

① PLC 采用循环扫描的方式工作。

② PLC 有两种工作状态——运行(RUN)和停止(STOP)。在 STOP 状态，只执行(1)中的①②；在 RUN 状态，执行如下五个过程。

a. 检查 CPU 模块内部硬件是否正常，将监控定时器复位。

b. 与另外的 PLC 交换数据，响应编程器输入的命令，更新编程器的显示。

c. 顺序读入所有输入端的通断状态，将读入的信息存入对应的映像寄存器中。

d. PLC 根据扫描原则，按先左后右、先上后下的顺序逐句扫描，逐句执行。具体工作为：将输入映像寄存器或其他映像寄存器的状态(0/1)读出，进行相应的运算，并将运算结果存入对应的映像寄存器中。

e. 将输出映像寄存器的状态输出到输出锁存器中，通过隔离电路驱动功率放大电路，输出控制信号。

3) PLC 的工作特点

(1) 集中采样。输入阶段的扫描只在输入采样阶段进行，即在其他阶段输入映像寄存器中的内容不会改变，直到下一个扫描周期的采样阶段才能读入新的内容。

(2) 集中输出。将输出映像寄存器的内容集中送给输出端口，在其他阶段端口状态不变。

(3) 周期性循环扫描。PLC 的工作方式是一个不断循环的顺序扫描方式，这种扫描工作方式提高了系统的抗干扰力。

集中采样、集中输出的循环扫描方式使 PLC 在工作的大部分时间与外界隔离，从根本上提高了抗干扰能力与可靠性。PLC 的周期性循环扫描方式不会产生输入/输出滞后时间。

(4) 串行工作方式。由于 PLC 采用的是串行工作方式，所以 PLC 的运行结果与梯形图程序的顺序有关，这与继电器控制系统并行工作有质的区别。串行工作方式避免了触点的临界竞争，减少了烦琐的联锁电路。

4) 扫描周期的计算

扫描周期除了输入采样、程序执行、输出刷新三个阶段外，还包括自诊断、与外设(如编程器、上位计算机)通信等处理。一般来说，同型号的 PLC 自诊断所需的时间相同，如三菱 FX2 系列机的自诊断时间为 0.96 ms。扫描周期的计算公式如下：

扫描周期(时间)＝接点扫描时间(T_1)＋程序执行时间(T_2)＋自诊断时间(T_3)＋通信时间(T_4)

【例 2-10】　三菱公司的 FX2-40M 配置的开关量输入为 24 点，开关量输出为 16 点，用户程序为 1000 步,不包含特殊功能指令,PLC 运行时不连接上位计算机等外设。I/O 的扫描速度为 0.03 ms/8 点,用户程序的扫描速度为 0.74 μs/步,自诊断所需的时间为 0.96 ms。一个扫描周期所需要的时间为多少?

解　扫描 40 点 I/O 所需要的时间为

$$T_1 = \frac{0.03\ \text{ms}}{8\ \text{点}} \times 40\ \text{点} = 0.15\ \text{ms}$$

扫描 1000 步程序所需要的时间为

$$T_2 = 0.74\ \mu\text{s}/\text{步} \times 1000\ \text{步} = 0.74\ \text{ms}$$

自诊断所需要的时间为

$$T_3 = 0.96\ \text{ms}$$

因 PLC 运行时不与外设通信,所以通信时间为

$$T_4 = 0\ \text{ms}$$

这样一个扫描周期为

$$T = T_1 + T_2 + T_3 + T_4 = 0.15\ \text{ms} + 0.74\ \text{ms} + 0.96\ \text{ms} + 0\ \text{ms} = 1.85\ \text{ms}$$

不能完全精确地计算出 PLC 的一个扫描周期。

在 FX2 系列 PLC 中,在 PLC 投入运行后,CPU 将最大扫描周期、最小扫描周期和当前扫描周期的值分别存入 D8012、D8011、D8010 这三个特殊数据寄存器(计时单位为 1 ms)中,用户可以通过编程器查阅、监控扫描周期的大小及变化。

FX2 系列 PLC 还提供了一种以恒定的扫描周期扫描用户程序的运行方式。用户可给计算或实际测定的最大扫描周期留一些裕量,将其作为恒定扫描周期的值存放在特殊数据寄存器 D8039(计时单位为 1 ms)中;当特殊辅助继电器 M8039 线圈被接通时,PLC 按照 D8039 中存放的数据以恒定周期扫描用户程序。

3. 可编程控制器的性能指标

1) 输入、输出接点数

(1) 三菱 FX2N 系列的输入、输出接点数之比为 3:2。

(2) OMRON 系列的输入、输出接点数之比为 1:1。

2) 扫描速度

扫描速度是指可编程控制器(PLC)执行程序的速度,是衡量 PLC 性能的重要指标。一般以扫描 1 千字节所用的时间来衡量扫描速度。《PLC 用户手册》一般给出执行各条指令所用的时间,可以通过比较各种 PLC 执行相同操作所用的时间来衡量扫描速度的快慢。

(1) 执行 1000 步所需要的时间,单位为毫秒/千步;

(2) 执行 1 步所需要的时间,单位为毫秒/步。

3) 存储器容量

存储器容量是指用户存储器容量,通常用"字""步"描述。三菱 FX2N 系列的容量为 8 千步(可扩展到 16 千步),OMRON 公司的 CPM1A 系列的容量为 2048 字(1 步=4 字节)。

4. 可编程控制器的编程语言

可编程控制器的编程语言主要有梯形图语言、指令语句表编程语言、功能块图、功能图编程语言。

1) 梯形图语言

梯形图(LAD)语言是在继电器控制系统原理图的基础上演变而来的。PLC 的梯形图与继电器控制系统的梯形图的基本思想是一致的，只是在使用符号和表达方式上有一定的区别。典型的梯形图如图 2 - 78 所示，左右两条垂直的线称作母线，母线之间是触点的逻辑连接和线圈的输出。

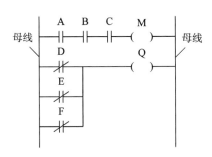

图 2 - 78　梯形图

在梯形图中，接点 A、B、C、D、E、F 分别表示 PLC 各种编程元件(也称软继电器)的常开触点和常闭触点。应注意它们并非物理实体，更不是真实的物理继电器(即硬件继电器)，只是概念上的意义，即只是软件中使用的编程元件。

梯形图的一个关键概念是"能流"(Power Flow)，这仅是概念上的"能流"。在图 2 - 78 中，把左边的母线假想为电源"火线"，而把右边的母线假想为电源"零线"。如果有"能流"从左至右流向线圈，则线圈被激励；如果没有"能流"，则线圈未被激励。

"能流"可以通过被激励(ON)的常开接点和未被激励(OFF)的常闭接点自左向右流。"能流"在任何时候都不会通过接点自右向左流。如图 2 - 78 所示，当 A、B、C 接点都接通后，线圈 M 才能接通(被激励)，只要其中一个触点不接通，线圈就不会接通；而 D、E、F 触点中只要有一个触点接触，线圈 Q 就能接通(被激励)。引入"能流"的概念，仅仅是为了和继电接触器控制系统相比较，以便对梯形图有一个深入的认识，其实"能流"在梯形图中是不存在的。

有的 PLC 的梯形图有两根母线，但现在大部分 PLC 只保留了左边的母线。在梯形图中，触点代表逻辑"输入"条件，如开关、按钮、内部条件等；线圈通常代表逻辑"输出"结果，如灯、电机接触器、中间继电器等。梯形图语言简单明了，易于理解，是所有编程语言的首选。

编写梯形图语言应遵循以下原则：

(1) 梯形图图形符号应放在左右两条垂直母线之间，根据需要可在最外层的主母线内嵌套小母线。

(2) 梯形图按横行从上到下排列，每一横行由左至右编写。可编程控制器也按此编写顺序执行程序。

(3) 梯形图左侧 I/O 接点和内部继电器接点可以是常开接点，也可以是常闭接点，还可以表示定时器/计数器的状态。

(4) 梯形图右侧应放置输出元件，相当于继电器控制原理图中的继电器线圈。梯形图右侧放置的输出元件一般为 I/O 继电器、内部继电器的线圈或其他相当于线圈的状态元件。

（5）梯形图中对应各种继电器的常开接点或常闭接点可以不受使用次数的限制任意串联和并联；同一编号的输出线圈在一般情况下只能在梯形图中出现一次，不同的输出线圈只能并联，不能串联。

2）指令语句表编程语言（STL）

指令由若干条基本指令和功能指令构成，若干条指令控制语句组成 PLC 的助记符控制程序。不同生产厂家生产的 PLC 使用的助记符不同。指令表程序的格式是：操作码（助记符），操作数，注释。操作码表示要执行的功能，告诉 PLC 要进行的操作，如逻辑运算、算术运算（加、减、乘、除）等。助记符表示操作数的类别，由标识符和参数组成，如输入继电器、定时器、计数器等，参数表明操作数的地址或设定值。PMC-L 型 PC 的基本指令如表 2-10 所示。

表 2-10 PMC-L 型 PC 的基本指令

指令	处 理 内 容
RD	读入给定信号状态，并写入 ST0 位，在一个阶梯开始编码、节点为 ┤├ 时使用
RD. NOT	读信号的"非"状态，送入 ST0 位，在一个阶梯开始编码、节点为 ┤/├ 时使用
WRT	将运算结果（ST0 的状态）写入（输入）到指定的地址单元
WRT. NOT	将运算结果（ST0 的状态）的"非"状态写入（输出）到指定的地址单元
AND	执行逻辑"与"
AND. NOT	以指定地址信号的"非"状态执行逻辑"与"
OR	执行逻辑"或"
OR. NOT	以指定地址信号的"非"状态执行逻辑"或"
RD. STK	堆栈寄存器 ST0 内容左移到 ST1，并将指定地址信号置入 ST0，在节点为 ┤├ 时使用
RD. NOT. STK	处理内容同上，只是指定信号为"非"状态，即在节点为 ┤/├ 时使用
AND. STK	将 ST0 和 ST1 的内容相"与"，结果存于 ST0，堆栈寄存器原来的内容右移一位
OR. STK	处理内容同上，只是执行的是"或"操作

3）功能块图

功能块图（FBD）类似于数字逻辑门电路的编程语言，它沿用了半导体逻辑电路的逻辑框图的表达方式。功能块图是图形化的高级编程语言。该编程语言用类似于"与"门、"或"门的方框来表示逻辑运算关系，方框的左侧为逻辑运算的输入变量，右侧为输出变量。信号也是由左向右流动的，各功能方框之间既可以串联，也可以插入中间信号。功能块图具有基本逻辑功能、计时和计数功能、运算和比较功能、数据传送功能。图 2-79 所示为功能块图。

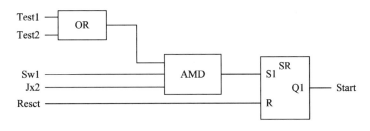

图 2-79　功能块图

4）功能图编程语言（CSF）

编程人员不一定被要求对 PLC 的指令系统非常熟悉，甚至可以不懂计算机知识，只要对被控对象的工艺流程非常熟悉就可以协助进行 CSF 的设计。图 2-80 所示为功能图编程语言的设计思路。

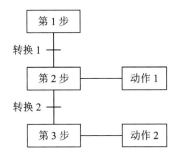

图 2-80　功能图编程语言的设计思路

本 章 小 结

本章重点讲解数控机床智能制造原理，包括数控机床加工工作原理、刀具与工件相对运动的控制方式、零件程序的输入原理、译码的概念及整理与存放、刀具半径补偿原理、刀具长度补偿原理、刀具位置偏置原理、基准脉冲插补原理、数据采样插补原理、基准脉冲系统的进给速度和加减速控制原理、数据采样系统的进给速度和加减速控制原理、位置控制原理、误差补偿原理和 PLC 的基本结构及速度控制原理。

第3章　数控机床的手工程序编制

　　数控机床与普通机床在加工零件时的根本区别在于，数控机床是按照事先编制好的加工程序自动地完成零件的加工，而普通机床是由操作者按照工艺规程通过手动操作来完成零件的加工。普通机床操作者的熟练技巧与加工工效和质量有很大关系；而数控机床所加工零件的质量好坏与效率高低，很大程度上取决于所编程序的合理与否。理想的加工程序不仅应保证加工出符合图样要求的合格工件，还应使数控机床的功能得到合理的应用和充分的发挥，使数控机床能够安全、可靠、高效地工作。

　　在编制程序前，程序员应了解所用数控机床的规格、性能、CNC 系统所具备的功能及编程指令格式等。编制程序时，首先，应对图样规定的技术特性以及零件的几何形状、尺寸及工艺要求进行分析，确定加工方法和加工路线；其次，应进行数值计算，以获得刀位数据；然后，按照数控机床规定采用的代码和程序格式，将工件的尺寸、刀具运动轨迹、位移量、切削参数（主轴转速、刀具进给量、切削深度等）以及辅助功能（换刀、主轴正转/反转、冷却液开/关等）编制成零件加工程序。实际上，编制零件加工程序就是用规定代码来详细描述整个零件加工的工艺过程和机床的每个动作步骤。

3.1　数控程序的编制内容、步骤及方法

3.1.1　数控程序的编制内容及步骤

　　在数控机床上加工零件时，首先，工艺人员要根据零件图样对零件进行工艺分析，按照规定的代码及程序格式将零件加工的全部工艺过程、工艺参数、位移数据和方向以及操作步骤等以数字信息的形式记录在控制介质上（如穿孔带、磁带等），然后输入数控装置，从而控制数控机床加工。数控加工从零件图纸到获得数控机床所需控制介质的全部过程，称为数控加工的程序编制，简称数控编程。

　　数控编程工作通常包括：分析零件图样，确定加工工艺过程；工艺处理；数学处理，计算走刀轨迹，得出刀位数据；编写数控加工程序；制作控制介质；校对程序及首件试切。数控编程的具体步骤与要求如图 3-1 所示。

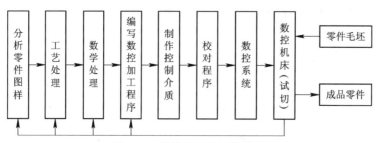

图 3-1　数控编程的具体步骤

1. 分析零件图样

首先，要根据零件图样分析零件的材料、形状、尺寸、精度、批量、毛坯形状和热处理要求等，以便确定该零件是否适合在数控机床上加工，或适合在哪种数控机床上加工。同时要明确加工的内容和要求、合理的加工方法。

2. 工艺处理

在分析零件图样的基础上，进行工艺处理。

1）选择加工方案

数控加工工艺分析与处理是数控编程的前提和依据，在制定数控加工工艺时，要合理地选择加工方案，确定合理的加工方法。

加工方法的选择原则是保证加工表面的加工精度和表面粗糙度的要求。获得同一级精度与表面粗糙度的加工方法有多种，进行选择时要结合零件的轮廓形状复杂程度、尺寸大小、加工精度、零件的数量和热处理要求以及毛坯的材料和类型等来考虑。此外，还应考虑工厂实际现有生产设备，以合理提高生产效率及降低生产成本等。

在确定加工方案时，对于零件上精度要求比较高的表面加工，首先应根据主要表面的精度和表面粗糙度的要求，初步确定加工方法。同时要结合质量要求、机床情况和毛坯条件来确定最终的加工方法，通常是通过精加工、半精加工和精加工逐步达到的。例如，对于小尺寸的 IT7 级精度的箱体孔，最终的加工方案为精铰，而在进行精铰之前，需要经过钻孔、扩孔和粗铰等工序的加工。

2）设计和选择刀具、夹具

与普通机床加工方法相比，数控加工对刀具提出了更高的要求，不仅要刚性好、精度高，还要尺寸稳定、耐用度高、断屑和排屑性能好；同时要求安装调整方便，以满足对数控机床高效率的要求。数控机床上所选用的刀具常采用适应高速切削的刀具材料（如高速钢、超细粒度硬质合金），并使用可转位刀片。数控加工用刀具由加工方法、切削用量及其他与加工有关的因素来确定。数控机床具有刀具补偿功能和自动换刀功能。

数控加工对夹具主要有两大要求：一是夹具应具有足够的精度和刚度；二是夹具应具有可靠的定位基准。数控加工一般不需要专用的复杂夹具。在设计和选择夹具时，应特别注意要迅速完成工件的定位和夹紧过程，以减少辅助时间。在使用组合夹具时，要求生产准备周期短、夹具零件可以反复使用、经济效益好。此外，所用夹具应便于安装，便于协调工件与机床坐标系的尺寸关系。

3）选择对刀点

对刀点是指通过对刀确定刀具与工件相对位置的基准点，也是程序执行的起点，故也称"程序原点"（如图 3-2 所示）。对刀点可以被设置在待加工零件上，也可以被设置在夹具上。然而，由于对刀点是与零件定位基准有一定尺寸联系的位置，因此对刀点往往就选择在待加工零件的加工原点上。

对刀点的选择原则为：① 应使程序编制简单；② 应选择在容易找正、便于确定零件加工原点的位置；③ 应选在加工时检验方便、可靠的位置；④ 应有利于提高加工精度。

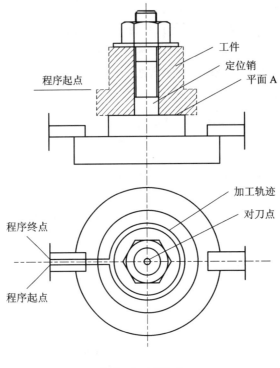

图 3-2　对刀点

4）确定加工路线

　　在数控机床加工过程中，每道工序加工路线的确定是非常重要的，因为它与工件的加工精度和表面粗糙度直接相关。在数控加工中，刀具刀位点相对于工件运动的轨迹和方向称为加工路线。在编程时，加工路线的确定原则主要有：应能保证零件的加工精度和表面粗糙度要求；应尽量缩短加工路线，减少刀具空程移动时间；应使数值计算简单，程序段数量少，以减少编程工作量。图 3-3(a)所示为最短加工路线选择。

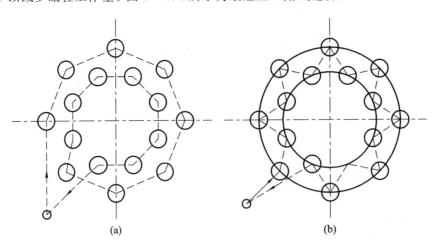

(a)　　　　　　　　　　　　　　　(b)

图 3-3　最短加工路线选择

在确定工艺加工路线时，还需要考虑零件的加工余量以及机床、刀具的刚度，确定整个切削是一次走刀还是多次来完成，并且确定是采用逆铣加工还是顺铣加工等。

5）确定切削用量

在数控编程时，编程人员必须确定每道工序的切削用量，并以指令的形式写入程序中。切削用量包括切削深度和宽度、主轴转速、背吃刀量及进给速度等。对于不同的加工方法，需要选用不同的切削用量。切削用量的选择原则是：在粗加工时，一般以提高生产效率为主，但也应考虑经济性和加工成本，通常选择较大的背吃刀量和进给量，采用较低的切削速度；在半精加工和精加工时，应在保证加工质量的前提下，兼顾切削效率、经济性和加工成本，通常选择较小的背吃刀量和进给量，并选用切削性能高的刀具材料和合理的几何参数，以尽可能提高切削速度。切削用量的具体数值应根据机床说明书、切削用量手册、被加工工件材料、加工工序以及工艺要求，并结合实际经验而定。

3. 数学处理

在工艺处理任务完成后，根据零件图样的几何尺寸、确定的工艺路线、允许的编程误差和设定的坐标系，计算零件粗、精加工运动的轨迹，得到刀位数据。对于形状比较简单的零件(如由直线和圆弧组成的零件)的轮廓加工，要计算出几何元素的起点、终点、圆弧的圆心、两个相邻几何元素的交点或切点(称为基点)的坐标值，如果数控装置无刀具补偿功能，还要计算刀具中心的运动轨迹坐标值。一般数控系统都具有直线插补、圆弧插补和刀具补偿功能。对于形状比较复杂的零件(如由非圆曲线、曲面组成的零件)，需要用直线段或圆弧段逼近，根据加工精度的要求计算出相邻逼近直线或圆弧的交点或切点(称为节点)的坐标值，这种数值计算一般要用计算机来辅助完成。

4. 编写数控加工程序

在完成工艺处理和数值计算后，根据加工路线、切削用量、刀具号码、刀具补偿量、机床辅助动作及刀具运动轨迹，按照数控系统使用的指令代码和程序段的格式编写零件加工的程序单，并校核上述两个步骤的内容，纠正其中的错误。

5. 制作控制介质

把编制好的程序单上的内容记录在控制介质上，作为数控装置的输入信息，通过程序的手工输入或通信传输送入数控系统。控制介质有穿孔纸带、穿孔卡、磁带、软磁盘、硬磁盘等。早期使用8位穿孔纸带，现在已被磁盘所代替。但是，规定的穿孔纸带代码标准没有变化。

6. 校对程序及首件试切

编写的程序单和制备好的控制介质，必须经过校验和试切才能正式投入使用。一般采用空走刀检测、空运转画图检测、在显示屏上模拟加工过程的轨迹和图形显示检测，以及采用铝件、塑料或石蜡等易切材料进行试切等方法检验程序。但这些方法只能检验运动是否正确，不能检验被加工零件的加工精度。因此，要进行零件的首件试切。当发现有加工误差时，分析误差产生的原因，找出问题所在，加以修正，直至达到零件图样的要求。当发现不符合要求时，应修改程序或采取补偿措施。

3.1.2　数控编程的方法

数控加工程序的编制方法有两种：手工编程和自动编程。

1. 手工编程

手工编程是指主要由人工来完成数控编程中各阶段的工作(包括用通用计算机辅助进行数值计算)，如图 3-4 所示。

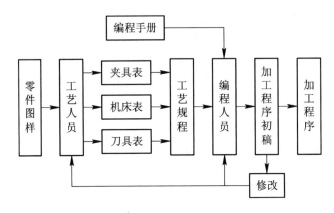

图 3-4　手工编程各阶段工作

对于点位加工或几何形状较为简单的零件，数值计算比较简单、程序段不多，用手工编程即可实现，且经济、及时。但对于形状复杂的零件，特别是具有非圆曲线、列表曲线或空间曲面的零件，采用手工编程就有一定的困难，出错的可能性增大，效率低。据统计，采用手工编程时，一个零件的编程时间与数控机床加工时间之比平均为 30∶1，而数控机床不能正常工作的原因中有 20%～30% 是由于加工程序编制困难，编程时间较长。因此，为了缩短编程时间，提高机床的利用率，必须采用"自动程序编制"的方法。

2. 自动编程

自动编程是指在编程过程中，除了分析零件图样和制订工艺方案由人工执行外，其余工作均由计算机辅助完成，如进行数值计算、编写零件加工程序单、输出打印加工程序单和制备控制介质等。

自动编程系统由硬件和软件组成。硬件部分由计算机、打印机、绘图机、穿孔机或磁带及磁泡盒等外部设备组成。软件主要包括数控语言及数控程序系统。数控语言是一套规定好的基本符号和规则。编程人员使用数控语言来描述零件图样上的几何元素、工艺参数、切削加工时刀具和工件的相对运动轨迹和加工过程等，从而形成了"零件源程序"。在零件源程序输入计算机之后，由存储在计算机内的"数控程序系统"软件自动地完成机床刀具运动轨迹的计算、加工程序的编制和控制介质的制备等工作。所编程序还可以通过屏幕进行检查，当发现错误时可在计算机上进行编辑、修改，直至程序正确为止。自动编程不仅能减轻编程人员的劳动强度、缩短编程时间、提高编程质量，同时也解决了手工编程无法解决的许多复杂零件的编程难题。

按照输入方式不同，自动编程除具有上述介绍的语言输入方式之外，还具有图形输入方式和语音输入方式。图形数控自动编程是指利用被加工零件的二维和三维图形，由专用软件以窗口对话框的方式生成加工程序，将零件的图形信息直接输入计算机，通过自动编程软件的处理，得到数控加工程序，尤其是对复杂的曲面加工更为方便。目前，图形数控自动编程是使用最为广泛的自动编程方式。语言数控自动编程是指将被加工零件的几何尺寸、工艺要求、切削参数及辅助信息等用数控语言编写成零件源程序后，输入计算机中，再由计算机进一步处理得到零件加工程序。语音数控自动编程是指采用语音识别器，将编程人员发出的加工指令声音转变为加工程序。

按照程序编制系统与数控系统紧密程度不同，自动编程又可分为离线程序编制和在线程序编制。离线程序编制系统能够脱离数控系统而单独进行编程工作。在线程序编制是指数控系统不仅可用于控制机床，还可用于自动编程。此外，有的数控装置还具有人机会话型编程功能。

3.2 数 控 标 准

1. 国际标准

为了满足设计、制造、维修和普及的需要，在数控设备的研究与设计、开发与生产、使用与维修之间，在生产企业与用户之间，在管理与操作之间，在输入代码、坐标系统、程序格式、加工指令及辅助功能等方面，都要求具有统一的技术要求。随着数控技术的发展，国际上已经形成了两种通用标准，即国际标准化组织（International Organization for Standardization，ISO）标准和美国电子工业协会（Electronic Industries Association，EIA）标准。

数控机床是由机械、电工、电子等几大部分组成，涉及许多方面的国际标准。

国际标准化组织（ISO）和国际电工委员会 （International Electrotechnical Commission，IEC）是世界上最大的两个标准化组织，IEC 主要负责电工和电子领域的标准，ISO 主要负责非电方面的广泛领域的标准，这两个组织一直密切合作。在 IEC 和 ISO 下分别设立技术委员会 （Technical Committee，TC），TC 下又设立分技术委员会执行具体的标准工作。

数控机床标准所对口的标准化机构如下：

（1）ISO/TC98/SC8 电子计算机及信息处理系统技术委员会，其中 SC8 为数控机械分技术委员会。

（2）ISO/TC184/SC1 工业自动化信息处理系统技术委员会，其中 SC1 为机床数控系统分技术委员会。

（3）IEC/TC44 工业机械电气设备技术委员会。

（4）IEC/TC65 工业流程测量和控制技术委员会。

此外，还有一些国家的行业组织制订的标准，与数控机床的标准也有关系。

美国电子工业协会（EIA）制订的 EIA 代码使用较早，至今许多数控系统仍在采用，成为数字化控制的国际通用标准之一。

电气与电子工程师协会（Institute of Electrical and Electronics Engineers，IEEE）制订的 IEEE 通用网络标准，在柔性制造系统（Flexible Manufacturing System，FMS）和计算机

集成制造系统(Computer Integrated Manufacturing System，CIMS)中也被采用。

世界上某些先进工业国家制订的国家标准，在有些场合也可以参考。

2. 国家标准

我国数控机床的标准包括国家标准、行业标准、部颁标准，由国家技术监督局(过去称国家标准化局)统一管理。国家技术监督局下设若干专业标准化技术委员会，其作用是引进先进技术，参与国际标准的制订、修订工作，积极采用国际标准，制订我国的数控标准。

我国的国家标准简称国标，代号为 GB。部标准由部主管部门批准，简称部标，如机械部的部标准代号为 JB。某些行业形成的行业标准也由主管部门批准，称为行业标准，代号为 HB。

我国制订的数控标准很多，并且在完善和发展中，根据 ISO 标准制订了 JB3050－1982《数字控制机床用七单位编码字符》、JB3051－1982《数字控制机床坐标系和运动方向的命名》、JB3832－1985《数控机床轮廓和点位切削加工可变程序段格式》、JB/T3208－1999《数控机床穿孔带程序段格式中的准备功能 G 和辅助功能 M 的代码》等。但是，由于数控机床生产厂家所用的标准尚未完全统一，其所用的代码、指令及其含义不完全相同，因此，在编程时，必须按照所用数控机床编程手册中的规定进行。

3. 常用的数控标准

在数控技术的研究、设计、应用以及数控机床的使用和维护中，常用的数控标准如下：

(1) 数控的名词术语。

(2) 数控机床的坐标轴和运动方向。

(3) 数控机床的编码字符(ISO 代码和 EIA 代码)。

(4) 数控编程的程序段格式。

(5) 准备功能和辅助功能。

(6) 进给功能、主轴功能和刀具功能。

此外，还有许多关于数控机床机械和数控系统方面的标准。

3.3　手工编程的标准规定和代码

3.3.1　ISO 代码和 EIA 代码

数控程序是由一系列字符与数字组成的。在数控系统内部，每个字符或数字都有对应的固定代码。数控机床产生以来，多采用 8 单位穿孔纸带(如图 3－5 所示)，穿孔纸带的每行可穿 9 个孔，其中 1 个小孔称为"导孔"或"同步孔"，用来产生读带的同步控制信号，其余 8 个孔称为"信息孔"，用来记录数字、字母或符号等信息。穿孔纸带也叫纸带、指令带，它是数控装置常用的控制介质。穿孔纸带上必须用规定的代码，以规定的格式排列，并代表规定的信息。数控装置读入这些信息后，对它进行处理，用来指挥数控机床完成一定的机械运动。代码是数控系统传递信息的语言，程序单中给出的字母、数字或符号都按规定穿出孔来(即信息孔)。有孔表示二进制的"1",无孔表示二进制的"0"。根据穿孔纸带上一排孔的有、无状态的不同,便可以得到不同的信息。通常把这一排孔称为代码或字符。

(a) 穿孔纸带实物图

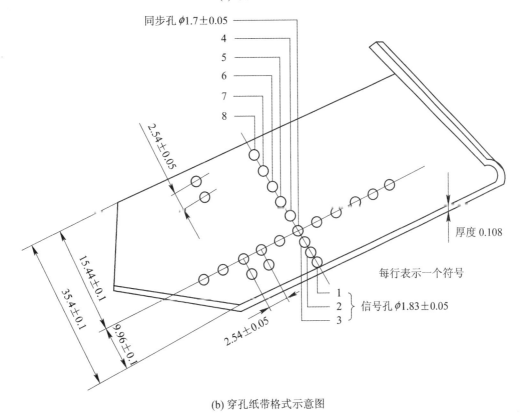

(b) 穿孔纸带格式示意图

图 3-5　穿孔纸带

目前,数控系统中常用的代码有 ISO 代码和 EIA 代码,分别如表 3-1 和表 3-2 所示。

表 3 - 1 ISO 代码

$b_4\ b_3\ b_2\ b_1$	$b_7\ b_6\ b_5$							
	0 0 0	0 0 1	0 1 0	0 1 1	1 0 0	1 0 1	1 1 0	1 1 1
0 0 0 0	NUL		SP	0		P		
0 0 0 1				1	A	Q		
0 0 1 0				2	B	R		
0 0 1 1				3	C	S		
0 1 0 0				4	D	T		
0 1 0 1			%	5	E	U		
0 1 1 0				6	F	V		
0 1 1 1				7	G	W		
1 0 0 0	BS	EM	(	8	H	X		
1 0 0 1	HT		)	9	I	Y		
1 0 1 0	LF 或 NL		*	:	J	Z		
1 0 1 1			+	;	K			
1 1 0 0			,		L			
1 1 0 1	CR		—	=	M			
1 1 1 0			.		N			
1 1 1 1			/		O			DEL

表 3 - 2 EIA 代码

$b_4\ b_3\ b_2\ b_1$	$b_7\ b_6\ b_5$				
	0 0 0	0 0 1	0 1 0	0 1 1	1 0 0
0 0 0 0	SP	0	—	+	CR 或 EOB
0 0 0 1		1	/	j	a
0 0 1 0		2	S	k	b
0 0 1 1		3	T	l	c
0 1 0 0		4	U	m	d
0 1 0 1		5	V	n	e
0 1 1 0		6	W	o	f
0 1 1 1		7	X	p	g
1 0 0 0		8	Y	q	h
1 0 0 1		9	Z	r	i
1 0 1 0			BS	%	LC
1 0 1 1	EOR				
1 1 0 0				UC	
1 1 0 1					
1 1 1 0	&.				
1 1 1 1		TAB		DEL	

1. ISO 代码

ISO 代码是国际标准化组织 ISO 制订的数控国际标准代码,具有信息量大、可靠性高等优点,目前世界各国都采用 ISO 代码。ISO 代码是由 7 位二进制数和 1 位偶校验位组成,它的特点是穿孔纸带上每一排孔的孔数必须为偶数,故也称 ISO 代码为偶数码。代码孔有一定的规律性,如所有数字需在第 5 列和第 6 列上穿孔,字母需在第 7 列穿孔,第 8 列为偶校验位,当某个代码的孔数为奇数时,就在该代码行的第 8 列穿一个孔,使孔的总数为偶数,如果某个代码的孔数已为偶数,则第 8 列不再补孔。ISO 代码中的字母、数字和符号共 128 个,常用的代码列于表 3-1 中,其中功能字符含义如下:

SP:Space(空格)。

NUL:Null(空白纸带)。

BS:Back Space(退格)。

HT:Horizontal Tabulation(分隔符号)。

LF:Line Feed(程序段结束)。

NL:New Line(与 LF 同一组孔,也表示程序段结束)。

CR:Carriage Return(打印机架返回,数控机床不用此代码)。

EM:End of Medium(纸带终了)。

%:Program Start(程序开始)。

(:Control Out(控制暂停)。

):Control In(控制恢复)。

/:Optional Block Skip(跳过任选程序段)。

::Alignment Function(对准功能)。

DEL:Delete(注销)。

必须注意:在左括号和右括号之间出现的字符,对数控装置不起作用,且其间不允许出现":"和"%"。

2. EIA 代码

EIA 代码是美国电子工业学会制定的标准代码,发展较早。EIA 代码的特点是除 CR 外,其他各字符均不占用第 8 列,其次,它的每一排孔的孔数都是奇数,故也称 EIA 代码为奇数码,其第 5 列孔为补奇孔。例如,数字 5 按二进制应在第 1 列和第 3 列有孔,但孔数为偶数,故在第 5 列上补一个孔,使孔数为奇数。补偶与补奇的目的是数控机床在读入程序时检验穿孔纸带是否有少穿孔或破孔的现象,如果有问题,控制系统就会报警,并命令停机。由于补偶、补奇列是当作检验穿孔纸带使用的,它并不是代码的组成部分,故通常称为八单位孔带,又称为"七单位编码字符"。常用的 EIA 代码列于表 3-2 中,除了与表 3-1 中相同的"功能字符"外,其他的"功能字符"含义如下:

EOR:End Of Record(程序结束或倒带停止)。

TAB:Tabulation(分隔符)。

LC:Lower Case(小写字体)。

UC:Upper Case(大写字体)。

EOB：End Of Block(程序段结束)。

3. ISO 代码和 EIA 代码的区别

将 ISO 代码与 EIA 代码进行比较，区别如下：

(1) ISO 代码为 7 位二进制代码，EIA 代码为 6 位二进制代码(不包括奇偶校验位)，因而 ISO 代码所表达的信息量比 EIA 代码大一倍。

(2) ISO 代码比 EIA 代码的编码规律性强，容易识别。

(3) ISO 代码为偶数码，第 8 位为补偶位；而 EIA 代码为奇数码，第 5 位为补奇位。

(4) 字母方面，ISO 代码只有大写字母，EIA 代码还包括小写字母。

(5) 程序段结束符不一样，即 EIA 代码用 EOB 或 CR，ISO 代码用 LF 或 NL。

(6) EIA 代码中用 EOR 来倒带停止，ISO 代码中用 ％。

(7) 与 EIA 代码相比，ISO 代码中特有左括号和右括号，两者之间的文字对数控装置没有影响，其中可以插入注解。

(8) 与 EIA 代码相比，ISO 代码中特有 ":" 代码，这个字符表示穿孔带上特定的位置。读入时将穿孔带送到此位置为止，或者返回到此位置。重复使用某一段程序时用 ":" 代码十分方便。

(9) ISO 代码中的 "/" 与 EIA 代码中的程序段取消具有同样功能。

此外，还需指出，美国信息交换标准码(ASCII 码)与 ISO 码相同。

我国在这方面基本上没采用 ISO 标准，但制订了相应的数控标准——《数字控制机床用七单位编码字符》标准(JB3050—82)。

注意：目前国内外各种数控机床所使用的标准尚未完全统一，有关指令代码及其含义不尽相同，在编程时务必严格遵守具体机床使用说明书中的规定来执行处理。

3.3.2　数控机床的坐标轴和运动方向

数控加工是基于数字的加工，刀具与工件的相对位置必须在相应坐标系下才能确定。数控机床的坐标系统包括坐标系、坐标原点和运动方向，对于数控工艺制订、编程及操作，是一个十分重要的概念。

1. 标准坐标系和运动方向

标准坐标系采用右手直角笛卡儿定则。基本坐标轴为 x、y、z，并构成直角坐标系，相应每个坐标轴的旋转坐标分别为 A、B、C，如图 3 - 6 所示。

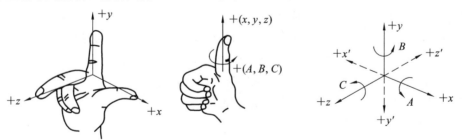

图 3 - 6　右手直角笛卡儿定则

　　基本坐标轴 x、y、z 的关系及其正方向用右手直角笛卡尔定则判定，拇指为 x 轴，食指为 y 轴，中指为 z 轴；围绕 x、y、z 各轴的回转运动及其正方向 $+A$、$+B$、$+C$ 分别用右手螺旋定则判定，手指为 x、z 的正方向，四指弯曲的方向为对应的 A、B、C 的正方向。与 $+x$、$+y$、$+z$、$+A$、$+B$、$+C$ 相反的方向相应用 $+x'$、$+y'$、$+z'$、$+A'$、$+B'$、$+C'$ 表示。注意：$+x'$、$+y'$、$+z'$ 之间不符合右手直角笛卡尔定则。

　　由于数控机床各坐标轴既可以是刀具相对于工件运动，也可以是工件相对于刀具运动，所以 ISO 标准和我国的 JB3052—82 部颁标准都作了以下规定：

　　（1）不论机床的具体结构是工件静止、刀具运动，还是工件运动、刀具静止，在确定坐标系时，一律看作是刀具相对于静止的工件运动。

　　（2）机床的直线坐标轴 x、y、z 的判定顺序是：先 z 轴，再 x 轴，最后按右手直角笛卡尔定则判定 y 轴。

　　（3）坐标轴名（x、y、z、A、B、C）不带"$'$"的表示刀具运动，带"$'$"的表示工件运动。

　　（4）增大工件与刀具之间距离的方向为坐标轴正方向。

2. 坐标轴判定的方法和步骤

1）z 轴

　　规定平行于机床轴线的坐标轴为 z 轴（如图 3-7～图 3-9 所示）。对于有多个主轴或没有主轴的机床（如刨床），标准规定垂直于工件装夹面的坐标轴为 z 轴。对于能够摆动的主轴，若在摆动范围内仅有一个坐标轴平行于主轴轴线，则该轴即为 z 轴；若在摆动范围内有多个坐标轴平行于主轴轴线，则规定其中垂直于工件装夹面的坐标轴为 z 轴。规定刀具远离工件的方向为 z 轴的正方向（$+z$）。

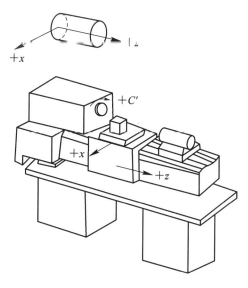

图 3-7　卧式车床

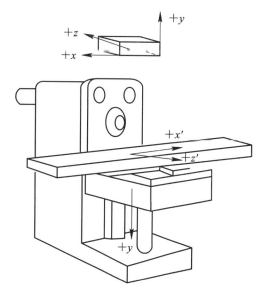

图 3-8　立式升降台铣床

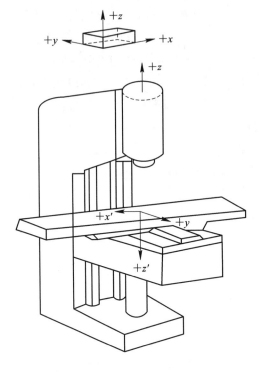

图 3-9　卧式铣床

2）x 轴

对于工件旋转的机床，x 轴的方向是在工件的径向上，且平行于横滑座，刀具离开工件旋转中心的方向为 x 轴的正方向（如图 3-7 所示）；对于刀具旋转的立式机床，规定水平方向为 x 轴方向，且当从刀具（主轴）向立柱看时，x 轴正方向在右边（如图 3-8 所示）；对于刀具旋转的卧式机床，规定水平方向仍为 x 轴方向，且从刀具（主轴）尾端向工件看时，右手所在方向为 x 轴的正方向（如图 3-9 所示）。

3）y 轴

y 轴垂直于 x、z 坐标轴。y 轴的正方向根据 x 和 z 坐标轴的正方向，按照右手直角笛卡尔定则来判断。

4）旋转运动 A、B 和 C

A、B 和 C 表示其轴线分别平行于 x、y 和 z 坐标轴的旋转运动。A、B 和 C 的正方向可通过如图 3-6 所示的右手螺旋定则确定。判别实例如图 3-10、图 3-11 所示。

5）附加坐标轴的定义

如果在 x、y、z 坐标轴以外还有平行于它们的坐标，则可以分别指定为 U、V、W 轴，如图 3-10、图 3-11 所示。若还有第三组运动，则分别指定为 P、Q 和 R 轴。

6）主轴正旋转方向与 C 轴正方向的关系

从主轴尾端向前端（装刀具或工件端）看，顺时针方向旋转为主轴正旋转方向。对于普通卧式数控车床，主轴的正旋转方向与 C 轴正方向相同。对于钻削、镗削、铣削、加工中心等机床，主轴的正旋转方向为右旋螺纹进入工件的方向，与 C 轴的正方向相反。所以不能误认为 C 轴的正方向即为主轴正旋转方向。

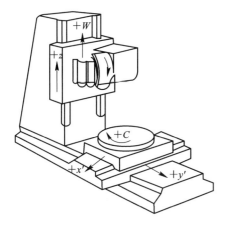

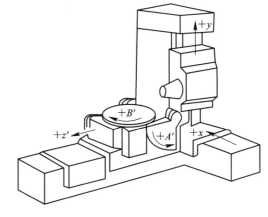

图 3 - 10　立式五轴数控铣床的坐标系　　　　　图 3 - 11　卧式五轴数控铣床的坐标系

3. 机床坐标系与工件坐标系

1) 机床坐标系与机床原点、机床参考点

机床坐标系是机床上固有的坐标系，是用来确定工件坐标系的基本坐标系，也是确定刀具(刀架)或工件(工作台)位置的参考坐标系，并建立在机床原点上。机床坐标系各坐标和运动正方向按照前述标准坐标系的规定设定。

机床原点又称为机械原点或机床零点，是机床坐标系的原点。该点是机床上的一个固定的点，其位置是由机床设计和制造单位确定的，通常不允许用户改变。机床原点是工件坐标系、机床参考点的基准点。数控车床的机床原点一般设在卡盘前端面或后端面的中心，如图 3 - 12(a)所示。数控铣床的机床原点，因生产厂家不同而不一致，有的设在机床工作台的中心，有的设在进给行程的终点，如图 3 - 12(b)所示。

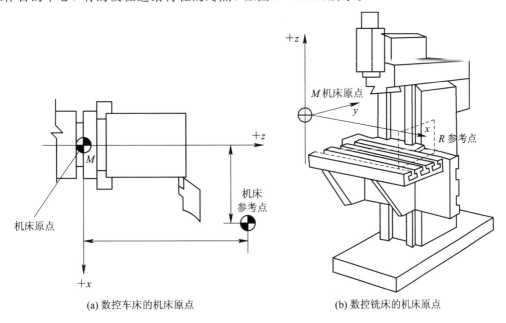

(a) 数控车床的机床原点　　　　　　　　　(b) 数控铣床的机床原点

图 3 - 12　数控机床的机床原点与机床参考点

　　机床参考点是机床坐标系中一个固定不变的位置点，是用于对机床工作台、滑板与刀具相对运动的测量系统进行标定和控制的点。机床参考点通常设置在机床各坐标轴靠近正向极限的位置（如图 3-12 所示），通过减速行程开关粗定位，再由零位点脉冲精确定位。机床参考点相对机床原点的坐标是一个已知定值，也就是说，可以根据机床参考点在机床坐标系中的坐标值间接确定机床原点的位置。在机床接通电源后，通常都要做"回零"操作，即利用 CRT/MDI 控制面板上的有关按钮，使刀具或工作台退离到机床参考点。回零操作又称为返回参考点操作，当返回参考点的工作完成后，显示器即显示出机床参考点在机床坐标系中的坐标值，表明机床坐标系已自动建立。可以说，回零操作是对基准的重新核定，可消除由于种种原因产生的基准偏差。

　　在数控加工程序中，可用相关指令使刀具经过一个中间点后自动返回参考点。机床参考点已由机床制造厂测定后输入数控系统，并且记录在机床说明书中，用户不得更改。一般数控车床、数控铣床的机床原点和机床参考点位置如图 3-12 所示。但有些数控机床的机床原点与机床参考点重合。

　　2) 工件坐标系与工件原点

　　工件坐标系是编程人员在编程时设定的坐标系，也称为编程坐标系。在进行数控编程时，首先要根据被加工零件的形状特点和尺寸，在零件图样上建立工件坐标系，使零件上的所有几何元素都有了确定的位置，同时也决定了在数控加工时，零件在机床上的安放方向。工件坐标系的建立，包括坐标原点的选择和坐标轴的确定，程序编制人员通常以工件上的某一点为坐标零点，建立工件坐标系，在这个坐标系内编程可以简化坐标计算、减少错误、缩短程序长度。在实际加工中，操作者在机床上装好工件之后，要测量该工件坐标系的零点和机床坐标系原点的距离，并把测得的距离在数控系统中设定，这个设定值叫工件零点偏置。在刀具移动时，工件零点偏置便会用于修正按照工件坐标系确定的程序坐标值。对于这样做的好处是，编程者只是按照图样上的坐标来编程即可，不必事先考虑该工件在机床坐标系中的具体位置，如图 3-13 所示。

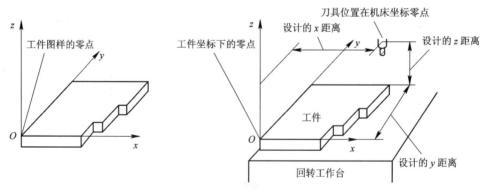

图 3-13　工件坐标系

　　一般的数控系统可以设定几个工件坐标系。例如，美国 A-B 的 9 系列数控系统就可以设定 9 个工件坐标系，它们分别是 G54、G55、G56、G57、G58、G59、G59.1、G59.2、G59.3。在使用它们前，应将各工件坐标系的零点偏置值事先存在偏置表中。它们是同一组模态指令，也就是说，同时只能有一个有效。如图 3-14 所示，通过给机床参考点赋坐标

值 $x=-3$，$y=-2$，定义了机床坐标系，然后在机床坐标系中用坐标值 $x=3$、$y=2$ 定义 G54 工件坐标系的零点位置。零件加工程序中的坐标位置就是 G54 工件坐标系的坐标值。不同的零件可以有不同的坐标系。图 3-15 所示是多个工件坐标系的例子。

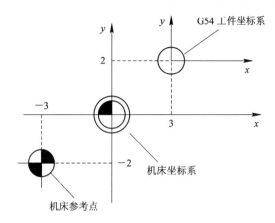

图 3-14　工件坐标系的定义

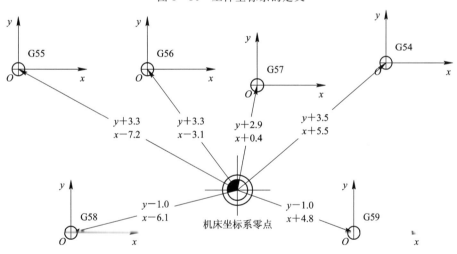

图 3-15　工件坐标系举例

工件坐标系原点也称为工件原点(工件零点)或编程原点(编程零点)，一般用 G92 或 G54～G59 指令指定。工件原点是由编程人员根据编程计算方便性、机床调整方便性、对刀方便性、在毛坯上位置确定的方便性等具体情况定义在工件上的几何基准点，一般为零件图样上最重要的设计基准点。

在加工时，工件随夹具安装在机床上，这时测量工件原点与机床原点之间的距离，即工件原点偏置值。该偏置值可预存到数控系统中，在加工中，工件原点偏置值便自动加到工件坐标系上，使机床实现准确的坐标运动。

在选定工件坐标系原点后，工件坐标系中坐标轴的确定原则为：根据工件在机床上的安放方向与位置决定 z 轴方向，即当工件安放在数控机床上时，工件坐标系的 z 轴与机床坐标系 z 轴平行，正方向一致，在工件上通常与工件主要定位支撑面垂直；然后，选择零件尺寸较长方向或切削时的主要进给方向作为 x 轴方向，在机床上安放后，其方位与机床

坐标系 x 轴方向平行，正向一致；过原点与 x、z 轴垂直的轴为 y 轴，并根据右手直角笛卡尔定则确定 y 轴的正方向。

下面以一个实际程序为例，说明工件坐标系与机床坐标系的关系。如图 3-16 所示，设刀具已在基准点(-6，0)，要使刀具在两个坐标系中运动，移动的顺序是从基准点到 A 点再到 B 点、C 点、D 点，再经 O_1 点返回基准点。程序如下：

程序	显示值	说明
N1 G90 G54 X10 Y10；	X：30.000 Y：20.000	从起始点到 A 点
N2 G01 X30 F100；	50.000　20.000	到 B 点 G54 坐标系
N3 X10 Y20；	30.000　30.000	到 C 点 G54 坐标系
N4 G00 G53；	10.000　20.000	到 D 点 G53 坐标系
N5 X0 Y0；	20.000　10.000	到 O_1 点 G54 坐标系
N6 G28 X0 Y0；	-6.000　　0	返回到基准点

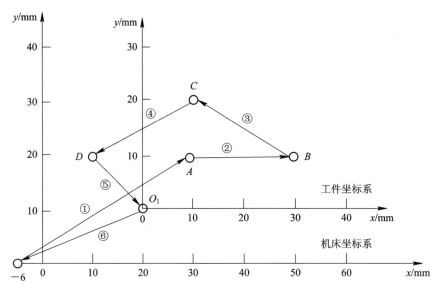

图 3-16　工件坐标系和机床坐标系的关系

分析上述程序不难看出：N1 程序段是命令刀具按照工件坐标系的坐标指令值运动，其结果是把刀具由移动前的位置(-6，0)按照绝对坐标方式快速移到工件坐标系（由 G54 选择的）内的 $x=10$ mm，$y=10$ mm 点，即由基准点移到 A 点。N2、N3 程序段是在工件坐标系中把刀具再移到 B 点和 C 点。N4 程序段中的 G53 又把坐标系选择成机床坐标系，这里的 x、y 指令值(10，20)是机床坐标系的绝对坐标值（G90 指令在本程序段中仍然有效），因而在执行 N4 程序段后，刀具就从 C 点移到 D 点。N5 程序段是命令刀具从 D 点移到工件坐标系零点(x_0，y_0)，由于 G53 是非模态指令，G54 是模态指令，N5 程序段中的坐标值是 G54 坐标系而不是 G53 坐标系的。N6 程序段中的 G28 是自动返回基准点指令，程序段中的运行指令 x_0、y_0 是刀具返回途中要经过的点，执行 N6 程序段后，刀具经过 G54 坐标系中的(x_0，y_0)点返回基准点(-6，0)。

工件坐标系 G54 改变到工件坐标系 G55 的关系如图 3-17 所示。

程序	说明
N1 G54；	激活 G54 工件坐标系
N2 G00 X20 Y20；	工件移到 G54 坐标系中的 $x=20$，$y=20$ 点
N3 G55 X10 Y10；	工件移到 G55 坐标系中的 $x=10$，$y=10$ 点
N4 X3 Y2；	工件移到 G55 坐标系中的 $x=3$，$y=2$ 点

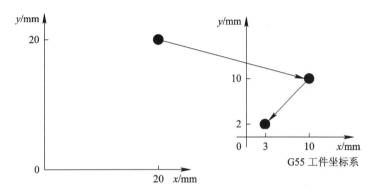

图 3-17　工件坐标系 G54 改变到工件坐标系 G55 的关系

可以使用多种方法来改变偏置表中的工件坐标系的零点值，常用的方法是手动修改和通过程序来修改。美国 A-B 的 9 系列数控系统的程序修改指令格式如下：

　　　　N10 G10 L2 P_ X_ Y_ Z_；

其中，N10——程序段号为 10 的程序段；

G10——建立或修改工件坐标系零点相对机床坐标系零点的偏置指令；

L2——通知数控系统将要改变坐标系偏置表；

P_——指定要修改哪一个工件坐标系的代码，P 后面是一位自然数，P1～P9 分别代表 G54、G55、G56、G57、G58、G59、G59.1、G59.2、G59.3 九个工件坐标系；

X_ Y_ Z_——工件坐标系零点相对于机床坐标系零点的偏置量。

在上述例子中，在确定 G54 等工件坐标系时需人工输入坐标点等偏置量，很不方便。用设定工件坐标系指令可自动地把工件坐标系的零点设定在机床坐标系的任意一点，不需要人工输入零点偏置量。有些数控机床不设定机床坐标系，只需设定工件坐标系。用这种方法编写零件加工程序很方便。ISO 标准规定，设定工件坐标系的选择指令是 G92(非模态)。

假设刀具已处在机床的某一位置，如图 3-18 所示的 A 点，在编程时，可用如下程序段设定坐标系：

　　　　Ni G92 X0 Y0；

或　　　　Nj G92 X100.000 Y100.000；

G92 后面的坐标值是把刀具的当前位置设定在新坐标系中的坐标值，Ni 程序段设定的坐标系是刀具所在的位置 A 点，设定在该坐标系的 $x=0$、$y=0$ 坐标点上。Nj 程序段设定的坐标系是把点设定在该坐标系的 $x=100$ mm、$y=100$ mm 点上，如图 3-18 所示。带有 G92 的程序段不使机床运动部件按照坐标值运动，它后面的坐标字(由地址码、符号(＋、一)及绝对(或增量)数值构成)是用来设定新坐标零点的，以刀具当前所在的位置为准，坐标字中的数字就是在各坐标方向上新零点到刀具的距离。

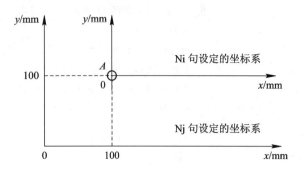

图 3-18　设定工件坐标系

通常用 G92 设定对刀点。在数控机床工作时，有时先把刀具移到第一工步的起始点上，根据被加工零件的工艺要求编程，在编程时可以利用这点设定工件坐标系。一旦坐标系被设定，在没有选择其他坐标系前，工作就在该坐标系内进行。

G92 的另一功能是移动 G54～G59.3 规定的工件坐标系。移动的方法与上述方法相同，G92 后面的坐标值就是工件坐标系移动后的坐标值。

当执行下列程序时，如图 3-19 所示，可以看到由 G92 移动到 G54、G55 工件坐标系的情况。

程序	说明
N3 G55 X5 Y10;	在 G55 坐标系下将刀具移到 $x=5$，$y=10$ 点
N4 G54 X5 Y10;	在 G54 坐标系下将刀具移到 $x=5$，$y=10$ 点
N5 G92 X−5 Y−5;	将 G54、G55 坐标系都移动一个相同的量，使得刀具位置在新的 G54 坐标系下的坐标为 $x=−5$，$y=−5$
N6 X0 Y15;	在新的 G54 坐标系下将刀具移到 $x=0$，$y=15$ 点
N7 G55 X5 Y10;	在新的 G55 坐标系下将刀具移到 $x=5$，$y=10$ 点

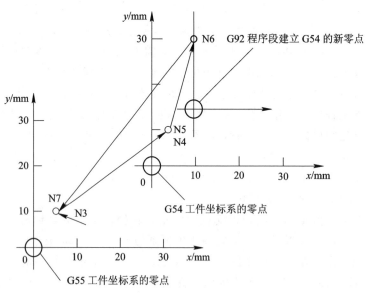

图 3-19　用 G92 移动工件坐标系

G52 后面的坐标值是工件坐标系零点的移动值，而 G92 后面的坐标值是刀具在新坐标系中的坐标值，这是两者的区别。它们的共同之处是都不产生坐标移动，但工件坐标系位置值改变了，如图 3-20 所示。用 G52 指令可将工件坐标系的零点偏置一个增量值，它的格式如下：

程序	刀具在原始工件坐标系中的位置	刀具在偏置后工件坐标系中的位置
N5 G01 G55 X25 Y25；	$x=25$，$y=25$	$x=25$，$y=25$
N6 G52 X10 Y10；	$x=25$，$y=25$	$x=15$，$y=15$

可以用以下几种方式取消工件坐标系的零点偏置：

（1）用 G52 X0 Y0 Z0。

（2）用 G92 移动有零点偏置的工件坐标系。

（3）程序执行结束，遇到 M30 或 M02 代码。

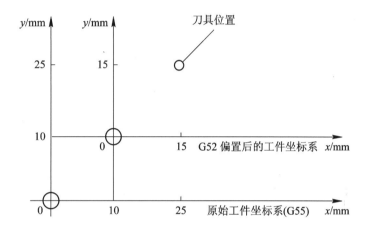

图 3-20　工件坐标系的零点偏置

3）装夹原点

有的机床还有一个重要的原点，即装夹原点，它是工件在机床上安放时的一个重要参考点。装夹原点常见于带回转（或摆动）工作台的数控机床中，一般是机床工作台上的一个固定点，比如回转工作台回转中心，在零位时其与机床原点的偏移量为定值，并可通过精确测量存入 CNC 系统的原点偏置寄存器中，供 CNC 系统原点偏置计算用。在卧式加工中心主轴和工作台执行上述指令时，可将当前坐标系零点从原来的位置偏移一个 X_、Y_、Z_ 距离。回零后，其工作台回转中心与机床参考点重合。

4. 绝对坐标编程与增量坐标编程

在数控加工程序中，表示几何点的坐标位置的方式有绝对值和增量值两种方式。绝对值以"工件原点"为基准来表示坐标位置，如图 3-21(a)所示。增量值以相对于"前一点"位置坐标尺寸的增量来表示坐标位置，如图 3-21(b)所示。在数控程序中绝对坐标与增量坐标可以单独使用，也可以在不同程序段上交叉设置使用，数控车床上还可以在同一程序段中混合使用，使用原则主要取决于何种方式编程更方便。

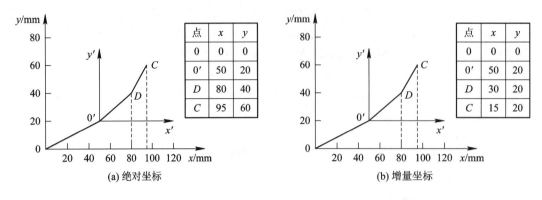

图 3-21　绝对坐标与增量坐标

数控铣床或加工中心大都用 G90 指令设定程序中 x、y、z 坐标值为绝对值，用 G91 指令设定 x、y、z 坐标值为增量值。一般数控车床上绝对值的坐标以地址 x、z 表示，增量值的坐标以地址 U、W 分别表示 x、z 轴方向的增量，x 轴方向的坐标不论是绝对值还是增量值，一般都用直径值表示（称为直径编程），这时刀具实际的移动距离是直径值的一半。

3.3.3　程序段格式

数控加工程序是由一系列机床数控装置能辨识的指令有序结合而构成的。程序的组成形式随数控系统功能的强弱而略有不同。对于功能较强的数控系统，加工程序可分为主程序和子程序。但不论是主程序还是子程序，每一个程序都是由程序号、程序段（Block）和程序结束符等几个部分组成。程序中的每一行都称为一个程序段，程序段是由一个或若干个字（Word）组成的，如 N3、S650、M3、X10、G00 等都分别是一个字，每个字都是数控机床为完成某一特定动作的指令。字是由表示地址的字母（如表 3-3 所示）、数字和符号组成的，即字母和数字组成字，字组成程序段，程序段组成程序。每一个程序段后面加一结束符号"；"（EOB），以表示一个程序段的结束。

表 3-3　地址字符表

字符	意　　义	字符	意　　义
A	关于 x 轴的角度尺寸	M	辅助功能
B	关于 y 轴的角度尺寸	N	顺序号
C	关于 z 轴的角度尺寸	O	不用，有的定为程序编号
D	第二刀具功能，也有定为偏置号	P	平行于 x 轴的第三尺寸，也的定为固定循环的参数
E	第二进给功能	Q	平行于 y 轴的第三尺寸，也有的定为固定循环的参数
F	第一进给功能	R	平行于 z 轴的第三尺寸，也有的定为固定循环的参数
G	准备功能	S	主轴速度功能

续表

字符	意　义	字符	意　义
H	暂不指定,有的定为偏置号	T	第一刀具功能
I	平行于 x 轴的插补参数或螺纹导程	U	平行于 x 轴的第二尺寸
J	平行于 y 轴的插补参数或螺纹导程	V	平行于 y 轴的第二尺寸
K	平行于 z 轴的插补参数或螺纹导程	W	平行于 z 轴的第二尺寸
L	不指定,有的定为固定循环返回次数,也有的定为子程序返回次数	x,y,z	基本尺寸

　　程序段格式是指一个程序段中指令字的排列顺序和书写规则,不同的数控系统往往有不同的程序段格式,格式如果不符合规定,数控系统就不能接受。一般程序段格式如图 3-22 所示。

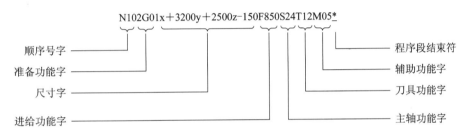

图 3-22　程序段格式

　　为了说明加工程序的组成及程序段格式,用下面的加工实例来加以说明。

　　假设 $x_0=0$,$y_0=0$,$z_0=100$,$x_i=100$,$y_i=80$,$z_i=35$,用同一把钻头加工 A、B 两孔。

　　加工程序可以编写成如下形式:

```
O2001
N001 G91 G00 X100.000 Y80.000 M03 S650;    程序名
N002 Z-33.000;                             程序开始
N003 G01 Z-26.000 F100;                    程序体
N004 G00 Z26.000;

N005 X50.000 Y30.000;
N006 G01 Z-17.000;
N007 G04 P2000;                            程序体
N008 G00 Z50.000;
N009 X-150.000 Y-110.00;
N010 M02;                      程序结束
```

　　O2001 是程序名,位于程序的最前端。为了能在存储器中找到该程序,每个程序都要有一个程序名,不同的数控系统有不同的规定,详见后文介绍。程序名是一个完整程序存放在内存中的首地址标识符。

N001 程序段中的 G91 表示刀具移动的距离采用增量方式（即相对坐标值）；G00 X100.000 Y80.000 表示刀具以空行程速度（快速）从原来位置向 x 轴正方向移动 100 mm，向 y 轴正方向移动 80 mm。此程序段执行完毕，刀具已经从原来位置（$x_0=0$，$y_0=0$，$z_0=100$）移动到 A 孔的中心线上方（$x=100$，$y=80$，$z=100$）。M03 指示主轴正向旋转，S650 表示主轴的转速为 650 r/min。

执行 N002 程序段的结果是刀具的刀尖从 N001 结束的位置（$x=100$，$y=80$，$z=100$ mm）移动到达指定位置（$x=100$，$y=80$，$z=67$）。

N003 程序段中的 G01 是直线插补指令，使刀具从所在直线的一端沿着直线（或斜线）走到另一端，刀具行走的速度就是加工时的进给速度，这个速度是由本程序段中的 F 指令值指定的。F100 表示进给速度是 100 mm/min，在这里，G01 和 F 指令要同时出现，否则刀具不进行任何切削。执行本程序段的结果是刀尖沿着 z 轴的负方向，以 100 mm/min 的进给速度移动了 26 mm，到达 $x=100$、$y=80$、$z=41$ 点。如图 3-23 所示，工作前刀尖到工件表面的距离是 $z=35$ mm，执行 N002 后，刀尖移动了 33 mm，此时刀尖到工件表面的距离是 2 mm。预留这 2 mm 距离的目的是保证刀具快速移动时不会碰到工件表面。工件的厚度是 20 mm，由于钻头的前端是圆锥形状，因此在钻通孔时，刀尖至少要超出工件底面一个锥状的长度，在此取 4 mm，这样直线插补的距离就是（2+20+4）mm＝26 mm。这个程序段中的 Z-26.000 就是根据这一结果得来的。

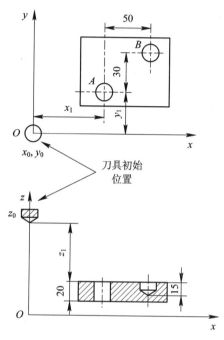

图 3-23　点位加工示意图

N004 程序段中的 G00 指令使钻头沿 z 轴正向快速移动 26 mm，返回到距工件上表面 2 mm 处。

N005 程序段（N004 程序段 G00 指令仍然有效）使钻头以 A 孔为起点沿 x 轴和 y 轴的正方向分别移动 50 mm 和 30 mm，到达 B 孔的中心线上（$x=150$，$y=110$，$z=67$）。

N006 程序段是钻 B 孔，孔深 15 mm，刀尖在距离上表面 2 mm 处，因此直线插补值为 z 轴负方向 17 mm。

N007 程序段中的 G04 是暂停指令，P 值是暂停时间，可以有两种表示方法：一种是时间单位 ms（毫秒），另一种是主轴的旋转圈数。此例中时间单位是 ms。执行此程序段后，钻头在 B 孔的底部暂停 2 s，进行光整加工。

N008 程序段指令使钻头向 z 轴的正方向快速移动 50 mm，返回到距工件表面 35 mm 处。

N009 程序段使钻头沿 x 轴和 y 轴的负方向分别快速移动 150 mm 和 110 mm，回到 $x_0=0$，$y_0=0$，$z_0=100$ 处。

N010 程序段中的 M02 是程序结束指令。

通过上述实际加工程序的例子可以看出，数控机床要自动地完成某种加工工艺过程，必须按照特定的顺序执行程序；也可以了解零件加工程序的结构与格式，每一段程序要包含程序号、程序段、程序结束符。

1. 程序号

目前，计算机数控(CNC)机床都具有记忆程序的功能，能将程序存储在内存内。为了区别不同的程序，在程序的最前端加上程序号码，简称程序号。程序号由地址 O 及 1～9999 范围内的任意数字组成。

不同的数控系统程序号地址码也有所区别。通常 FANUC 数控系统用字母"O"，SINUMERIK 数控系统用字符"％"，而 AB8400 数控系统用字母"P"作为程序号的地址码。在编程时，一定要根据说明书的规定作指令，否则系统是不会执行的。

2. 程序段

程序段的格式可以分为地址格式、分隔顺序格式、固定程序段格式和可变程序段格式等，最常用的是可变程序段格式。所谓可变程序段格式，就是程序段的长短随字数和字长(位数)都是可变的。

JB3832－1985《数控机床轮廓和点位切削加工可变程序段格式》推荐用可变程序段格式。程序段是由程序段号(字)、地址、数字、符号等组成的。各字后面有地址，字的排列顺序要求不严格，数据的位数可多可少，不需要的字以及与上一程序段相同的续效字可以省略不写。该格式的优点是程序简短、直观以及容易检查和修改。程序段的格式如下：

$$\underset{1}{\underline{N\_}} \quad \underset{2}{\underline{G\_G\_G\_}} \quad \underset{3}{\underline{X\_Y\_Z\_}} \quad \underset{4}{\underline{F\_}} \quad \underset{5}{\underline{S\_}} \quad \underset{6}{\underline{T\_}} \quad \underset{7}{\underline{M\_}} \quad \underset{8}{\underline{LF(或;)}}$$

由程序段格式可以看出，每一个程序段由顺序号字、准备功能字、坐标字(尺寸字)、进给功能字、主轴转速功能字、刀具功能字、辅助功能字和程序段结束符组成。此外，还有插补参数字。每个字都由字母开头，称为"地址"。ISO 标准规定的地址字符意义如表 3－3 所示。程序段格式说明如下：

1) 顺序号(Sequence Number)字

数控程序的每一段之前可以加一顺序号，用地址 N 后面加上 1～9999 中的任意数字表示。大多数数控系统在编程人员通过操作面板输入加工程序时，会在每个程序段的最前端自动生成顺序号，且从 10 开始至 9990(这样生成的目的是修改程序时，在程序段间插入新的程序段，而不会出现相同的程序号)。程序段中顺序号的加入是为了在编制、修改程序时容易分清各程序段及容易找到要修改的程序。顺序号的有无对数控机床的加工运行没有影响。在 CNC 内存不足的情况下，用 DNC 传输时，可以用传输软件把顺序号全部省略，以节省内存。

2) 准备功能(Preparatory Function or G Function)字

准备功能是使数控机床做好某种操作准备的指令，用地址 G 和一位数字(德国 SIEMENS 数控系统)或两位数字(日本 FANUC 数控系统)表示，从 G00～G99 共 100 种，见附录一。准备功能(G 功能)的具体内容将在下面内容中详细说明，它们中的许多准备功能已被定为工业标准代码。G 代码分为模态代码和非模态代码。模态 G 代码一旦执行就一直保持有效，直到被同模态组的另一个 G 代码代替为止；非模态 G 代码只有在它所在的程序段内有效。如果同一程序段中有两个或两个以上 G 代码，当这些 G 代码是不同组 G 代码时，数控系统按顺序依次执行 G 代码；当这些 G 代码是同组 G 代码时，数控系统只执行最后一个 G 代码。

3）坐标字（尺寸字，Dimension Word）

尺寸字由地址码、符号（＋、－）及绝对（或增量）数值构成。尺寸字的地址码，对于进给运动为 X、Y、Z、U、V、W、P、Q、R；对于回转运动为 A、B、C、D、E。此外，还有插补参数字地址码 I、J、K，其他地址码 H 等。坐标值的输入最大值可为±99999.999，但输入的实际值范围必须根据机床本身的大小来确定。当输入坐标值时，"＋"号可省略。在输入整数时，对于有的数控系统来说，小数点后面的三个 0 可以不输入，但小数点必须输入，如 X88.000 可以在输入时只输入 X88.，有的数控系统整数后面的小数点及 0 都可以不输入，具体情况根据不同的数控系统来确定。

表示坐标地址的英文字母含义如下：Z、Y、Z 表示坐标系的主坐标，也称第一尺寸字；U、V、W 表示分别对应平行于 Z、Y、Z 坐标轴的第二坐标；P、Q、R 表示分别对应平行于 Z、Y、Z 坐标轴的第三坐标；A、B、C 表示分别对应绕 Z、Y、Z 坐标轴的转动坐标；I、J、K 表示圆弧中心坐标，永远是圆弧的圆心相对于起点的增量坐标，分别对应平行于 X、Y、Z 坐标轴的坐标。

4）进给功能（Feed Function 或 F-function）字

进给功能字表示刀具中心对于工件运动的相对进给速度，由地址码 F 和后面若干位数字构成。这个数字取决于每个数控装置所采用的进给速度指定方法。进给功能字（也称 F 功能）应写在相应尺寸字之后，对于几个轴合成运动的进给功能字，应写在最后一个尺寸字之后。进给量的单位用 G94 或 G95 来指定，一般为 mm/min，即用 G94 来指定进给速度与主轴速度无关的每分钟进给量。当进给速度与主轴速度有关（如车螺纹、攻丝）时，单位为 mm/r，用 G95 指定。进给速度有直接指定法和代码法两种设置方法。直接指定法指的是 F 后面跟的数字直接表示进给速度的大小。例如，F80 表示进给速度是 80 mm/min。目前，大多数数控机床在进给速度范围内都实现了无级变速，都采用此方法，这种方法较为直观。代码法指的是 F 后面跟的数字并不直接表示进给速度的大小，而是机床进给速度序列的代号，既可以是算术级数，也可以是几何级数，如果 F 后面跟的是两位数字，则用 F00～F99 表示 100 种进给速度，低档数控系统大多数采用此方法。

5）主轴转速功能（Spindle Speed Function 或 S-function）字

主轴转速功能也称为 S 功能，该功能字用来选择主轴转速，它由地址码 S 和其后面的若干位数字组成，单位为 r/min 或 m/min。根据数控装置所采用的指定方法来确定这个数字，其指定方法及代码化的方法与 F 功能相同，详见后述。

6）刀具功能（Tool Function 或 T-function）字

刀具功能字也称为 T 功能字，它由地址码 T 和后面的若干位数字构成。刀具功能字用于更换刀具时指定刀具或显示待换刀号，有时也能指定刀具位置补偿。

在镗床、铣床中用两位数字，能指定 T00～T99 共计 100 种刀具，用于表示刀具号，刀补号则用 H 代码或 D 代码表示，H 字是刀具长度偏置号码，填在长度偏置表中，它是地址。当编程使 z 坐标轴运行时，可用相应的代码 G43、G44 调出刀具长度的偏置值。在程序中 D 字是刀具半径偏置号码，填在刀具半径偏置表中，它是半径偏置值的地址。当刀具半径补偿被激活（G41、G42）时，可调出刀具半径的补偿值。对于不是指定刀具位置，而是利用能够指定刀具本身序号的自动换刀装置（如刀具编码键，也叫代码钥匙方案）的情况，则可用 5 位十进制数字；车床用的数控装置中，多数需要按照转塔的位置进行刀具位置补偿。在车床中要用 4 位十进制数字指定刀具号和刀具补偿拨号盘，如 T0101，前两位数字 01 表示选择的刀具号，后两位数字 01 表示选择刀具补偿拨号盘。

7）辅助功能（Miscellaneous Function 或 M-function）字

辅助功能字也叫 M 功能字或 M 代码，它是控制机床系统开关功能的一种命令，是加工过程中对一些辅助器件进行操作控制的工艺性代码。它由地址码 M 和后面的两位数字组成。该代码与控制系统插补器运算无关，一般书写在程序段的后面。辅助功能包括机床启动主轴的正反转和停止，冷却液的开关，刀具的更换，程序结束，部件的夹紧或松开等。M 代码从 M00～M99 共 100 种，详见附录二。当在同一程序段中既有辅助功能代码，又有坐标运动指令时，控制系统将根据机床参数来决定以下几种执行顺序：

辅助功能代码与坐标移动指令同时执行。

在执行坐标移动指令之前执行辅助功能，称为"前置"。

在执行坐标移动指令之后执行辅助功能，称为"后置"。

每一个辅助功能（M）代码的执行顺序在数控机床的编程手册中都有明确的规定。

和 G 代码一样，M 代码也分成模态和非模态两种。模态 M 代码，一旦执行就一直保持有效，直到同一模态组的另一个 M 代码执行为止。非模态 M 代码，只在它所在的程序段内有效。M 代码可以分成两大类，一类是基本 M 代码，另一类是用户 M 代码。基本 M 代码是由数控系统定义的，用户 M 代码则是由数控机床制造商定义的。

8）程序段结束符（End of Block）

程序段结束符应写在每一程序段之后，表示程序段结束，对于不同的数控系统有不同的结束代码。用 ISO 标准代码时，结束符为"LF"或"NL"；用 EIA 标准代码时，结束符为"CR"；有的数控系统用符号"；"或" * "或直接回车。

对于一些数控系统，G、T、S、M 指令不允许共段。

9）程序结束符（End of Program）

国产数控系统一般都没有程序结束符，FANUC 数控系统的结束符为"％"，SIEMENS 数控系统的结束符为"RET"。

3. 进给速度和主轴回转速度的表示方法

1）直接指定法

将实际速度的数值直接表示出来，小数点的位置在机床使用说明书中予以规定。一般进给速度的单位为 mm/min，当切削螺纹时，单位为 mm/r；主轴速度单位用 mm/min、m/min 和 r/min 等表示。

2）等比级数法或二位代码法

二位代码为 2 位十进制数字，它所表示的速度为公比 $\sqrt[20]{10}$ 的等比级数，如 F60（或 S60），表示速度为 1000 mm/min（$q^n = (\sqrt[20]{10})^{60} = 1000$），F61 代码则表示速度为 1120 mm/min。

3）三、四、五位代码法或"幻 3"代码法

用三位、四位、五位代码表示进给速度和主轴回转速度，即代码的第一位数字使用实际速度值的小数点前的位数加上 3 得到的数字表示，其他位数字用实际速度的高位数字表示，其中最低位数字是用四舍五入的方法得到的。例如，实际速度为 67.826 mm/min，用五位代

码表示时，代码的第一位数字为 2+3=5，其余位为 6783，则五位代码数值为 56783。其他例子如表 3-4 所示。由于在这种代码法中使用了一个数字"3"，故该方法又称"幻 3"代码法。

表 3-4 三位、四位和五位代码法

速度	三位代码	四位代码	五位代码
1728	717	7173	71728
150.3	615	6150	61503
15.75	516	5158	51575
7.826	478	4783	47826
0.1537	315	3154	31537
0.01268	213	2127	21268
0.008759	188	1876	18759
0.000462	046	0462	04624

4）符号法或一位代码法

用一位数字符号表示代码，它可以代表一种速度，其值在机床使用说明书中给予了详细规定。

5）进给速率数法

进给速率数法（Feed Rate Number，FRN）只用来表示进给速度。

直线插补时，有

$$FRN = \frac{10v}{L} \tag{3-1}$$

圆弧插补时，有

$$FRN = \frac{10v}{R} \tag{3-2}$$

式中：v——进给速度（mm/min）；

L——直线位移（mm）；

R——圆弧半径（mm）。

3.3.4 准备功能(G)和辅助功能(M)

准备功能(G)和辅助功能(M)是数控程序编制中重要的两种代码，G 代码也称为准备功能指令，简称 G 指令；M 代码也称为辅助功能指令，简称 M 指令。附录一和附录二为国际标准或我国国家标准中规定的 G 功能和 M 功能代码。本节对常用的 G 代码和 M 代码进行说明。

1. 准备功能 G 代码(G 指令)

准备功能 G 代码有 ISO 和 EIA 两种国际上通用的格式。FANUC 和 SIEMENS 数控系统都采用 G 代码。G 代码是与插补有关的准备性工艺指令，根据设备的不同，G 代码也会有所不同。G 代码有两种：一种是非模态代码，这种 G 代码只在被指定的程序段才有意义；另一种是模态代码，这种 G 代码在同组其他 G 代码出现以前一直有效。在同一程序段中可以指定多个不同组的 G 代码；如果在同一程序段中指定了两个或两个以上的同组 G 代码（G00、G01、G02、G03 为同组 G 代码，G90 与 G91 为同组 G 代码），则后指定的有效。

1）G00：快速定位

G00 指令的功能是在工件坐标系中快速移动刀具到达由绝对或增量指令指定的位置。G00 指令中的快速移动速度由机床参数"快速移动进给速度"对各坐标轴分别进行设定，而不能在地址 F 中规定。快速移动速度可以由数控系统操作面板上的快速修调按钮修正。在执行 G00 指令时，由于各坐标轴以各自的速度移动，不能保证各坐标轴同时到达终点，因此，联动直线轴的合成轨迹不一定是直线。G00 指令只能用作刀具从一点到另一点的快速定位，不能进行任何加工，刀具在空行程移动时适合采用该指令。它的移动速度不是由程序来设定的，而是在机床出厂时由生产厂家默认设置的。G00 是模态指令，一旦前面程序指定，后面的程序段可不再重写，只需写出移动坐标即可。G00 执行过程是刀具从某一点开始加速移动至最大速度，保持最大速度，最后减速到达终点。至于刀具快速移动的轨迹是一条直线还是一条折线则由各坐标轴的脉冲当量来决定。

指令格式：

$$\begin{Bmatrix} G90 \\ G91 \end{Bmatrix} G00 \quad \alpha\_\beta\_\gamma\_ *$$

式中：α、β、γ——第一尺寸字 X、Y、Z，旋转尺寸字 A、B、C 及第二尺寸字 U、V、W（仅用于相对尺寸编程）。

格式说明：以绝对值表示时用 G90 指令，刀具分别按各坐标轴的快速进给速度从刀具当前的位置移动到坐标系给定的点。以增量值表示时用 G91 指令，刀具按各坐标轴的快速进给速度移动到距当前位置给定值的点。各坐标轴独自运动，之间没有关联，且无运动轨迹要求。如图 3-24 所示，编写 A→B 运动的程序为

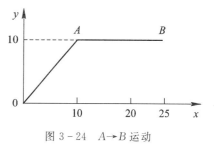

图 3-24　A→B 运动

　　　　　N10 G90 G00 X25.0 Y10.0 *
或　　　　N15 G91 G00 X15.0 Y0.0 *

2）G01：直线插补

直线插补指令的功能是刀具以程序中设定的进给速度，从某一点出发，直线移动到目标点，用于产生直线和斜线运动。直线插补指令可以使机床沿 x、y、z 方向执行单轴运动，或在各坐标平面内执行具有任意斜率的直线运动；也可以使机床实现三轴联动，沿任一空间直线运动；G01 指令的倒角控制功能可以在两相邻轨迹的程序段之间插入直线倒角或圆弧倒角。G01 指令是在刀具加工直线轨迹时采用的，如车外圆、断面、内孔、切槽等。机床执行直线插补指令时，程序段中必须有 F 指令。刀具移动的快慢由 F 后的数值大小来决定。G01 和 F 都是模态指令，前一段已指定，后面的程序段都可不再重写，只需写出移动坐标值。

指令格式：

$$\begin{Bmatrix} G90 \\ G91 \end{Bmatrix} G01 \quad \alpha\_\beta\_\gamma\_F *$$

式中：F——进给速度，其他符号意义同前。

该指令根据当前是增量方式还是绝对值方式，决定要移动的坐标值是绝对值还是增量值。各坐标轴的进给速度为

$$F_\alpha = \frac{\alpha}{L}F, \qquad F_\beta = \frac{\beta}{L}F$$

其中：$L = \sqrt{\alpha^2 + \beta^2}$。

在三轴或多轴联动时，直角坐标系中的计算方法同上，当在旋转坐标系时，应将切削进给单位由角度单位转换成直线移动单位（毫米或英寸），旋转轴的进给速度仍可按上式计算，只是它的单位变成了 rad/min。

3）G02、G03、G05：圆弧插补

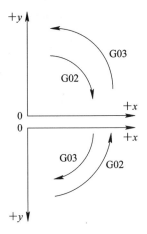

圆弧插补指令用于控制数控机床在各坐标平面内执行圆弧运动，使刀具从圆弧起点沿圆弧移动到圆弧终点，将工件切削出圆弧轮廓。G02 为顺时针圆弧插补指令，G03 为逆时针圆弧插补指令。圆弧的顺、逆方向是沿着垂直于运动平面的坐标轴的负方向看顺、逆来决定，如图 3-25 所示。

指令格式（以 $x0y$ 平面、顺时针圆弧插补为例）：

(1) G02(G03)X(U)_ Y(V)_ I_ J_ F_ *

(2) G02(G03)X(U)_ Y(V)_ R_ F_ *

在格式（1）中，运动参数用 (x, y) 坐标（绝对尺寸）或圆弧终点相对于其起点的距离（x 和 y 增量尺寸），插补参数（I、J 或 K）为圆心坐标值，一般用增量坐标表示：圆心相对圆弧起点的 x 坐标距离为 I 值，圆心相对圆弧起点的 y 坐标距离为 J 值。根据插补运动平面不同，可以分为三组：

图 3-25　圆弧插补方向

x、y 平面：用 X、Y、I、J 地址符号；

x、y 平面：用 X、Z、I、K 地址符号；

x、y 平面：用 Y、Z、J、K 地址符号。

当编制一个整圆加工程序时，圆弧的终点等于圆弧的起点，并用 I、J 或 K 指定圆心，这时 X、Y 或 Z 可以省略（不同系统对此有不同的规定）。

在格式（2）中，运动参数同格式（1）中的规定。插补参数为圆弧半径 R，当 $R \geq 0$ 时，加工出 $0° \sim 180°$ 的圆弧。当 $R < 0$ 时，加工出 $180° \sim 360°$ 的圆弧。当 R 值小于圆弧起点到终点距离的一半时，成为一个以从圆弧起点到终点的距离一半为半径的 $180°$ 圆弧。

圆弧插补举例：以 $F = 1000$ mm/min 的进给速度加工 $x0y$ 平面内第一象限中的顺时针圆弧 AB，圆心为 C，半径 $R = 28$ mm，圆弧起点为 A，终点为 B，其坐标尺寸如图 3-26 所示。用绝对坐标系，两种格式编程为

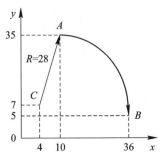

　　G90 G02 X36.0 Y5.0 I-6.0 J-28.0 F1000 *

　　G90 G02 X36.0 Y5.0 R28.0 F1000 *

用相对（增量）坐标系，两种格式编程为

　　G91 G02 X26.0 Y-30.0 I-6.0 J-28.0 F1000 *

　　G91 G02 X26.0 Y-30.0 R28.0 F1000 *

图 3-26　圆弧插补

含有一个附加轴的圆弧插补是允许的，但是要预先由参数设定哪个轴(x、y 或 z)和附加轴平行。如果附加轴不与任何轴平行，那么圆弧插补就不能实现。附加轴的地址可以用 U、V、W(对应 X、Y、Z)。除了圆弧插补指令之外，再规定和圆弧插补同步运动的另一个轴的直线指令，就可以进行螺旋线插补。

G05：通过中间点的圆弧插补，属于模态指令，与 G02、G03 是同组 G 代码，其他的使用同 G02、G03。

指令格式：

　　　　G05 X(U)＿ Z(W)＿ I＿ K＿ F＿ ；

式中：X(U)、Z(W)——圆弧的终点绝对(增量)坐标。

I、K——圆弧所经过的中间点(中间点指圆弧上除起点和终点之外的任意一点)相对于起点的相对坐标值，当省略 I 时，即认为 I＝0；当省略 K 时，即认为 K＝0；当省略 I、K 时，系统产生报警；当给出的三点共线时，系统也会产生报警。

4) G04：暂停指令

暂停指令用在下述情况：当加工棱角时，为了保证棱角尖锐，可使用暂停指令；当控制不通孔加工工作深度时，在刀具进给到规定深度后，用暂停指令停止进刀，待主轴转一转以上后退刀，以使孔底平整；当镗孔完毕后要退刀时，为了避免留下螺纹划痕而影响光洁度，应使主轴停止转动，并暂停 1～3 s，待主轴完全停止后再退刀；当横向车削时，应在主轴转过一转后再退刀，可用暂停指令；当在车床上倒角或打中心孔时，为了使倒角表面中心孔锥面平整，可用暂停指令等。

指令格式：

(1) G04 X＿ ＊；

(2) G04 U＿ ＊；

(3) G04 P＿ ＊；

这三种指令中的任何一种都可以用于暂停。在上一段程序段运动结束后开始执行暂停。暂停时间的单位为 ms。地址 P 不能用十进制小数点编程。不同系统对暂停指令有不同规定。

5) G06：抛物线插补

抛物线插补指令也是一种轮廓控制指令，它通过一个或两个程序中的信息产生一段抛物弧线，形成这段弧线的各坐标轴上的速度变化是由数控装置控制的。由于在日本 FANUC 系统、中国华中系统和德国西门子系统中都没有用到 G06 指令，因此本书不给出这类指令的程序段格式，以下同理。

6) G07：Z 样条曲线插补

G07.1 指令是圆柱插补功能指令，是 FANUC 系统特殊功能指令。在第四轴编程时该指令起到很大作用，特别在需要圆周分度的情况下，更能体现它的作用。

指令格式：

　　　　G07 α＿；

式中：α——旋转轴 A、B、C，旋转轴后面的数值表示圆柱半径。

例如：

    N1 G07 C125.0；

上面程序段说明进行圆柱插补的旋转轴为 C 轴，圆柱半径为 125mm。

注意：G07 必须在单独程序段中使用。在圆柱插补模式中，不可再设定圆柱插补模式。在设定圆柱插补模式时，需先将原设定解除。圆柱插补模式可以设定的旋转轴只有 1 个。因此 G07 不可以指定两个及两个以上的旋转轴。

7）G08、G09：自动加、减指令

G08 表示从当前静止状态或运动状态以指数函数自动加速到程序规定的速度。G09 表示在接近程序规定位置时，开始从程序规定的速度以指数函数自动减速。

8）G10、G11：极坐标插补

标准 G 代码表中 G10、G11 为不指定代码，即在将来修订标准时，可能对它规定功能，但在有的数控系统中可以自行指定该指令的功能。这种情况有很多，只要标准 G 代码中没有指定的功能均可作他用。

G10 为极坐标编程的快速运动指令，G11 为极坐标编程的直线插补（西门子系统中采用）指令。

指令格式：

（1）G90 G10 X_Y_P_A_ ＊；

（2）G91 G11 X_Y_P_A_ ＊；

式中：X、Y——点群中心点 M 的坐标值（mm）（可以是绝对值或增量值）；

P——矢径（mm）；

A——孔中心点或直线交点与点群中心点连线同水平轴的夹角（°）。

在使用 G11 时，要给定 F。

加工如图 3-27 所示的正六边形，用绝对值坐标（G90）编程如下：

    N12 G90 G10 X50.0 Y35.0 P20.0 A0.0 LF

    N13 G11   A60.0 F750.0   LF

    N14   A120.0   LF

    N15   A180.0   LF

    N16   A240.0   LF

    N17   A300.0   LF

    N18   A0.0   LF

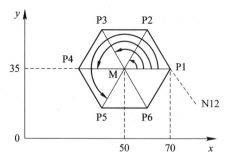

图 3-27　极坐标编程

9）G17~G19：平面选择

G17 指定工件在 $x0y$ 平面上加工，G18、G19 分别指定工件在 $z0x$、$y0z$ 平面上加工，这些指令在进行圆弧插补的刀具补偿时必须使用。例如：

G18 G03 X_Z_R_F_ *

10）G20、G21：尺寸制式

在 FANUC 系统中 G20 表示英制尺寸，G21 表示公制尺寸。

11）G22、G23：存储行程极限

刀具运动范围可以用下述两个方法限制：

（1）存储行程限位 1。通过参数设定边界，设定的边界之外作为禁止区。通常由机床制造厂设定边界，并设定在机床的最大行程处，即软件限位。

（2）存储行程限位 2。通过参数或指令规定边界，规定区域的内侧或外侧作为禁止区。具体为内侧还是外侧由参数决定。

G22 指令用于建立或改变禁区，G23 指令用于解除禁区。

指令格式：

G22 X_Y_Z_I_J_K_ *

式中：X、Y、Z——坐标轴的上限尺寸（大尺寸）；

I、J、K——与 X、Y、Z 分别对应坐标的下限尺寸（小尺寸）。

G22 和 G23 指令必须在单独程序段中指定。只要刀具进入禁区就会产生报警，此时只能向反方向移动。

有的系统用 G25 和 G26 指令来设定可编程安全区。G25 用于设定某坐标平面的安全区下限尺寸（小尺寸），G26 用于设定上限尺寸（大尺寸）。

指令格式：

G25 X_Z_ LF

G26 X_Z_ LF

式中：G25 指令中的 X、Z 坐标尺寸——安全区的下限尺寸；

G26 指令中的 X、Z 坐标尺寸——安全区的上限尺寸。

12）G27~G29：自动返回参考点

参考点是预先确定的机床各坐标轴上的点。

G27：返回参考点检验指令。该指令用于检查返回到参考点的程序是否正确地控制机床返回到了参考点。

指令格式：

G27　α_β_γ_δ_ *

式中：α、β、γ、δ——地址 X、Y、Z 和辅助轴中的一个。它们可以用绝对值表示（G90），也可以用增量值表示（G91）。在两轴联动的数控系统中，只有 α 和 β；当三轴联动时，增加了 γ；当四轴联动时，又增加了 δ。

当执行该指令时，刀具快速进给，在指令给定的位置上定位。该位置如果是参考点，则"返回参考点"指示灯亮。如果只是某一轴返回参考点，则该坐标轴指示灯亮，然后再继续执行下一段程序。若要使机床停止在这个程序段上，则需在同一程序段内加入程序停止辅助功能指令 M00 或计划停止指令 M01，也可以用单个程序段运行达到停止目的。当使用 G27 时，须在撤销刀补的状态下，使指令中给定的公制（或英制）数值量与当前的公制系统（或英制系统）一致，否则会产生返回参考点不准确的问题。

G28：自动返回参考点指令。

指令格式：

G28 α_β_γ_δ_ *

式中符号的意义和用法同 G27。

G28 指令可以使被指令轴返回参考点。根据 G90/G91 的状态来决定是绝对坐标值还是增量坐标值。指令中给定的点称为返回参考点的"中间点"。把该点坐标存入存储器中，以备 G29 指令使用。G28 指令的动作顺序是：首先，被指令的所有坐标轴快速进给到中间点，然后，再从中间点快速进给到参考点定位。该指令一般用于自动换刀，所以使用此指令时应取消刀补。在 G28 程序段中，各指令轴的坐标值均应给出，不能省略。当 G28 程序段中有旋转轴时，坐标轴转动量应在 360° 以内，从中间点到参考点的方向应按旋转角最小的方向运动。

G29：从参考点返回指令。

指令格式：

G29α_β_γ_δ_ *

式中符号的意义和用法同 G27。

G29 指令使刀具经由指令轴的中间点在指定的位置（即本指令给出的坐标值）上定位。G29 指令的动作顺序：首先，被指令的所有坐标轴快速从参考点移动到前面 G28 程序段定义的中间点；然后，再从中间点移动到程序指令所指定的终点位置。

G28 和 G29 指令的应用举例如图 3-28 所示，程序如下：

N10 G91 G28 X900.0 Y150.0 *　　　　　（由 A 到 B 程序，B 为中间点）

N15　　　　　　　　　　M06 *　　　　　（换刀）

N20 G29 X350.0 Y-210.0 *　　　　　（由 B 到 C 程序）

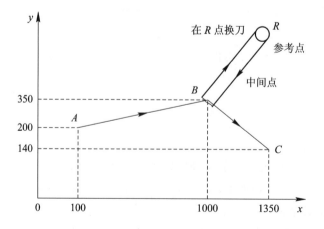

图 3-28　G28 和 G29 指令的应用举例

本例表明，编程员不必计算中间点到参考点的实际距离。

返回第二、第三、第四参考点时，用 G30 指令，其格式为

$$G30 \begin{Bmatrix} P2 \\ P3 \\ P4 \end{Bmatrix} \alpha\_ \beta\_ \gamma\_ \delta\_ *$$

式中：P2、P3、P4——第二、第三和第四参考点。其他符号的意义和用法同 G27。

第二、第三和第四参考点是由参数预先设定的。该指令与 G28 的功能相同，只是建立的参考点和中间点位置不同。该指令也可用于自动换刀。在执行 G30 指令之前，必须执行一次手动返回参考点或自动返回参考点(G28)。

13) G92：坐标系设定

在程序编制时，使用的是工件坐标系，其编程起点即为刀具开始运动的起刀点。但是在开始运动之前，应将工件坐标系输入数控系统。通过在机床坐标系上设定程编中起刀点的位置，将两个坐标系联系起来。在机床坐标系中设定的固定点(起刀点)，称为参考点。G92 指令能指定起刀点与工件坐标系原点的位置关系。利用返回参考点的功能，刀具很容易移动到这个位置。这样机床坐标系中的参考点就是程编中(工件坐标系)的起刀点。

G92 指令用于指定参考点在工件坐标系中的位置。

指令格式：

G92 X_ Y_ Z_　γ_δ_ *

式中：X、Y、Z——绝对值的基本直线坐标；

γ、δ——旋转坐标 A、B、C 或与 x、y、z 平行的第二坐标。

G92 指令设定了刀具(具体为刀位点)在工件坐标系中的坐标为 x、y、z、γ、σ，从而建立了工件坐标系。

还可以通过"自动设定坐标系"的方法设定参考点在工件坐标系中的位置，该方法是通过参数设定参考点，当手动返回参考点时，工件坐标系便自动设定了。

14) G54～G59：原点偏移

设定工件坐标系的另一种常用方法是采用原点偏移指令。事先用手动(MDI)输入或者通过程序设定各坐标轴参考点到机床各轴坐标系零点的距离，然后用 G54～G59 指令调用。例如：

G55 G00 X100.0 Z20.0 *

X15.5 Z25.5 *

表示该程序中的值是相对于第二工件坐标系(G55)给出的值，如果已设定了 6 个坐标系，则分别用 G54～G59 调用。

15) G31：跳步指令

G31 指令和 G01 一样，能够进行直线插补。若在此指令执行过程中，从外部输入跳步信号，则中断本程序段的剩余部分，开始执行下一个程序段。G31 指令是非模态的，即仅在本程序段内起作用。在输入跳步信号后，下一个程序段的运动终点，取决于该程序段指令是增量值的还是绝对值的。图 3-29 所示为跳步指令的应用举例。

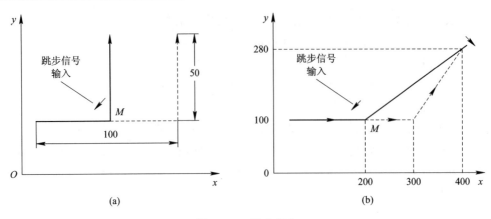

图 3-29　跳步指令

图(a)对应的程序为

　　G91 G31 X100.0 ＊

　　G01 Y50.0 ＊

图(b)对应的程序为

　　G90 G31 X300.0 ＊

　　G01 X400.0 Y280.0 ＊

在图 3-29 中,实线为输入跳步信号的刀具轨迹,虚线为不输入跳步信号的刀具轨迹。G31 用于移动量不明确的场合,如磨床的定尺寸进给,实现定量进给或刀具相对于工件定位。

16) G33～G35:螺纹切削

当螺纹切削时,主轴旋转和刀具进给必须同步,为此主轴上必须安装位置编码器,同时利用编码器上的"一转信号",使螺纹加工从固定点开始进行。为了保证螺纹精度,主轴速度还必须保持稳定。

当切削锥螺纹时,必须指定 x 方向和 z 方向的值,从而保证螺距在位移量大的坐标上。通常,由于伺服系统的滞后性,使得螺纹切削在开始和终了处导程存在误差。因此,指定的螺纹长度要比需要的长些。当加工多头螺纹时,可在检测到主轴"一转信号"后滞后一定的角度,再开始螺纹切削。

G33 为"等螺距"螺纹切削指令,其格式为

　　G33 X(U)_Z(W)_F(E)_Q_ ＊

式中:X——螺纹长度的 x 坐标(绝对值编程),是用直径编程还是用半径编程由机床参数决定;

　　U——x 方向的增量值;

　　Z——螺纹长度的 z 坐标(绝对值编程),W 为 z 方向的增量值;

　　F——长轴方向的螺距,取值范围为 0.1～1 μm,E 表示每英寸中螺纹的牙数;

　　Q——螺纹切削开始位置的偏移角度(0°～360°)。

G34 为"变螺距"螺纹切削指令,其格式为

　　G34 X(U)_ Z(W)_ F(E)_ Q_ K_ ＊

式中:K——主轴每转一转时导程的增减值,其他符号同上。

G35(G36)为"圆弧"螺纹切削指令，G35 为顺时针圆弧螺纹指令，G36 为逆时针圆弧螺纹指令。其格式为

G35(G36)X_ Z_ I_ K_ F_ Q_ *

或　　　　G35(G36)X_ Z_ R_ F_ Q_ *

其中：X、Z、I、K、R——圆弧插补参数，其他符号意义同上。

在编制螺纹加工程序时，进给倍率无效（固定为 100%）；空运转无效；不能使用进给保持功能；不能使用"恒表面速度"指令；当切削螺纹的最大螺距，换算成每分钟进给速度时，不能超过系统允许的最大进给速度。

17) G60、G61：准确定位

G60 为"高精度"的准确定位指令，其指令格式同 G00。G60 可以实现"单向趋进"，所谓单向趋进，就是要用参数设定定位方向和"过冲量"。过冲量是指当定位方向与运动方向不一致时，坐标轴运动超过给定点距离，冲过这段距离后，再反向定位到给定点。在一般数控系统单向定位时，即使坐标运动方向与定位方向一致，也要在到达终点前的过冲量处停下，然后再定位到给定点。

G61 为"中等精度"的准确定位指令，其指令格式同 G00。在一个程序段序列中，如果开始使用了 G61 指令，则每个程序段终点都要减速到零，才能开始执行下一个程序段，直到遇到 G64 指令（结束 G61 指令的指令），才能结束这种状态。

18) G65、G66：调用宏指令

G65：调用宏指令开始。

G66：调用宏指令结束。

19) G70、G71：英制、公制数据输入指令

G70：用于英制数据输入。

G71：用于公制数据输入。

2. 刀具补偿

刀具补偿功能是用来补偿刀具实际安装位置（或实际刀尖圆弧半径）与理论编程位置（或刀尖圆弧半径）之差的一种功能。使用刀具补偿功能后，若要改变刀具位置，只需要改变刀具位置补偿值，而不必变更零件加工程序。数控装置根据刀具补偿指令，可以进行刀具轴向尺寸补偿、刀具半径补偿和刀具位置偏移。在点位置控制系统中，孔的径向尺寸不能补偿。当轮廓铣削加工时，不用考虑长度补偿，仅考虑刀具半径补偿，它包括铣刀半径补偿和程序段间的尖角过渡。当孔加工时，孔深可以通过刀具长度补偿进行精确控制。当数控车削时，可以进行刀具轴向尺寸补偿和刀尖圆角半径补偿。自动换刀数控机床可以进行刀具轴向尺寸补偿和铣刀半径尺寸补偿。

1) G40～G42：刀具半径补偿指令

当轮廓铣削加工时，刀具中心轨迹在与零件轮廓相距刀具半径的等距线上。刀具半径补偿功能可以保证按零件轮廓尺寸编程时，刀具在已偏移的轨迹上运动，不需要编程者计算刀具中心运动轨迹。刀具半径补偿量用 H（或 D）代码号表示，其具体值可用拨码盘、键盘(MDI)或程序事先输入存储器中。H 代码是模态的。当刀具磨损或重磨后，刀具半径变

小，只需手工输入改变刀具半径或选择适当的补偿量，而不必修改已编好的程序。

G41 为左偏刀具半径补偿，G42 为右偏刀具半径补偿。这两种指令具体确定方法为：对着零件，假设零件不动，沿着刀具运动方向看，刀具若位于零件左侧，则选用 G41 指令；刀具若位于零件右侧，则选用 G42 指令。G40 为取消刀具半径补偿，简称取消刀补，也可用 H00 刀补号来实现。刀具半径补偿指令格式可分为 G00、G01 和 G02、G03 两种。

当使用 G00、G01 时的指令格式：

$$\left.\begin{matrix} G00 \\ G01 \end{matrix}\right\} \left.\begin{matrix} G41 \\ G42 \end{matrix}\right\} \ X\_Y\_H\_(D)\_ *$$

当使用 G02、G03 时的指令格式：

G41(G42)X_Y_H_(D)_ *

⋮

$$\left.\begin{matrix} G02 \\ G03 \end{matrix}\right\} \ X\_Y\_R\_ * :$$

或 $\left.\begin{matrix} G02 \\ G03 \end{matrix}\right\} \ X\_Y\_I\_J\_ *$

G40 指令仅能用于 G00、G01 情况下，其指令格式为

$$\left.\begin{matrix} G00 \\ G01 \end{matrix}\right\} \ G40 \ \ X\_Y\_ *$$

以上指令格式用于在 G17 代码指定的平面($x0y$)内，G17 代码可省略。同样，在 G18、G19 代码指定的平面内，也有类似的指令格式。

2) G43、G44：刀具长度补偿指令

刀具长度补偿也叫刀具长度偏置。刀具长度补偿与刀具半径补偿的原理一样，如在 $x0y$ 平面内，半径补偿是在平面内使刀具沿着工件轮廓的法向方向偏移一个半径，而长度补偿则是沿着 z 轴向上或向下偏移一个距离。刀具长度方向的补偿，实质就是要找到编程坐标系原点在机床坐标系中的位置，如图 3-30 所示。机床坐标系和编程坐标系的原点如图 3-30 所示，当沿着 z 轴方向进行对刀时，刀具从当前的位置 1 点下降到位置 2 点，此

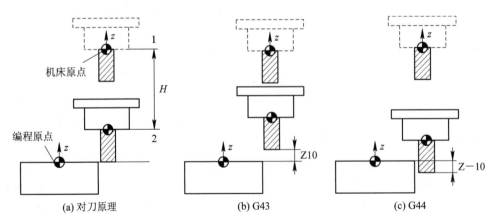

图 3-30　长度补偿原理

时移动距离为图中的 H，也就是 CRT 显示器上显示的机床坐标值，最后把相应的数值输入刀具长度寄存器中。

刀具长度补偿指令格式为

$$\left.\begin{matrix} \text{G17} \\ \text{G18} \\ \text{G19} \end{matrix}\right\} \left.\begin{matrix} \text{G43} \\ \text{G44} \end{matrix}\right. \left.\begin{matrix} \text{Z\_} \\ \text{Y\_} \\ \text{X\_} \end{matrix}\right\} \quad \text{H\_} \ *$$

式中：Z、Y、X——补偿轴；

G17、G18、G19——与补偿轴垂直的相应坐标平面 xy、zx、yz 的代码；

H（有的系统用 D）——对应于刀补存储器中补偿值的补偿号代码。

补偿号代码为两位数，如 H00～H99，补偿值由刀补拨码开关输入、MDI 输入或程序设定输入。对于不同机床，其具体值有所不同，如 0～999.999 mm。补偿号除了可以用 H（或 D）代码外，还可以用刀具功能 T 代码的低一位或低两位数字指定。

G43 为"加偏置"（"＋"偏置），G44 为"减偏置"（"－"偏置）。无论是绝对指令（G90）还是增量指令（G91），当选用 G43 时，将偏移存储器中用 H 代码设定的偏移量（包括符号的值）与程序中偏移轴移动的终点坐标值（包括符号的值）相加；当选用 G44 时，将偏移存储器中用 H 代码设定的偏移量与程序中偏移轴移动的终点坐标值相减，其结果的坐标值为终点坐标值。偏移值符号为"正"（"＋"），当选用 G43 时，向偏置轴"正"方向移动一个偏移量；当选用 G44 时，向偏置轴"负"方向移动一个偏移量。偏移值的符号为"负"（"－"）时，分别与上述情况相反。

G43、G44 为模态代码，在指定本组的其他指令代码之前一直有效。取消刀具长度偏置可用 G40 指令（有的系统用 G49）或者偏置号 H00。

作为特例，刀具补偿还有以下几种格式：

$$\left.\begin{matrix} \text{G17} \\ \text{G18} \\ \text{G19} \end{matrix}\right\} \left.\begin{matrix} \text{G43} \\ \text{G44} \end{matrix}\right\} \quad \text{H\_} \ *$$

在上述格式中省略了偏置坐标，其作用同下列格式：

$$\left.\begin{matrix} \text{G17} \\ \text{G18} \\ \text{G19} \end{matrix}\right\} \left.\begin{matrix} \text{G43} \\ \text{G44} \end{matrix}\right. \left.\begin{matrix} \text{Z0} \\ \text{Y0} \\ \text{X0} \end{matrix}\right\} \quad \text{H\_} \ *$$

当只在 z 轴方向上进行长度补偿时，可以采用下列格式：

$$\left.\begin{matrix} \text{G43} \\ \text{G44} \end{matrix}\right\} \quad \text{Z\_H\_} \ *$$

同样，省略了偏置轴 z 时，可以采用下列格式：

$$\left.\begin{matrix} \text{G43} \\ \text{G44} \end{matrix}\right\} \quad \text{H\_} \ *$$

与 $$\left.\begin{matrix} \text{G43} \\ \text{G44} \end{matrix}\right\} \quad \text{G91 Z0 H\_} \ *$$

刀具长度补偿程序举例如下：

N003 G90 G43 Z100.0 H01 ＊ （设定 H01＝10 mm）

N005 G91 G43 Z－113.5 H02 ＊ （设定 H02＝1.5 mm）

N007 G90 G18 G44 Y－32.0 H03 ＊ （设定 H03＝－4 mm）

N009 G90 G18 G44 Y－32.0 T0203 ＊ （设定偏置值为－4 mm）

N003 程序段表示刀具在 z 轴方向上移动到 110.0 mm 处；N005 程序段表示给刀具移动到的终点坐标值加一个偏置量 1.5mm；N007 程序段表示刀具在偏置轴 y 方向上移到－28 mm 处；N009 程序段中的刀具功能字用 4 位数字表示，前两位数字(02)表示刀具号，后两位数字(03)表示补偿号(或叫偏置号)，刀具移动同 N007 程序段。

3) G45～G52：沿刀具位置偏置指令

G45～G52 指令的功能是使刀具位置在其运动方向上偏置(或叫偏移)，经常用于铣削平行于坐标轴线的直线轮廓、凸台和凹槽等。只要在偏置存储器中设定刀具半径值(可用 MDI 或程序设定)，就可以利用偏置功能，将工件轮廓作为编程轨迹，偏置的位置如图 3-31 所示。这组指令在不同数控装置中有不同的使用方法，下面介绍一种使用方法。G45 为沿刀具运动方向增加一个偏置量；G46 为沿刀具运动方向减少一个偏置量；G47 为沿刀具运动方向增加两个偏置量；G48 为沿刀具运动方向减少两个偏置量。指令格式为

$$\left.\begin{array}{l} \text{G45} \\ \text{G46} \\ \text{G47} \\ \text{G48} \end{array}\right\} \quad \text{X\_Y\_H(D)\_ ＊}$$

式中：H 或 D 代码——对应于偏置存储器中刀具半径值的偏置号。

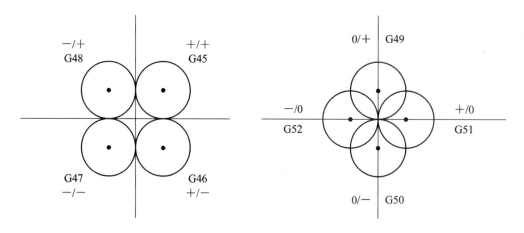

图 3-31 刀具位置偏置

当移动指令(即移动坐标)为"0"时，在绝对指令方式(G90)中，刀具偏置指令不起作用，机床不动作；在增量指令方式(G91)中，机床仅移动偏置量。在 G46 和 G48 指令中，移动指令值小于偏置值时，机床坐标的实际运动方向与编程方向相反。在圆弧插补和斜面轮廓加工时，尽量不采用 G45～G48 指令。刀具位置偏置的应用举例如图 3-32 所示，用 G90 编程，对应的程序如下：

N01 M06 T1 *　　　　　　　　　　　自动换上 T1 刀具

N02 G46 G00 X15.0 Y16.0 H01 *　　　减小一个增量的偏差，刀具偏置号为 01

N03 G47 G01 Y46.0 F120.0 *　　　　增加两个增量的偏差

N04　X45.0　　*　　　　　　　　没有位置偏差

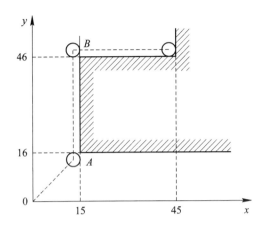

图 3 - 32　刀具位置偏移的应用举例

3. 固定循环指令

固定循环(Fixed Cycle，Canned Cycle)指令是预先设定的一些操作命令，根据这些操作命令使机床坐标轴运动、主轴工作，从而完成固定的加工动作。在数控加工中，某些加工动作循环已经典型化。例如，钻孔、镗孔的动作是：孔位平面定位、快速引进、工作进给、快速退回等。此外，攻丝、车床上加工直线等都有一系列典型化的动作，这样一系列典型的加工动作已经预先编好程序，存储在内存中，可以用包含 G 代码的一个程序段调用，从而简化了编程工作。这种包含了典型动作循环的 G 代码称为固定循环指令。

1) G73、G74、G76、G80~G89：钻削和镗削固定循环指令

孔加工类固定循环通常由下述六个动作构成(如图 3 - 33 所示)：① x、y 轴定位；② 快速运动到 R 点(参考点)；③ 孔加工；④ 在孔底动作；⑤ 退回到 R 点(参考点)；⑥ 快速返回到初始点(或参考点)。固定循环的数据表达形式可以用绝对坐标(G90)和相对坐标(G91)表示，如图 3 - 34 所示。固定循环的程序格式包括数据形式、返回点平面、孔加工方式、孔位置数据、孔加工数据和循环次数。数据形式(G90 或 G91)在程序开始时就已指定，因此，在固定循环程序格式中可不标注出。固定循环的程序格式如下(FANUC 系统)：

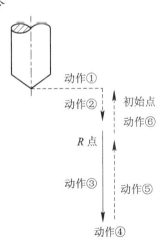

实线—切削进给；虚线—快速进给

图 3 - 33　固定循环动作

G_ G_ X_ Y_ Z_ R_ Q_ P_ F_ L_ *

式中：第一个 G 代码——返回点平面 G 代码，包括 G98 或 G99，G98 为返回初始平面代码；G99 为返回 R 点平面代码。

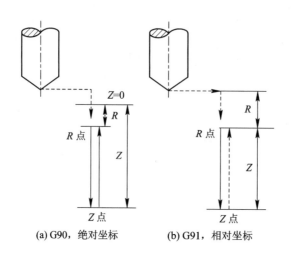

(a) G90，绝对坐标　　　　(b) G91，相对坐标

图 3-34　固定循环的数据形式

第二个 G 代码——孔加工方式，即固定循环代码 G73、G74、G76 和 G81～G89 中的任意一个。

X、Y——孔位数据，代表被加工孔所在表面的位置。

Z——R 点到孔底距离（G91 时）或孔底坐标（G90 时）。

R——R 点的坐标值（G90 时）或初始点到 R 点的距离（G91 时）。

Q——每次进给深度（G73 或 G83 时）或刀具位移增量（G76 或 G87 时）。

P——刀具在孔底的暂停时间。

F——切削进给速度。

L——固定循环的次数。

G73、G74、G76、G81～G89、Z、R、P、F、Q 均是模态指令，G80、G01～G03 等代码可以取消固定循环。

孔加工类固定循环指令介绍如下：

（1）G73：高速深孔加工循环指令。

该固定循环指令用于 z 轴的间歇进给，使深孔加工时容易排屑、减少退刀量，可以进行高效率的加工。Q 值为每次的进给深度（q），退刀用快速，其值 d 由参数设定。当使用 G98 代码时，加工结束，刀具返回到初始平面；当使用 G99 代码时，刀具返回 R 点平面。G73 指令动作如图 3-35 所示。

（2）G74：反攻丝循环指令。

如图 3-36 所示，给出了 G74 指令的动作次序。当攻反螺纹时主轴反转，到孔底时主轴正转，然后退回。退回点平面因使用 G98 代码（如图 3-36（a）所示）或 G99 代码（如图 3-36（b）所示）而不同。在 G74 循环进行中，进给倍率开关、进给保持开关和转速倍

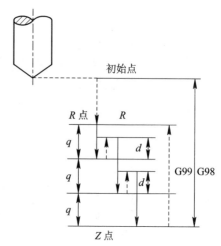

图 3-35　G73 指令动作图

率开关的作用将被忽略，即进给倍率、转速倍率保持在100%，而且一个固定循环在执行完毕之前不能中途停止。

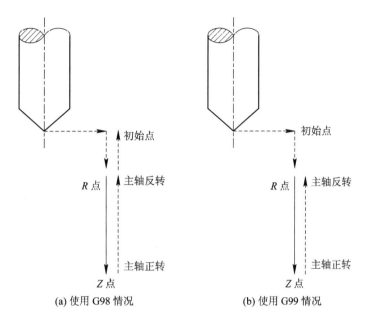

(a) 使用 G98 情况   (b) 使用 G99 情况

图 3-36 G74 指令动作图

（3）G76：精镗循环指令。

图 3-37 给出了 G76 指令的动作次序。当精镗时，主轴在孔底定向停止，向刀尖反方向移动，然后快速退刀，退刀位置由 G98 或 G99 决定。这种带有让刀的退刀方式不会划伤已加工平面，保证了镗孔精度。刀尖反向位移量由地址 Q 指定，其值 q 只能为正值。Q 值是模态的，位移方向由 MDI 设定，可为 ±X 或 ±Y 中的任意一个。

（4）G81：钻孔和镗孔循环指令。

图 3-38 所示为 G81 指令的动作循环，包括 x、y 坐标定位、快进、工进和快速返回等动作。G81 是常用的钻孔、镗孔固定循环指令。

（5）G82：钻、镗扩阶梯孔循环指令。

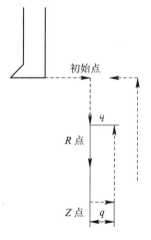

图 3-37 G76 指令动作图

G82 指令除了要在孔底暂停外，其他动作与 G81 相同。暂停时间由地址 P 给出。此指令主要用于加工盲孔，以提高孔深精度。

（6）G83：深孔加工循环指令。

在如图 3-39 所示的深孔加工循环中，每次进刀量由地址 Q 给出，其值 q 为增量值。每次进给时，应在距已加工面 d(mm) 处将快速进给转换为切削进给，d 是由参数确定的。

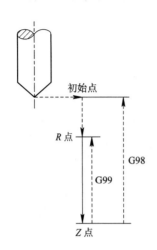

图 3 - 38　G81 指令动作图

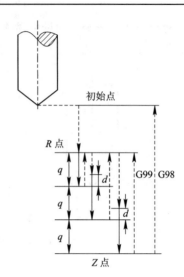

图 3 - 39　G83 指令动作图

（7）G84 攻丝循环指令。

图 3 - 40 所示为攻丝循环的动作图。当从 R 点到 Z 点攻丝时，刀具正向进给，主轴正转。当到孔底部时，主轴反转，刀具以反向进给速度退出。在 G84 指令中，进给倍率不起作用，进给保持只能在返回动作结束后执行。

（8）G85：镗孔循环指令。

该指令与 G84 指令相同，但刀具在孔底时主轴不反转。

（9）G86：镗孔循环指令。

此指令与 G81 相同，但刀具加在孔底时主轴停止，然后快速退回。

（10）G87：反镗循环指令。

图 3 - 41 所示为 G87 指令动作图。在 x、y 轴定位后，主轴定向停止，然后向刀尖的反方向移动 q 值，再快速进给到孔底（R 点）定位。在此位置上，刀具向刀尖方向移动 q 值。主

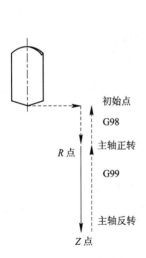

图 3 - 40　G84 指令动作图

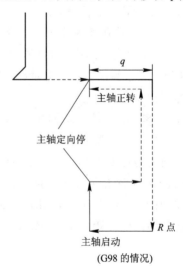

图 3 - 41　G87 指令动作图

轴正转，在 z 轴正方向上加工至 Z 点。这时主轴又定向停止，向刀尖反方向位移，然后从孔中退出刀具。在返回到初始点(只能用 G98)后，退回一个位移量，主轴正转，再进行下一个程序段的动作。在本指令中，刀尖位移量及方向与 G76 指令相同。

(11) G88：镗孔循环指令。

图 3-42 给出了该指令的循环动作次序。刀具在孔底暂停，待主轴停止后，变成停机状态。此时转换为手动状态，可用手动将刀具从孔中退出。在到达返回点平面后，主轴正转，再转入下一个程序段进行自动加工。

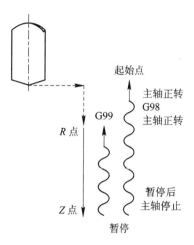

(12) G89：镗孔循环指令。

G89 指令与 G86 指令相同，但刀具在孔底有暂停。

(13) G80：取消固定循环指令。

G80 指令能取消所有的固定循环，同时 R 点和 Z 点也被取消。

当使用固定循环时，应注意以下几点：在使用固定循环指令前，应使用 M03 或 M04 指令使主轴回转；在固定循环程序段中，X、Y、Z、R 数据应至少有一个不为零才能进行孔加工；在使用控制主轴回转的固定循环(G74、G84、

图 3-42　G88 指令动作图

G86)中，如果连续加工一些孔间距比较小或者初始平面到 R 点平面距离较短的孔，会出现在进入孔的切削动作前，主轴还没有达到正常转数的情况。这时，应在各孔的加工动作之间插入 G04 暂停指令，以获得时间；当 G00～G03 指令之一和固定循环指令出现在同一个程序段时，若指令格式为

G00(或 G02、G03)G_X_Y_Z_R_Q_P_F_L_ *

则按 G 指定的固定循环运行。若指令格式为

G-G00(或 G02、G03)X_Y_Z_R_Q_P_F_L_ *

则按 G00(或 G02、G03)指令执行，向 X、Y 轴方向移动。在固定循环程序段中，如果指定了辅助功能 M，则只有在最初定位时送出 M 信号，固定循环结束时，等待 M 信号完成，才能进行下一个孔加工。

以上介绍的固定循环指令是日本 FANUC 公司数控装置使用的指令格式。德国 SIEMENS 公司数控装置中使用的钻、镗类固定循环指令格式是用参数表示的。此外，还有孔群加工、铣槽群的"专用固定循环"。这里不再赘述。

2) G77、G78、G79：直线车削、直螺纹/锥螺纹加工和端面切削固定循环指令

(1) 直线切削固定循环指令(如图 3-43 所示)。

指令格式：

G77 X(U)_Z(W)_F_ *

在增量编程中，地址 U、W 值的符号取决于轨迹 1 和轨迹 2 的方向。如图 3-43 所示，W 的符号为负，U 的符号为正。在直径编程时，应将 U/2、X/2 变为 U 和 X 值。

在图 3-43 所示的循环运动中，R 表示快速，F 表示进给速度。

(2) 锥度切削固定循环指令(如图 3-44 所示)。

指令格式：

G77 X(U)_Z(W)_I_F_ *

在增量编程时，要注意 U、W 和 I 值的符号。

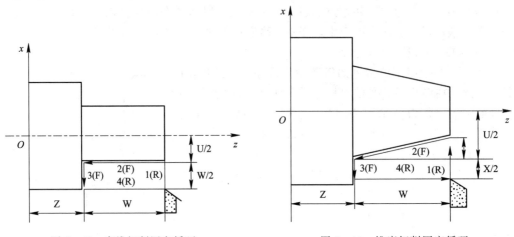

图 3-43 直线切削固定循环   图 3-44 锥度切削固定循环

（3）直螺纹切削固定循环指令（如图 3-45 所示）。

指令格式：

    G78 X(U)_Z(W)_F_ *

式中：F——螺纹导程地址。

在图 3-45 中，R 表示快速，F 表示进给速度，r 是结束螺纹切削的退刀参数，其值与螺距有关系，应大于或等于螺距值。当用增量编程时，根据轨迹 1 和轨迹 2 的方向设定 U 和 W 后面数值的符号。

（4）锥螺纹切削固定循环指令（如图 3-46 所示）。

指令格式：

    G78 X(U)_Z(W)_I_F_ *

式中：F——螺纹导程地址；

    I——与锥度有关的参数。

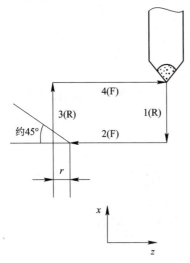
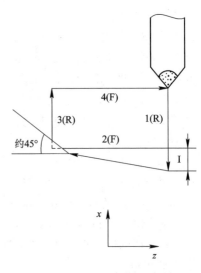

图 3-45 直螺纹切削固定循环   图 3-46 锥螺纹切削固定循环

在图 3-46 中，R 表示快速，F 表示进给速度。当使用增量编程时，U、W 地址后面数值的符号分别由轨迹 1 和轨迹 2 的运动方向来确定。I 值符号的确定如图 3-47 所示。

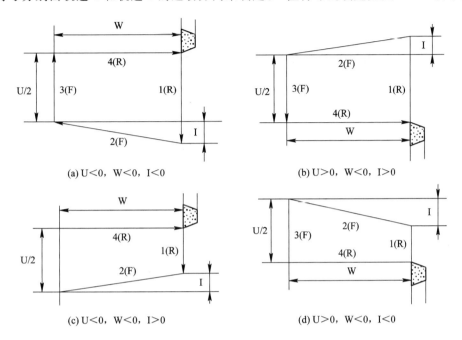

(a) U<0，W<0，I<0
(b) U>0，W<0，I>0
(c) U<0，W<0，I>0
(d) U>0，W<0，I<0

图 3-47 端面锥度切削符号与刀具轨迹关系图

(5) 端面切削固定循环指令（如图 3-48 所示）。

指令格式：

G79 X(U)_Z(W)_F_ *

式中符号的意义同直线切削固定循环。

(6) 端面锥度固定循环指令（如图 3-49 所示）。

指令格式：

G79 X(U)_Z(W)_K_F_ *

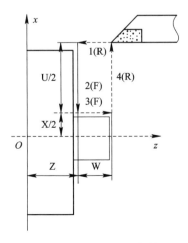

图 3-48 端面切削固定循环

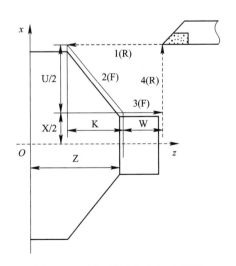

图 3-49 端面锥度切削固定循环

当使用增量编程时，轨迹 1 的方向在 z 坐标轴上是负方向，则 W 是负值，同理可确定 U 值的正负。K 是与端面锥度有关的地址，F 为进给速度。U、W 和 K 后面数值的符号与刀具轨迹间的关系如图 3-50 所示。

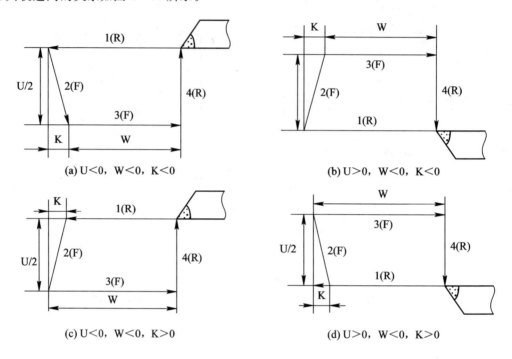

图 3-50　端面锥度切削符号与刀具轨迹关系图

在车削固定循环中，X(U)、Z(W) 和 K 是模态的，如果这些值不变，在下一个程序中可以不指定。如果某个值需要改变，则在下一个程序段中指定。若指定非模态 G 代码（除 G04 外）或 G00~G03 代码，则数值被取消。

除上述介绍的固定循环指令外，车削固定循环还有"复合式固定循环"，它们的功能是上面几种固定循环的不同组合，用于比较复杂的复合加工情况。

4. 指定进给速度和主轴速度的 G 代码

1）G93：时间倒数的进给率

G93 指令实际上就是进给速率数表示法，其单位为 1/时间（1/min）。

2）G94：每分钟进给量

G94 指令的单位为 mm/mim。

3）G95：主轴每转进给量

G95 指令的单位为 mm/r。

4）G96：恒表面速度

在数控车削端面或不同轴颈上，为了使刀具与工件间的相对速度（称为表面速度）恒定，必须按车刀的瞬时径向位置调节主轴速度。恒表面速度的单位为 m/min，其指令格式为

$$G96 \begin{Bmatrix} P1 \\ P2 \\ P3 \\ P4 \end{Bmatrix} \ -^*$$

式中：P——指定恒速控制的轴；

P1、P2、P3 和 P4——分别对应 x 轴、y 轴、z 轴和第四轴。

在快速移动 G00 指令的程序段中，G96 指令无效。在切削螺纹时，G96 指令有效；在车削锥螺纹或端面螺纹时，要取消 G96 指令。

5）G97：主轴每分钟转速

G97 指令可以注销 G96 指令，其单位为 r/min。

5．辅助功能"M"

辅助功能又称 M 指令，由地址符 M 和其后的两位数字组成，这类指令是指主要用于机床加工操作时与机床操作需要相关的一些关断性质的工艺指令，M 指令见附录二。M 指令具有用于指定主轴的旋转方向、启动、停止、冷却液的开关等功能。M 指令的功能常因机床生产厂家以及机床结构和规格的不同而各异。这里介绍一些常用的 M 代码。

1）M00：程序停止

在完成编有 M00 指令的程序段中的其他指令后，主轴停转、进给停止、冷却液关断、程序停止，可以进行某一手动操作，如换刀、零件调头、测量零件等。系统保持这种状态，直到利用启动按钮才能再次自动运转，继续执行 M00 程序段后面的程序。

2）M01：程序有条件停止

M01 指令用途与 M00 指令相似，但只有在控制面板上相应的"选择停止"键必须处于"ON"状态时，M01 指令才起作用。如果此键处于"OFF"状态，则 M01 指令不起作用，程序继续执行 M01 之后的程序。该指令一般用于抽查关键尺寸时使用，如加工过程中需要停机检查、测量零件、手工换刀和交接班等可以使用 M01 指令。

3）M02：程序结束

M02 指令用于结束全部程序。此时主轴、进给和冷却液全部停下，机床复位，纸带卷回到程序开始字符处。

4）M03、M04、M05：主轴启停控制

M03：主轴顺时针旋转。

M04：主轴逆时针旋转。

M05：主轴停止。

5）M06：换刀

M06 指令用于数控机床的自动换刀或显示待换刀号。当自动换刀时换刀指令选用 M06；选刀使用 T 功能指令；对显示待换刀号的数控机床，换刀是用手动实现的。

6）M07：2 号冷却液开

M07 指令用于打开雾状冷却液。

7) M08：1 号冷却液开

M08 指令用于打开液状冷却液。

8) M09：冷却液关

M09 指令可以注销 M07、M08、M50(3 号冷却液开)和 M51(4 号冷却液开)。

9) M10、M11：夹紧、松开

M10 指令用于机床滑座、工件、夹具、主轴等的夹紧。M11 指令用于机床滑座、工作、夹具、主轴等的松开。

10) M19：主轴定向停

M19 指令使主轴停止在预定的角度位置上。它主要用于镗孔，当镗孔穿过小孔镗大孔、反镗孔和精镗孔时，退刀不划伤已加工表面。当数控机床自动换刀时，也需用 M19 指令。

11) M30：纸带结束，程序结束，返回程序起点

在完成程序段的所有指令之后，使主轴、进给和冷却液停止。用以使控制机和机床复位，程序返回到开始字符处。当使用 M30 指令时，除表示 M02 的内容外，刀具还要返回到程序的起始状态，准备下一个零件的加工。

12) M38、M39：主轴变速范围

M38：主轴第一挡变速范围。

M39：主轴第二挡变速范围。

13) M41、M42：主轴齿轮挡连接

M41：连接主轴低速齿轮挡。

M42：连接主轴高速齿轮挡。

14) M62、M63：工件位移 1 和工件位移 2

M62 和 M63 指令使工件移到固定位置。

15) M71～M78：工件角度位移

M71～M78 指令使分度工作台转到第一至第八个位置。

16) M98、M99：子程序调用指令

M98 指令用于子程序调用，M99 指令用于从子程序返回。

3.4　孔加工的程序编制

孔加工(Drilling)是指刀具先快速移动到指定的加工位置上，再以切削进给速度加工到指定的深度，最后以退刀速度退回的一种加工类型。德国 SIEMENS 公司研发的专业 3D 软件 UG，进行数控机床数字程序的编制，能编制出数控机床(铣床或加工中心)上各种类型的孔程序，如中心孔、通孔、盲孔、沉孔、深孔等，其加工方式可以是钻孔、扩孔、铰孔、锪孔、镗孔、攻丝等。

3.4.1　孔加工工艺方法

1. 钻孔

在钻孔之前必须正确安装工件，生产中常用的工件安装方法主要有：小型工件通常用虎钳或平口钳装夹；较大的工件可以使用压板螺栓直接安装在工作台上；圆柱形工件的钻孔可以放置在 V 形铁上进行。钻孔的方法有：钻通孔、在轴上钻横孔、在曲面上钻孔、钻深孔。

2. 扩孔

扩孔是使用扩孔钻对工件上已有的孔（铸出、锻出或钻出的孔）进行扩大加工。扩孔常作为孔的半精加工，也普遍用作铰孔前的预加工。

直径为 3～15 mm 的扩孔钻通常做成整体带柄的形式，直径为 25～100 mm 的扩孔钻做成整体套装式。

在小批量生产的情况下，常用的麻花钻在修磨钻尖几何形状后，当作扩孔钻使用。扩孔的质量比钻孔高，一般尺寸精度可达 IT10～IT7，表面粗糙度 Ra 值为 6.3～3.2 μm。扩孔钻与麻花钻在结构上相比有以下特点：

（1）刚性好。由于扩孔的背吃刀量 a_p 小、切屑少，容屑槽可做得浅而窄，使钻芯比较粗大，增加了工作部分的刚性。

（2）导向性较好。由于容屑槽浅而窄，可在刀体上做出 3～4 个刀齿，这样既可以提高生产效率，同时也增加了刀齿的棱边数，从而增强了扩孔时刀具的导向及修光作用，切削比较平稳。

（3）切削条件好。扩孔钻的切削刃不必自外缘延续到中心，无横刃，避免了横刃和由横刃引起的不良影响；轴向力较小，可采用较大的进给量，生产效率较高；切屑少、排屑顺利，不易刮伤已经加工的表面。

3. 铰孔

铰孔是在扩孔或半精镗的基础上进行的，是应用比较普遍的孔的精加工方法之一。铰孔的公差等级为 IT8～IT6，表面粗糙度 Ra 值为 1.6～0.4 μm。

铰刀由工作部分、颈部和柄部组成。工作部分包括切削部分和修光部分。切削部分为锥形，担负主要的切削工作。修光部分有窄的棱边和倒锥，以减少与孔壁的摩擦和孔径扩张，同时具有校正孔径、修光孔壁和导向的作用。手铰刀的修光部分较长，导向作用好。铰刀的颈部是连接工作部分和柄部的。铰刀的柄部是用来装夹和传递转矩的。

铰刀铰孔的工艺特点如下：

（1）铰孔余量小。粗铰余量为 0.15～0.35 mm；精铰余量为 0.05～0.15 mm。铰孔切屑力较小，零件的受力变形小。

（2）切削速度低。铰孔比钻孔和扩孔的切削速度低得多，可以避免积屑瘤的产生和减少切削热。

（3）适应性差。铰刀属于定尺寸刀具，一把铰刀只能加工一定尺寸和公差等级的孔，不易铰削阶梯孔、短孔、不通孔和断续表面的孔（如花键孔）。

（4）需施加切削液。为了减少摩擦，有利于排屑、散热，以保证加工质量，应加注切削液。

铰孔时的注意事项如下：

（1）合理选择铰孔的余量。铰削余量太大，铰孔不光，铰刀易磨损；铰削余量太小，不能校正上次加工留下的加工误差，达不到铰孔的要求。

（2）铰孔时要选用合适的切削液进行润滑和冷却。铰削钢件，一般选用乳化液；铰削铸铁，一般选用煤油。

（3）铰孔时要选择较低的切削速度、较大的进给量。

（4）铰孔时，铰刀在孔中绝对不能倒转，否则铰刀和孔壁之间容易挤住切屑，造成孔壁划伤；铰孔时，要在铰刀退出孔后再停车，否则孔壁会有拉毛痕迹；铰通孔时，铰刀修光部分不可以全部露出孔外，否则出口处会被划伤。

3.4.2　孔加工程序编制的特点

一般在数控钻床、数控镗床和加工中心机床上进行孔加工，也可以在数控铣床上实现孔加工。在孔加工编程时，没有复杂的数学处理，所以编程比较简单。孔径尺寸由刀具保证，孔距的位置尺寸精度取决于数控系统和机械系统的精度。为了提高孔加工的精度和效率，在程序编制中要注意以下几点：

（1）在编程中，坐标系统的选择应与图纸尺寸的标注方法一致，这样不但减少了尺寸换算，而且容易保证加工精度。

（2）注意提高对刀精度，如程序中要换刀，只要空间允许的话，可以使换刀点安排在加工点上。

（3）使用刀具长度补偿功能，在刀具磨损、换刀后，当长度尺寸变化时，使用刀具长度补偿可以保证孔深尺寸。

（4）在孔加工量很大时，为了简化编程，便用固定循环指令和对称功能（有的数控系统具有此功能）。

（5）在程序编完后，应进行程序原点返回检查，以保证程序正确性。

3.4.3　孔加工手工编程举例

【例 3-1】　使用刀具长度补偿和一般指令加工如图 3-51 所示零件中的 A、B 和 C 三个孔。

（1）分析零件图纸。

首先确定加工路线、工艺参数，然后进行工艺处理。

工件定位选在底面和侧面上，用压板夹紧。对刀点选在工件外，距离工件上表面上方 35 mm 处，并以此作为起刀点。根据孔径选用 ϕ15 mm 的钻头，由于其长度磨损需要进行长度补偿，补偿量 $b=-4$ mm，刀补号为 H01。补偿号 H00 的补偿量为 0，可以用来取消刀补。主轴转数 $S=600$ r/min，刀具进给速度 $F=1000$ mm/min。在具有刀具长度补偿的数控钻床上加工，走刀路线如图 3-51 所示。

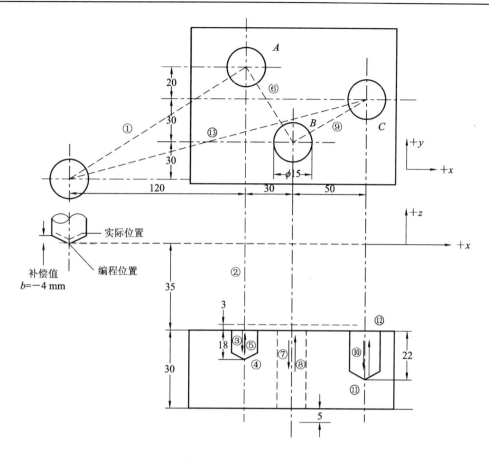

图 3 - 51　钻三孔工件图

（2）数学处理。

钻削加工中数学处理比较简单，根据图纸上标注的尺寸，按照增量坐标（G91）或绝对坐标（G90）确定每个程序段中的各坐标值。

（3）编写零件加工程序单。

按照规定的程序格式编写的 A、B 和 C 三孔加工的程序单如下：

N01 G91 G00 X120.0 Y80.0	＊定位到 A 点
N02 G43 Z−32.0 T1 H01	＊刀具快速移动到工进起点，进行刀具长度补偿
N03 S600 M03	＊主轴启动
N04 G01 Z−21.0 F1000	＊加工 A 孔
N05 G04 P2000	＊孔底停留 2 s
N06 G00 Z21.0	＊快速返回到工进起点
N07 X30.0 Y−50.0	＊定位到 B 点
N08 G01 Z−38.0	＊加工 B 孔
N09 G00 Z38.0	＊快速返回到工进起点
N10 X50.0 Y30.0	＊定位到 C 点
N11 G01 Z−25.0	＊加工 C 孔
N12 G04 P2000	＊孔底停留 2 s
N13 G00 Z57.0 H00	＊z 坐标返回到程序起点，取消刀补

N14 X-200.0 Y-60.0　　　　　　　* x、y 坐标返回到程序起点

N15 M02　　　　　　　　　　　　* 程序结束

【例 3-2】　使用刀具长度补偿和固定循环加工如图 3-52 所示工件中的 8 个孔。

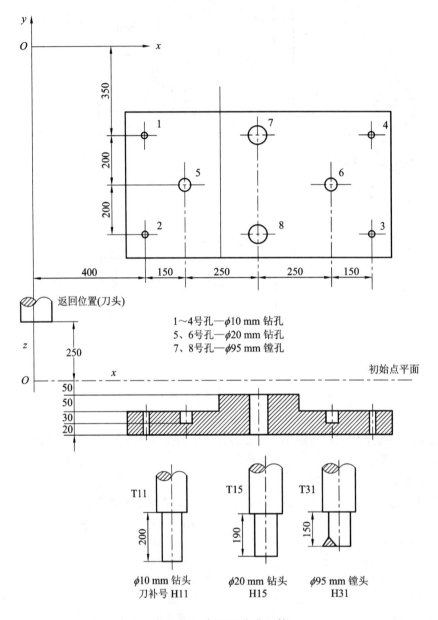

图 3-52　加工 8 个孔工件

（1）分析零件图纸，进行工艺处理。

在该零件孔加工中，有通孔、盲孔和扩孔，故选择钻头 T11 和 T15、镗刀 T31，在具有刀补功能和自动换刀功能的数控钻床上进行加工。换刀点选在工件坐标系原点 z 坐标上方 +250 mm 处。有三种孔径尺寸的孔加工，按先小孔后大孔加工的原则，确定加工路线为：从参考点开始，先加工 1 孔，然后再分别加工 2 孔、3 孔、4 孔、5 孔、6 孔、7 孔和 8 孔，最后返回到参考点。

　　主轴转数选择 S30、S20 和 S10，分别对应的 ϕ10 mm、ϕ20 mm 和 ϕ95 mm 的刀具转数。进给速度选择 F120、F70 和 F50，分别对应刀具 T11、T15 和 T31 的进给速度。由于刀具磨损，因此需要进行长度补偿。如图 3-52 所示中的坐标规定，刀补值均为负值。刀具长度补偿号分别为 H11、H15 和 H31。

　　（2）数学处理。

　　在多孔加工时，为了简化编程，采用固定循环指令。在这种情况下，数学处理主要是按固定循环指令格式的要求，确定孔位坐标、快进尺寸和工进尺寸值等。固定循环中的初始平面为 $z=0$，R 点平面定为工件上表面上方 3 mm 处。当通孔加工时，刀具伸出工件 3 mm。

　　（3）编写零件加工程序单。

　　按规定的程序格式编写的零件 8 孔加工程序单如下：

N001 G92 X0 Y0 Z0	* 坐标系设定
N002 G90 G00 Z250 T11 M06	* 换刀
N003 G43 Z0 H11	* 初始平面，进行刀具长度补偿
N004 S30 M03	* 主轴启动
N005 G99 G81 X400 Y−350 Z−153 R−97 F120	* 定位后加工 1 孔（回 R 点）
N006 G98 Y−750	* 定位后加工 2 孔（回初始点）
N007 G99 X1200	* 定位后加工 3 孔（回 R 点）
N008 G98 Y−350	* 定位后加工 4 孔（回初始点）
N009 G00 X0 Y0 M05	* 返回参考点，主轴停
N010 G40 Z250 T15 M06	* 刀补注销，换刀
N011 G43 Z0 H15	* 初始平面，设定刀补号
N012 S20 M03	* 主轴启动
N013 G98 G82 X550 Y−550 Z−130 R−97 P3000 F70	* 定位后加工 5 孔（回 R 点）
N014 G98 X1050	* 加工 6 孔（回初始点）
N015 G00 X0 Y0 M05	* 返回参考点，主轴停
N016 G40 Z250 T31 M06	* 刀补注销，换刀
N017 G43 Z0 H31	* 初始平面，设定刀补号
N018 S10 M03	* 主轴启动
N019 G99 G85 X800 Y−350 Z−153 R−47 F50	* 定位后加工 7 孔（回 R 点）
N020 G98 Y−750	* 定位后加工 8 孔（回初始平面）
N021 G00 X0 Y0 M05	* 返回参考点，主轴停
N022 G49 M02	* 刀补注销，程序停

3.5　车削加工的程序编制

3.5.1　车削加工工艺方法

　　车削在机械加工生产中具有良好的适应性，其切削过程比较平稳，而且是连续进行的，切削力的变化较小。车削对被加工零件各表面位置精度有一定的保证，适合对有色金属零件进行精加工。

1. 车端面和台阶

圆柱体两端的平面叫作端面。由直径不同的两个圆柱体相连的部分叫作台阶。

1）车端面的工艺方法

右偏刀车端面，是由外向里进刀，容易扎入工件而形成凹面；用右偏刀由中心向外车削端面，车削顺利，不容易产生凹面。用左偏刀由外向中心车端面，利用主切削刃切削，切削条件有所改善。弯头车刀车削端面以主切削刃进行，很顺利。它不仅可以用于车端面，还可以用于车外圆和倒角。

2）车台阶工艺方法

车削长度低于 5 mm 台阶的工件，可以让偏刀在车外圆过程中一次完成。车削长度高于 5 mm 台阶的工件，因为肩部过宽，车削会引起震动。因此，高台阶工件可以先用外圆车刀把台阶车削成大致形状，然后再由偏刀分层切削完成。

2. 车轴类工件

轴类工件是机器中经常遇到的典型零件之一，它是旋转体零件，长度大于直径，由外圆柱面、断面和台阶组成。用车床车削轴类工件，也是比较常用的加工方法。

轴类工件的加工要求应满足直径和长度的尺寸精度、几何形状精度（如直线度、圆度、圆柱度等）、相互位置精度（如同轴度、圆跳动、全跳动等）、表面粗糙度。当轴的精度要求较高或工件加工余量很大而且又不均匀时，粗车和精车必须分开进行。对车削顺序的安排，一般是先粗车直径大的一端，再车削直径小的一端，保证轴在加工过程中有足够的刚性。当车削短小工件时，一般先车削端面，便于测量长度尺寸。若轴的两端有细的轴径，一般都放在最后加工，以便增加工件的刚性。对精度要求较高的工件，为了消除工件的内应力，改善工件的机械性能，粗车后要留有精加工余量，经过时效处理后再半精车或精车。在轴上切槽时，一般是在粗车和半精车之后，精车之前进行，以便增加工件的刚性，但必须注意槽深要加上精车加工余量的一半。

常用的外圆车刀有直头外圆车刀、90°偏刀和 45°偏刀。直头外圆车刀强度较好，适用于粗车外圆；90°偏刀主偏角大，适用于车外圆、端面和台阶；45°弯头车刀适用于车削不带台阶的光滑轴。

3.5.2　车削程序编制的特点

1. 坐标的选取法及坐标指令

数控车床径向为 x 轴、纵向为 z 轴，在按绝对坐标编程时使用代码 X 和 Z，在按增量编程时使用代码 U 和 W；在切削圆弧时，使用 I 和 K 表示圆弧起点相对圆心的相应坐标增量值或者使用半径 R 值代替 I、K 值。在一个零件的程序或一个程序段中，可以按绝对坐标或增量坐标编程，也可以用绝对坐标值与增量坐标值混合编程。

X 为径向的绝对坐标编程值，U 为径向的相对坐标编程值。在数控车床编程时，用直径值还是用半径值表示径向值由相应的机床基数决定。

2. 刀具补偿

由于在实际加工中，刀具产生磨损及精加工时车刀刀尖磨成半径不大的圆弧；换刀时刀尖位置有差异以及安装刀具时产生误差等，都需要利用刀具补偿功能加以补偿。现代数控车床中都有刀具补偿功能，如果不具有刀具补偿功能，就需要进行复杂的计算。

3. 车削固定循环功能

车削加工一般为大余量、多次切除的过程，常常需要多次重复几种固定的动作。因此，在数控车床中具备各种不同形式的固定切削循环功能，如内、外圆柱面固定循环，内、外锥面固定循环，端面固定循环，切槽循环，内、外螺纹固定循环以及组合面切削循环等，使用固定循环指令可以简化编程。

3.5.3　车削加工手工编程举例

【例 3 - 3】　现如图 3 - 53 所示的零件为例说明车削手工编程的整个过程。该零件需要精加工，图中 $\phi85$ 不加工。选用具有直线-圆弧插补功能的数控车床加工该零件。

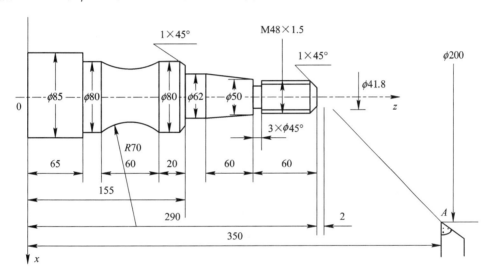

图 3 - 53　车削零件图

（1）分析零件图纸。

首先确定工艺方案，然后确定工艺路线。

按照先主后次、先粗后精的加工原则，确定加工路线如下：

① 倒角→切削螺纹的实际外圆 $\phi47.8$（$\phi47.8$ 是 M48×1.5 螺纹的实际外径）→切削锥度部分→车削 $\phi62$ 外圆→倒角→车削 $\phi80$→切削圆弧部分→车削 $\phi80$。

② 切槽。

③ 车螺纹。

（2）选择刀具。

根据加工要求，选用三把刀具，Ⅰ号刀车外圆，Ⅱ号刀切槽，Ⅲ号刀车螺纹。刀具布置如图 3 - 54 所示。采用对刀仪对刀，螺纹车刀刀尖相对于Ⅰ号刀尖在 z 向上方偏置 10 mm，用刀具位置补偿来解决，刀补号用 T 指令后的第二位数字表示，如 T22 表示 2 号刀、2 号刀补，T10 表示 1 号刀、刀补值为 0。在编程时，应正确地选择换刀点，以便换刀，不与工件、机床及夹具碰撞为原则。在本实例中，换刀点为 A。

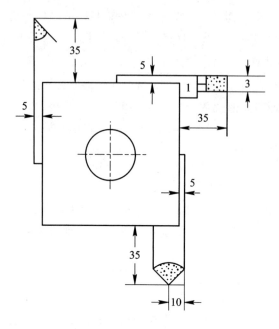

图 3-54　刀具布置图

（3）确定切削用量。

当车削外圆时，主轴转速确定为 S31＝630 r/min，进给速度选择为 F15。当切槽时，主轴转速度为 S23＝315 r/min，进给速度选择为 F1。当车削螺纹时，主轴转速定为 S22＝220 r/min，进给速度选择为 F330 mm/min，即相当于每转一转走一个螺距。

（4）编写程序单。

确定工件坐标系 xOz，以 O 点作为原点，并将换刀点 A 作为对刀点，即程序起点。该零件的加工程序单如下：

O123	程序命名
N001 G92 X200.0 Z350.0	LF 坐标设定
N002 G00 X41.8 Z292.0 S31 M03 T11 M08	LF 切削延长线上试切点位置
N003 G01 X47.8 Z289.0 F15	LF 倒角
N004 U0 W-59.0	LF 加工 φ47.8 的阶梯轴
N005 X50.0 W0	LF 退刀
N006 X62.0 W-60.0	LF 锥度
N007 U0 Z155.0	LF φ62 的阶梯轴
N008 X78.0 W0	LF 车削端面
N009 X80.0 W-1.0	LF 倒角
N010 U0 W-19.0	LF φ80 的阶梯轴
N011 G02 U0 W-60.0 I63.25 K-30.0	LF 顺时圆弧
N012 G01 U0 Z65.0	LF φ80 的阶梯轴
N013 X90.0 W0	LF 退刀
N014 G00 X200.0 Z350.0 M05 T10 M09	LF 退刀
N015 X51.0 Z230.0 S23 M03 T22 M08	LF 换 II 号切槽刀
N016 G01 X45.0 W0 F10	LF 割槽

N017 G04 U0.5	LF 延迟
N018 G00 X51.0 W0	LF 退刀
N019 X200.0 Z350.0 M05 T20 M09	LF 退刀
N020 X52.0 Z296.0 S22 M03 T33 M08	LF 换Ⅲ号车削螺纹刀,车削螺纹起始位置
N021 G78 X47.2 Z231.5 F330.0	LF 直螺纹循环
N022 X46.6 W−64.5	LF 直螺纹循环
N023 X46.1 W 64.5	LF 直螺纹循环
N024 X45.8 W−64.5	LF 直螺纹循环
N025 G00 X200.0 Z350.0 T30 M02	LF 退至起点

3.6　铣削加工的程序编制

3.6.1　铣削加工工艺方法

铣削是在铣床上将铣刀的旋转作为主运动,以工件的移动作为进给运动来切削工件的加工方法。铣削主要用于加工各种平面、沟槽、齿轮、齿条和成形面等,另外还可以进行分度、孔加工,如图 3-55 所示。

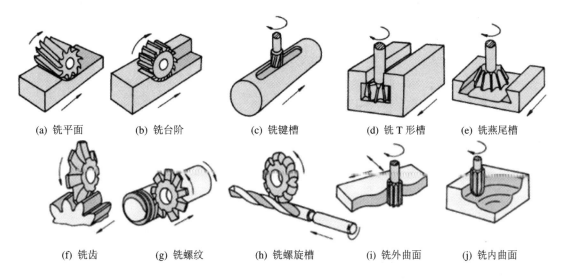

(a) 铣平面　　(b) 铣台阶　　(c) 铣键槽　　(d) 铣 T 形槽　　(e) 铣燕尾槽

(f) 铣齿　　(g) 铣螺纹　　(h) 铣螺旋槽　　(i) 铣外曲面　　(j) 铣内曲面

图 3-55　铣床上的典型工作

铣削方法有圆周铣削(简称周铣)和端面铣削(简称端铣)两种方式。

周铣是指利用分布在铣刀圆柱上的刀刃来铣削,如图 3-56 所示。周铣加工出的平面,其平面度的好坏主要取决于铣刀的圆柱度。在精铣平面时,铣刀必须有较好的圆柱度。

端铣是指利用分布在铣刀端面上的刀齿来切削,如图 3-57 所示。在端铣时,其平面度的好坏主要决定于主轴轴线与进给方向的垂直度。若主轴与进给方向垂直,刀尖的运动轨迹为圆环,则工件的表面会铣削出网状的刀纹,如图 3-57(a)所示;若主轴与进给方向不垂直,则工件的表面会切出一个凹面来,如图 3-57(b)所示,工件表面上铣削出单向的弧形刀纹。

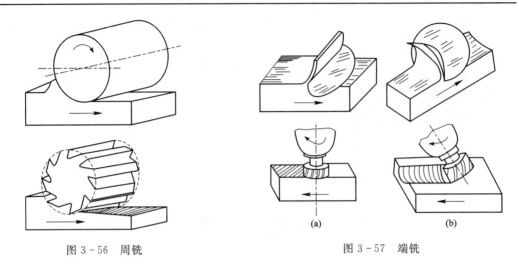

图 3-56 周铣　　　　　　　　　图 3-57 端铣

当铣削平行面时,可以在卧式铣床上用周铣加工,或在立式铣床上用端铣加工;当铣削垂直面时,可以在卧式铣床上用端铣加工,或在立式铣床上用周铣加工。

周铣和端铣的主要特点比较如下:

(1)端铣的表面粗糙度参数值比周铣低。如图 3-58 所示,端铣时,端面齿工作,主切削刃切削,副切削刃修光,能够提高已加工表面的加工质量;周铣时,圆周齿工作,无副切削刃修光,主切削刃直接形成已加工表面,加工处的表面实际上是由许多近似的圆弧组成,加工后表面较为粗糙。

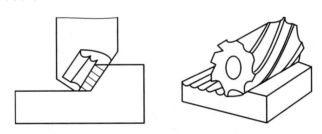

图 3-58 端铣和周铣的比较

(2)端铣加工的平稳性比周铣好。端铣时,同时参加切削的刀齿多,刀齿切入、切出的切削厚度变化小,切削力波动小,切削过程平稳;周铣时,只有少数刀齿同时切削,刀齿切入、切出的切削厚度变化大,切削力波动大,易产生振动。

(3)端铣的加工精度比周铣高。因为端铣时,刀杆伸出长度短、刚性好、刀杆变形小,故不易产生振动;周铣时,刀杆伸出长、刚性差、刀杆变形大。

(4)端铣的生产效率比周铣高。因为端铣刀易镶硬质合金刀片,能够用大的切削用量进行高速切削,生产效率比较高;周铣时,圆柱铣刀使用硬质合金,成本较高,而普通铣刀多选用高速钢制造,不能用大的切削用量,故生产效率较低。

(5)端铣刀比周铣用圆柱铣刀耐用度高。因为周铣时,若刀齿从已加工表面切入,则切削厚度从零逐渐增大,会造成刀刃与已加工表面的剧烈摩擦,刀具易磨损;若刀齿从待加工表面切入,则切削厚度从最大逐渐减少到零,容易因刀齿接触毛坯硬皮和负荷过大而打刀。这些都影响了刀具的耐用度,而端铣刀工作时则没有上述情况。

　　（6）端铣的加工范围没有周铣广泛。端铣一般只适宜铣削平面，适应性差；而周铣能够使用多种形式的铣刀，可以铣削平面、沟槽、齿形和成形面等，适应性好。圆柱铣刀的前角较大，选用较大螺旋角时，可加工难于加工的材料。

　　根据以上分析，端铣广泛应用于铣削平面中，尤其在大批量平面加工中，常常采用端铣；而周铣工艺适应性好，适宜于加工沟槽或母线为直线的成形表面。

3.6.2　铣削程序编制的特点

　　（1）铣削是机械加工中最常用的方法之一，使用数控铣床的目的在于：解决复杂的和难于加工的工件的加工问题；把一些用普通机床可以加工（但质量不高）的工件，改用数控铣床加工，可以提高加工效率。数控铣床功能各异，规格繁多，选择机床要考虑如何最大限度地发挥数控机床的特点。两坐标联动数控铣床用于平面零件轮廓加工，三坐标及以上的数控铣床用于难度较大的复杂工件的立体轮廓加工；铣削中心具有多种功能，可以用于多工位、多工件和多种工艺方法加工。

　　（2）数控铣床的数控装置具有多种插补方法，一般都具有直线插补和圆弧插补，有的还具有极坐标插补、抛物线插补、螺旋线插补等多种插补功能。编程时要合理充分地选择这些功能，以提高加工精度和效率。

　　（3）程序编制时要充分利用数控铣床齐全的功能，如刀具位置补偿、刀具长度补偿、刀具半径补偿和固定循环、对称加工等多种任选功能。铣削中心还具有自动换刀功能。

　　（4）端面铣削和由直线、圆弧组成的端面轮廓铣削的数学处理比较简单。非圆曲线、空间曲线和曲面的轮廓铣削加工，数学处理比较复杂，一般还要采用计算机辅助计算和自动编程。

3.6.3　铣削加工手工编程举例

　　【例 3 - 4】　用刀具位置偏移指令编制铣削外轮廓的加工程序（内角按刀具圆弧过渡）。

　　如图 3 - 59 所示的零件由平行于坐标轴的直线和两段圆弧组成。用刀具偏置功能编制外轮廓加工程序，刀具直径为 $\phi20$ mm，偏置号为 H01，偏置量为 $+10.0$ mm。偏置指令为非模态，仅在指定程序段内有效。加工路线从 O 点开始，经过 A、B、C、D、E、F、G、H、H'、I'、I、J、A，又返回到 O 点。其加工程序单如下：

%456	程序命名
N01 G91 G46 G00 X80.0 Y50.0 H01	LF 刀具快速移动到 A 点
N02 G47 G01 X50.0 F120	LF 切削进给 AB
N03 Y40.0	LF 切削进给 BC
N04 G48 X40.0	LF 切削进给 CD
N05 Y−40.0	LF 切削进给 DE
N06 G45 X30.0	LF 切削进给 EF
N07 G45 G03 X30.0 Y30.0 I0 J30.0	LF 加工圆弧 FG
N08 G45 G01 Y20.0	LF y 向进给 GH

N09 G46 X0	LF x 向进给 HH'
N10 G46 G02 X−30.0 Y30.0 I0 J30.0	LF 加工圆弧 H'I'
N11 G45 G01 Y0	LF y 向进给 I'I
N12 G47 X−120.0	LF 直线进给 IJ
N13 G47 Y−80.0	LF 直线进给 JA
N14 G46 X−80 Y−50.0	LF 快速返回 O 点

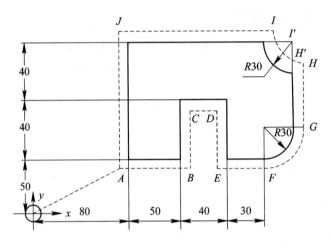

图 3 - 59　铣削工件一

【**例 3 - 5**】 编制具有刀具补偿功能（B 刀补、C 刀补）的外轮廓铣削加工程序。

图 3 - 60 所示是用立铣刀铣削工件外轮廓的加工示意图。立铣刀直径为 ϕ20 mm，刀具长度补偿为 H03，刀具半径补偿为 D30。其加工程序单如下：

O369	程序命名
N1 G92 X0 Y0 Z0	＊建立工件坐标系
N2 G30 P2 X0 Y0 Z250 M06 T07	＊返回第二参考点换刀
N3 G00 G90 X0 Y90.0	＊快速移至 P 点
N4 G43 Z0 H03 S440 M03	＊长度补偿，主轴正转
N5 G41 G17 X30.0 D30 F100	＊半径补偿，移至 A 点
N6 G01 X60.0 Y120.0	＊加工 AB 段
N7 G02 X90.0 Y90.0 I0 J−30.0	＊加工圆弧 $\overparen{BC}$
N8 G01 X120.0	＊加工 CD 段
N9 G02 X150.0 Y120.0 I30.0 J0	＊加工圆弧 $\overparen{DE}$
N10 G01 X135.0 Y90.0	＊加工 EF 段
N11 X150.0 Y60.0	＊加工 FG 段
M12 X120.0	＊加工 GH 段
M13 X90.0 Y30.0	＊加工 HI 段
N14 X45.0 Y60.0	＊加工 IJ 段
N15 X30.0 Y90.0	＊加工 JA 段
N16 G40 G00 X0 Y90.0	＊取消刀补，回到 P 点
N17 X0 Y0 Z0	＊返回原点
N18 M30	＊程序结束

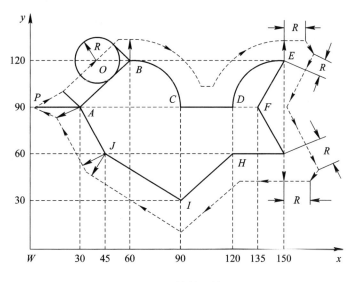

图 3 - 60　铣削工件二

【例 3 - 6】　用立铣刀加工平面凸轮的程序编制。

如图 3 - 61 所示，为平面凸轮零件图，凸轮轮廓由若干段圆弧构成。加工时以 $\phi30H1$ 中心孔定位，并装在通用夹具上。对刀点选在中心孔 $\phi30H1$ 上距零件上表面 40 mm 处。加工从 A 点开始，沿逆时针方向进行。刀具用 $\phi10$ mm 立铣刀，刀具代码为 T10。快速进给速度 F1＝300 mm/min，切削进给速度 F2＝80 mm/min。z 方向下降到速度 F3。主轴转速 n＝980 r/min，主轴代码为 S1。刀具半径补偿 H03＝5 mm。

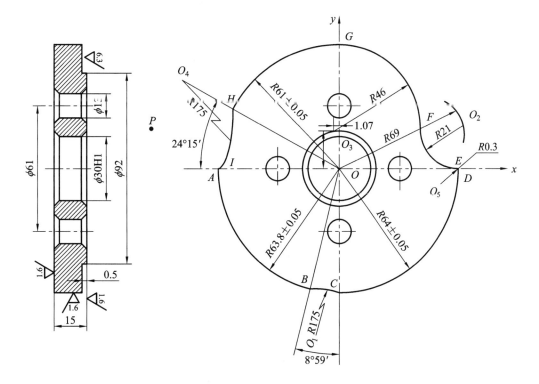

图 3 - 61　铣削工件三

基点计算：

$\overset{\frown}{BC}$弧的中心O_1点：

$$x_{O_1} = -(175+63.8)\sin8°59' = -37.28$$
$$y_{O_1} = -(175+63.8)\cos8°59' = -235.86$$

$\overset{\frown}{EF}$弧的中心O_2点：

$$\begin{cases} x_{O_2}^2 + y_{O_2}^2 = 69^2 \\ (x_{O_2}-64)^2 + y_{O_2}^2 = 21^2 \end{cases}$$

解得

$$x_{O_2} = 65.75, \quad y_{O_2} = 20.93$$

$\overset{\frown}{HI}$弧的中心O_4点：

$$x_{O_4} = -(175+61)\cos24°15 = -215.18$$
$$y_{O_4} = (175+61)\sin24°15 = 96.93$$

$\overset{\frown}{DE}$弧的中心O_5点：

$$\begin{cases} x_{O_5}^2 + y_{O_5}^2 = 63.7^2 \\ (x_{O_5}-65.75)^2 + (y_{O_5}-20.93)^2 = 21.30^2 \end{cases}$$

解得

$$x_{O_5} = 63.70, \quad y_{O_5} = -0.27$$

B点：

$$x_B = -63.8\sin8°59 = -9.96$$
$$y_B = -63.8\cos8°59 = -63.02$$

C点：

$$x_C^2 + y_C^2 = 64^2$$

解得

$$\begin{cases} (x_C+37.28)^2 + (y_C+235.86) = 175^2 \\ x_C = -5.57, \quad y_C = -63.76 \end{cases}$$

D点：

$$\begin{cases} (x_D-63.70)^2 + (y_D+0.27)^2 = 0.3^2 \\ x_D^2 + y_D^2 = 64^2 \end{cases}$$

解得

$$x_D = 63.99, \quad y_D = -0.28$$

E点：

$$\begin{cases} (x_E-63.70)^2 + (y_E+0.27)^2 = 0.3^2 \\ (x_E-65.75)^2 + (y_E-20.93)^2 = 21^2 \end{cases}$$

解得

$$x_E = 63.72, \quad y_E = 0.03$$

F点：

$$\begin{cases} (x_F+1.07)^2 + (y_F-16)^2 = 46^2 \\ (x_F-65.75)^2 + (y_F-20.93)^2 = 21^2 \end{cases}$$

解得

$$x_F = 44.79, \qquad y_F = 19.60$$

G 点：

$$\begin{cases} (x_G + 1.07)^2 + (y_G - 16)^2 = 16^2 \\ x_G^2 + y_G^2 = 61^2 \end{cases}$$

解得

$$x_G = 14.79, \qquad y_G = 59.18$$

H 点：

$$x_H = -61\cos 24°15 = -55.62$$
$$y_H = 61\sin 24°15 = 25.05$$

I 点：

$$\begin{cases} x_I^2 + y_I^2 = 63.8^2 \\ (x_I + 215.18)^2 + (y_I - 96.93)^2 = 175^2 \end{cases}$$

解得

$$x_I = -63.02, \qquad y_I = 9.97$$

根据上面的数值计算，编写的凸轮加工程序单如下：

%258	程序命名
N1 G92 X0 Y0 Z0	NL 建立工件坐标系
N2 G01 G17 G90 X−73.8 Y10.0 F1 T10	NL 由对刀点到加工开始点 P
N3 G18 Z0 S1 M03	NL 下刀至零件上表面
N4 Z16.0 F3	NL 下刀至零件下表面以下 1 mm
N5 G17 G42 X−63.8 Y0 F2	NL 进刀至 A 点，加刀补
N6 G03 X−9.96 Y−63.02 R63.8	NL 加工 $\overset{\frown}{AB}$
N7 G02 X−5.57 Y−63.76 R175	NL 加工 $\overset{\frown}{BC}$
N8 G03 X63.99 Y−0.28 R64.0	NL 加工 $\overset{\frown}{CD}$
N9 X63.72 Y0.03 R0.3	NL 加工 $\overset{\frown}{DE}$
N10 G02 X44.79 Y19.6 R21.0	NL 加工 $\overset{\frown}{EF}$
N11 G03 X14.79 Y59.18 R46.0	NL 加工 $\overset{\frown}{FG}$
N12 X−55.26 Y25.05 R61.0	NL 加工 $\overset{\frown}{GH}$
N13 G02 X−63.02 Y9.97 R175	NL 加工 $\overset{\frown}{HI}$
N14 G03 X−63.80 Y0 R63.8	NL 加工 $\overset{\frown}{IA}$
N15 G01 G40 X−73.8 Y10.0 F1	NL 退刀，刀补注销
N16 G18 Z40.0	NL z 方向返回起刀点
N17 G17 X0 Y0 M02	NL x、y 方向返回起刀点，停机

3.7　加工中心的程序编制

加工中心（Machining Center，MC）是由机械设备与数控系统组成的适用于加工复杂零件的高效率、自动化数控机床。加工中心程序的编制，是决定加工质量的重要因素。

3.7.1　加工中心及加工中心程序编制的特点

1. 加工中心的特点

加工中心所配置的数控系统各有不同，各种数控系统程序编制的内容和格式也不尽相同，但是程序编制方法和使用过程是基本相同的。加工中心是带有刀库和自动换刀装置，具有加工固定循环功能、B类宏程序应用加工中心的调整功能、加工中心程序编制功能的数控机床，具有数控镗、铣、钻床的综合功能。与其他数控机床相比，加工中心的数控系统能够控制机床自动地更换刀具，连续地对工件各加工表面自动进行钻削、扩孔、铰孔、镗孔、攻丝、铣削等多种工序的加工，工序高度集中，具有以下特点：

（1）当加工工件复杂、工艺流程很长时，能够排除工艺流程中的人为干扰因素，具有较高的生产效率和质量稳定性。

（2）由于工序集中和具有自动换刀装置，工件在一次装夹后能够完成有精度要求的铣削、钻削、镗削、扩孔、铰孔、攻丝等复合加工。

（3）在具有自动交换工作台时，当一个工件在加工时，另一个工作台可以实现工件的装夹，从而大大缩短了辅助时间，提高了加工效率。

（4）刀具容量越大，加工范围越广，加工的柔性化程度越高。

2．加工中心程序的编制特点

一般使用加工中心加工的工件形状复杂、工序多，使用的刀具种类也多，往往一次装夹后要完成从粗加工、半精加工到精加工的全部过程，因此程序比较复杂。在编程时要考虑下述问题：

（1）仔细地对图纸进行分析，确定合理的工艺路线。

（2）选好刀具的尺寸规格，并将测出的实际尺寸填入刀具卡。

（3）确定合理的切削用量，主要是主轴转速、背吃刀量、进给速度等。

（4）应留有足够的自动换刀空间，以避免与工件或夹具碰撞。建议换刀位置设置在机床原点上。

（5）为了便于检查和调试程序，可以将各工步的加工内容安排到不同的子程序中，而主程序主要完成换刀和子程序的调用，这样程序简单而且清晰。

对编好的程序要进行校验和试运行，注意刀具、夹具或工件之间是否有干涉。在检查M、S、T功能时，可以在 z 轴锁定状态下进行。

3.7.2　加工中心的主要加工对象

加工中心主要适用于加工形状复杂、工序多、精度要求高的工件。

1．箱体类零件

箱体类零件一般都要求进行多工位孔系及平面的加工，定位精度要求高，在加工中心上加工时，一次装夹可以完成普通机床60%～95%的工序内容。

2．复杂曲面类零件

复杂曲面一般可以用球头铣刀进行三坐标联动，加工精度较高，但效率低。如果零件存在加工干涉区或加工盲区，就必须考虑采用四坐标或五坐标联动的机床。

3．异形零件

异形零件是外形不规则的零件，大多需要点、线、面多工位混合加工。当加工异形零件时，形状越复杂，精度要求越高，使用加工中心越能显示其优越性，如手机外壳等。

4. 盘、套、板类零件

盘、套、板类零件包括带有键槽和径向孔，端面分布有孔系、曲面的盘套或轴类零件。

5. 特殊加工零件

加工中心可加工特殊加工零件，如弹簧。

3.7.3　换刀

1. 加工中心的换刀形式

自动换刀数控机床多数采用刀库式自动换刀装置。带刀库的自动换刀系统由刀库和刀具交换机构组成，它是多工序数控机床中使用最广泛的换刀方法。当执行到 T 指令，即选刀指令时，刀库自动将要用的刀具移动到换刀位置，完成选刀过程，为下面换刀做好准备；当执行到 M06 指令时即开始自动换刀，把主轴上用过的刀具取下，将选好的刀具安装在主轴上。

1）刀库的种类

刀库种类繁多，有直线刀库、圆盘刀库、链式刀库、格子箱式刀库、多面式刀库等，如图 3 - 62 所示。

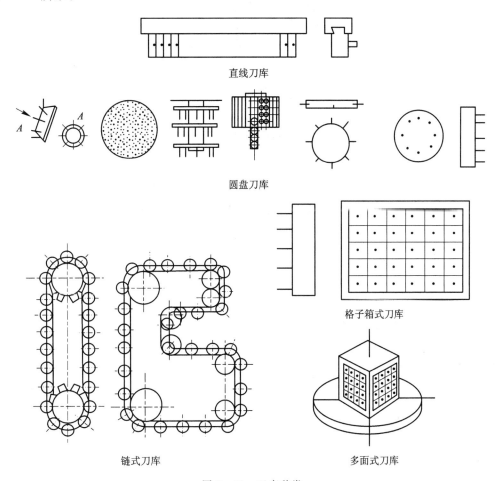

直线刀库

圆盘刀库

格子箱式刀库

链式刀库

多面式刀库

图 3 - 62　刀库种类

2）换刀方式

选刀方式有顺序选刀方式和任选方式（多用）；换刀方式有机械手换刀方式和无机械手换刀方式。

（1）无机械手换刀。首先必须将用过的刀具送回刀库，然后再从刀库中取出新刀具，这两个动作不可能同时进行，因此换刀时间长。

（2）机械手换刀。采用机械手进行刀具交换的方式（如图3-63所示）应用得最为广泛，这是因为机械手换刀具有很大的灵活性，可以减少换刀时间。

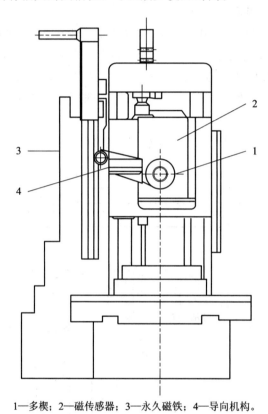

1—多楔；2—磁传感器；3—永久磁铁；4—导向机构。

图3-63　机械手式换刀

2. 加工中心的换刀程序

1）加工中心主轴的准停

主轴准停也叫主轴定向。在加工中心等数控机床上，由于有机械手自动换刀，要求刀柄上的键槽对准主轴的端面键，因此主轴必须每次停在一个固定准确的位置上，以利于机械手换刀。主轴准停装置有机械式和电气式两种。图3-64所示为采用电气准停装置的工作原理图。

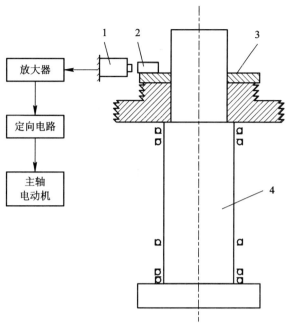

1—磁传感器；2—发磁体；3—传送带；4—主轴。

图 3 - 64　采用电气准停装置的工作原理

2）换刀程序

除换刀程序外，加工中心的编程方法和普通数控机床均相同。不同的数控系统，其换刀程序也是不相同的，通常选刀和带轮换刀分开进行。多数加工中心都规定了"换刀点"位置，即定距换刀。换刀程序可以采用两种方法设计。

方法一：N10 G28 Z0 T02 ＊

　　　　N20 M06 ＊

方法二：N100 G01 Z30 T02 ＊

　　　　⋮

　　　　N200 G28 Z0 M06 ＊

　　　　N210 G01 Z30 T05 ＊

　　　　⋮

3.7.4　加工中心的编程实例

【例 3 - 6】　加工如图 3 - 65 所示的平面凸轮轮廓，毛坯材料为中碳钢，尺寸如图 3 - 65 所示。零件图中 23 mm 深的半圆槽和外轮廓不加工，只讨论凸轮内滚子槽轮廓的加工程序。

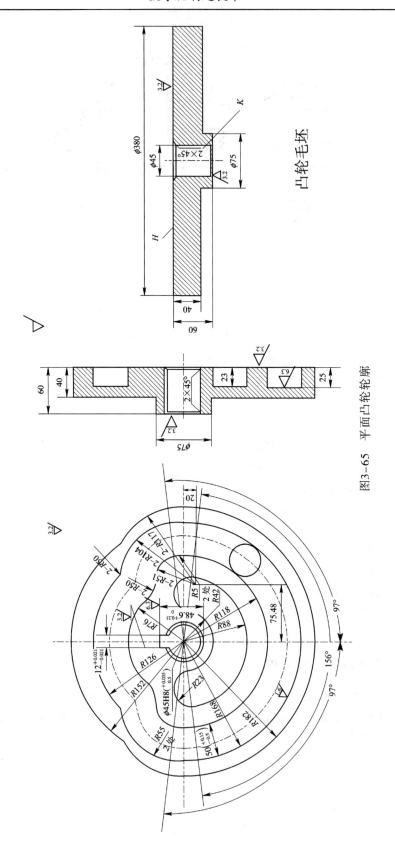

图3-65　平面凸轮轮廓

1. 工艺分析

装夹：以 $\phi45$ mm 的孔和 K 面定位，专用夹具装夹。

刀具：三把 $\phi25$ mm 的四刃硬质合金锥柄端铣刀，分别用于粗加工（T03）、半精加工（T04）和精加工（T05）。为了保证顺利下刀到要求的槽深，应首先用钻头钻出底孔，然后再用键槽铣刀将孔底铣平，因此还要一把 $\phi25$ mm 的麻花钻（T01）和一把 $\phi25$ mm 的键槽铣刀（T02）。

工步：为了达到图纸要求的表面粗糙度，分粗铣、半精铣、精铣三个工步完成加工。半精铣和精铣单边余量分别为 $1\sim1.5$ mm 和 $0.1\sim0.2$ mm。在安排上，根据毛坯材料和机床性能，粗加工分两层加工完成，以避免 z 方向吃刀过深。半精加工和精加工不分层，一刀完成。刀具加工路线选择顺铣，可以避免在粗加工时发生扎刀划伤加工面，而且在精铣时还可以提高表面光洁程度。

切削参数：根据毛坯材料、刀具材料和机床特性，选择如表 3-5 所示的切削参数。

表 3-5　切 削 参 数

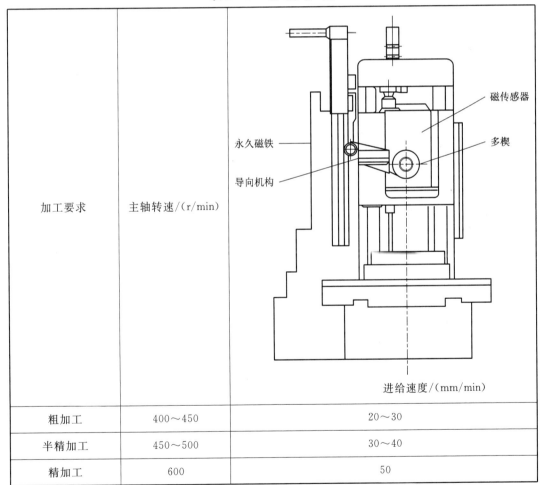

加工要求	主轴转速/(r/min)	进给速度/(mm/min)
粗加工	400~450	20~30
半精加工	450~500	30~40
精加工	600	50

图中标注：磁传感器　多楔　永久磁铁　导向机构

2. 数据计算

选择 $\phi45$ mm 孔的中心作为编程原点，考虑到该零件关于 y 轴对称，因此只计算 $+x$ 轴一侧的基点坐标即可。计算时使用计算机绘图软件求出，如图 3 - 66 所示。

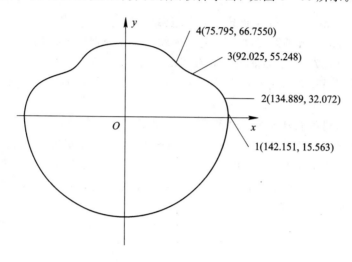

图 3 - 66　计算机绘图

3. 加工程序

O0070（主程序）

（钻底孔）

N10 G91 G28 Z0 T01 M06 ＊

N20 G90 G00 X134.889 Y32.072 S250 ＊

N30 G43 G00 Z100.0 H01 M03 ＊

N40 G01 Z2.0 F1000 M08 ＊

N50 G73 Z—25.0 R2.0 Q2.0 F25 ＊

N60 G80 G00 Z250.0 M09 ＊

（粗铣第一层）

N170 G91 G28 Z0 T03 M06 ＊

N180 G90 G00 X134.889 Y32.072 S400 ＊

N190 G43 Z100.0 H03 M03 ＊

N200 G01 Z5.0 F1000 M08 ＊

N210 Z—12.5 F100 ＊

N220 G42 D03 G01 X92.025 Y55.248 F30 ＊（半径补偿为 11.5 mm）

N230 M98 P1000 ＊

N240 G40 G01 X134.889 Y32.072 F100 ＊

N250 M01 ＊

N260 G42 D03 G01 X142.151 Y15.563 F30 ＊

N270 M98 P2000 ＊

N280 G40 G01 Z5.0 F1000 ＊

N290 M01 ＊

O0002（内侧轮廓顺时针子程序）

N10 G02 X—142.151 Y15.563 R143 ＊

N20 G02 X—134.889 Y32.072 R79 ＊

N30 G03 X－92.025 Y55.248 R30 ＊

N40 G02 X－75.795 Y66.755 R101 ＊

N50 G02 X75.795 Y66.755 R101 ＊

N60 G03 X92.025 Y55.248 R30 ＊

N70 G02 X134.889 Y32.072 R79 ＊

N80 G02 X142.151 Y15.563 R143 ＊

N90 M99 ＊

O0001（外侧轮廓逆时针子程序）

N10 G03 X75.795 Y66.755 R101 ＊

N20 G03 X－75.795 Y66.755 R101 ＊

N30 G02 X－92.025 Y55.248 R30 ＊

N40 G03 X－134.889 Y32.072 R79 ＊

N50 G03 X－142.151 Y15.563 R143 ＊

N60 G03 X142.151 Y15.563 R－143 ＊

N70 G03 X134.889 Y32.072 R79 ＊

N80 G02 X92.025 Y55.248 R30 ＊

N90 M99 ＊

（精铣）

N530 G91 G28 Z0 T05 M06 ＊

N540 G90 G00 X134.889 Y32.072 S400 ＊

N550 G43 G00 Z100.0 H05 M03 ＊

N560 G01 Z5.0 F1000 M08 ＊

N570 Z－25.0 F100 ＊

N580 G42 D05 G01 X92.025 Y55.248 F30 ＊（半径补偿为 12.35 mm）

N590 M98 P1000 ＊

N600 G40 G01 X134.889 Y32.072 F100 ＊

N610 M01 ＊

N620 G42 D05 G01 X142.151 Y15.563 F30 ＊

N630 M98 P2000 ＊

N640 G40 G01 Z5.0 F1000 ＊

N650 G00 Z200.0 M09 ＊

N660 M30 ＊

（半精铣）

N400 G91 G28 Z0 T04 M06 ＊

N410 G90 G00 X134.889 Y32.072 S400 ＊

N420 G43 G00 Z100.0 H04 M03 ＊

N430 G01 Z5.0 F1000 M08 ＊

N440 Z－25.0 F100 ＊

N450 G42 D04 G01 X92.025 Y55.248 F30 ＊（半径补偿为 12.35 mm）

N460 M98 P1000 ＊

N470 G40 G01 X134.889 Y32.072 F100 ＊

N480 M01 ＊

N490 G42 D04 G01 X142.151 Y15.563 F30 ＊

N500 M98 P2000 ＊

N510 G40 G01 Z5.0 F1000 ＊

N520 G00 Z200.0 M09 ＊

（粗铣削第二层）

N300 G00 X134.889 Y32.072 S250 ＊

N310 Z－25.0 F50 ＊

N320 G42 D03 G01 X92.025 Y55.248 F30 ＊

N330 M98 P1000 ＊

N340 G40 G01 X134.889 Y32.072 F100 ＊

N350 M01 ＊

N360 G42 D03 G01 X142.151 Y15.563 F30 ＊

N370 M98 P2000 ＊

N380 G40 G01 Z5.0 F1000 ＊

N390 M01 ＊

（铣平下刀位）

N70 G91 G28 Z0 T02 M06 ＊

N80 G90 G00 X134.889 Y32.072 S250 ＊

N90 G43 G00 Z100.0 H02 M03 ＊

N100 G01 Z2.0 F1000 M08 ＊

N110 Z－20.0 F100 ＊

N120 Z25.0 F20 ＊

N130 G91 G01 X5.0 F20 ＊

N140 G02 I－5.0 ＊（铣削整圆）

N150 G01 X－5.0 F100 ＊

N160 G90 G00 Z250.0 M09 ＊

本 章 小 结

本章主要讲解了数控程序的编制的概念、内容、步骤及方法，介绍了国际标准、国家标准、常用的数控标准，讲解了 ISO 代码和 EIA 代码、数控机床的坐标轴和运动方向、程序段格式、准备功能和辅助功能，结合孔加工、车削加工、铣削加工、加工中心机加等不同工艺的特点，使用准备功能和辅助功能，讲解了孔加工、车削加工、铣削加工、加工中心的数控加工程序的手工编程过程。

第 4 章　数字化控制自动编程系统的程序编制

自动编程(Automatic Programming)也称为计算机辅助编程,是指程序编制工作的大部分或全部由计算机来完成。除了分析零件图样和制订工艺方案是由人工进行的之外,其余工作(如坐标值计算、编写程序单、打印程序单、制备控制介质、程序校验)均由计算机辅助完成。

随着数字化制造技术的发展,数控加工在机械制造业的应用日趋广泛。然而,数控加工方法的先进性、高效性与冗长复杂、效率低的数控编程之间的矛盾更加尖锐,数控编程能力与生产不匹配的矛盾日益明显。如何有效地表达、高效地输入零件信息,实现数控编程的自动化,已经成为数控加工中亟待解决的问题。计算机技术的逐步完善和发展,给数字化制造技术带来了新的发展奇迹,其强大的计算功能、完善的图形处理能力都为数控编程的高效化、智能化提供了良好的开发平台。数控自动编程软件在强大的市场需求驱动下和软件业的激烈竞争中得到了很大的发展,功能不断得到更新与拓展,性能不断完善提高。

4.1　自动编程系统的产生及发展

1. 国外自动编程系统的产生及发展

数控机床的历史从 1952 年美国帕森斯公司(Parsons,Co.)与麻省理工学院(MIT)伺服机构实验室合作研制的第一台三坐标数控铣床开始。为了充分发挥数控铣床的加工能力,解决复杂零件的加工问题,麻省理工学院伺服机构实验室在美国空军资助下,开始研究数控自动编程问题。研究成果于 1955 年公布,即 APT(Automatical Programmed Tools)系统的第一个版本 APT I。与此同时,自动编程系统的研制也迅速发展,1956 年美国宇航工业协会(AIA)在 APT I 的基础上组织研究自动编程系统,而且不断扩充、完善,随着刀库的发明,于 1958 年公布了 APT II 系统。1961 年圣地亚哥规划机构集中了 14 名有经验的程序员,在贝茨(E. A. Bates)的领导下研制出了 APT III 系统。后来,AIA 继续对 APT 进行改进,并成立了由美国伊利诺斯理工学院负责的长期规划组织 ALRP(APT Long Range Program)。到了 20 世纪 70 年代,国际上成立了计算机辅助制造的机构(CAM-1),它取代了 ALRP,又研发了 APT IV 系统。多年来,随着电子元器件、计算机、传感与检测、自动控制及机械制造等技术的不断进步,数控机床不断更新换代,晶体管元件、小规模集成电路、小型计算机及中、大规模集成电路的依次问世把数控机床与数字化制造技术推向了一个又一个高潮,目前 APT 系统已经发展到了第五代。国外具有代表性的数控语言系统如表 4-1 所示。

表 4-1 国外主要的自动编程数控语言系统

名　　称	研制者	使用计算机	适用范围	特　　点
APT Ⅰ APT Ⅱ APT Ⅲ	MIT AIA HTRI	IBM704 IBM7090 大型机(多种)	通用 3～6 坐标	功能很强的数控语言系统
APT AC	美国	IBM370	4～5 坐标	用于连续控制
ADAPT		IBMS/360F	2 坐标	计算语句类似 FORTRAN, 用于平面轮廓
AUTOSPOT		IBMS/360E	3 坐标	用于点位、直线、铣平面、铣 槽、孔加工
AUTOMAP-1		IBM1620	2 坐标	平面轮廓连续控制
SPLIT		IBM	2～3 坐标	点位控制、钻孔、镗孔,只需 一次处理
COMPACT Ⅱ		COMSH 公司计算机	2～3 坐标	用于车削,专供分时用户
ACTION Ⅱ		IBM 360	2～3 坐标	用于一般工业:铣削、钻削、 镗削、车削
UNIAPT		微型机	3～4 坐标	功能与 APT 类似,但规模较小
EXAPT-1	EXAPT 协会 (德国)	多种	2～3 坐标	点位能够处理工艺问题
EXAPT-2			2～3 坐标	车床、连续同上
EXAPT-3			$2\frac{1}{2}$ 坐标	连续、铣床同上
2C	NEL (英国)	多种	2～3 坐标	车床两坐标轮廓加工
2CL				$2\frac{1}{2}$ 铣削
2PC				点位加工
IFAPT-P	ADEPA (法国)	多种	2～3 坐标	点位
IFAPT-C				连续($2\frac{1}{2}$)控制
IFAPT-CP				点位、连续
FAPT	富士通(日本)	FA00M270-10	$2\frac{1}{2}$～3 坐标	连续符号语言、会话型
HAPT	日立(日本)	HIT-AC5020	2～3 坐标	连续同上
PICNIC	PERA(英国)	IBM	2 坐标	点位,适应 30 多种机床、40 个 APT 词汇
MINIFAPT	法国	IBM	2 坐标	点位,各种机床,用汇编程序
PAGET MODAPT	意大利	IBM360 * 40	2～3 坐标	连续
CAII CIIC	苏联	MIIHCK-22	2～3 坐标	车削、铣削平面和立体零件

现在使用的是 APTⅡ、APTⅢ、APTⅣ和 APTⅤ，其中 APTⅡ是面向自由曲线（平面零件）的自动编程；APTⅢ是面向 3~5 坐标立体曲面的自动编程；APTⅣ是面向自由曲面的自动编程，并可联机和图形输入，它是采用 FORTRAN –Ⅳ算法语言编写的数控编程系统的程序；APTⅤ是具有计算机辅助设计、绘图和数控编程系统一体化的集成系统。

APT 系统是一个比较大的系统，词汇丰富，定义的几何类型多，并配有千余种后置处理程序，在各国工业界得到了广泛应用。但是由于该系统庞大，占用内存大，因此需要使用大型计算机，费用昂贵。根据加工零件的特点和用户的不同需要，借鉴 APT 语言系统的思想，各国先后研究了许多各具特点的编程系统。如美国的 ADAPT、AUTOSPOT，英国的 2C、2CL、2PC，德国的 EXAPT – 1（点位）、EXAPT – 2（车削）、EXAPT – 3（铣削），法国的 IFAPT – P（点位）、IFAPT – C（轮廓）、IFAPT – CP（点位、轮廓），日本的 FAPT、HAPT 等数控自动编程语言系统。

2. 国内自动编程系统的产生及发展

我国自 20 世纪 50 年代末期开始研制数控机床，60 年代中期开始数控自动编程方面的研究工作，70 年代已研制出了 SKC（用于航空工业平面零件、平面变斜角零件）、ZCX（用于 $2\frac{1}{2}$ 铣床加工）、ZBC – 1（用于 $2\frac{1}{2}$~3 坐标铣削）、CKY（用于车削）等数控自动编程系统。随着计算机技术的发展，微型机数控自动编程系统因其较高的性能价格比迅速发展起来。近年来推出了 HZAPT、EAPT、SAPT 等微型机数控自动编程系统。

3. 数控自动编程系统的发展趋势

从自动编程的发展过程看，一方面向大而全的方向发展，另一方面向小而专的方向发展。自动编程数控语言一般可以分为两类：符号语言和词汇语言。符号语言用在小而专的自动编程系统中，简单、针对性强，一般只需要做一次处理；词汇语言的通用性强，系统复杂。

数控自动编程系统的功能不断扩大发展，从只能处理几何参数发展到还能处理工艺参数，即按照加工的材料、零件几何尺寸、公差等原始条件，能够自动选择刀具、决定工序和切削用量等数控加工中的全部信息。

数控自动编程技术发展很快，今后的发展趋势如下：

1）会话型自动编程系统

在会话系统中，编程人员可以使用命令随时对计算机进行适当控制，如同与计算机对话一样。该系统具有随时更改零件源程序，重新定义几何元素，暂停执行，随时打印中间结果、程序单和菜单输入数据等特点。

2）数控图形编程系统

数控图形编程系统由光笔、荧光屏、键盘、计算机和系统软件组成。该系统的特点是以图形要素为输入参数，而不使用数控语言。从加工零件图形的再现、走刀轨迹的生成和加工过程的动态模拟直到数控加工指令的获得都是通过屏幕菜单驱动、图形交互方式得到的，具有形象、直观、效率高的优点。屏幕上的图形可以是主视图、俯视图、侧视图、轴测图以及动态立体图等。

3）数字化技术编程

在对无尺寸图形或实物模型进行编程时，要采用数字化技术获取程序单和控制带。这种方法需要利用三坐标测量机测量实物上的三维点坐标，将测得的数据直接送往数控编程系统，将其处理成数控加工指令，形成加工程序。

4）语音数控自动编程

随着电子语言识别系统的应用，可以将音频数据输入编程系统。当使用语音编程系统时，操作人员必须使用记录在计算机内的词汇，不需要专门的程序编制技术，只需要把所需指令讲给话筒即可。

5）计算机数控中的直接编程

计算机数控(CNC)和微机数控(MNC)中的计算机除了用作控制外，还可以用作编程，称为在线编程。这种系统可以由键盘或纸带输入零件源程序，并采用会话形式进行操作，不输出中间结果，直接形成加工程序。

6）模块化、多功能的编程系统

模块化、多功能的编程系统不仅能够对任意平面零件进行编程，而且具有复杂曲面的编程功能；不仅能够对几何图形进行处理，而且具有工艺处理功能，可以自动确定工艺参数；不仅具有数控语言输入方式，还具有图形输入方式；该系统还提供了与 CAD 接口及数控系统直接通信的功能。

该系统程序结构实现了模块化，它不仅包括使用数控语言编程方式的车削、铣削、线切割、复杂模具型腔(3～5 坐标加工)、激光加工、点位编程等模块，同时还具有图形输入、人机对话方式的编程模块以及自学习模块、故障诊断模块等。

4.2　自动编程系统的分类

自动编程系统有很多种类，本节主要介绍数控语言式自动编程法、图形交互式自动编程法和其他数控自动编程语言系统。

4.2.1　数控语言式自动编程法

数控语言式自动编程系统主要由数控语言、编译程序和通用计算机等三部分组成，如图 4-1 所示。其工作原理为：由编程人员根据零件图样和工艺要求，用数控语言编写出零

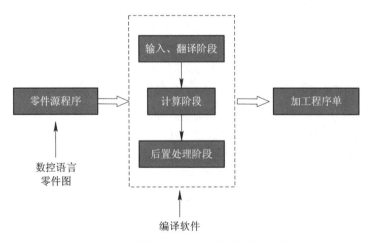

图 4-1　数控语言式自动编程系统组成

件源程序,再将该程序输入计算机,计算机经过翻译处理和数值计算后,生成刀具位置数据文件(通用),再进行后置处理(专用),即可生成符合具体数控机床要求的 NC 加工程序单。

4.2.2　图形交互式自动编程法

作为高科技转化为现实生产力的直接体现,数控自动编程已代替手工编程在数控机床的使用中发挥着越来越大的作用。目前,CAD/CAM 图形交互式自动编程已得到较多的应用,是数控技术发展的新趋势。它是利用 CAD 绘制的零件加工图样,经计算机内的刀具轨迹数据进行计算和后置处理,从而自动生成数控机床零部件加工程序,以实现 CAD 与 CAM 的集成。随着 CIMS 技术的发展,当前又出现了 CAD/CAPP/CAM 集成的全自动编程方式,其编程所需的加工工艺参数不必由人工参与,而直接从系统内的 CAPP 数据库获得,推动数控机床系统自动化的进一步发展。

图形交互式编程系统是建立在 CAD/CAM 软件基础上的,编程步骤如图 4 - 2 所示,其处理过程如下:

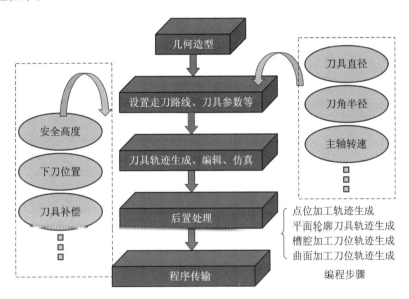

图 4 - 2　图形交互式编程系统编程过程

1. 几何造型

几何造型即利用 CAD 功能进行图形构建、编辑修改、曲线曲面造型、特征造型等操作,将零件的几何图形准确地描绘出来,并在计算机内形成零件图形的数据文件。

2. 设置走刀路线、刀具参数及刀具轨迹生成、编辑、仿真

(1)确定采用何种加工方式(如平面区域加工、平面轮廓加工、等高线加工),确定加工路线等。

(2)利用 CAM 功能,采用人机交互方式进行刀具轨迹生成参数(加工参数、接近方式、下刀方式、切削用量、刀具参数等)设置。

(3)根据屏幕提示用光标选取相应的图形目标,完成刀具轨迹生成、编辑、仿真,并在

计算机内形成刀具位置数据文件。

3. 后置处理

后置处理的目的是形成符合具体数控机床要求的 NC 程序。

基于 CAD/CAM 的图形交互编程系统软件有 Unigraphics(UG)、CATIA、Pro/Engineer(Pro/E)、Cimatron、Master CAM、Feature、CAXA、I-DEAS、SOLIDWORKS 等。

UG 是美国 Unigraphics Solution 公司开发的一套集 CAD、CAM 和 CAE 功能于一体的三维参数化软件，是当今最先进的计算机辅助设计、计算机辅助制造和计算机辅助分析的高端软件，用于航空、航天、汽车、轮船、通用机械和电子等工业领域。UG 软件在 CAM 领域处于领先的地位，应用于美国麦道飞机公司，是飞机零件数控加工首选编程工具。该软件的优点为：能够提供可靠、精确的刀具路径；能够直接在曲面及实体上加工；具有良好的用户界面，用户也可以自行设计界面；具有多样的加工方式，便于设计高效率的刀具路径；具有完整的刀具库；具有加工参数库管理、大型刀具库管理、实体模拟切削、泛用型后处理器等功能；具有从 2 轴到 5 轴铣削、车床铣削、线切割、高速铣削等加工功能；具有 CAM 客户化模板。

CATIA 是法国达索(Dassault)公司推出的产品，法制幻影系列战斗机、波音 737、波音 777 的开发设计均采用 CATIA。CATIA 是最早实现曲面造型设计的软件，具有强大的曲面造型功能，在所有的 CAD 三维软件中位居前列，广泛应用于国内的航空航天企业、研究所，已逐步取代 UG 成为复杂型面设计的首选。CATIA 具有较强的编程能力，可以满足复杂零件的数控加工要求。目前，一些领域采用 CATIA 设计建模、UG 编程加工，将二者结合起来，搭配使用。

Pro/E 是美国 PTC(参数技术有限公司)开发的软件，是全世界最普及的三维 CAD/CAM 系统，它开创了三维 CAD/CAM 参数化设计的先河。该软件具有零件设计、产品装配、模具开发、数控加工、造型设计等多种功能，广泛用于电子、机械、模具、工业设计和玩具等民用行业。Pro/E 在我国南方地区的企业中被大量使用，设计建模时使用 Pro/E，编程加工时使用 Master CAM 和 Cimatron，是目前通行的做法。

Cimatron 系统是以色列 Cimatron 公司开发的 CAD/CAM/PDM 产品，是较早在微机平台上实现三维 CAD/CAM 全功能的系统。该系统提供了比较灵活的用户界面，优良的三维造型、工程绘图，全面的数控加工，各种通用、专用数据接口以及集成化的产品数据管理。Cimatron CAD/CAM 系统在国际上的模具制造行业中备受欢迎，也在国内模具制造行业中得到了广泛使用。

Master CAM 是美国 CNC 公司开发的基于 PC 平台的 CAD/CAM 软件，它具有方便、直观的几何造型。Master CAM 提供了零件外形设计所需的理想环境，其强大稳定的造型功能可设计出复杂的曲线、曲面零件。Master CAM 具有较强的曲面粗加工及曲面精加工的功能，曲面精加工有多种选择方式，可以满足复杂零件的曲面加工要求，同时具备多轴加工功能。该软件价格低廉、性能优越，成为国内民用行业数控编程软件的首选。

Feature 是美国 DELCAM 公司开发的基于特征的全功能 CAM 软件，具有全新的特征概念，超强的特征识别，基于工艺知识库的材料库、刀具库、图标导航，基于工艺卡片的编程模式。该系统是全模块的软件，从 2～5 轴铣削到车削、铣削复合加工，从曲面加工到线切割加工，为车间编程提供了全面的解决方案。DELCAM 软件编辑功能相对来说是比较好的，近年来国内一些制造企业正在逐步引进，以满足行业发展的需求，属于新兴产品。

CAXA 是北京数码大方科技股份有限公司推出的一款全国产化的 CAM 产品，为国产 CAM 软件在国内 CAM 市场中占据了一席之地。作为我国制造业信息化领域自主知识产权软件优秀代表和知名品牌，CAXA 已经成为我国 CAD/CAM 业界的倡导者和领跑者，是中国最大的 CAD 和 PLM 软件供应商。CAXA 系统拥有自主知识产权，产品线完整，主要提供数字化设计（CAD）、数字化制造（MES）以及产品全生命周期管理（PLM）解决方案和工业云服务。数字化设计解决方案包括二维、三维 CAD，工艺 CAPP 和产品数据管理 PDM 等软件；数字化制造解决方案包括 CAM、网络 DNC、MES 和 MPM 等软件；支持企业贯通并优化营销、设计、制造和服务的业务流程，实现产品全生命周期的协同管理；工业云服务主要提供云设计、云制造、云协同、云资源、云社区五大服务，涵盖了企业设计、制造、营销等产品创新流程所需要的各种工具和服务。CAXA 是一款面向 2~5 轴数控铣床与加工中心，具有良好工艺性能的铣削、钻削数控加工编程的软件。该软件性能优越、价格适中，在国内市场颇受欢迎。

4.2.3　其他数控自动编程语言系统

各国发展了一些小型的、专用的、各有特色的自动编程语言系统，下面对部分自动编程语言系统做一些介绍。

1. FAPT

FAPT 是日本 FANUC 会社开发的自动编程系统，是一种符号型数控语言，它有语言输入和会话输入两种形式。FANUC SYSTEM P - MODEL G 是 FANUC 公司典型的自动编程语言系统，可以用会话形式编写加工自由形状工件的程序。根据制订的加工类型和不同的工件形状，自动编程系统向操作者按照顺序提出必须回答的问题，在输入回答问题所需的数据后，就可以得到加工程序单，并制作控制带，这就是会话形式的自动编程系统。FAPT 还能与外部存储设备、xy 绘图仪、磁带机等各种输入输出设备相连接，构成 CAD/CAM 系统。

P - MODEL G 软件包括车削加工、铣削加工、电缆剪切、三维自由曲面、转位冲压加工、磨削螺旋插补等功能。

2. HAPT

HAPT 是日本日立公司研制的自动编程语言，现在有多种软件，适应各种应用场合。HAPT 也是符号语言，以两坐标或部分三坐标控制编程为主，主要子系统有 HAPT - 2D、HAPT - 2DL、HAPT - 2DM、HAPT - 3D、HAPT - 7D、HAPT - DS、HMESH 等。

3. AUTOSPOT

AUTOSPOT 语言为钻孔专用语言，它是美国 IBM 公司研制的，在一定条件下也能用于第四坐标与轮廓加工，它可以和 ADAPT 语言相匹配使用。

4. ADAPT

ADAPT 是 IBM 公司和美国空军协同研制的自动编程系统，主要适应于两坐标轮廓加工，有充分的两坐标功能，也能够用于某些三坐标的情况。该系统可以在小型计算机上运行，其规范和语法与 APT 完全互换。ADAPT 的零件源程序可在 APT 系统中执行。

5. AUTOMAP

AUTOMAP 是用于两坐标轮廓连续加工的程序，能够自动连续地提供铣削工序的成套指令语言，该语言是可以和 APT 相配的子集合。AUTOMAP 允许对零件源程序的个别部分进行修正而无须重写整个程序。该语言系统使用方便，操作者无须进行专门训练。

6. COMPACT

COMPACT 是数控自动编程的子程序系统，由计算分时公司研制。它适用于多种点位工作以及某些 $2\frac{1}{2}$ 坐标的轮廓工作。COMPACT 原来设计的功能与 ADAPT 接近，后来又研制了旋转程序，使功能扩大到第四坐标。

7. EXAPT

前面介绍的自动编程语言几乎都是以几何形状处理为主体的，由编程人员考虑加工中的诸多工艺参数。从这一点来看，编写零件源程序的程序员需要具有一定程度的切削加工方面的知识，而且即便是这样的人员，也不一定能够选取出最佳条件编写出程序来。

当以自动化为目标制备数控加工程序单和数控带时，经常要处理两个问题，即有关几何形状的描述和如何规定最佳的加工条件与加工过程。

EXAPT 系统的目标则是在几何处理后便于实现加工技术操作，而且能够高速自动地处理加工所需的信息，因此，可以说 EXAPT 是一种面向加工的自动编程语言，它是由德国 EXAPT 协会研制的。

EXAPT 是 APT 的子系统，从几何形状处理来看，它在加工技术的编程方面做了大幅度的扩展。EXAPT 包括三个子系统：

（1）EXAPT - 1 用于钻孔以及简单的铣削。

（2）EXAPT - 2 用于车削以及同心圆钻孔、镗孔。

（3）EXAPT - 3 用于 $2\frac{1}{2}$ 维的铣削。

EXAPT 与 APT 的区别如下：

与 APT 相比，EXAPT 适用于加工形状简单的零件。在自动化水平上，比 APT 有大幅度提高，这主要体现在工艺处理方面，能够自动地确定加工顺序；从刀具文件中自动地选择刀具；能够自动地确定进给速度、切削速度等工艺参数。

8. 2CL

2CL 自动编程语言系统和其他语言系统一样，都是以作为 APT 的子语言为目的而研制的信息处理程序系统。它是由英国国家工程研究所（NEL）研制的。2CL 的特点是：

（1）适用于小型计算机。

（2）槽腔功能比 APT 优越。

（3）在代表性词汇方面预先准备同义用语。

（4）它是以两坐标轮廓切削为主的程序系统。

4.3　自动编程系统的组成及主要特点

1. 自动编程系统的组成

自动编程系统由硬件和软件组成。硬件部分由计算机、打印机、绘图机、穿孔机或磁带及磁泡盒等外部设备组成。软件部分主要包括数控语言及系统程序(编译程序)。

自动编程的整个过程是由计算机自动完成的，编程人员只需根据零件图样的要求，使用数控语言编写出零件源程序。将该源程序送入计算机，经过计算处理后，自动地输出零件加工程序单，绘出零件加工走刀中心轨迹图，制备出穿孔纸带。自动编程过程如图 4-3 所示。

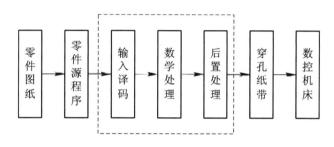

图 4-3　自动编程过程

计算机是自动编程系统的主要硬件设备，大型、中型、小型及微型机都可被应用，根据自动编程系统的功能及使用范围，可以选用不同类型的计算机。近年来，微型机数控编程系统得到了很大发展。

从软件程序来看，自动编程系统主要由三部分构成：零件源程序、主信息处理程序、后置信息处理程序。

1) 零件源程序

零件源程序(也叫零件程序)是一种使用数控编程语言在程序单上编写出工件的形状尺寸，加工该工件的刀具动作、指定的切削条件、机床的辅助功能等内容的程序。自动编程系统使用的数控语言是一套规定好的基本符号、字母数字以及由它们来描述零件加工的语法、词法规则。这些符号及规则接近于日常用语，这种语言直观、简单，使用方便。数控语言有多种语句，如定义语句、切削语句和控制语句等，它们是编写零件源程序的主要语句。

2) 主信息处理程序

主信息处理程序与后置处理程序、输入译码翻译程序统称为"编译程序"，也叫系统程序。这种系统程序是由人工使用高级语言(以前曾使用汇编语言)编写的庞大程序。有了该程序，计算机就能够进行自动编程。零件源程序作为输入信息传输给计算机，计算机就按照输入数据计算刀具轨迹的一系列坐标值，并指定辅助功能，形成刀具位置数据和控制带。这样的控制带称为刀位控制带。处理这些输入数据的程序称为主信息处理程序。主信息处理程序及计算出的刀具位置信息对数控机床有通用性。

　　3）后置处理程序

　　对于某一特定的机床来说，数控装置的指令形式不同，机床的辅助功能也不同，因此不能直接使用上述刀位控制带，而需要制作能够在该特定机床上使用的程序和指令带，也就是要把记录在刀位控制带上的一般性计算结果做进一步的改变，以便做成适合于特定数控机床使用的指令带。这一处理程序称为"后置处理程序"。如上所述，后置处理程序必须根据数控装置和机床的组合特性逐一编写。

　　2. 自动编程系统的主要特点

　　与手工编程相比，自动编程速度快、质量好，这是因为自动编程具有以下主要特点。

　　（1）数字处理能力强。

　　对于复杂零件，特别是空间曲面零件，以及几何要素虽不复杂但程序量很大的零件，计算相当烦琐，采用手工程序编制是难以完成的。然而，采用自动编程既快速又准确。功能较强的自动编程系统还能够处理手工编程难以胜任的二次曲面和特种曲面的程序编制。

　　（2）能快速、自动生成数控程序。

　　在完成刀具运动轨迹计算之后，后置处理程序能够在极短的时间内自动生成数控程序，且数控程序不会出现语法错误。

　　（3）后置处理程序灵活多变。

　　由于数控系统的指令形式不尽相同，机床的辅助功能也不一样，伺服系统的特性也有差别，因此，同一个零件在不同的数控机床上加工，数控程序也应该是不一样的。但是在前置处理过程中，大量的数学处理、轨迹计算却是一致的。这就是说，前置处理可以通用化，只要稍微改变一下后置处理程序，就能够自动生成适用于不同数控机床的数控程序。对于不同的数控机床，选用不同的后置处理程序，等于完成了一个新的自动编程系统，极大地扩展了自动编程系统的使用范围。

　　（4）程序自检、纠错能力强。

　　采用自动编程的程序有错主要是由于原始数据不正确而导致刀具运动轨迹有误，或刀具与工件干涉、相撞等。但是自动编程能够借助计算机在屏幕上对数控程序进行动态模拟，连续、逼真地显示刀具加工轨迹和零件加工轮廓，发现问题及时修改，快速又方便。现在，人们往往在前置处理阶段计算出刀具运动轨迹以后立即进行动态模拟检查，确定无误以后再进入后置处理阶段，这样即可编写出正确的数控程序来。

　　（5）便于实现与数控系统的通信。

　　自动编程系统可以利用计算机和数控系统的通信接口，实现编程系统和数控系统的通信。编程系统可以把自动生成的数控程序经过通信接口直接输入数控系统，控制数控机床加工，无须再制备穿孔纸带等控制介质，而且可以做到边输入边加工，不必担忧数控系统的内存不够大，免除了将数控程序分段的过程。自动编程的通信功能进一步提高了编程效率，缩短了生产周期。

4.4　APT 自动编程系统

　　APT 自动编程系统的产生最早、功能最强，具有代表性、通用性，在国际上得到了广泛使用。其他自动编程系统都是在它的基础上发展起来的。APT 自动编程系统是由 APT 零件源程序和 APT 系统程序(主信息处理程序和后置处理程序等)组成的。当自动编程时，程序员要做的工作只是编写出零件源程序，其他工作由计算机完成。零件源程序是根据所使用的数控语言(如 APT、EXAPT 等)所指定的方式编写出来的。数控语言是公开的，但是用计算机处理零件源程序的系统程序(编译程序)多数是不公开的。这个程序系统是由研制单位加到计算机内或是由使用者制定后加到计算机内的。为了使用自动编程系统，必须掌握数控语言；为了发展自动编程系统，又必须了解系统程序。

4.4.1　APT 语言

　　APT 自动编程系统已经发展到了 APT-V，从它的设计思想到系统的内部结构都与过去的 APT 有很大的不同。但是它的外部规范(零件源程序及其数控语言)则完全按照 APT-Ⅲ的形式编写，下面以 APT-Ⅲ为基础介绍自动编程系统。

1. 确定刀具轨迹的基本原则

1) 控制面

　　在 APT 系统中，为了确定刀具在空间的运动轨迹，指定了与刀具有特定关系的三个控制面，如图 4-4 所示，面 1 为导动面，面 2 为零件面，面 3 为检查面(或停止面)。

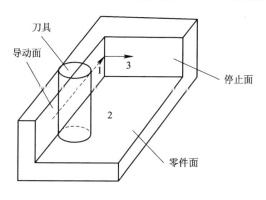

图 4-4　控制面

　　导动面(Drive Surface，DS)是指在指定的切削运动过程中，引导刀具保持在指定公差范围内运动的面。

　　零件面(Part Surface，PS)是指在刀具沿着导动面运动时控制刀具高度的面。在 APT 中，使用 APT 词汇定义的面都可以作为零件面使用。

　　检查面(停止面)(Check Surface，CS)是指在轮廓运动中，刀具在保持给定的导动面和零件面关系的情况下运动停止的面。

　　将有关控制面的信息和刀具相对于控制面位置的信息输入计算机，就能计算刀具的轨迹。

2）刀尖

把刀具作为旋转的三坐标面来考虑，可用刀尖的 x、y、z 坐标值（刀位坐标）来表示刀具沿一对平面运动的任意点上的正确位置。刀尖是指刀具中心线与底面的交点。

3）静止的工件

在 APT 系统中，当计算刀具轨迹时，假定工件是静止的，而刀具是运动的。将工件坐标系固定在适当位置，这样计算出来的刀具轨迹坐标值称为一般解，叫作刀具位置（Cutter Location，CL）数据（Data）。它要通过后置处理阶段加以修正，使之符合特定机床的要求。

4）直线逼近

在 APT 系统中假设刀具沿直线运动，当刀具的运动轨迹为曲线时，必须用许多微小的直线段代替曲线，即采用直线逼近的方法，但逼近误差应在指定的容许范围内。CL 数据就是这些直线段端点的坐标值。

2. 零件源程序的构成

零件源程序包括下面一些内容。

1）坐标系的选定

在工件的适当位置按照右手定则选定直角坐标系。选定坐标系有不同的方法，但一般应尽可能地选择不需要计算就能够直接利用图样上标注的数值的坐标系。

2）初始语句

初始语句是给零件源程序作标题用的语句。

3）定义语句

为了规定刀具的运动，必须对所有几何要素进行定义并赋名，控制面的定义是主要项目，然后将这些名字记入零件图样。

4）刀具形状的描述

指定实际使用的刀具形状，这是计算刀具端点坐标所必需的。

5）容许误差的指定

在 APT 系统中，刀具的曲线运动用直线逼近，所以要指定其近似的容许误差的大小。容许误差值越小，越接近理论曲线。但是计算机运算所需的时间也就随之增加，所以选定合适的容许误差是很重要的。

6）刀具起始位置（起刀点）的指定

在运动语句之前，要根据工件毛坯形状、工夹具情况，指定刀具的起始位置。

7）初始（起动）运动语句

初始运动语句是指在刀具沿控制面移动之前，先指令刀具向控制面移动，直到达到容许误差范围内为止的语句。此语句还规定了下一个运动的控制面。

8）运动语句

运动语句是为了加工出所要求的工件形状，需要使刀具沿导动面和零件面移动并在停止面停止的语句。这个语句可以依次重复进行。

9）与机床有关的指令语句

与机床有关的指令语句为根据指定使用的机床和数控装置，调出有关后置处理程序用的指令语句和指示主轴旋转的启停、进给速度的转换、冷却液的开断等指令语句。

10) 其他语句

其他语句包括打印数据的指令语句、与计算机处理无关的注释语句等。

11) 结束语句

在零件源程序全部写完后，最后一定要写上结束语句。

3. APT 语言的基本要素

1) 字符

在 APT 的零件源程序中使用的字符有下列三类：

（1）英文字母（只用大写字母）：A～Z，共 26 个字母。

（2）数字：0～9，共 10 个字符。

（3）特殊符号："＝""/"","".""("")""＋""－""＊""＊＊""＄""＄＄"，共 12 个符号。

2) 数

在零件源程序中使用的数全为浮动小数点数。当为小数时，小数点后的位数最多可以表示 12 位；当为整数时，则可以表示 $2^{35}-1$ 以内的数。

3) 符号

符号是给图形、标量或宏指令等起的名称。书写符号时必须遵守下列规定：

（1）应该是 6 个以内的英文字母或者英文字母和数字的组合，其中第 1 个符号必须是英文字母。

（2）不允许使用 APT 系统中的词汇。

4) 语句

图形定义语句、运动语句、运算语句、对机床的指示指令等含有独立意思的句子称为"语句"，它是执行基本运算和控制用的基本单位。

5) 特殊字符

作为标点使用的符号一共有 3 个："/""","""＝"。斜线号"/"在语句中起到分隔主语（也称主字）和谓语（也称次字）的作用。主语部分是决定语句形式的要素，谓语部分给出的是为说明主语部分所需要的信息。逗号","是分隔 APT 用字和各种数据用的。等号"＝"用于图形和标量等的定义中，用它把符号和要素分隔开来。

作为运算符使用的符号有"＋""－""/""＊""＊＊"等，它们分别代表加、减、除、乘和乘方。

一组封闭括号"（""）"的作用是：把加入部分括起来，把运算语句中的变量括起来，把假定语句中的判断值括起来等。

一个美元符号"＄"（如写在程序语句行的末尾时，表示该语句接续到下一行）的作用是：当一个语句超过 72 列（APT 零件源程序一行规定 72 列）时，把语句代码分成两行来写。

两个美元符号"＄＄"表示：写有这个符号的一行，在"＄＄"后各列所写的不是要计算机执行处理的语句指令，而是要打印在清单上的。"＄＄"前面写的信息依然有效。

4. APT 的语句

1) 初始语句 PARTNO

PARTNO 为 part number 的意思，但不要用数字来写。此单词后的字母位数不限，作用是说明本程序的名字，例如：

PARTNO SADDLE SURFFACE TEST

此语句只能命令打印,对 APT 系统无任何作用。PARTNO 必须写在第 1 列到第 6 列之间。

2）注释语句 REMARK

REMARK 在零件源程序中要插入一行与执行处理无关系的内容,起到注释作用。REMARK 要写在第 1 列到第 6 列之间。"＄＄"符号也起注释作用,但注释部分是该符号后面的信息。注释语句仅能用来命令打印,对 APT 系统不起作用。

3）打印 CL 数据语句 CLPRNT

CLPRNT 为 cutter location print 的缩写,其意义是命令打印计算所得的全部 CL 数据或刀具端点的坐标值一览表。

4）图形定义语句(定义语句)

定义语句用来定义点、线和面等几何要素并赋名。定义语句的一般形式是

符号＝几何要素种类/几何要素的信息

在 APT 中能够定义的几何要素有点、线、平面、圆柱、锥体、球、二次曲面等,极为丰富。各个几何要素又可以用各种方式定义,下面以图 4-5 为例说明图形定义语句。

P0＝POINT/0, 0
P1＝POINT/−3, 18
P2＝POINT/10, −5
C1＝CIRCLE/CENTER, P1, RADIUS, 8
C2＝CIRCLE/CENTER, P2, P0
L1＝LINE/P1, P2
P3＝POINT/YSMALL, INTOF, L1, Cl
L2＝LINE/P3, LEFT, TANTO, C2

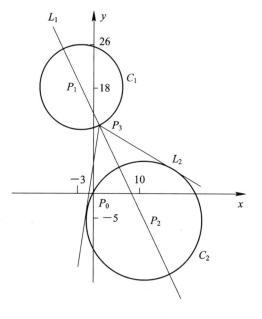

图 4-5　APT 圆定义

上述语句中 POINT(点)、CIRCLE(圆)、RADIUS(半径)、CENTER(圆心)、LINE(直线)、YSMALL(Y 小)、INTOF(相交)、LEFT(左)、TANTO(相切)等均为 APT 语句的词汇。P_0、P_1、P_2 各点均以坐标 x、y 定义。圆 C_1 以圆心 P_1 和半径 8 定义。圆 C_2 以圆心 P_2 并通过 P_0 点的圆定义。直线 L_1 通过 P_1 和 P_2 点定义。P_3 点是直线 L_1 和圆 C_1 的两个交点中 y 坐标值偏小的一点。L_2 直线的定义:通过 P_3 点,左切(由 P_3 点向圆 C_2 方向看,位于圆 C_2 左面的切线)C_2 的一条直线。

5）运算语句

在程序中,为了指出点、面的定义或刀具的运动,往往要进行中间运算。APT 系统不仅能作四则运算,而且能够进行乘方运算和使用函数的复杂计算。使用运算语句时应注意下面的规定:

(1)运算的优先顺序:先是乘方"＊＊",然后是乘法"＊"、除法"/",最后是加法"＋"、减法"−"。

例如：R＝3＋7/2＋4＊＊3－5＊6。

在式中优先运算 4＊＊3，然后运算 7/2 和 5＊6，最后再把结果相加、减。

（2）括号"（）"内的运算优先进行，有 2 层、3 层等多层括号时，运算顺序是先内层、后外层。

（3）可以把已定义的数值符号当作数使用。

（4）在 APT 零件源程序中，等号"＝"还有置换（或代入）的意思。

例如，希望 C 值改变，则可以用下式：

$$C＝C＋B$$

C 原来是 3，B 是 2，则新的 C 值是 5。

（5）在 APT 系统中可以进行的函数运算如下：

ABSF（绝对值）　　　　COSF（余弦）

SQRTF（平方根）　　　ATANF（反正切）

LOGF（自然对数）　　　DOTF（矢量内积）

LNTHF（矢量的长度）　EXPF（e 的乘方）

SINF（正弦）

例如：

C＝ABSF[A＊＊N－M＊(B－5)]

S1＝SINF (5＊A/360)

上式运用了求取绝对值函数、正弦函数等。

（6）运算语句除了独立使用以外，也能插入几何图形定义语句里使用。

例如，CIR1＝CIRCLE/5，4，1，[R＝(3＋7)/2－4＊＊3＋5＊6]表示圆 CIR1 用圆心坐标和半径定义，半径 R 用运算语句表示。

6）刀具形状的指定（刀具语句）

为了求出不断变化的刀具轨迹位置，即刀具端部坐标值，必须指定所用刀具的形状。图 4-6 所示为刀具的一般形式，刀具语句表示方法如下：

CUTTER/D, r, E, F, α, β, h

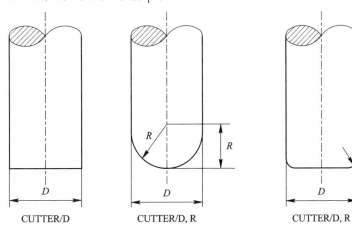

图 4-6　刀具定义的一般形式

　　图 4-7 所示为常用刀具形状，可以用简略方法表示。未指定刀具长度(h)值时，其值默认为 12.7 寸。

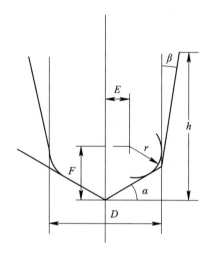

图 4-7　刀具定义的简易形式

　　7）容差的指定

　　在 APT 系统中，虽然控制面和图形可以严密定义，但是刀具运动是按照直线逼近的，因此需要确定逼近容许误差范围。指定容差的语句有三种：OUTTOL、INTOL、TOLER。

　　如图 4-8 所示，图(a)中语句 OUTTOL /t 为逼近折线在工件表面外侧的距离 t 以内，成为"切余"的状态；图(b)中语句 INTOL/t 为逼近折线在工件表面内侧的距离 t 以内，成为"切进"的状态；图(c)中语句为同时使用 OUTTOL 和 INTOL。

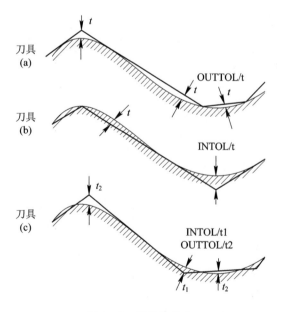

图 4-8　容差的指定

TOLER/t 语句是在已经使用了 OUTTOL 和 INTOL 情况下，OUTTOL 值被重新定义。而 INTOL 被指定为 0，即取消了 INTOL。

8）刀具起始位置（起刀点）的指定

指定起刀点的语句，必须写在启动语句之前，书写形式如下：

$$\text{FORM}\begin{cases}\text{已定义过的点的符号，如 FROM/SETPT}\\\text{引用括号的点的定义，FROM/(POINT/1，4，2)}\\x、y、z \text{ 坐标值，FROM/1，0，3}\end{cases}$$

9）连续切削用初始运动（启动）语句

在刀具沿控制面移动之前，必须将刀具沿控制面送至容许误差范围内。启动语句的一般形式如下：

$$\text{GO/}\begin{Bmatrix}\text{TO}\\\text{ON}\\\text{PAST}\end{Bmatrix}，\text{DS，}\begin{Bmatrix}\text{TO}\\\text{ON}\\\text{PAST}\end{Bmatrix}，\text{PS，}\begin{Bmatrix}\text{TO}\\\text{ON}\\\text{PAST}\end{Bmatrix}，\text{CS}$$

启动语句中规定了运动的控制面 DS、PS、CS，其中 DS、PS 也是一个运动的控制面。这三个面的指定必须遵守正确的顺序。语句中修饰字 TO、ON、PAST 的意义如图 4-9 所示。

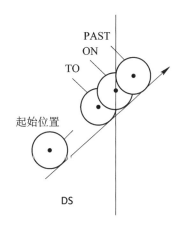

图 4-9　刀具停止位置与修饰词的关系

例如，

　　FROM/SETPT

　　GO/ON，S1，TO，S2，PAST，S3

表明刀具从起始点 SETPT 移动到规定的位置，这个位置的具体定义为：对于平面 S1（DS），刀具中心在此面上（ON，走上）；对于 S2 面（PS），刀具刚与之相切（TO，走到）；对于 S3 面（CS），刀具走过头但与其相切接触（PAST，走过）。

10）连续切削的运动语句

用语句 GO/对初始的刀具给定了 DS、PS 以后，接下来的刀具运动用下面的连续运动指令语句给出：

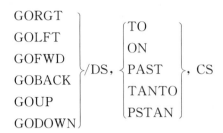

前部分的用语(GORGT、GOLFT 等)指定的是刀具开始的运动方向,如图 4 - 10 所示。这一运动方向是根据刀具前一个运动方向指定的(往运动方向看)。CS 面前面的修饰语 TO、ON、PAST 的意义同前。TANTO 和 PSTAN 的意义如图 4 - 11 所示。TANTO 表示刀具停在导动面和检查面相切的切点上。PSTAN 表示刀具停在零件面和检查面刚好相切的切点上。

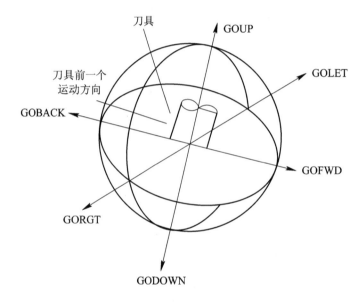

图 4 - 10　刀具运动方向

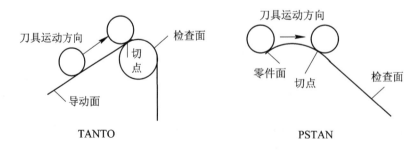

图 4 - 11　两种修饰语

11) 使用 GOTO/、GODLTA/ 的刀具运动语句(点位运动语句)

前面叙述的刀具运动语句是利用三个控制面得到正确的刀具轨迹的。语句 GOTO/ 和 GODLTA/ 是在与控制面无关系的情况下移动刀具时所使用的。

语句 GOTO/是要移动到空间某特定点的位置时使用的语句,形式如下:

　　　GOTO/X、Y、Z 或 GOTO/PNT1

其中,X、Y、Z——点;

PNT1——已定义的点。

语句 GODLTA/是从现在的刀具位置移动一个距离增量时使用的语句,形式如下:

　　　GODLTA/ΔX, ΔY, ΔZ

12)重复命令语句(循环语句、宏指令、复制功能)

把完全同样的语句指令群或者每次有部分改变的一连串指令群作若干次重复的操作是经常出现的,在这种情况下,程序就成为大量指令语句的罗列。在 APT 语句中为了编制重复性程序使用了循环语句、宏指令和复制功能。

(1)循环语句。循环语句的范围是由语句 LOOPST 开始到语句 LOOPND 结束的一组指令。在循环语句范围内的转移指令有 IF(条件转移)和 JUMPTO(无条件转移)两种。语句 IF 的形式如下:

　　　IF (K) ID1,ID2,ID3

其中:K——单一的标量值或者结果值为单一标量值的运算式。

ID1、ID2、ID3——加在语句中的标号。根据 K 值(K<0、K=0、K>0)分别转移到 ID1、ID2、ID3 标号处的语句执行程序。

语句 JUMPTO/的形式如下:

　　　JUMPTO/ID

它表示程序无条件转移到标号处的语句执行。

带有标号的语句形式如下:

　　　标号)语句

例如:

　　　A1) GOTO/0,0,0

下面举一个具有循环功能(循环语句)的程序例子:

```
    …
    LOOPST              初始语句
    Y=10
A) GOTO/0,Y,0      ⎫
    GODLTA/0,0,-10 ⎪
    GODLTA/0,0,10  ⎬  循环部分,其中 A)GOTO/0,Y,0 为带标号语句
    Y=Y+20         ⎪
    IF (90-Y) B,A,A    转移条件 K 值的计算参数,或叫转移控制参数
B) LOOPND          ⎭
    …
```

(2)宏指令(MACRO)。宏指令是指可以用 CALL 语句调用,由 MACRO/语句开头,以 TERMAC 语句结束的一连串指令群。语句 MACRO/的一般形式如下:

　　　符号=MACRO/A,B,C,…

其中:符号——宏指令的特有名称。

A，B，C——包含在宏指令语句中的宏变量。在被（CALL）调出时，才开始被定义。

CALL 调用语句的一般形式如下：

CALL/宏指令的符号，A＝…，B＝…，C＝…

其中，A，B，C——前面 MACRO 已定义的符号，作为宏变量。

如果把前面循环语句中的例子改用宏指令，其程序如下：

```
...
M1＝MACRO/Y              宏指令定义开始
GOTO/0，Y，0
GODLTA/0，0，－10        宏体
GODLTA/0，0，10
TERMAC                  宏指令结束语句
...
CALL/M1，Y＝10           调用指令语句
CALL/M1，Y＝30
CALL/M1，Y＝50
CALL/M1，Y＝70
CALL/M1，Y＝90
...
```

（3）复制功能（COPY）。复制功能是一种对刀具中心位置进行坐标变换并重复的功能。TRACUT 语句也有同样的功能，但是不能进行同一变换的重复。复制功能的范围在 INDEX/n 语句和 COPY/n 语句之间，用指定的坐标变换方法对所求的刀具中心位置进行重复。复制功能程序结构如下：

```
...
INDEX/n
...
COPY/n，  ⎰ TRANSL，X，Y，Z ⎱ ，m
         ⎨ XYROT，α         ⎬
         ⎪ MODIFY，矩阵符号  ⎪
         ⎩ SAME            ⎭
```

其中：n——复制功能的嵌套层数；

m——坐标变换后的重复次数；

TRANSL，X，Y，Z——按照增量值坐标平移的方法；

XYROT，α——以 Z 坐标为旋转轴，使坐标系回转 α° 的方法；

MODIFY，矩阵符号——利用矩阵来变换坐标系的方法；

SAME——不作坐标变换。

13）括号语句

定义几何要素时可以用括号语句，例如：

PSIS/（PL1＝PLANE/0，0，1，3）

它的意义与下列两个语句相同：

PL1＝PLANE/0，0，1，3

PSIS/PL1

14) 与机床有关的指令语句(后置处理程序语句)

后置处理程序的作用是将由主信息处理程序得到的一般解变成符合特定机床要求的信息。此时，与机床有关的信息，如主轴转速、主轴旋转方向、进给速度、冷却液的开关等指令也能够同时进行处理。完成这些工作的语句称为后置处理程序语句。该种语句随着机床的不同而不同，现在介绍一些主要语句。为了方便说明，假定某数控机床的参数如下：

三轴联动轮廓控制铣床，命名为 UNIV；

单一垂直主轴，主轴固定；

主轴转速：10～1750 r/min，CLW(顺时针)或 CCLW(逆时针)；

进给速度：0～15 000 mm/min，快速进给 15 000 mm/min；

冷却液控制：FLOOD，MIST，OFF。

(1) MACHIN/UNIV(机床语句)。

机床语句指定准备用于上述机床 UNIV 的后置处理程序，有的斜杠后写数控装置名称或其编号等。

(2) SPINDL/n，CLW 或 CCLW(主轴速度语句)。

主轴速度语句是为了对后置处理程序发出控制主轴按照顺时针方向(CLW)或逆时针方向(CCLW)以 n 转转数旋转的代码。

(3) FEDRAT/f(进给速度语句)。

根据进给速度语句，后置处理程序产生合成速度 f(寸/分或毫米/分)代码，指示进给速度还可以有在 FROM/、GO/、GOTO/、GOFWD/、GOLFT/、GODLTA 等运动语句的后面加写进给速度的写法。例如：

GOTO，L2，TO，PL1，PAST，L1，f

(4) COOLNT/ $\begin{cases} \text{ON} \\ \text{FLOOD} \\ \text{MIST} \\ \text{OFF} \end{cases}$ (冷却液语句)。

冷却液语句指示冷却液的开闭或者油雾冷却液的开闭。

(5) TRANSL/X，Y，Z(工件坐标系与机床坐标系变换语句)。

如图 4-12 所示，xyz 表示工件上设定的坐标系，$x'y'z'$ 为机床坐标系。将刀具定位到 A 点上，零件源程序上的命令语句如下：

GOTO/15，6，0

此坐标值为设定在工件坐标系上的值，它与机床毫无关系。A 点在机床坐标系中应该是 (37，20，0)，为了便于零件加工，作为 CL 数据必须表示在机床坐标系 $x'y'z'$ 上。TRANSL/语句使后置处理程序执行坐标变换，如图 4-12 所示的情况中：

TRANSL/22，14，0

变换的数值是机床坐标系的原点 0′ 在工件坐标系中的坐标值。

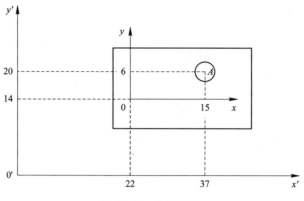

图 4 - 12　坐标变换

（6）MCHTOL/ε（机床容差语句）。

MCHTOL 指令是单词 machine tolerance 的缩写，表示机床容差，机床容差语句主要指加工时越程的最大容许值。例如，MCHTOL/0.02 表示后置处理程序可以根据越程小于0.02 mm 的条件计算适当的减速值。

（7）STOP（停止语句）。

停止语句表示主轴、冷却液、数据读入器处于停止状态（OFF），但是数控装置仍处于工作状态（ON）。

（8）END（加工结束语句）。

加工结束语句不仅可以使读带机、冷却液和主轴等停止，而且可以给控制装置发送结束命令。

15）程序终了命令（FINI）语句

在零件源程序写完后，最后一行必须写上 FINI 语句。

4.4.2　APT 自动编程语言的系统程序

在数控机床上使用自动编程系统进行加工时，程序员要做的工作只是写出零件源程序。然而，要研究和开发自动编程系统，必须了解系统程序的结构、组成和设计方法。

1. APT 系统程序的结构

APT 自动编程语言的系统程序主要由主信息处理程序和后置处理程序两大部分组成，如图 4 - 13 所示。主信息处理程序完成刀具运动中心轨迹的计算，得到刀位数据（CLD）。

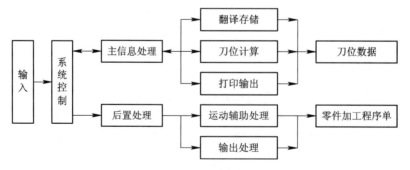

图 4 - 13　APT 系统程序结构框图

后置处理程序将刀位数据转变成针对某一特定数控机床的加工程序。

系统程序的工作过程是(将用 APT 语言编写的零件源程序作为系统的输入):首先,将零件源程序翻译成机器语言,并将所描述的分类信息记入存储器,以供打印用。然后,计算机进行数学处理,计算刀具中心轨迹坐标,得到刀具位置数据文件,该数据文件可以打印出来或制成纸带,它包括了零件形状和刀具轨迹信息。刀具位置文件上的数据是通用数据,或称一般解。将这些数据作为后置处理程序的输入,根据所用数控机床和数控装置的具体条件再进行计算,同时将工艺参数和辅助信息等处理成具体的数控系统所要求的指令和程序格式,并能够自动地输出零件加工程序单,由穿孔纸带或计算机将加工指令通过通信接口直接传送给数控系统。由于数控机床及数控装置类型、功能、规格品种等不同,因此后置处理程序很多,APT 自动编程系统的后置处理程序有 1000 多种,而且还在增加。

2. 主信息处理程序的组成及功能

主信息处理程序(Main Processor)也叫前置处理程序,它主要由输入翻译程序模块和计算程序模块组成,如图 4 - 14 所示。下面介绍各程序模块的组成及功能。

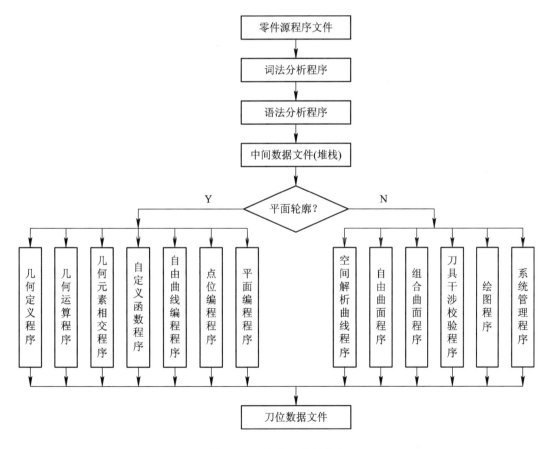

图 4 - 14   主信息处理程序

1) 输入翻译程序的组成及功能

输入翻译程序模块包括零件源程序文件输入模块、词法分析程序模块、语法分析程序模块。将零件源程序输入后,首先进行词法分析。计算机对零件源程序依次进行扫描,对构成零件源程序的字符串进行分解，识别单词。然后进行语法分析，把单词符号串分解成各类语法单位，确定整个输入串是否构成语法正确的句子。检查零件源程序中哪些地方不符合语法规定，发现错误及时进行修改。

2) 计算程序的组成及功能

经过词法和语法分析，得到没有错误的零件源程序。然后就进入计算阶段，求得零件几何元素相交(相切)的基点，按照插补方法和逼近误差要求求解分段的节点和刀具运动的中心轨迹，即刀位数据。该部分主要由下面一些程序组成：

(1) 几何运算程序。该程序包括二维平移、三维平移、旋转、对称、点到直线的距离、矢量叉乘、线段中点计算、三点求平面、平面平移、一点沿矢量平移、二维投影计算、三维投影计算等。

(2) 几何定义程序。该程序确定了各种常用的直线、圆弧、空间直线、平面、球、圆柱、圆锥、圆环、矢量、螺旋面、一般二次曲线的各种定义形式，在编程时可以自由选择不同的定义方式，并允许嵌套定义。

(3) 几何元素相交程序。几何元素相交程序具有两条直线相交、直线与圆弧相交、两圆弧相交、两圆弧相切、直线与圆弧相切、直线与平面相交、直线与球面相交、直线与椭圆面相交、两平面相交、三平面相交、直线与圆柱相交、直线与圆锥相交、直线和一般二次曲面相交、直线和自定义参数曲线相交、圆弧和自定义参数曲线相交、两条直线间圆角过渡、直线与圆弧间圆角过渡、两圆弧间圆角过渡、直线和自定义参数曲线间圆角过渡、圆弧和自定义参数曲线间圆角过渡等的数学处理和计算功能。

(4) 点位编程程序。点位编程程序具有钻孔、攻丝、镗孔、组合孔加工、槽加工等点位编程功能，同时还有程序名、平面选择、容差、刀具偏移、刀具补偿、换刀、进给、转速、主轴停转、冷却、选取参数、程序结束等辅助处理功能。

(5) 平面编程程序。平面编程程序可以对由直线和圆弧组成的平面零件轮廓的源程序进行词法和语法分析，并进行编程。

(6) 自定义函数程序。自定义函数程序允许用户以表达式的形式输入数值和几何参数，能够处理用户任意定义的参数曲线。

(7) 自由曲线编程程序。自由曲线编程程序提供了按照点列或给出位矢量与切矢量两种类型方法描述的自由曲线的处理和编程功能，并提供了端点条件。

(8) 空间解析曲线程序。空间解析曲线程序具有对球面、圆柱面、圆锥面、圆环面、螺旋面，以及由任意平面曲线绕任意旋转轴构成的曲面的数学处理和编程功能。

(9) 自由曲面程序。自由曲面程序具有对 Coons 曲面、Ferguson 曲面进行插补的功能，同时具有对用截面描述的曲面进行处理和编程的功能。

(10) 组合曲面程序。组合曲面程序能将不同表面组合在一起，具有对复杂形体进行数学处理和编程的功能。

(11) 刀具干涉校验程序。刀具干涉校验程序根据多面体数控加工方法，自动检测铣削加工时的刀具干涉问题，并为提高加工精度或切削率分别给出最大的刀具切削半径或深度。

(12) 绘图程序。绘图程序能够使用户在屏幕上快速绘图，也允许用户在绘图仪上进一步绘图校验，能够根据用户需要绘制 xOy、xOz、zOy 面中的正投影图、二等测投影图、三等测投影图和透视投影图等，并具有放大、缩小功能。

（13）公用程序包。公用程序包包括正切计算、正弦计算、行列式计算、求最大值、存取几何元素、存取切削数据、刀具偏置、高斯法解方程、追赶法解方程等诸多子程序。

（14）系统管理程序。系统的硬、软件资源由系统管理程序统一管理、调用。

3．后置处理程序的组成和功能

后置处理程序（Post Processor）是将刀具位置数据、相应的切削条件和辅助信息等处理成特定数控系统所要求的指令和程序格式，并制成穿孔纸带及打印出零件加工程序单。

后置处理程序是根据数控机床的要求设计的，它能被数控机床的数控装置所接受，具有专用性。数控装置种类繁多，规格和功能差别很大，所以要设计很多后置处理程序。

后置处理程序由总控（控制）、输入、辅助、运动、输出、诊断等六部分程序组成，其结构如图 4－15 所示。

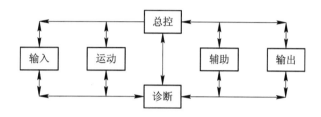

图 4－15　后置处理程序框图

1）总控（控制）程序

总控程序用来控制输入、辅助、运动、输出和诊断部分的程序，在适当的时候调用这个程序，从而控制后置处理程序的流程。

2）输入程序

输入程序的功能是将刀具位置数据转变成后置处理程序能够处理的形式后传送到预定的记录单元中。刀具位置数据文件中包括刀具移动点的坐标值，还包括使数控机床各种功能工作的数据。它是按照一定格式制成的，国际标准 ISO/TC97/SC5/WG1 规定了刀位数据（CLDATA）格式。CLDATA 表示为连续的逻辑记录形式，记录分很多类型，如 1000 类型记录为输入顺序；2000 类型记录为后置处理程序指令；3000 类型记录为圆、圆柱等曲面数据；5000 类型记录为刀具位置（与运动信息有关）等。每种记录由 $W_1 \sim W_n$ 很多位组成，其中每位代表不同的意义，可能是整数、实数或义字。对此，标准中有具体规定（而且标准也在修改完善中）。

3）辅助程序

辅助程序主要处理使特定机床的辅助功能进行动作的一些信息，如 F、S、T、M 等功能（5000 类型记录的刀具位置数据）。此外，还能够处理主信息程序不能处理的数控机床的一些特殊功能指令。

4）运动程序

运动程序主要处理刀具位置数据中（5000 类型记录和 3000 类型记录）与机床运动（G 功能）有关的数据。运动程序完成如下工作：

（1）从工件坐标系到机床坐标系的变换。

（2）行程极限校验、间隙校验。

（3）进给速度码计算。

（4）进行超前、滞后、同步校验，并减少它们的误差。

（5）线性化。

（6）插补处理（直线插补、圆弧插补等）。

5）输出程序

输出程序的作用是分别将辅助处理和运动处理结果的信息转换成数控装置输入的格式，并在编排以后输出。这样对刀位数据进行一系列处理后，最后得到适用于特定数控机床的数控带和零件加工程序。

6）诊断程序

诊断程序的功能是诊断在以上五个部分中所发现的任何一个错误、报警，并进行修改。

4.5　APT 零件源程序的自动编程实例

当采用自动编程系统编制零件加工程序时，程序员只要编出零件源程序，输送给计算机后，其他工作均由计算机完成，最后得到数控加工程序和控制带。零件源程序也可以用计算机辅助方式和人机对话方式由计算机完成。

APT 自动编程系统是一个功能齐全的大系统，如果要编制四坐标、五坐标或六坐标的数控加工程序，那就只能选用 APT 语言系统，因为只有 APT 系统具有编制多坐标零件源程序的功能。然而 APT 系统不能处理工艺信息，因而就不可能直接得到包括工艺信息在内的输出。编制三坐标以下的零件加工程序，既可以选用 APT 自动编程系统，也可以选用其他语言系统。APT 语言系统本身也在发展中。

4.5.1　APT 语言零件源程序编制的要点

（1）在分析完零件图样，编写零件源程序前，应进行工艺分析，确定加工路线、工艺参数，然后选择工夹具，这些工作与手工编程类似。

（2）APT 语言是词汇型语言系统，用词汇语句来描述工件、计算和切削参数、走刀运动以及和机床有关的信息，所以记住词汇的格式、应用范围和使用方法是最基本的要求。

（3）编写零件源程序要按照规定的顺序、内容、基本结构规则和切削顺序进行，初始语句写在最前面，然后写计算参数语句，如后置处理语句（也可以写在后面）。但是进给速度语句应写在运动语句前或在运动语句间出现，接着写几何定义语句和运动语句。在给几何元素命名时应注意不重复命名，并且不能使用 APT 语言词汇，运动语句应按照加工顺序写出，运动语句中所用几何名字应在几何定义语句中定义过，即先定义后使用，最后写程序结束语句。

（4）为了简化编程，注意使用宏指令循环功能和复制功能。

（5）在点位源程序的编制中，使用线点群、圆点群和点群图形的刀具运动语句可以简化编程。

（6）APT 语言系统有一些特殊的编程方法，如矩阵的定义、定义图形时的坐标变换、走刀时的坐标变换等功能，编程时要注意使用。

4.5.2　零件源程序的编程举例

【例 4-1】　使用一般指令语句编制点位加工零件的源程序。

如图 4-16 所示，此类零件为板类零件，要求加工 2 个 $\phi12$ 的孔、2 个 $\phi6$ 的孔，使用 APT 语言编制零件源程序。加工该零件时选用 $\phi12$ 和 $\phi6$ 的钻头，快速进给速度为 2400 mm/min，钻头进给速度为 10 mm/min。加工起刀点在 SETPT，先加工 $\phi12$ 孔，然后加工 $\phi6$ 孔。

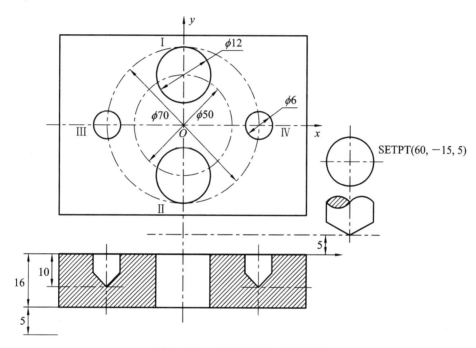

图 4-16　APT 源程序一的零件图

零件源程序如下：

PARTNO PLATE·N01	初始语句
REMARK/TYPE·KS-002	注释语句
REMARK/WANG·15-06-1983	注释语句
$ $	空一行
MACHIN/BOWE3	机床语句，后置处理程序的调出
CLPRNT	打印语句
TRANSL/200，100，0	设定坐标系
SPINDL/900，CLW	主轴旋转启动，顺时针旋转
FEDRAT/2400	进给速度（快速）
SETPT=POINT/60，-15，5	起刀点的定义
CUTTER/12	指定 $\phi12$ 的钻头
FROM/SETPT	起刀点的指定
GOTO/0，25，5	刀具定位运动到 I 孔上方
FEDRAT/10	进给速度指定
COOLNT/FLOOD	打开液态冷却液

GODLTA/0, 0, -26	钻孔加工 Ⅰ 孔
FEDRAT/2400	快速退刀速度
GODLTA/0, 0, 26	快速退刀
GOTO/0, -25, 5	定位运动到 Ⅱ 孔上方
FEDRAT/10	工进速度
GODLTA/0, 0, -26	钻孔加工 Ⅱ 孔
FEDRAT/2400	快速退刀速度
GODLTA/0, 0, 26	快速退刀
GOTO/SETPT	返回起刀点
CUTTER/6	指定 $\phi 6$ 的钻头(换刀)
FEDRAT/2400	快速退刀速度
GOTO/-35, 0, 5	定位到 Ⅲ 孔上方
FEDRAT/10	进给速度
GODLTA/0, 0, -15	钻孔加工 Ⅲ 孔
FEDRAT/2400	快速退刀速度
GODLTA/0, 0, 15	快速退刀
GOTO/35, 0, 5	定位到 Ⅳ 孔上方
FEDRAT/10	工进速度
GODLTA/0, 0, -15	钻孔加工 Ⅳ 孔
FEDRAT/2400	快速退刀速度
GODLTA/0, 0, 15	从孔中快速退刀
GOTO/SETPT	返回到起刀点
END	机床停止
FINI	程序结束

【例 4 - 2】 当使用宏指令和点位控制切削时刀具运动指令语句的零件源程序编制。

如图 4 - 17 所示,加工 6 个孔(钻削、铰孔)的零件源程序如下:

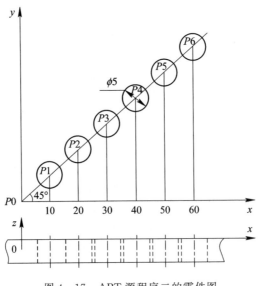

图 4 - 17　APT 源程序二的零件图

PARTNO NO2. TEST	起始语句
REMARK/ 15-06-1984	注释语句
MACHIN/OKIMSK	机床语句
CUTTER/5	刀具语句
SPINDL/800，CLW	主轴启动，顺时针旋转
FEDRAT/2400	速度语句(用于快速定位移动)
$$	空一行
P0＝POINT/0，0，5	
P1＝POINT/10，10	
P2＝POINT/20，20	
P3＝POINT/30，30	定义语句
P4＝POINT/40，40	
P5＝POINT/50，50	
P6＝POINT/60，60	
FROM/P0	起始运动起点
M1＝MACRO/	宏定义开始
GOTO/P1	
GOTO/P2	
GOTO/P3	
GOTO/P4	宏体(宏指令)
GOTO/P5	
GOTO/P6	
TERMAC	宏指令结束语句
CYCLE/DRILL，10，5，IPM，6	钻削孔径 5 mm，孔深 10 mm，进给速度为 6 mm/min
CALL/M1	调用宏指令，按照 P1~P6 进行顺序加工
CYCLE/OFF	孔加工结束
STOP	停止语句
SPINDL/900，CLW	铰孔用主轴转速，主轴正转
CYCLE/REAM，10，5	切削运动语句(用于铰孔：直径 $\phi 5$，深度为 10 mm)
CALL/M1	调用宏指令，铰孔 P1~P6
CYCLE/OFF	铰孔结束
GOTO/P0	返回起点
SPINDL/OFF	主轴停止转动
END	机床结束语句
FINI	程序结束

【例 4 - 3】　轮廓加工 APT 语言源程序的编制。

零件轮廓由直线和圆弧组成，加工该零件选用 $\phi 10$ 立铣刀。快速进给速度为 2400 mm/min，铣削进给速度为 100 mm/min，工件坐标系如图 4 - 18 所示，机床原点为(200，-60，0)，铣削起刀点为 SETPT，加工路线如图 4 - 18 中箭头所指示的方向。

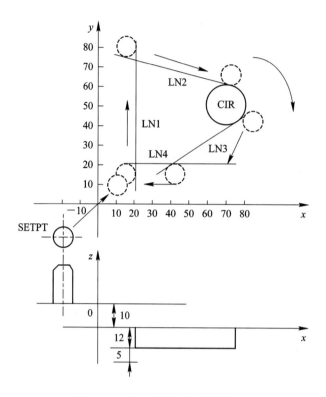

图 4 - 18　APT 源程序三的零件图

该零件的源程序如下：

PARTNO 零件名称	初始语句
REMARK 零件类型 KS-02	注释语句
REMARK 编程员 年 月 日	
$$	空一行
MACHIN/FANUC. 6M	后置处理程序的调出
CLPRNT	打印刀具轨迹数据
OUTTOL/0.002	外容差的指定
INTOL/0.002	内容差的指定
TRANSL/200，－60，0	机床原点在工件坐标系中的位置
CUTTER/10　　　　　　　　　　$$平头立铣刀，$\phi=10$ mm	刀具形状的指定
LN1=LINE/20，20，20，70	
LN2=LINE/(POINT/20，70)，ATANGL，75，LN1	ATANGLE 表示夹角
LN3=LINE/(POINT/40，20)，ATANGL，45，LN4	
LN4=LINE/20，20，40，20	几何图形的定义
CIR=CIRCLE/YSMALL，L2，YLARGE，LN3，RADIUS，10	YLARGE 表示 Y 大
XYPL=PLANE/0，0，1，0 $$$xy$平面	
SETPT=POINT/－20，－20，10	
FROM/SETPT	起刀点的指定
FEDRAT/2400　　　　　　　　　$$快速	进给速度的指定
GODLTA/30，30，－5	刀具运动语句

SPINDL/ON		主轴旋转启动
COOLNT/ON		冷却液开
FEDRAT/400	$$进给速度	进给速度的指定
GO/TO, LN1, TO, XYPL, TO, LN4		初始运动语句
FEDRAT/100	$$切削速度	进给速度的指定
TLLFT, GOLFT/LN1, PAST, LN2		刀具运动语句(连续),在(DS面)左
GORGT/LN2, TANTO, CIR		
GOFWD/CIR, TANTO, LN3		连续运动语句
GOFWD/LN3, PAST, LN4		
GORGT/LN4, PAST, LN1		
FEDRAT/400		进给速度的指定
GODLTA/0, 0, 10		刀具运动语句
SPINDL/OFF		主轴旋转停止
COOLNT/OFF		冷却液关闭
FEDRAT/2400	$$快速退回用	进给速度的指定
GOTO/SETPT		返回起刀点
END		机床停止
$$		注释语句(空一行)
PRINT/3, ALL		图形数据打印
FINI		结束语句

本 章 小 结

　　本章主要介绍了 APT 自动编程系统,首先,为了使学生能够理解 APT 系统,介绍了 APT 系统的产生及发展背景;其次,介绍了自动编程系统的分类,分析比较了不同 APT 系统的组成及主要特点;接着,介绍了 APT 系统自动编程的基本原理;最后,通过使用 APT 自动编程系统编写了钻削、铣削工艺加工零件的源程序,培养学生理解 APT 零件源程序自动编程的能力。

第 5 章　程序编制中的数学处理

程序编制中数学处理的任务是根据零件图样和加工路线计算出机床控制装置所需的输入数据，也就是进行机床各坐标轴位移数据的计算和插补计算。在编制点位加工程序时，往往不需要进行数值计算。对于形状比较简单（由直线、圆弧构成）的轮廓零件，若控制系统具有直线、圆弧插补功能和刀具补偿功能，则数学处理也比较简单，此时只需计算出零件轮廓上相连几何元素的交点或切点的坐标值。对于零件形状比较复杂或当零件形状与机床控制装置的插补功能不一致时，就需要进行比较复杂的计算。在使用直线插补功能逼近曲线（在 APT 自动编程语言系统中，也采用直线逼近曲线的原则）时，用若干微小直线段来逼近曲线，此时数学处理的任务是计算出各分隔点的坐标值，并使逼近误差小于容许值。

5.1　数学处理的内容

在零件图样上，数据是按照轮廓尺寸给出的，加工时刀具按照刀具中心轨迹运动，所以仅计算轮廓上的插补点坐标值是不够的，还要计算刀具轨迹上各点的坐标值，同时还需求出尖角过渡转折点的坐标值。

对于构成飞机、舰船、航天器等的许多零件轮廓并不是用数学方程式描述的，而用一组离散的坐标点来描述。在编程时，首先需要决定这些离散点（Discrete Point）之间轨迹变化的规律。现在经常使用样条（Spline）插值函数达到这一目的。但是用样条拟合的轮廓曲线仍然是任意曲线，而一般控制系统只有直线、圆弧插补功能，于是还需将样条曲线进一步处理成直线信息或圆弧信息，以便作为机床控制装置的输入。我国发展的圆弧样条计算方法和英国发展的双圆弧曲线计算方法可以不用进行 Spline 处理，而直接利用图样上给出的离散点坐标值来拟合轮廓曲线。

关于曲面的数学处理，尤其是用离散点描述的曲面处理就更为复杂。当采用自动编程语言系统时，上述数学处理工作由计算机进行，因此编程人员只需用数控语言编写零件源程序，而不必直接进行数值计算，这些计算由自动编程系统的软件实现。

5.1.1　基点与节点的计算

一般构成零件的轮廓是由许多不同的几何要素组成的，如直线、圆弧、二次曲线、可以用已知方程描述的曲线、列表曲线等，各几何要素之间的连接点称为基点。对于仅由直线和圆弧组成的零件轮廓，由于数控装置一般都具有直线插补和圆弧插补功能，因此，只需要计算各基点坐标。基点坐标是编程中必需的重要数据，如图 5-1 中所示的 A、B、C、D、E 为基点。

数控系统一般只能做直线插补和圆弧插补的切削运动。如果工件轮廓是非圆曲线，数控系统就无法直接实现插补，而需要进行一定的数学处理。数学处理的方法是，用直线段或圆弧段去逼近非圆曲线，逼近线段与被加工曲线的交点称为节点。如图 5-2 所示的曲线用直线逼近时，其交点称为节点。

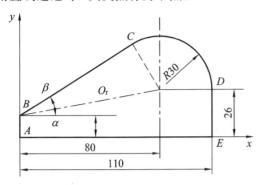

图 5-1　基点坐标

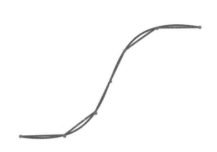

图 5-2　节点标识

图 5-3 所示是用直线段或圆弧段逼近非圆曲线。当编写程序时，应按节点划分程序段。逼近线段的近似区间愈大，则节点数目愈少，相应程序段数也越少，但逼近线段的误差应小于或等于编程允许误差，即 $\delta \leqslant \delta_{允}$。考虑到工艺系统及计算误差的影响，$\delta_{允}$ 一般取零件公差的 $1/5 \sim 1/10$。

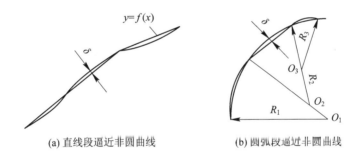

(a) 直线段逼近非圆曲线　　　　　(b) 圆弧段逼近非圆曲线

图 5-3　用直线段或圆弧段逼近非圆曲线

1. 一般非圆曲线节点的计算步骤及原则

(1) 选择插补方式，即应首先决定是采用直线段逼近非圆曲线，还是采用圆弧段或抛物线等二次曲线逼近非圆曲线。

(2) 确定编程允许误差，即应保证加工精度。

(3) 选择数学模型，确定计算方法。

(4) 根据计算方法，设计出计算机处理流程图。

(5) 用高级语言编写程序，上机调试程序，并获得节点坐标数据。

2. 一般非圆曲线节点的计算方法

用直线段逼近非圆曲线的计算方法如下：

(1) 利用等间距法以直线段逼近的节点计算。

(2) 利用等程序段法以直线段逼近的节点计算。

（3）利用等误差法以直线段逼近的节点计算。

除用直线段外，还可以用圆弧段逼近非圆曲线。

3. 列表曲线的节点坐标计算

在实际应用中，零件的轮廓形状除了可以用直线、圆弧或其他非圆曲线组成之外，有些零件图的轮廓形状是通过实验或测量的方法得到的，如飞机的机翼、叶片、某些检验样板等。零件的轮廓形状数据在图样上是常以列表坐标点的表格形式给出的，这种由列表点（又称为型值点）给出的轮廓曲线称为列表曲线。

在列表曲线的数学处理方面，常用的方法有牛顿插值法、三次样条曲线拟合法、圆弧样条拟合法与双圆弧样条拟合法等。目前比较一致的做法为：采用三次参数样条函数对列表曲线进行第一次拟合，然后使用双圆弧样条进行第二次逼近。

为了在给定的列表点之间得到一条光滑的曲线，对列表曲线逼近一般有以下要求：

（1）方程式表示的零件轮廓必须通过列表点。

（2）方程式给出的零件轮廓与列表点表示的轮廓凹凸性应一致，即不应在列表点的凹凸性之外再增加新的拐点。

（3）确保光滑性。

5.1.2　刀位点轨迹的计算

1. 刀位点的选择及对刀

在编程时，一般使用刀位点的变动来描述刀具的变动，变动所形成的轨迹称为编程轨迹。各种刀具的刀位点的选择规律如图 5-4 所示。

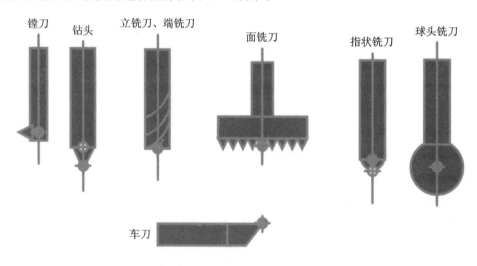

图 5-4　各种刀具刀位点的选择规律

2. 刀具中心编程的数值计算

当用球头刀加工三坐标立体型面的零件时，程序编制要计算出球头刀球心轨迹，而由外缘切削刃加工出零件轮廓；当用带摆角的数控机床加工立体型面或平面变斜角零件时，程序编制要计算出刀具摆动的轨迹和相应摆角值。

3. 尖角过渡的数值计算

零件的轮廓形状是由刀具切削刃部分直接参与切削过程完成的，因此，在大多数情况下，编程轨迹并不与零件轮廓完全重合。对于具有刀具半径补偿功能的机床数控系统，只要在编写程序时，在程序的适当位置写入建立刀补的有关指令，就可以保证在加工过程中刀位点按照一定的规则自动偏离编程轨迹，从而达到正确加工的目的。这时可直接按照零件轮廓形状，计算各基点和节点的坐标，并作为编程时的坐标数据。

5.1.3　辅助计算

辅助计算包括增量计算、辅助程序段的数值计算等。

增量计算是仅就增量坐标的数控系统或绝对坐标系统中某些数据仍要求以增量方式输入时，所进行的由绝对坐标数据到增量坐标数据的转换，即

$$增量坐标值＝终点坐标值－起点坐标值$$

计算应在各坐标轴方向上分别进行。

辅助程序段是指开始加工时，刀具从对刀点到切入点，或加工结束时，刀具从切出点返回到对刀点而特意安排的程序段。

切入点位置的选择应依据零件加工余量的情况，适当离开零件一段距离。切出点位置的选择应避免刀具在快速返回时发生撞刀，也应留出适当的距离。当使用刀具补偿功能时，建立刀补的程序段应在加工零件之前写入，加工完成后应取消刀补。某些零件的加工要求刀具沿"切向"切入，沿"切向"切出。

以上程序段的安排，在绘制走刀路线时，即应明确地表达出来。在进行数值计算时，应按照走刀路线的安排，计算出各相关点的坐标(其数值计算一般比较简单)。

5.2　线性逼近的数学处理

线性逼近又称线性插补，是经常使用的逼近曲线的方法，它也是各种插补方法的基础。用直线可以逼近圆弧、非圆曲线等许多复杂曲线。这里以直线逼近内轮廓圆弧为例讨论线性插补计算方法。

线性插补方法有如图 5-5 所示的三种：图(a)为弦线插补法，用弦线逼近圆弧，其插

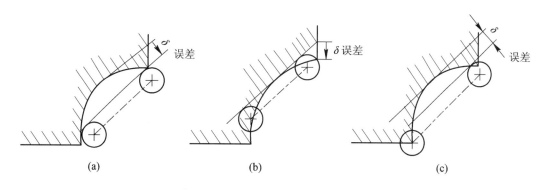

图 5-5　弦线、切线和割线逼近法

补误差是弦线至弧形轮廓间的最大距离；图(b)为切线插补法，用切线逼近圆弧；图(c)为割线插补法，用割线逼近圆弧。

5.2.1　弦线插补法

图 5-6 所示为弦线插补计算简图，r 为刀具半径，R 为工件圆弧轮廓半径，T 为刀具半径为零时的插补误差，t 为刀具半径为 r 时的插补误差，θ 为弦线所对应的圆心角的一半。因此有

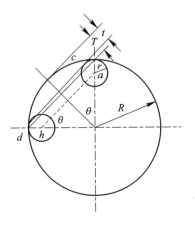

$$T = R(1 - \cos\theta) \qquad (5-1)$$

$$T = T - (r - r\cos\theta) = T - r(1 - \cos\theta) \qquad (5-2)$$

解式(5-1)、式(5-2)得

$$\cos\theta = \frac{\Delta r - t}{\Delta r} = 1 - \frac{t}{\Delta r}$$

$$\theta = \arccos\left(1 - \frac{t}{\Delta r}\right) \qquad (5-3)$$

式中：$\Delta r = R - r$。

图 5-6　弦线插补

由式(5-3)可以看出，当 r 和 R 一定时，θ 角越大，插补误差也越大。

5.2.2　切线插补法

图 5-7 所示为切线插补计算简图，图中参数同上。当刀具半径为零时，有下式：

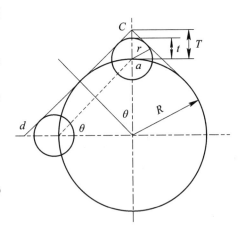

$$T = \frac{R}{\cos\theta} - R \qquad (5-4)$$

$$t = T - \left(\frac{r}{\cos\theta} - r\right) = T - \frac{r}{\cos\theta} + r \qquad (5-5)$$

解上面两式得

$$\cos\theta = \left(1 + \frac{t}{\Delta r}\right)^{-1}$$

$$\theta = \arccos\left(1 + \frac{t}{\Delta r}\right)^{-1} \qquad (5-6)$$

式中：$\Delta r = R - r$。

与弦线插补一样，在 R、r 一定时，θ 越大，t 也越大，在插补直线段一定的情况下，切线插补误差比弦线大。

图 5-7　切线插补

5.2.3　割线插补法

图 5-8 所示为割线插补计算简图，图中符号意义同上。当刀具半径等于 0 或 r 时，有

$$t = R - (R + T)\cos\theta$$

$$T - t = \frac{r}{\cos\theta} - r$$

解上面两式得

$$\cos\theta=\frac{R-r-t}{R-r+t}=\frac{1-t/\Delta r}{1+t/\Delta r}$$

$$\theta=\arccos\left(\frac{1-t/\Delta r}{1+t/\Delta r}\right) \qquad (5-7)$$

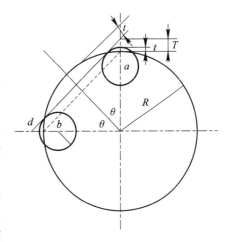

式中：$\Delta r=R-r$。

由式(5-7)可以看出，在 R、r 一定时，随着 θ 角的增大，割线插补误差也增加，但增加的程度比上面两种方法都小，即割线插补的误差最小。

上述线性插补的三种方法，要根据轮廓精度要求所决定的容许插补误差的大小以及允许的程序的长短加以选择应用。由以上三种线性插补方法所得的插补点密度和插补段长度是不一样的，但总体来讲，都是 θ 角越小，刀具轨迹上的点数越多，插补段长度和插补误差也越小；但程序段数目都会增加，从而使程序变长。

图 5-8　割线插补

外圆弦长轮廓同样可以用弦线、切线、割线加以逼近，分别如图 5-9(a)、(b)、(c)所示。用上述类似方法计算 θ，其结果如下：

弦线插补：

$$\theta=\arccos\left(1-\frac{t}{R}\right) \qquad (5-8)$$

切线插补：

$$\theta=\arccos\left(\frac{R}{t+R}\right) \qquad (5-9)$$

割线插补：

$$\theta=\arccos\left(\frac{1-t/R}{1+t/R}\right) \qquad (5-10)$$

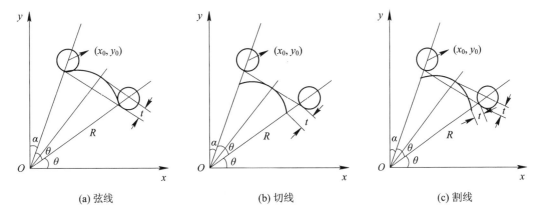

(a) 弦线　　　　　　　　　　(b) 切线　　　　　　　　　　(c) 割线

图 5-9　外圆弧以弦线、切线和割线逼近

对于弦线插补，在计算出 θ 角之后，可按下式计算刀具中心轨迹上插补点的坐标：

$$\begin{cases} x_i=x_c+(R+r\sec\theta)\sin(\alpha+2k\theta) \\ y_i=y_c+(R+r\sec\theta)\cos(\alpha+2k\theta) \end{cases} \qquad (5-11)$$

式中：α——初始角度；

　　　i——初步点数，共有 n 个点，$i=0$，1，…，$n-1$；

　　　k——插补段数，共有 m 段，即 $k=1$，2，…，m；

　　　x_c，y_c——圆心坐标。

5.3　已知平面零件轮廓方程式的数学处理

无论是手工编程还是自动编程，都要按照已确定的加工路线和允许的编程误差，计算出数控装置所需的输入数据，这一工作称为数值计算。已知平面零件轮廓方程式的数学处理主要解决如下问题：选择插补方式，即采用直线插补或圆弧插补去逼近；计算插补点的坐标；刀具中心轨迹的计算；按照数控系统输入格式要求，采用手工或计算机辅助编程方式，编制加工程序。

5.3.1　基点计算

1. 直线、圆弧类零件的基点计算

由直线和圆弧组成的零件轮廓的数值计算比较简单，主要是基点的计算，按照选定的坐标系计算出相邻几何元素的交点或切点。根据目前生产中的零件，将直线按照定义方式可以归纳为若干种，并转变成标准形式，这样可以使基点计算标准化。由直线和圆弧组成的零件轮廓可以归纳为直线与直线相交、直线与圆弧相交、直线与圆弧相切、圆弧与圆弧相交、圆弧与圆弧相切等五种情况，推导出通用基点计算公式，可以使基点计算更加方便。

2. 用方程描述的轮廓曲线的基点计算

平面轮廓曲线除了直线和圆弧外，还有椭圆、双曲线、抛物线、一般二次曲线、阿基米德螺旋线等以方程式给出的曲线。这类曲线的计算过程比较复杂，其基点计算可以分为下面几种情况。

1）直线与二次曲线的切点或交点计算

直线方程用法线式表达，该计算可用解析法求解，其原始方程组为

$$\begin{cases} ax+by=d(a^2+b^2=1) \\ Ax^2+2Bxy+Cy^2+2Dx+2Ey+F=0 \end{cases}$$

当 $a \leqslant 0.5$ 时，有

$$x=\dfrac{-h \pm \sqrt{h^2-gi}}{g}$$

$$y=-\dfrac{a}{b}x+\dfrac{d}{b}$$

　　　　　　　　　　　　　　　　　　　　　　　　　　　　　　　　　　　（5-12）

式中：

$$g=A-2B\frac{a}{b}+C\frac{a^2}{b^2}$$

$$h=B\frac{d}{b}+C\frac{ad}{b^2}+D-E\frac{a}{b}$$

$$i=C\frac{d^2}{b^2}+2E\frac{d}{b}+F$$

当 $h^2 - gi < 0$ 时，方程组无解。

当 $a > 0.5$ 时，有

$$x = -\frac{b}{a}y + \frac{d}{a}$$
$$y = \frac{-h \pm \sqrt{h^2 - gi}}{g} \tag{5-13}$$

式中：

$$g = A\frac{b^2}{a^2} - 2B\frac{b}{a} + C$$

$$h = -A\frac{bd}{a^2} + B\frac{d}{a} - D\frac{b}{a} + E$$

$$i = A\frac{d^2}{a^2} + 2D\frac{d}{a} + F$$

考虑到计算机的计算误差，当直线与二次曲线相切时，可能出现 $h^2 - gi < 0$ 的情况，因此应给出一定的误差值，一般当 $|h^2 - gi| < 10^{-2}$ 时，可以认为直线与二次曲线相切。

2）二次曲线与二次曲线的切点或交点计算

这种情况最好用迭代法求解，常用切线-法线法（如图 5-10 所示），其原始方程组为

$$\begin{cases} S_1: A_1x^2 + 2B_1xy + C_1y^2 + 2D_1x + 2E_1y + F_1 = 0 \\ S_2: A_2x^2 + 2B_2xy + C_2y^2 + 2D_2x + 2E_2y + F_2 = 0 \end{cases} \tag{5-14}$$

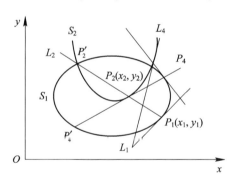

图 5-10　二次曲线切线-法线求交点

在 S_1 上取一点 P_1，过 P_1 作 S_1 的切线 L_1：

$$a_1x + b_1y = d_1 \tag{5-15}$$

式中：

$$a_1 = A_1x_1 + B_1y_1 + D_1$$
$$b_1 = B_1x_1 + C_1y_1 + E_1$$
$$d_1 = -(D_1x_1 + E_1y_1 + F_1)$$

求 L_1 与 S_2 的交点，若无交点，则过 P_1 点作 S_1 的法线 L_2：

$$b_1x - a_1y = b_1x_1 - a_1y_1 \tag{5-16}$$

求 L_2 与 S_2 的交点可以得 P_2、P_2' 两点，选取距 P_1 点较近的一点 P_2，P_1 点与 P_2 点的距离为 l_1：

$$l_1 = \sqrt{(x_1 - x_2)^2 + (y_1 - y_2)^2} \tag{5-17}$$

检查 l_1，当 $l_1 \leqslant \varepsilon$ 时，P_2 点为所求；当 $l_1 > \varepsilon$ 时，过 P_2 点作 S_2 的切线（或法线），再重复上述作法，直到 $l_1 \leqslant \varepsilon$ 为止。ε 值一般取为 $10^{-6} \sim 10^{-8}$，该值对机械加工的精度要求已经足够了，这时迭代次数一般小于 10 次，迭代初始点的选取很重要，选得不合适，可能不收敛，也可能有的点找不到。

3）直线与阿基米德螺旋线的切点或交点计算

直线与阿基米德螺旋线的切点或交点、阿基米德螺旋线与二次曲线的交点或切点的计算均可用上述切线-法线迭代法求解。

4）阿基米德螺旋线与阿基米德螺旋线的交点计算

当两条阿基米德螺旋线相交时，在其向径相等及与 x 轴夹角相等的条件下，可以用解析法求解其交点。

5.3.2　节点计算

数控机床的数控装置一般都具有直线插补和圆弧插补功能，对于可以用已知方程描述的曲线，若数控装置的插补功能与零件轮廓相符合，则只进行基点计算；否则，当加工非直线、非圆曲线轮廓时，需要将轮廓曲线分段，用直线段或圆弧段逼近，还要进行节点计算。

1. 用直线段逼近零件轮廓的节点计算

目前常用的节点计算方法有等间距法、等程序段法、等误差法。

1）等间距法

已知工件轮廓曲线的方程式为 $y = f(x)$，它是一条连续曲线（如图 5-11 所示）。等间距法是将曲线的某一坐标轴等间距分段，如图 5-11 所示的 x 轴，然后求出曲线上相应的节点 A、B、C、D 和 E 等的 x、y 坐标值。在极坐标系中，间距由相邻节点的转角坐标增量或向径坐标增量相等的值确定。等间距法的计算过程比较简单，由起点开始，每次增加一个坐标增量值（间距），代入原方程求出另一个坐标值。这种方法的关键是确定间距值，该值应保证曲线 $y = f(x)$ 与相邻两节点连线间的法向距离小于允许的程序编程误差 $\delta_{允}$，$\delta_{允}$ 一般取为零件公差的 $1/5 \sim 1/10$。在实际生产中，可根据零件加工精度要求，凭经验选取间距值，然后验算误差最大值是否小于 $\delta_{允}$。下面介绍一种验算误差的方法。

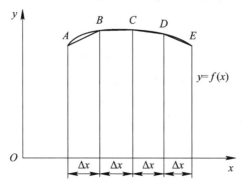

图 5-11　等间距法

当插补间距确定后，插补直线段两端点 A 和 B（如图 5-12 所示）的坐标可求出，为 (x_A, y_A) 和 (x_B, y_B)，则直线 $\overline{AB}$ 的方程为

$$\frac{x-x_A}{y-y_A}=\frac{x_A-x_B}{y_A-y_B} \tag{5-18}$$

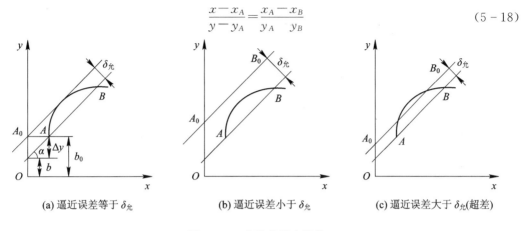

(a) 逼近误差等于 $\delta_允$　　　　(b) 逼近误差小于 $\delta_允$　　　　(c) 逼近误差大于 $\delta_允$(超差)

图 5-12　允许的拟合误差

令 $D=y_A-y_B$，$E=x_A-x_B$，$C=y_A x_B-x_A y_B$，则式(5-18)可以改写成：

$$Dx-Ey=C \tag{5-19}$$

它的斜率为

$$k=\frac{D}{E} \tag{5-20}$$

根据允许的程序编程误差 $\delta_允$，可画出表示公差带范围的直线，它与直线 $\overline{AB}$ 平行，且法向距离为 $\delta_允$，这时可能会有如图 5-12 所示的三种情况之一。

为了计算逼近误差，先求出直线 $\overline{A_0 B_0}$ 的方程式。设直线 $\overline{A_0 B_0}$ 的方程为斜截式：

$$y=k_0 x+b_0 \tag{5-21}$$

因为直线 $\overline{A_0 B_0}\,/\!/\,\overline{AB}$，所以 $k_0=k$，b_0 可采用如下方法求出。

令式(5-19)中 $x=0$，则 $y=-\dfrac{C}{E}$，即直线 AB 的截距 $b=-\dfrac{C}{E}$。直线 $\overline{A_0 B_0}$ 的截距 $b_0=b+\Delta y$，其中 Δy（如图 5-12(a)所示）可由下式得出：

$$\Delta y=\pm\frac{\delta_允}{\cos\alpha}$$

因为 $k=\tan\alpha=\dfrac{D}{E}$，则 $\cos\alpha=\dfrac{E}{\pm\sqrt{D^2+E^2}}$，所以

$$b_0=-\frac{C}{E}\mp\delta_允\frac{\sqrt{D^2+E^2}}{E} \tag{5-22}$$

式(5-22)中的"$\mp$"号表示考虑允许误差 $\delta_允$ 有在负方向的情况。

将式(5-20)和式(5-22)代入式(5-21)，化简后得直线 $\overline{A_0 B_0}$ 的方程式为

$$Dx-Ey=C\pm\delta_允\sqrt{D^2+E^2} \tag{5-23}$$

将式(5-23)与轮廓方程式 $y=f(x)$ 联立，可以求得各节点坐标：

$$\begin{cases} y=f(x) \\ Dx-Ey=C\mp\delta_允\sqrt{D^2+E^2} \end{cases} \tag{5-24}$$

若式(5-24)无解，则表示直线 $\overline{A_0B_0}$ 与曲线 $y=f(x)$ 不相交，如图 5-12(b)所示的情况，拟合误差在允许范围内；若只有一个解，则表示如图 5-12(a)所示的情况，拟合误差等于 $\delta_允$；若有两个解，且 $x_A \leqslant x \leqslant x_B$，则表示如图 5-12(c)所示的情况，表示超差，此时应减小间距(Δx)重新计算。

2) 等程序段法(等步长或等弦长法)

等程序段法是指使所有逼近线段的弦长相等(如图 5-13 所示)。因为零件轮廓曲线 $y=f(x)$ 的曲率各处都不相等，所以各程序段的程序编制误差 δ 也不相等，这就要使整个零件轮廓各程序段的最大误差 $\delta_大$ 小于 $\delta_允$，才能满足程序编制的精度要求。在使用直线段逼近曲线时，可以认为误差的方向是在曲线 $y=f(x)$ 的法向，同时误差最大值发生在曲率半径最小处。

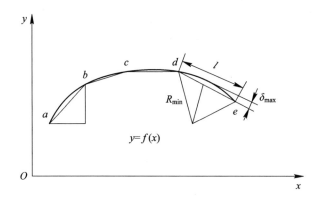

图 5-13　等程序段法

等程序段法数学处理过程如下：

(1) 确定步长(弦长)。

弦长应根据加工精度的要求确定。等步长最大误差 δ_{max} 在最小曲率半径 R_{min} 处(如图 5-13 所示中的 de 段)，则步长应为

$$l=2\sqrt{R_{min}^2-(R_{min}-\delta_允)^2}\approx2\sqrt{2R_{min}\delta_允} \tag{5-25}$$

(2) 确定 R_{min}。

已知函数 $y=f(x)$ 任意一点的曲率半径为

$$R=\frac{(1+y'^2)^{\frac{3}{2}}}{y''} \tag{5-26}$$

当 $\dfrac{dR}{dx}=0$，即 $3y''^2y'-[1+(y')^2]y'''=0$ 时，已知函数曲率最小，根据曲线方程 $y=f(x)$ 求得 y'、y''、y''' 的值代入式(5-26)，即得 x 值。将 x 值代入曲率半径 R 的公式中即可得到 R_{min}。

(3) 确定步长的圆方程。

以曲线起点 $a(x_a, y_a)$ 为圆心，步长 l 为半径的圆方程为

$$(x-x_a)^2+(y-y_a)^2=l^2=8R_{min}\delta_允 \tag{5-27}$$

(4) 求解圆与曲线的联立方程：

$$\begin{cases} y=f(x) \\ (x-x_a)^2+(y-y_a)^2=l^2=8R_{min}\delta_允 \end{cases} \tag{5-28}$$

即得 b 点坐标值。

顺次以 b，c，d，…为圆心，重复步骤(3)(4)即可求得 c、d、e 各点的坐标值。

等步长直线逼近曲线的方法计算比较简单，但插补段数多，编程工作量大。对于程序不多及曲线各处的曲率半径相差不多的零件比较有利。

3) 等误差法

用等误差法以直线拟合轮廓曲线时，使每段的逼近误差相等且小于或等于允许误差 $\delta_{允}$。用这种方法确定的各程序段的长度不相等，程序段数目较少，可以大大缩短纸带长度。但等误差法的计算过程比较复杂，要由计算机辅助完成，算法也较多，而且还在发展中。下面先介绍两种算法。

(1) 平行线法(如图 5-14 所示)。

该方法的计算过程如下：

以曲线 $y=f(x)$ 的起点为圆心，以允许误差 $\delta_{允}$ 为半径作圆，设起点 a 的坐标为 (x_a, y_a)，则此圆(在 M 点)的方程为

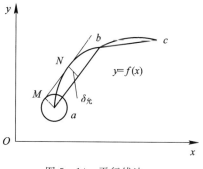

$$(x_M-x_a)^2+(y_M-y_a)^2=\delta_{允}^2 \qquad (5-29)$$

上述圆与曲线的公切线的斜率为

$$k=\frac{y_N-y_M}{x_N-x_M} \qquad (5-30)$$

图 5-14　平行线法

曲线上过 N 点的切线斜率为 $\left.\dfrac{\mathrm{d}y}{\mathrm{d}x}\right|_N=f'(x_N)$，由于起点圆与轮廓曲线有公切线，它们的斜率相等，即 $\left.\dfrac{\mathrm{d}y}{\mathrm{d}x}\right|_N=k$，故可得

$$\frac{y_N-y_M}{x_N-x_M}=f'(x_N) \qquad (5-31)$$

过 M 点圆 u 的切章的斜章为 $\dfrac{x_M-x_a}{y_M-y_a}$，该斜率与公切线的斜率相等，故可得

$$\frac{y_N-y_M}{x_N-x_M}=-\frac{x_M-x_a}{y_M-y_a} \qquad (5-32)$$

将式(5-29)、式(5-31)、式(5-32)与 N 点处对应的曲线方程 $y_N=f(x_N)$ 联立：

$$\begin{cases} (x_M-x_a)^2+(y_M-y_a)^2=\delta_{允}^2 \\[2mm] \dfrac{y_N-y_M}{x_N-x_M}=f'(x_N) \\[2mm] \dfrac{y_N-y_M}{x_N-x_M}=-\dfrac{x_M-x_a}{y_M-y_a} \\[2mm] y_N=f(x_N) \end{cases} \qquad (5-33)$$

可以求出 x_M、x_N、y_M、y_N。

过 a 点 (x_a, y_a) 作平行于 MN 并与曲线 $y=f(x)$ 相交于 b 点的弦 ab，弦长 ab 的方程为

$$y-y_a=k(x-x_a) \qquad (5-34)$$

联立方程组：

$$\begin{cases} y = f(x) \\ y - y_a = k(x - x_a) \end{cases} \tag{5-35}$$

可求得 b 点的坐标(x_b, y_b)。重复上述计算过程，顺次可求得 $c, d, e, \cdots$ 各点的坐标值。

（2）局部坐标法。

采用局部坐标求节点，首先要建立局部坐标系。以上一节点为局部坐标原点，x' 坐标轴通过所求的下一个节点，方向为自坐标原点至所求节点。显然，曲线 $y = f(x)$ 在局部坐标系中用 $y' = f(x')$ 表示，其中 y' 坐标的极值应等于 $\delta_允$，$y' = 0$ 处的 x' 值为所求节点坐标。如图 5-15 所示，在局部坐标法中应确定局部坐标系 $x'Ay'$ 相对原始坐标系 xOy 的转角 α。两坐标的关系为

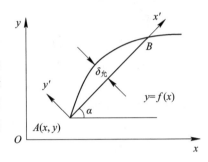

图 5-15　局部坐标法

$$\begin{cases} x = x'\cos\alpha - y'\sin\alpha + x_A \\ y = x'\sin\alpha + y'\cos\alpha + y_A \end{cases} \tag{5-36}$$

在局部坐标系中，由 $\dfrac{dy'}{dx'} = 0$ 可求得 $x' = F(\alpha)$ 的表达式。将此表达式代入 $y' = f(x')$，并使 $y' = \delta_允$，则得 $F(\alpha) = 0$，解之可得 α 角。由 $y' = f(x') = 0$ 可求得 x'_B。将 x'_B 和 $y'_B = 0$ 代入两坐标系的关系式中，可求得 x_B 和 y_B。

求坐标旋转角 α，即解方程 $F(\alpha) = 0$，通常要用迭代法。

2. 用圆弧段逼近零件轮廓的节点计算

轮廓曲线 $y = f(x)$ 可以用圆弧来逼近，并使逼近误差小于或等于 $\delta_允$。用圆弧逼近零件轮廓曲线既可以用相交圆弧逼近，也可以用相切圆弧逼近。

1）用彼此相交圆弧逼近轮廓曲线

（1）圆弧分割法。

圆弧分割法应用在曲线 $y = f(x)$ 为单调的情形。若 $y = f(x)$ 不是单调曲线，则应在拐点或凸点处将曲线进行分割，使每段曲线成为单调曲线。单调曲线用圆弧分割法的计算步骤（如图 5-16 所示）如下：

从曲线起点 (x_n, y_n) 处开始作曲率圆，其圆心为

$$\begin{cases} \zeta_n = x_n - \dfrac{dy}{dx_n} \cdot \dfrac{1 + (dy/dx_n)^2}{d^2 y/dx_n^2} \\ \eta_n = y_n + \dfrac{1 + (dy/dx_n)^2}{d^2 y/dx_n^2} \end{cases} \tag{5-37}$$

曲率半径 R_n 为

$$R_n = \frac{\left[1 + (dy/dx_n)^2\right]^{\frac{3}{2}}}{\left| d^2 y/dx_n^2 \right|} \tag{5-38}$$

考虑编程的允许误差 $\delta_允$，将曲率圆方程与曲线方程联立：

$$\begin{cases} (x - \zeta_n)^2 + (y - \eta_n)^2 = (R_n \pm \delta_允)^2 \\ y = f(x) \end{cases} \tag{5-39}$$

可解得交点 (x_{n+1}, y_{n+1})，再求过 (x_n, y_n) 和 (x_{n+1}, y_{n+1}) 两点、半径为 R_n 圆的圆心，即求

$$\begin{cases} (x-x_n)^2 + (y-y_n)^2 = R_n^2 \\ (x-x_{n+1})^2 + (y-y_{n+1})^2 = R_n^2 \end{cases} \tag{5-40}$$

的交点 P_1 的坐标值。同理，可以求出下一个圆心 P_2，从而得出两个逼近曲线 $y=f(x)$ 的相交圆弧，如图 5-16 中的虚线圆所示。

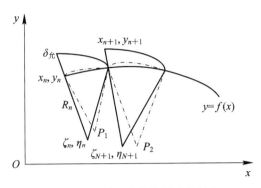

图 5-16　单调曲线的圆弧分割法

（2）三点作圆法。

三点作圆法是先用直线逼近零件轮廓，再通过连续三点 $P_1(x_1, y_1)$、$P_2(x_2, y_2)$、$P_3(x_3, y_3)$ 作圆，圆的方程用行列式表示为

$$\begin{vmatrix} x^2+y^2 & x & y & 1 \\ x_1^2+y_1^2 & x_1 & y_1 & 1 \\ x_2^2+y_2^2 & x_2 & y_2 & 1 \\ x_3^2+y_3^2 & x_3 & y_3 & 1 \end{vmatrix} = 0$$

解行列式化成标准形式：

$$x^2 + y^2 + Dx + Ey + F = 0$$

直线逼近轮廓的节点用以前叙述过的方法计算，其逼近误差为 δ_1（如图 5-17 所示），圆弧与轮廓曲线的误差为 δ_2，则 $\delta_2 < \delta_1$。为了减少圆弧段的数目，并保证精度，应使 $\delta_2 = \delta_允$。现求 $\delta_2 = \delta_允$ 时的直线逼近误差 δ_1 值。δ_3 为圆弧与逼近直线的误差，由图 5-17 可得

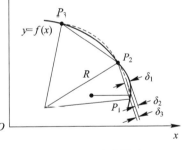

$$\delta_2 = |\delta_1 - \delta_3| \tag{5-41}$$

由逼近轮廓的直线与 $y=f(x)$ 曲线（根据式(5-25)）得

$$\overline{P_1P_3} \approx 2\sqrt{2\delta_1 R_a} \tag{5-42}$$

图 5-17　三点作圆法

式中：R_a——$y=f(x)$ 曲线在 P_1 点的曲率半径。

由逼近轮廓的直线与过 P_1、P_2、P_3，半径为 R 的圆弧（应用式(5-25)）得

$$\overline{P_1P_3} \approx 2\sqrt{2R\delta_3} \tag{5-43}$$

式中：R——过 P_1、P_2、P_3 三点的圆的半径，由式(5-41)～式(5-43)可得

$$\delta_1 = \frac{R\delta_2}{|R-R_a|}$$

由于 $\delta_2 = \delta_允$，则

$$\delta_1 = \frac{R\delta_允}{|R - R_a|}$$

或

$$\delta_允 = \left|1 - \frac{R_a}{R}\right|\delta_1 \qquad (5-44)$$

R（所求圆的半径）可用迭代法求解，为了计算方便，也可设 $\delta_1 = \delta_允$。

2）用彼此相切圆弧逼近零件轮廓

用彼此相切圆弧逼近零件轮廓方法的特点是，逼近轮廓的相邻各圆弧彼此是相切的，同时逼近圆弧与轮廓曲线间的最大误差等于 $\delta_允$。若曲线上有四点 A、B、C、D（如图 5-18 所示），AD 段曲线用两个相切圆弧 M、N 逼近，两圆弧的切点为 G。曲线与 M、N 圆弧的最大误差分别发生在 B、C 两点，从而满足条件：

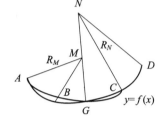

图 5-18　相切圆弧逼近轮廓线

$$|R_M - R_N| = MN$$
$$|AM - BM| \leqslant \delta_允$$
$$|DN - CN| \leqslant \delta_允$$

计算原理是：由曲线起点开始，任意选定 B、C、D 三点，由 A、B 两点的法线可求出 M 点坐标。由 C、D 两点的法线求出 N 点坐标，然后用迭代法解联立方程组，求出 B、C、D 三点的坐标值，从而得出两个圆弧的半径。

5.4　列表曲线平面轮廓的数学处理

零件设计图中只给出了零件轮廓曲线（或曲面）上离散点的坐标值（型值点），并未给出轮廓曲线（面）的数学方程，要求加工出的曲线（面）准确地通过这些给定的型值点，而且曲线（面）应光滑。这样给出的轮廓曲线（面）称为列表曲线（面）。这类零件列表曲线的列表数据几乎都是由实验方法或测绘法取得的，各坐标点之间没有一定的连接规律。列表曲线的特点如下。

（1）通过型值点。如果构造列表曲线的数学表达式为 $y = f(x)$，则 $y_j = f(x_j)(j = 0, 1, 2, \cdots, n)$，其中 (x_j, y_j) 为型值点。

（2）有连续变化的曲率。有连续变化的曲率即二阶导数应连续。

（3）保证光滑性。曲线一阶导数 $y' = f'(x)$ 连续，不出现拐点，在各型值点 $y_j = f(x_j)$ 处，有 $f'(x_j^+) = f'(x_j^-) = f'(x_j)$。

列表曲线不能用特征方程描述，而是以离散的坐标点给出的曲线。用列表点（离散点）描述轮廓曲线在机械加工中的应用很多。这种曲线需要两次逼近，第一次要用数学方程式逼近，第二次要用数控装置具有的插补功能进行直线或圆弧逼近。第一次逼近时所用的数学方程式应满足以下要求：

（1）方程式所表示的零件轮廓曲线应通过给定的坐标点（型值点），或与所给定的坐标点位置之差在允许的误差范围内。

（2）方程式应尽量简单，一般为二次曲线方程，最多是三次曲线方程。

（3）当由几个曲线方程式表示列表曲线时，方程式之间的连接处应光滑，即在连接点有连续的一阶导数或二阶导数。

（4）方程式表示的轮廓曲线应与给出型值点的轮廓曲线凹凸性一致，即不应在型值点的凹凸性之外增加新的拐点。

列表曲线轮廓零件的计算机辅助编程流程如图 5-19 所示。数学处理的结果是通用的，而后置处理的结果只用于某一特定机床，是专用的。因此，后置处理就是根据数学处理后所得到的刀位文件及机床特性信息文件的内容，将其处理成相应数控机床及其控制系统能够识别的控制指令，即获得特定机床加工用的程序。列表曲线的数学处理常用的方法有牛顿插值法、双圆弧法、样条函数法。

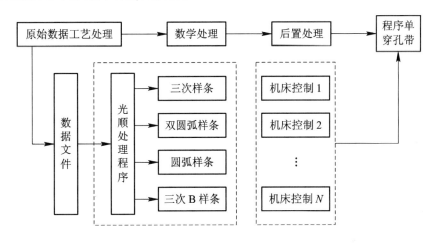

图 5-19　列表曲线轮廓零件的计算机辅助编程流程

5.4.1　牛顿插值法

牛顿插值法可以用通过型值点的牛顿插值多项式来实现，该多项式的系数是各阶的差商。在进行数控编程时，如果用一个高次多项式去描述整个曲线，不但计算太复杂，而且实际上是不必要的。在实际应用中，采用牛顿插值多项式的前三项，逼近精度已经能够满足要求。通过三个型值点可得到一个二次插值三项式：

$$y = y_0 + f(x_0, x_1)(x - x_0) + f(x_0, x_1, x_2)(x - x_0)(x - x_1) \tag{5-45}$$

式中：$f(x_0, x_1)$ 和 $f(x_0, x_1, x_2)$——一阶差商和二阶差商。

设一阶差商：

$$A_1 = \frac{y_i - y_{i-1}}{x_i - x_{i-1}}$$

$$A_2 = \frac{y_{i+1} - y_i}{x_{i+1} - x_i}$$

二阶差商：

$$B_1 = \frac{A_2 - A_1}{x_{i+1} - x_{i-1}}$$

式中：$i = 0, 1, 2, \cdots, n$，则式（5-45）可以写成

$$y = B_1 x^2 + (A_1 - B_1 x_{i-1} - B_1 x_i)x + (B_1 x_{i-1} x_i - A_1 x_{i-1} + y_{i-1}) \tag{5-46}$$

式(5-46)是一族具有垂直轴的抛物线。

根据插值多项式的误差分析法,在通过 x_{i-1}、x_i、x_{i+1} 三点的二次插值式中,在区间 $[x_{i-1}, x_i]$ 内的插值误差最小。式(5-46)用来表示在区间 $[x_{i-1}, x_i]$ 内的零件轮廓是适宜的。通过三个型值点用牛顿插值多项式表示两点间的曲线形状,即有一段重叠的逼近方法,可以保证型值点两边的导数差较小。

牛顿插值法适用于列表点比较平滑的情况。

当给出定点对坐标轴进行等间距分割时,可以由一般牛顿插值多项式推导出牛顿等间距分布的插值公式,同样可用通过三个型值点的方法得出牛顿二次前插公式:

$$y = y_{i-1} + \frac{x - x_{i-1}}{h} \Delta y_{i-1} + \frac{(x - x_{i-1})(x - x_{i-1} - h)}{2h^2} \Delta^2 y_{i-1} \qquad (5-47)$$

式中:h——间距;

$\Delta y_{i-1} = y_i - y_{i-1}$;$\Delta y_i = y_{i+1} - y_i$;$\Delta^2 y_{i-1} = \Delta y_i - \Delta y_{i-1} = y_{i-1} + y_{i+1} - 2y_i$,$\Delta y_i$ 叫作向前差分。

对于最后两点,即在 $[x_{n-1}, x_n]$ 区间内要用牛顿后插公式:

$$y = y_n - \frac{(x - x_n)}{h} \nabla y_n + \frac{(x - x_n)(x - x_n + h)}{2h^2} \nabla^2 y_n \qquad (5-48)$$

式中:$\nabla y_n = y_n - y_{n-1}$,$\nabla y_{n-1} = y_{n-1} - y_{n-2}$,$\nabla^2 y_n = \nabla y_n - \nabla y_{n-1} = y_n + y_{n-2} - 2y_{n-1}$,$\nabla y_n$ 叫作向后差分。

5.4.2 双圆弧法

双圆弧法是用连续的圆弧逼近列表曲线,此法具有"保凸性",可应用在曲率较大的情况,特别是它具有计算方法简单以及可直接用于圆弧插补的数控机床,而不必进行节点计算的优点。

双圆弧法通过连续四个型值点确定中间两个型值点间的几何元素和参数,由于连续四点的分布情况不同,逼近中间两点的几何元素和确定方法也不同。

1. 直线元素的确定

如果连续四个型值点的分布如图 5-20 所示,P_1、P_2、P_3、P_4 四个点在一个直径很大的圆弧上,假设在直径很大的地球上,即可近似认为在一条直线上,其条件是:

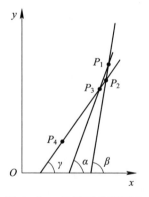

$$|\sin(\alpha - \beta)| \leqslant 0.000\ 85$$
$$|\sin(\alpha - \gamma)| \leqslant 0.000\ 85 \qquad (5-49)$$

式中:α——P_1、P_3 两点连线与 x 轴的夹角;

β——P_1、P_2 两点连线与 x 轴的夹角;

γ——P_3、P_4 两点连线与 x 轴的夹角。

这时,中间两点 P_2、P_3 可以用直线逼近。

2. 内切圆的确定

图 5-20 双圆弧直线逼近

连续四个型值点中的第一点和第四点在中间两点连线的同侧时(如图 5-21 所示),可用两个彼此内切的圆弧逼近中间两点。

过 P_2 点作 $\angle P_1P_2P_3$ 的角平分线 P_2L_2 的垂线 P_2M，过 P_3 点作 $\angle P_2P_3P_4$ 的角平分线 P_3L_3 的垂线 P_3M，过 P_2 点作 $\angle P_3P_2M$ 的角平分线 P_2N，过 P_3 点作 $\angle P_2P_3M$ 的角平分线 P_3N，过 P_2N 和 P_3N 的交点 N 作 P_2P_3 的垂线 PN，PN 与 P_2L_2 交于 O_2 点，与 P_3L_3 交于 O_3 点，则 O_2 和 O_3 为所求两圆的圆心，P_2O_2 和 P_3O_3 为所求两圆的半径，O_2 圆与 O_3 圆彼此相切于 N 点，O_2 圆在 P_2 点与 P_2M 相切，O_3 圆在 P_3 点与 P_3M 相切。显然，在型值点处的相邻两圆也彼此相切。

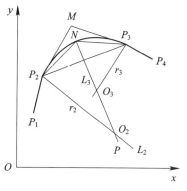

图 5 - 21　内切圆弧逼近

两圆的圆心 O_2 和 O_3，半径 r_2 和 r_3，以及交点 N 的坐标可通过矢量进行计算，解向量方程得出下面的计算公式：

$$\begin{cases} r_2 = \dfrac{dx_3(y_2+x_3)-dy_3(x_2-y_3)}{D} \\ r_3 = \dfrac{dx_3(y_1+x_3)-dy_3(x_1-y_3)}{D} \end{cases} \tag{5-50}$$

式中：d——矢量 $\overrightarrow{P_2P_3}$ 的模 $|\overrightarrow{P_2P_3}|$。

$$D=(x_1-y_3)(y_2+x_3)-(y_1+x_3)(x_2-y_3)$$

$$\begin{cases} O_2=P_2+r_2\boldsymbol{V}_1 \\ O_3=P_3+r_3\boldsymbol{V}_2 \\ N=O_2+r_2\boldsymbol{V}_3 \end{cases} \tag{5-51}$$

式中：$\boldsymbol{V}_1$、$\boldsymbol{V}_2$、$\boldsymbol{V}_3$——P_2O_2、P_3O_3、O_2N 的单位矢量，其分量分别为 x_1、y_1、x_2、y_2、x_3、y_3。由给出的 P_1、P_2、P_3、P_4 点可以确定 d 和 D，从而可以求出 r_2 和 r_3、O_2 和 O_3、N。

3. 外切圆的确定

连续四个型值点中的第一个点和第四个点在中间两点连线的两侧，或其中一点在连线上时，可用两个彼此外切的圆弧逼近中间两点，如图 5 - 22 所示。

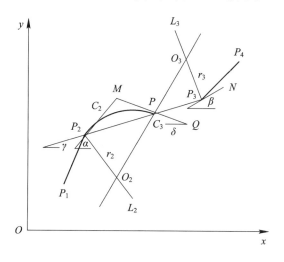

图 5 - 22　外切圆弧逼近

过 P_2 点作 $\angle P_1 P_2 P_3$ 的角平分线 $P_2 L_2$ 的垂线 $P_2 M$，$P_2 M$ 与 x 轴的夹角为 α；过 P_3 点作 $\angle P_2 P_3 P_4$ 的角平分线 $P_3 L_3$ 的垂线 $P_3 N$，$P_3 N$ 与 x 轴的夹角为 β，两个圆心 O_2 和 O_3 分别在 $P_2 L_2$ 和 $P_3 L_3$ 上，并且以 $O_2 O_3 = O_2 P_2 + O_3 P_3$ 为原则，选择彼此相切的两圆 C_2 和 C_3，使 C_2 圆上的 P 点至 P_2 点的弧长等于 C_3 圆上的 P 点至 P_3 点的弧长，由此得

$$\delta = 2\gamma - \frac{\alpha + \beta}{2}$$

式中：δ——过 P 点的公切线 PQ 与 x 轴的夹角；

γ——$P_2 P_3$ 直线与 x 轴的夹角。

两圆的半径、圆心和切点 P 的计算如下：

$$r_2 = \frac{d\left[x_3(y_2 - y_4) - y_3(x_2 - x_4)\right]}{D}$$

$$r_3 = \frac{d\left[x_3(y_1 + y_4) - y_3(x_1 + x_4)\right]}{D}$$

$$O_2 = P_2 + r_2 \boldsymbol{V}_1$$

$$O_3 = P_3 + r_3 \boldsymbol{V}_2 \tag{5-52}$$

$$P = O_2 + r_2 \boldsymbol{V}_3$$

$$D = (x_1 + x_4)(y_2 - y_4) - (y_1 + y_4)(x_2 - x_4)$$

式中：d——矢量 $\overrightarrow{P_2 P_3}$ 的模；

$\boldsymbol{V}_1$、$\boldsymbol{V}_2$、$\boldsymbol{V}_3$——矢量 $\overrightarrow{P_2 O_2}$、$\overrightarrow{P_3 O_3}$、$\overrightarrow{O_2 P}$ 的单位矢量，其分量分别为 x_1、y_1、x_2、y_2、x_3、y_3、x_4、y_4。

5.4.3 样条函数法

样条函数曲线是分段的三次函数，该函数通过所有型值点，并且在型值点处具有一阶和二阶导数。三次样条函数比较"光顺"，有连续曲率。

1. 二阶导数为系数的三次样条函数

1）三次样条的力学背景

如果把样条看成弹性细梁，其上加上两个压铁使之逐点通过各支撑点（型值点），把压铁看成作用在细梁上的集中载荷，那么样条曲线可以看成在外界载荷下弹性细梁的弯曲变形曲线。由材料力学可知，梁弯曲变形，其弯曲变形曲线 $y = s(x)$ 的曲率由欧拉公式给定：

$$k(x) = \frac{M(x)}{EJ} \tag{5-53}$$

式中：$k(x)$——变形曲线的曲率；

E——弹性模量；

J——截面惯性矩；

$M(x)$——弯矩（力矩）。

曲线的曲率由数学公式表示为

$$k(x) = \frac{y''(x)}{\left[1 + y'^2(x)\right]^{\frac{3}{2}}} \tag{5-54}$$

式(5-54)为非线性微分方程，它的解不能用初等函数表示，对于小挠度的情况，$|y'|\ll1$，可以忽略 y' 项，EJ 合起来代表抗弯刚度，它与材质及截面形状有关。为了使问题简化，令 $EJ=1$，则上式变为

$$y''(x)=M(x) \tag{5-55}$$

式(5-55)表示 y 的二阶导数是它的力矩。由于两压铁之间无外力作用，由材料力学可知：相邻两集中载荷之间的一小段梁所受到的弯矩 $M(x)$ 是 x 的线性函数（如图 5-23 所示），即

$$y''(x)=ax+b$$

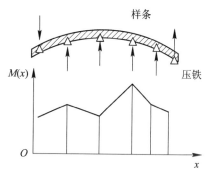

图 5-23　弯矩函数

由于弯矩 $M(x)$ 是线性的，即样条函数的二阶导数在任意两型值点之间是线性的（样条函数是三次多项式），这样，在数学方法中，就有了解决列表曲线的数学工具。

2）三次样条函数的定义

由 1）可知原函数 $y=s(x)$ 为三次多项式，将三次样条函数写成一般形式，即

$$s(x)=a_jx_j^3+b_jx_j^2+c_jx_j+d_j \tag{5-56}$$

式中：$x_{j-1}\leqslant x\leqslant x_j$，$j=0,1,2,\cdots,n$。

于是有

$$\frac{\mathrm{d}s}{\mathrm{d}x}=3a_jx_j^2+2b_jx_j+c_j$$

$$\frac{\mathrm{d}^2s}{\mathrm{d}x^2}=6a_jx_j+2b_j$$

因为 $y=s(x)$ 通过型值点 $P_j(x_j,y_j)$，所以 $s(x_j)=y_j$，在区间 $[x_{j-1},x_j]$ 内有

$$\begin{cases} a_jx_{j-1}^3+b_jx_{j-1}^2+c_jx_{j-1}+d_j=y_{j-1} \\ a_jx_j^3+b_jx_j^2+c_jx_j+d_j=y_j \end{cases} \tag{5-57}$$

若以 M_{j-1}、M_j 表示 $s(x)$ 在 x_{j-1}、x_j 处的二阶导数，则有

$$6a_jx_{j-1}+2b_{j-1}=M_{j-1} \tag{5-58}$$

$$6a_jx_j+2b_j=M_j \tag{5-59}$$

将方程式(5-57)～式(5-59)联立，可解得

$$\begin{cases} a_j=\dfrac{M_j-M_{j-1}}{6h_j} \\[2mm] b_j=\dfrac{M_{j-1}x_j-M_jx_{j-1}}{2h_j} \\[2mm] c_j=-\dfrac{M_{j-1}(3x_j^2-h_j^2)+M_j(h_j^2-3x_{j-1}^2)}{6h_j}+\dfrac{y_j-y_{j-1}}{h_j} \\[2mm] d_j=\dfrac{-M_{j-1}x_j(h_j^2-x_j^2)+M_jx_j(h_j^2-x_{j-1}^2+x_{j-1}h_j)}{6h_j}+\dfrac{y_{j-1}x_j-y_jx_{j-1}}{h_j} \end{cases} \tag{5-60}$$

其中，$h_j = x_j - x_{j-1}$。

将式(5-60)代入式(5-56)，经变换整理可得"M关系式"：

$$\mu_j M_{j-1} + 2M_j + \lambda_j M_{j+1} = D_j \tag{5-61}$$

式中：

$$\mu_j = \frac{h_j}{h_j + h_{j+1}}$$

$$\lambda_j = 1 + \mu_j$$

$$D_j = \frac{6}{h_j + h_{j+1}} \left(\frac{y_{j+1} + y_j}{h_{j+1}} - \frac{y_j - y_{j-1}}{h_j} \right)$$

M关系式是关于变量 M 的 $n-1$ 个方程的方程组，若解出 $n+1$ 个 M 值，还需两个端点条件。

第一种，给出两端点 x_0 和 x_n 处的二阶导数，即

$$M_0 = \frac{\mathrm{d}^2 y}{\mathrm{d} x_0^2}; \quad M_n = \frac{\mathrm{d}^2 y}{\mathrm{d} x_n^2} \tag{5-62}$$

实际上常把 $\dfrac{\mathrm{d}^2 y}{\mathrm{d} x_0^2} = 0$，$\dfrac{\mathrm{d}^2 y}{\mathrm{d} x_n^2} = 0$ 称为自由端点条件，其几何意义是在 x_0 的左边以及 x_n 的右边分别与直线相切。

第二种，给出两端点 x_0、x_n 处的一阶导数 $\dfrac{\mathrm{d}s}{\mathrm{d}x_0} = \dfrac{\mathrm{d}y}{\mathrm{d}x_0}$，$\dfrac{\mathrm{d}s}{\mathrm{d}x_n} = \dfrac{\mathrm{d}y}{\mathrm{d}x_n}$，这可由推导式(5-61)的过程求得

$$\begin{cases} 2M_0 + M_1 = \dfrac{6}{h_1} \left(\dfrac{y_1 - y_0}{h_1} - \dfrac{\mathrm{d}y}{\mathrm{d}x_0} \right) \\ M_{n-1} + 2M_n = \dfrac{6}{h_n} \left(\dfrac{\mathrm{d}y}{\mathrm{d}x_n} - \dfrac{y_n - y_{n-1}}{h_n} \right) \end{cases} \tag{5-63}$$

在实际问题中，可能是一端给出一阶导数，另一端给出二阶导数；或者与已知直线或圆弧相切于端点。这需要由端点条件作不同处理。没有指定端点条件时，可以通过三个连续起点或三个连续终点作圆弧或抛物线，以起点、终点处的圆弧或抛物线斜率作为端点条件。

目前，样条函数的计算程序已经标准化，一般可以在给出列表点数值和端点条件后，调出标准程序求解。

常用的三次样条函数还有以一阶导数为系数的三次样条函数。使用三次样条函数应注意以下三点：

(1) 三次样条函数适用于小挠度的情况。对于大挠度情形 $\left(\left| \dfrac{\mathrm{d}y}{\mathrm{d}x} \right| > 1 \right)$，若仍用给定坐标系下各型值点的坐标作三次样条，就可能有较大误差，出现多余的拐点。这时可采用坐标旋转法或用参数样条逼近。

(2) 当端点条件出现无穷大的情况时，可对样条作适当处理，如把所求样条曲线 $s(x)$ 看成一条抛物线与另一条样条曲线 $s_1(x)$ 的叠加。

(3) 型值点以极坐标 (ρ_j, θ_j) 的形式给出时，可不必作坐标变换，把 ρ 和 θ 看成直角坐标系的坐标值，并利用相应的公式求解。

2. 参数样条函数

设平面上给出 $n+1$ 个点 $P_j(j=0, 1, 2, \cdots, n)$，选择适当的参数 t，对 x_j 和 y_j 关于 t 分别作三次样条函数 $x_j(t)$ 和 $y_j(t)$，这样构成的曲线方程称为三次参数样条函数。例如，把相邻两个型值点连接起来的弦长作累加，如图 5-24 所示。

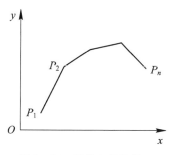

图 5-24　型值点间弦长

这样对于每个型值点都有一个确定的累加弦长与之对应。选取累加弦长作为曲线参数方程中的参数，作 x、y 关于 t 的三次样条，便得到需要的参数样条曲线函数。

在应用参数样条曲线时，必须注意此时的端点条件是关于参数 t 的，如一阶导数的端点条件不能取作

$$\left|\frac{\mathrm{d}y}{\mathrm{d}x}\right|_{x=x_0} \text{和} \left.\frac{\mathrm{d}y}{\mathrm{d}x}\right|_{x=x_n}$$

而应取作

$$\left|\frac{\mathrm{d}x}{\mathrm{d}t}\right|_{t=0}, \left|\frac{\mathrm{d}y}{\mathrm{d}t}\right|_{t=0}, \left|\frac{\mathrm{d}x}{\mathrm{d}t}\right|_{t=t_n}, \left|\frac{\mathrm{d}y}{\mathrm{d}t}\right|_{t=t_n}$$

由于

$$\frac{\mathrm{d}y}{\mathrm{d}x}=\frac{\dfrac{\mathrm{d}y}{\mathrm{d}t}}{\dfrac{\mathrm{d}x}{\mathrm{d}t}}=\tan\alpha_n=\frac{\sin\alpha_n}{\cos\alpha_n}$$

式中：α_n——曲线切线与 x 轴的夹角（如图 5-25 所示），n 为顺序号，故

$$\left|\frac{\mathrm{d}y}{\mathrm{d}t}\right|_{t=0}=\sin\alpha_0; \left|\frac{\mathrm{d}x}{\mathrm{d}t}\right|_{t=0}=\cos\alpha_0; \left|\frac{\mathrm{d}y}{\mathrm{d}t}\right|_{t=t_n}=\sin\alpha_n; \left|\frac{\mathrm{d}x}{\mathrm{d}t}\right|_{t=t_n}=\cos\alpha_n$$

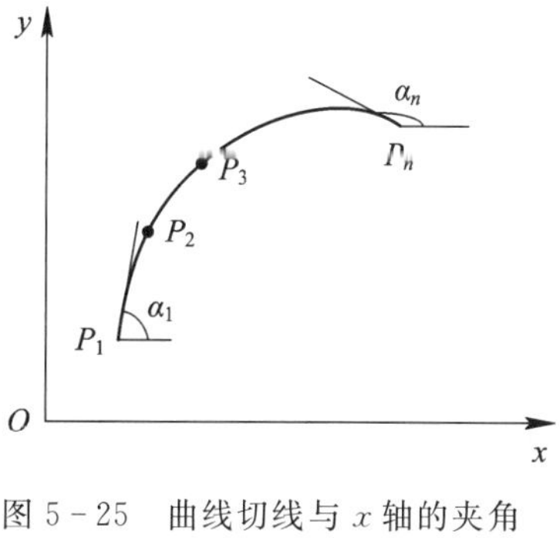

用三次参数样条函数描述的曲线能够通过给定的各列表点（型值点），在各连接点处的一阶导数、二阶导数连续，得到一条光滑曲线。该曲线与给定的列表点曲线凹凸性一致，没有多余的拐点。同时三次参数样条是用参数方程表示的，不依赖坐标系的选择，具有几何不变性，而且可以解决大挠度曲线、封闭曲线、空间曲线的拟合问题，适用范围广。

图 5-25　曲线切线与 x 轴的夹角

参数样条形式有多种，虽然样条曲线的数学概念并不复杂，但是即使在给出点很少的情况下，也要做冗长的运算，现在样条曲线都由计算机完成。自动编程语言中有关于样条的几何定义语句，例如：

spline＝SPLINE/pt$_1$, pt$_2$, pt$_3$, $\cdots$, pt$_n$

图样上只要给出列表点（pt$_1$，pt$_2$，pt$_3$，$\cdots$，pt$_n$）的坐标，以及有关样条的切矢、插值和法线等，就可以进行运算了。

3. 圆弧样条

圆弧样条是在两个型值点之间用两个相切的圆弧代替三次样条曲线，这就是使用圆弧这种简单的二次曲线，利用样条的思想而产生的圆弧样条。

设给定 $n+1$ 个有序型值点 $P_i(i=0，1，2，\cdots，n)$，其坐标（直角坐标系）为 $(x_0，y_0)$，$(x_1，y_1)$，$(x_2，y_2)$，$\cdots$，$(x_i，y_i)$，$\cdots$，$(x_n，y_n)$。以每个型值点为坐标原点，该型值点与下一个型值点连线作为横坐标 U，垂直于 U 的方向作为纵坐标 V，建立 $n+1$ 个局部坐标系（如图 5-26 所示）。坐标原点 P_i 在局部坐标系中的坐标为 $(0，0)$，下一点 P_{i+1} 的坐标为 $(L_i，0)$，L_i 为折线 P_iP_{i+1} 的长度：

$$L_i=\sqrt{(x_{i+1}-x_i)^2+(y_{i+1}-y_i)^2} \tag{5-64}$$

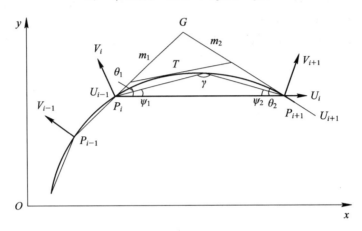

图 5-26   圆弧样条

圆弧样条逼近是利用局部坐标系，在子区间 $\overline{P_iP_{i+1}}$ 之间用两个相切的圆弧拟合，每个型值点两侧为不同圆弧，且圆弧的半径不相等。如图 5-26 所示，过 P_i 点作一圆弧，它在 P_i 点的切线为 m_1，过 P_{i+1} 点作一圆弧，它在 P_{i+1} 点的切线为 m_2，m_1 和 m_2 相交于 G 点，切线 m_1 与弦线 $\overline{P_iP_{i+1}}$ 的夹角为 θ_1，切线 m_2 与弦线 $\overline{P_iP_{i+1}}$ 的夹角为 θ_2，θ_1 与 θ_2 均为有向角且为给定值，它们的方向在图中均为正角，如果 θ_1、θ_2 画在 $\overline{P_iP_{i+1}}$ 下面，则均为负角。

用双圆弧逼近，在 $\overline{P_iP_{i+1}}$ 之间的两个圆弧必须相切，在平面上唯一确定两个圆弧需要 6 个条件，现在只具备 5 个条件：P_i 点和 P_{i+1} 点的位置及它们的切线方向，同时还有两个圆弧相切的条件。所以两个圆弧不是唯一确定的，即两个圆弧切点 T 的位置是可变的。可以证明切点 T 的轨迹是一个圆，此轨迹圆经过 P_i、P_{i+1} 两点，且过 $\triangle P_iP_{i+1}G$ 的内心。

圆弧的半径和圆心可以由图 5-27 推导计算出来。为了计算方便，假定切点 T 的位置由 T 点的切线与弦线 P_1P_2 的夹角 δ 表示，图 5-27 中所示位置为正值。$\overline{P_1P_2}$ 的长度为 L_1，两相切圆弧的圆心和半径分别为 O_1、O_2 和 R_1、R_2，切点为 T。在 $\triangle P_1TP_2$ 中，由正弦定理可得

$$\overline{P_1T}=\frac{\sin\varphi_2}{\sin\gamma}L_1=\frac{\sin\dfrac{\theta_2-\delta}{2}}{\sin\dfrac{\theta_1+\theta_2}{2}}L_1$$

作 $O_1D_1\perp\overline{P_1T}$，在 $RT\triangle O_1P_1D_1$ 中求得

$$R_1=\frac{\overline{P_1D_1}}{\sin(\theta_1-\varphi_1)}=\frac{\overline{P_1T}}{2\sin(\theta_1-\varphi_1)}=\frac{\sin\left(\dfrac{\theta_2-\delta}{2}\right)L_1}{2\sin\left(\dfrac{\theta_1-\delta}{2}\right)\sin\left(\dfrac{\theta_1+\theta_2}{2}\right)} \tag{5-65}$$

同样可以得出：

$$R_2 = \frac{\sin\left(\dfrac{\theta_1 + \delta}{2}\right) \cdot L_1}{2\sin\left(\dfrac{\theta_2 + \delta}{2}\right)\sin\dfrac{\theta_1 + \theta_2}{2}} \tag{5-66}$$

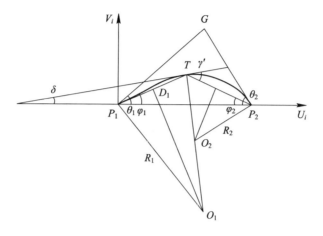

图 5-27　双圆弧半径、圆心的求法

当 $\theta_1 = \theta_2$ 时，不论 δ 为何值，由式(5-65)、式(5-66)可以看出：$R_1 = R_2 = \dfrac{L_1}{2\sin\theta_1}$。

决定双圆弧切点的位置，就是选择 δ 角的问题，常用的选择方法有以下两种：

(1) 当 $\delta = 0$，即双圆弧的公切线平行于弦线 $\overline{P_1 P_2}$ 时，$\varphi_1 = \dfrac{\theta_1}{2}$、$\varphi_2 = \dfrac{\theta_2}{2}$，切点 T 与 $\triangle P_1 G P_2$ 的内心重合，可以证明，当 $\delta = 0$ 时，$\left|\dfrac{R_1}{R_2} - 1\right|$ 为极小值。

(2) 当 $\delta = \dfrac{\theta_2 - \theta_1}{2}$ 时，$\varphi_1 - \varphi_2 = \dfrac{\theta_1 + \theta_2}{4}$，此时，切点 T 就是弦线 $\overline{P_1 P_2}$ 的中垂线与 T 的轨迹圆的交点。

在数控加工中，δ 角还有其他的确定方法，其原则是希望逼近曲线的误差尽可能小一些，双圆弧组数尽可能少一些。

双圆弧中心的坐标：O_1 为 (u_{c1}, v_{c1})、O_2 为 (u_{c2}, v_{c2})。在局部坐标系 $U_i P_i V_i$ 中，可以用下式计算：

$$\begin{cases} u_{c1} = R_1 \sin\theta_1 \\ v_{c1} = -R_1 \cos\theta_1 \end{cases} \tag{5-67}$$

$$\begin{cases} u_{c2} = L_1 - R_2 \sin\theta_2 \\ v_{c2} = -R_2 \cos\theta_2 \end{cases} \tag{5-68}$$

在整体 xOy 坐标系中，可用下式计算：

$$\begin{cases} x_c = u_c \cos\varphi_i - v_c \sin\varphi_i + x_i \\ y_c = u_c \sin\varphi_i + v_c \cos\varphi_i + y_i \end{cases} \tag{5-69}$$

式中：φ_i——局部坐标系 u 轴与整体坐标系 x 轴的夹角。

圆弧样条的双圆弧逼近法具有每段圆弧的圆心和半径的几何不变性，它的形状不随坐标选择而变化。圆弧样条的双圆弧逼近与已知轮廓曲线方程的双圆弧逼近的共同点是，都采用一组圆弧作曲线逼近，并达到一阶导数连续。不同点是，圆弧样条由 n 段圆弧组成，双圆弧逼近由 $2(n-1)$ 段圆弧组成；圆弧样条在给出点的两侧为同一圆弧，相邻两圆弧切于弦中垂线上，双圆弧在型值点两侧是两个圆，相邻两型值点间的圆弧切点在两弦切角的角平分线的交点上。因此，双圆弧法的曲率变化比圆弧样条小一些。当曲线有拐点时，圆弧样条要分段处理，而双圆弧法不用分段。

圆弧样条与三次样条相比，圆弧样条只需要进行一次数学处理，计算方法比三次样条简单、准确，同时可以解决大挠度问题。圆弧样条的稳定性较高。圆弧样条的一阶导数是连续的，而二阶导数是不连续的。但要控制二阶导数（或曲率 ρ）不要变化太大，并希望逐渐变化。

5.5 立体曲面零件的数学处理

从编程的角度看，立体曲面可以分为解析曲面和列表曲面。解析曲面包括圆柱体、圆锥体、球体、二次曲面，也包括直纹面、立体曲线投影、多圆锥射影等曲面。列表曲面是自由设计、自由造型的面，或是复合的立体形状，称为自由曲面或雕塑面（Sculptured Surface）。由于这些曲面不能用解析法描述，常用型值点给定（三维的列表点），因此称为列表曲面。

5.5.1 解析曲面的数学处理——最高点法

解析曲面是方程表示的立体曲面，它可以是单一几何体，也可以是由多种几何体构成的组合曲面。解析曲面可以通过曲面方程和曲面求交等方法来处理，但都有一定的局限性。下面介绍一种处理方法——最高点法。

最高点法的主要任务就是求对应于投影面上 (x,y) 的各曲面元素的 z 坐标。

1. 平面上 z 坐标的计算

该方法允许平面定义方式为：不在一条直线上的三点，平面上一点及其法向矢量，平面上一点及与之相切的圆锥或圆柱，平行平面及其与定义平面的距离，平面方程 $ax+by+cz+d=0$。

无论用何种方式定义平面，都要将平面处理为 $ax+by+cz+d=0$ 的标准形式。此时，z 可以表示为 x、y 的函数，即 $z=-(ax+by+d)/c$。由此，对应于每个点 (x,y) 的 z 坐标可以求出。

2. 圆柱面、圆锥面、椭球面、椭圆抛物面、椭圆柱面、旋转面上 z 坐标的计算

这些曲面的标准方程如下：

圆柱面：$x^2+y^2=R^2$，设中心轴为 z 轴。

圆锥面：$x^2+y^2=(z\tan\alpha)^2$，设中心轴为 z 轴。

椭圆柱面：$\dfrac{x^2}{a^2}+\dfrac{y^2}{b^2}=1$，设中心轴为 z 轴。

旋转面：母线方程 $ax^2+by^2+cz+d=0$（a 不为 0；b、c 不同时为零），设旋转轴为 z 轴，则旋转面方程为 $a(x^2+y^2)+bz^2+cz+d=0$。

椭球面：$\dfrac{x^2}{a^2}+\dfrac{y^2}{b^2}+\dfrac{z^2}{c^2}=1$。

椭球面抛物面：$\dfrac{x^2}{a^2}+\dfrac{y^2}{b^2}=\dfrac{2z}{c}$。

这些立体曲面的标准方程是在特定的局部坐标系中表示出来的。上面几种曲面可以用下列方程统一表示：

$$ax^2+by^2+cz^2+dz+e=0 \tag{5-70}$$

在已知 (x,y) 时，求解整体坐标系中 z 坐标的方法为：在局部坐标系中建立参数方程，设局部坐标系与整体坐标系间的转换参数为 t，将局部参数方程所表示的局部坐标代入整体坐标系方程式中求出参数 t_1、t_2，从而求出局部坐标，最后由 t_1、t_2 反推整体坐标。

在整体坐标系中，取两点 $P_1(x,y,0)$、$P_2(x,y,m)$，其中 m 为不等于零的任意值，过这两点有一条直线 l，经过旋转、平移等坐标变换，得出它们在局部坐标系中的对应坐标值 $P_1(x_1,y_1,z_1)$、$P_2(x_2,y_2,z_2)$，从而直线 l 在局部坐标系中的参数方程为

$$\begin{aligned} x &= x_1+(x_2-x_1) \cdot t \\ y &= y_1+(y_2-y_1) \cdot t \\ z &= z_1+(z_2-z_1) \cdot t \end{aligned} \tag{5-71}$$

式中：t——参数。将式 (5-71) 代入式 (5-70) 得

$$\begin{aligned} & a\left[x_1+(x_2-x_1) \cdot t\right]^2+b\left[y_1+(y_2-y_1) \cdot t\right]^2+c\left[z_1+(z_2-z_1) \cdot t\right]^2+ \\ & d\left[z_1+(z_2-z_1) \cdot t\right]+e=0 \end{aligned} \tag{5-72}$$

解得 t_1、t_2，即可求出两个交点在局部坐标系中的坐标，再经过旋转平移求出这两点在整体坐标系中的坐标。

3. 已知二次曲面方程 $A_1x^2+A_2y^2+A_3z^2+A_4xy+A_5yz+A_6zx+A_7x+A_8y+A_9z+A_{10}=0$ **求对应于 (x,y) 的 z 坐标**

二次曲面的普通方程可以化成以 z 为未知数的二次方程：

$$az^2+bz+c=0 \tag{5-73}$$

式中：

$$\begin{aligned} a &= A_3 \\ b &= A_5y+A_6x+A_9 \\ c &= A_1x^2+A_2y^2+A_4xy+A_7x+A_8y+A_{10} \end{aligned}$$

求解式 (5-73)，即可得对应于 (x,y) 的 z 值。

5.5.2　列表曲面的数学处理

1. 自由曲面的数学处理方法

由列表数据（或由各种截面曲线）构成的自由曲面常常是用三维坐标点 (x_i,y_i,z_i) 表示的。自由曲面拟合的方法有多种，如 B 样条法、Bézier 法（这两种方法需用反求法实现插补）、Ferguson 曲面拟合法（用于粗加工和半精加工）、Coons 曲面拟合法（用于精加工）等。

2. 组合曲面的数学处理方法

组合曲面是由多种曲面（列表曲面），也包括解析曲面及自由曲面相贯组成的复杂曲

面，这种曲面在航天器、飞机、船舰、汽车、模具以及其他制造业有着广泛的应用。

组合曲面在 CAD/CAM 中是一个比较难解决的问题。现在比较常用的数学处理方法有网格法、Coons 曲面法和最高点法（如 5.5.1 节介绍）等。

网格法是处理列表曲面的一种方法，它以基础截面的列表曲线为基础，在垂直于基础截面的若干截面内作纵向曲线，截面间的距离取决于零件表面允许的不平度。在加工时，刀具沿纵向曲线运动。这时要将纵向曲线按照允许的编程误差要求分割节点，在各节点处作平行于基础截面的横向曲线。再在节点处求出纵向曲线和横向曲线的切矢量，由两切矢量求出节点处曲线的法矢量，最后求出刀具中心坐标。

Coons 曲面法用于列表曲面的逼近，该方法的数学处理包括确定曲面的参数方程及矢量方程、确定曲面片的要素、双三次样条曲面片的生成、双三次参数样条的插值及曲面的切削等方面的问题。

5.6　刀具中心轨迹的数学处理

刀位点轨迹就是被加工零件轮廓的等距线。刀位点一般指刀具中心，刀具中心轨迹的数学处理方法有等距线求交法、刀具偏移矢量法。在编程时按照工件轮廓数据进行处理，而在进行轮廓加工时，刀具沿刀具中心轨迹运动，与工件轮廓相差一个刀具半径，刀具中心轨迹为工件轮廓的等距线，利用刀具半径补偿功能（如 B 刀补计算程序）能够处理该问题。

当刀具加工两个几何元素过渡段的棱角时，为了防止干涉、过切，需要伸长、插入或缩短一段行程，C 刀补具有处理拐角的功能。

5.6.1　等距线求交法

在需要计算刀具中心轨迹的数控系统中，要计算出与零件轮廓的基点和节点对应的刀具中心上基点和节点的坐标。刀具运动轨迹是零件轮廓的等距线，可由零件轮廓和刀具半径 ν 求出，如图 5-28 所示。对于直线的等距线求交法，若所求等距线在原直线上，则取"＋"号，反之取"－"号。对于圆的等距线求交法，若所求等距线为外等距线，则取"＋"号，反之取"－"号。

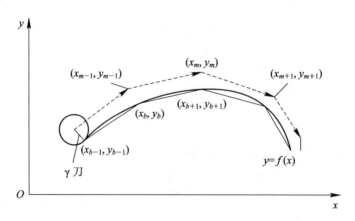

图 5-28　等距线求交法

5.6.2　刀具偏移矢量法

在数控车削加工中,为了对刀方便,常以假想刀尖 P 点来对刀。若没有刀尖圆弧半径补偿,则在车削锥面或圆弧时会产生“欠切”现象。当零件精度要求较高且有锥面或圆弧时,解决办法为:计算刀尖圆弧中心轨迹尺寸,然后按此编制,进行局部补偿计算。

在车削锥面时,由于刀尖圆弧半径 r 引起了刀位补偿量,因此可在 z 向和 x 向同时进行刀具位置补偿,将实际刀刃与工件接触点 A 移动到编程时刀尖设定点 P 上,如图 $5-29$ 所示。

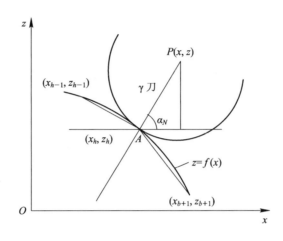

图 $5-29$　刀具偏移矢量法

在编制加工锥面工件程序时,其基点坐标为工件轮廓基点坐标 (z,x) 加上刀尖圆弧半径 r 的补偿量 $(\mathrm{d}z,\mathrm{d}x)$,这样就解决了没有刀尖圆弧半径补偿的问题。

在数控加工中,由于刀尖有圆弧,工件轮廓是刀具运动包络形成的,因此刀位点的运动轨迹与工件的轮廓是不重合的。在全功能型数控系统中,可应用其刀具补偿指令,按照工件轮廓尺寸,很方便地进行编程加工。在经济型数控系统中,可以根据工件轮廓尺寸、刀具等计算出刀位点的运动轨迹,按此编程,或利用局部补偿的方法来解决刀位点的运动轨迹与工件的轮廓不重合的问题。

本 章 小 结

为了提高零件的加工精度,本章重点从数学处理方法上寻求解决方案。首先,使学生了解在数控加工程序编制中数学处理的内容;其次,掌握线性逼近的数学处理法、已知平面零件轮廓方程式的数学处理法、列表曲线平面轮廓的数学处理法、立体曲面零件的数学处理法、刀具中心轨迹的数学处理法。

第6章　数控加工工艺

近年来，数控技术被广泛应用到机械智能制造中，并且得到了充分的重视。在运用数控技术的过程中，一定要让企业管理者充分认识到智能制造对企业发展的重要影响，积极组织开展相关数控技术的培训，通过提高工作人员的实际操作能力和理论知识，以更好地发挥数控技术的优势，提高机械加工的质量和效率。

6.1　数控机床加工工艺分析及特点

生产过程是指把原材料转变为成品的全过程。企业在市场导向下，产品的生产过程主要可以划分为四个阶段，即新产品开发、产品制造、产品销售和售后服务阶段。加工工艺是产品制造的方法，工艺规程制订的原则是优质、高产、低成本，即在保证产品质量的前提下，争取最好的经济效益。

6.1.1　数控机床加工工艺分析

在工艺规程制订前，要先进行如下的数控机床加工工艺分析。

1. 机床的合理选用

在数控机床上加工零件时，一般有以下两种情况。

第一种情况：有零件图样和毛坯，要选择适合加工该零件的数控机床。

第二种情况：已经有了数控机床，要选择适合在该机床上加工的零件。

无论遇到哪种情况，考虑的主要因素有，毛坯的材料和类型、零件轮廓形状复杂程度和尺寸大小、加工精度、零件数量、热处理要求等。概括起来有三点：

（1）要保证零件加工的技术要求，加工出合格的产品。

（2）有利于提高生产率。

（3）尽可能降低生产成本（加工费用）。

2. 数控加工中零件的结构工艺性分析

零件的结构工艺性是指根据加工工艺特点，对零件的设计所产生的要求，即零件的结构设计会影响或决定工艺性的好坏。数控加工零件结构工艺性分析涉及面很广，在此仅从数控加工的可能性和方便性两方面加以分析。

（1）零件图样上尺寸数据的给出应符合编程方便的原则。

① 由于加工程序是以准确的坐标点来编制的，因此，各图形几何要素间的相互关系（如相切、相交、垂直和平行等）应明确；各种几何要素的条件要充分，应避免引起矛盾的多余尺寸或影响工序安排的封闭尺寸等。零件图样上尺寸标注的方法应适应数控加工的特点。在数控加工零件图样上，应以同一基准引注尺寸或直接给出坐标尺寸。这种标注方法

既便于编程，也便于尺寸之间的相互协调，在保持设计基准、工艺基准、检测基准与编程原点设置的一致性方面非常方便。由于零件设计人员一般在尺寸标注中较多地考虑装配等使用特性方面，而不得不采用局部分散的标注方法，这样就会给工序安排与数控加工带来许多不便。由于数控加工精度和重复定位精度都很高，不会因产生较大的积累误差而破坏使用特性，因此可将局部的分散标注法改为同一基准引注尺寸或直接给出坐标尺寸的标注法。

　　同时，保证获得设计要求的加工精度。虽然数控机床精度很高，但对于一些特殊情况，例如过薄的底板与肋板（如图 6 - 1 所示），因为加工时产生的切削拉力及薄板的弹性退让极易产生切削面的振动，使薄板厚度尺寸公差难以保证，其表面粗糙度也将增大。对于面积较大、厚度小于 3 mm 的薄板，应在工艺上充分重视这一问题。

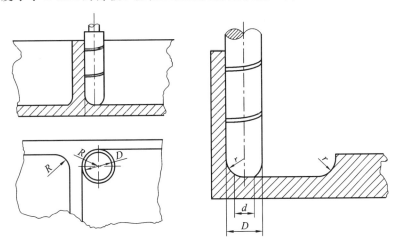

图 6 - 1　过薄的底板与肋板间的数控加工

　　② 构成零件轮廓的几何元素的条件应充分。在手工编程时，要计算基点或节点坐标。在自动编程时，要对构成零件轮廓的所有几何元素进行定义。因此在分析零件图时，要分析几何元素的给定条件是否充分，如圆弧与直线、圆弧与圆弧在图样上相切，但根据零件图样上给出的尺寸，在计算相切条件时，变成了相交或相离状态。由于构成零件轮廓的几何元素条件的不充分，使编程时无法下手。当遇到这种情况时，应与零件设计者协商解决。

　　（2）零件各加工部位的结构工艺性应符合数控加工的特点。

　　① 零件的内腔和外形最好采用统一的几何类型和尺寸，这样可以减少刀具规格和换刀次数，使编程方便，生产效益提高。

　　② 内槽圆角的大小决定着刀具直径的大小，因而内槽圆角半径不应过小。零件工艺性的好坏与被加工零件轮廓的高低、转接圆弧半径的大小等有关。

　　③ 当零件铣削底平面时，槽底圆角半径 r 不应过大。尽量统一零件轮廓内圆弧的有关尺寸，轮廓内圆弧半径 r 常常限制刀具的直径。若被加工工件轮廓的高度低，转接圆弧半径也大，可以采用较大直径的铣刀来加工，且加工其底板面时，进给次数也相应减少，表面加工质量也会好一些，因此工艺性较好。反之，数控铣削工艺性较差。一般来说，当 $R < 0.2H$（H 为被加工轮廓面的最大高度）时，可以判定零件上该部位的工艺性不好。

　　④ 应采用统一的基准定位。在数控加工中，若没有统一的基准定位，会因工件的重新安装而导致加工后的两个面上轮廓位置及尺寸不协调的现象。因此要避免上述问题的产

生，保证两次装夹加工后其相对位置的准确性，应采用统一的基准定位。

有些零件需要在铣削完一面后再重新安装铣削另一面。这时，最好采用统一基准定位，因此，零件上应有合适的孔作为定位基准孔。若没有，要设置工艺孔作为定位基准孔（如在毛坯上增加工艺凸耳或后续工序中要在铣削去的余量上设置工艺孔）。若无法制出工艺孔，最起码也要用经过精加工的表面作为统一基准，以减少两次装夹产生的误差。此外，还应分析零件所要求的加工精度、尺寸公差等是否可以得到保证、是否避免引起矛盾的多余尺寸或影响工序安排的封闭尺寸等。

⑤ 分析零件的变形情况。零件在加工时的变形，不仅影响加工质量，而且当变形较大时，将使加工不能继续进行下去。这时，就应当考虑采取一些必要的工艺措施进行预防，如对钢件进行调质处理，对铸铝件进行退火处理，对不能用热处理方法解决的，也可以考虑用粗、精加工及对称去除余量等常规方法。

⑥ 有时还要考虑到毛坯的结构工艺性。因为在数控机床上加工零件时，加工过程是自动的，毛坯加工余量的大小、如何装夹等问题在选择毛坯时就要仔细考虑好，否则，一旦毛坯不适合数控加工，加工将很难进行下去。为避免以上情况发生，应采取以下措施：毛坯加工余量应充足和尽量均匀；分析毛坯的装夹适应性，例如，加工一凸台，如图 6 - 2 所示，工艺性结构分析如表 6 - 1 所示。

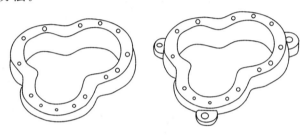

图 6 - 2　零件的数控铣削结构工艺性图例

表 6 - 1　零件的工艺性结构分析

序号	A　工艺性差的结构	B　工艺性好的结构	说　明
1	$R_2 < \left(\frac{1}{5} \sim \frac{1}{6}\right)H$　R_1　H	$R_{2D} > \left(\frac{1}{5} \sim \frac{1}{6}\right)H$　R_1　H	B 结构可以选用较高刚性的刀具
2	r_1　r_2　r_3　r_4	r　r　r	B 结构需用刀具比 A 结构少，减少了换刀的辅助时间
3	r　R	ϕd　r　R	B 结构 R 大，r 小，铣刀端刃铣削面积大，生产效率高

序号	A 工艺性差的结构	B 工艺性好的结构	说　明
4			B 结构 $a>2R$，便于半径为 R 的铣刀进入，所需刀具少，加工效率高
5	$\dfrac{H}{b}>10$	$\dfrac{H}{b}\leqslant10$	B 结构刚性好，可用大直径铣刀加工，加工效率高
6		0.5~1.5　　0.5~1.5	B 结构在加工面和非加工面之间加入过渡表面，减少了切削量
7			B 结构用斜面筋代替阶梯筋，节约材料，简化编程
8			B 结构采用对称结构，简化编程

3. 数控加工工艺分析的主要内容

实践证明数控加工工艺分析的主要内容包括以下几个方面：

（1）选择适合在数控机床上加工的零件，确定工序内容。

（2）分析被加工零件图纸，明确加工内容及技术要求，在此基础上确定零件的加工方案，制定数控加工工艺路线，如工序的划分、加工顺序的安排、与传统加工工序的衔接等。

（3）设计数控加工工序，如工步的划分、零件的定位、夹具的选择、刀具的选择、切削用量的确定等。

（4）调整数控加工工序的程序，如对刀点及换刀点的选择、加工路线的确定、刀具的补偿。

（5）分配数控加工中的容差。

（6）处理数控机床上的部分工艺指令。

总之，数控加工工艺内容很多，有些与普通机床加工工艺相似。

6.1.2　数控加工工艺的特点

目前，大工业生产多数采用了刚性自动化。在汽车工业、拖拉机以及轻工业消费品生产方面，采用了大量的组合机床自动线、流水线；在标准件生产中采用了凸轮控制的专用机床和自动机床。这类机床适合于大批量生产，但是建立制造工艺过程很难，所以更换产品，修改工艺需要较长的时间和较高的费用。

出于产品多样化和产品更新的需求，解决单件、小批量生产自动化迫在眉睫。航空、宇航、造船、电子等工业对复杂型零件加工和高精度零件加工要求越来越高。这就使刚性自动化不能满足要求，柔性加工和柔性自动化也就迅速发展起来。

数控机床是新型的自动化机床，它具有广泛通用性和很高的自动化程度。数控机床是实现柔性自动化最重要的装置，是发展柔性生产的基础，数控机床在下面一些零件的加工中，更能显示出它的优越性。它们是：① 批量小而又多次生产的零件；② 几何形状复杂的零件；③ 在加工过程中必须进行多种加工的零件；④ 切削余量大的零件；⑤ 必须控制公差（即公差带范围小）的零件；⑥ 工艺设计会变化的零件；⑦ 加工过程中的错误会造成严重浪费的贵重零件；⑧ 需全部检测的零件。

由于数控加工采用了计算机控制系统和数控机床，因而具有加工自动化程度高、精度高、质量稳定、生产效率高、周期短、设备使用费用高等特点。数控加工工艺与普通加工工艺具有一定的联系，数控加工中失误的主要原因多为工艺方面考虑不周和计算与编程时粗心大意。因此在编程前做好工艺分析规划是十分必要的。图 6-3 所示为数控加工工艺流程。数控加工工艺与普通加工工艺的区别如下：

（1）数控加工工艺内容要求更加具体、详细。

普通加工工艺：许多具体工艺问题，如工步的划分与安排、刀具的几何形状与尺寸、走刀路线、加工余量、切削用量等，在很大程度上由操作人员根据实际经验和习惯自行考虑和决定，一般无须工艺设计人员在设计工艺规程时进行过多的规定，零件的尺寸精度也可以由试切保证。

数控加工工艺：所有工艺问题必须事先设计和安排好，并编入加工程序中。数控工艺

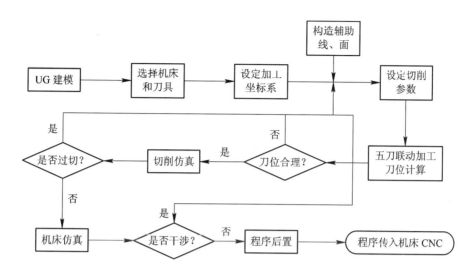

图 6 - 3　数控加工工艺流程

不仅包括详细的切削加工步骤,还包括工夹具型号、规格、切削用量和其他特殊要求的内容,以及标有数控加工坐标位置的工序图等。也就是说,本来是由操作工人在加工中灵活掌握并可通过适时调整来处理的许多具体工艺问题和细节,在数控加工时就转变为编程人员必须事先设计和安排的内容。在自动编程中更需要确定各种详细的工艺参数。

(2)数控加工工艺要求更严密、精确。

在普通加工工艺加工时,可以根据加工过程中出现的问题,比较自由地进行人为调整。

由于数控加工工艺自适应性较差,因此,在加工过程中,必须事先精心考虑可能遇到的所有问题,否则会导致严重的后果。比如说,数控机床在镗削盲孔时,它就无法判别孔中是否已经挤满切屑,是否需要退一下刀,而是一直镗削到结束为止。所以,在数控加工的工艺设计中,必须注意加工过程中的每一个细节。

(3)制订数控加工工艺要进行零件图形的数学处理和编程尺寸设定值的计算。

编程尺寸并不是零件图样上设计的尺寸的简单再现,在对零件图样进行数学处理和计算时,编程尺寸设定值要根据零件尺寸公差要求和零件的形状几何关系重新调整计算,才能确定合理的编程尺寸。

(4)考虑进给速度对零件形状精度的影响。

在制订数控加工工艺时,选择切削用量要考虑进给速度对零件形状精度的影响。在数控加工中,刀具的移动轨迹是由插补运算完成的。根据插补原理分析,在数控系统已定的条件下,进给速度越快,则插补精度越低,导致工件的轮廓形状精度越差,尤其在高精度加工时这种影响非常明显。

(5)强调刀具选择的重要性。

复杂型面的加工编程通常采用自动编程方式,在自动编程中必须先选定刀具再生成刀具中心运动轨迹。因此,对于不具有刀具补偿功能的数控机床来说,若刀具预先选择不当,所编程序加工出的零件则不满足加工要求。

（6）数控加工工艺的特殊要求。

由于数控机床比普通机床的刚度高，所配的刀具也较好，因此在相同情况下，数控机床切削量比普通机床大，加工效率也较高。数控机床的功能复合化程度越来越高，因此现代数控加工工艺具有工序相对集中的特点，表现为工序数目少、工序内容多，并且由于一般情况下在数控机床上尽可能安排比较复杂的工序，因此数控加工的工序内容比普通机床加工的工序内容复杂。由于数控机床加工的零件比较复杂，因此在确定装夹方式和夹具设计时，要特别注意刀具与夹具、工件的干涉问题。

（7）数控加工程序的编写、校验与修改是数控加工工艺的一项特殊内容。

普通加工工艺中划分工序、选择设备等重要内容对数控加工工艺来说属于已基本确定的内容，所以制订数控加工工艺的重点是对整个数控加工过程的分析，从而确定进给路线及生成刀具运动轨迹。复杂表面的刀具运动轨迹生成需要借助自动编程软件，既是编程问题，当然也是数控加工工艺问题，这也是数控加工工艺与普通加工工艺最大的不同之处。

6.2　表面加工方法的选择

在拟定工艺路线时，除了考虑定位基准的选择外，还应当考虑各表面加工方法的选择、工序集中与分散的程度、加工阶段的划分和工序先后顺序的安排等问题。目前，还没有一套通用而完整的工艺路线拟定方法，仅总结出一些综合性原则，而在具体运用这些原则时，要根据具体条件综合分析。

表面加工方法的选择，就是为零件上每一个有质量要求的表面选择一套合理的加工方法。在选择时，一般首先根据表面的精度和粗糙度要求选定最终的精加工方法，然后再确定精加工前准备工序的加工方法，即确定加工方案。由于获得同一精度和粗糙度的加工方法往往有几种：对于外圆面，可以采用车削、磨削加工等方法；对于内孔，可以采用钻、扩、铰、镗、磨等加工方法。数控铣削或加工中心加工零件的表面为平面、曲面、轮廓、孔和螺纹等，因此所选加工方法要与零件的表面特征、所要求达到的精度及表面粗糙度相适应。平面、平面轮廓及曲面可以通过铣削加工：经过粗铣的平面，尺寸精度可以达到IT11～IT13级，表面粗糙度Ra值可以达到$6.3～2.5~\mu m$；经过粗铣、精铣的平面，尺寸精度可以达到IT8～IT10级，表面粗糙度Ra值可以达到$1.6～3.2~\mu m$。在选择时，除了考虑生产效率要求和经济效益外，还应当考虑下列因素。

1. 工件材料的性质

例如，淬硬钢零件的精加工要用磨削的方法；有色金属零件的精加工应采用精细车削或精细镗削等加工方法，而不应采用磨削。

2. 工件的结构和尺寸

例如，对于IT7级精度的孔，采用拉削、铰削、镗削和磨削等加工方法均可。但是，箱体上的孔一般不用拉削或磨削，而常常采用铰削和镗削，直径大于60 mm的孔不宜采用钻削、扩孔、铰孔。

3. 生产类型

选择加工方法要与生产类型相适应。大批量生产应选用生产率高和质量稳定的加工方法。例如，一般情况大批量生产中平面和孔的加工应采用拉削，而单件小批量生产则采用刨削、铣削平面和钻、扩、铰孔。又如，为保证质量可靠和稳定，保证较高的成品率，在大批量生产中采用珩磨和超精加工工艺加工较精密零件。

4. 具体生产条件

应充分利用现有设备和工艺手段，不断引进新技术，对旧设备进行技术改造，挖掘企业潜力，提高工艺水平。

本章节主要介绍平面、螺纹、曲面轮廓、孔的加工方法的选择。

6.2.1 平面加工方法的选择

平面加工工艺如表 6 - 2 所示。

表 6 - 2 平面加工工艺

序号	加工方案	加工精度等级(IT)	加工表面粗糙度 $Ra/\mu m$	适 用 范 围
1	粗车	13～11	12.5～50	回转体的端面
2	粗车→半精车	10～8	3.2～6.3	
3	粗车→半精车→精车	8～7	0.8～1.6	
4	粗车→半精车→磨削	8～6	0.2～0.8	
5	粗刨(或粗铣)	13～11	6.3～25	一般不淬硬平面(端铣表面粗糙度值 Ra 较小)
6	粗刨(或粗铣)→精刨(或精铣)	10～8	1.6～6.3	
7	粗刨(或粗铣)→精刨(或精铣)→精研	17～6	0.1～0.8	精度要求较高的不淬硬平面，批量较大时宜采用宽刃精刨方案
8	以宽刃精刨代替刮研	7	0.2～0.8	
9	粗刨(或粗铣)→精刨(或精铣)→磨削	7	0.025～0.4	精度要求高的淬硬平面或不淬硬平面
10	粗刨(或粗铣)→精刨(或精铣)→粗磨→精磨	7～6	0.2～0.8	
11	粗铣→拉削	9～7	0.006～0.1 (或 0.05)	大批量生产，较小的平面(精度根据拉刀精度而定)
12	粗铣→精铣→磨削→研磨	5 级以上		高精度平面

1. 车削平面加工工艺

1）车端面

车端面常用主偏角等于 75°的车刀（如图 6-4(a)所示），也可使用主偏角等于 45°的弯头车刀。在装刀时，刀尖高度必须严格保证与工件轴线等高，否则端面中心会留下凸起的剩余材料。

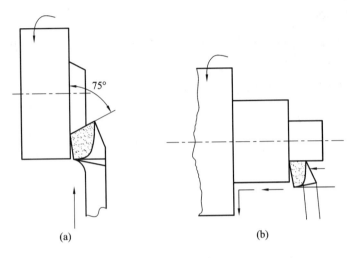

(a)　　　　　　　　　　(b)

图 6-4　车削加工

2）车台阶

车台阶通常先用 75°强力车刀粗车外圆，切除台阶的大部分余量，留有 0.5～1 mm 余量。然后，用 90°偏刀精车外圆、台阶。当粗车时，只需要为第一个台阶留出精车余量，其余各段可以按照图样上的尺寸车削。这样，在精车时，将第一个台阶长度车削至要求尺寸后，第二个台阶的精车余量将自动产生，以此类推，精车各台阶至尺寸要求。当车削时，控制台阶长度的方法有以下几种：

（1）刻线法。

先用钢直尺或样板量出台阶长度尺寸，并用车刀刀尖在此位置上刻出细线，然后再车削到刻线位置为止，如图 6-5 所示。

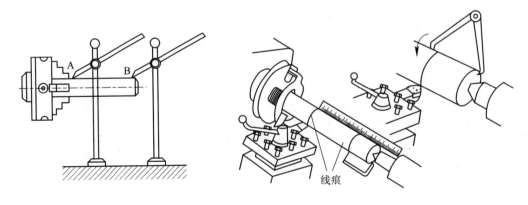

线痕

图 6-5　刻线法原理

（2）刻度盘控制法。

将床鞍由尾座向床头箱方向移动，把车刀摇至工件的右端，使车刀接触端面，调整床鞍刻度盘到"0"。然后，根据车削台阶长度，计算出刻度盘应转动格数，控制车削长度。

（3）用挡铁定位控制。

当批量加工台阶轴时，可以用挡铁定位控制车削长度。在车床导轨适当位置装上定位挡块，使其对应各个台阶长度，车削时，车削到挡块位置，就得到所需长度尺寸。

2. 铣削平面加工工艺

铣削平面有端面铣削（端铣）和圆周铣削（周铣）两种，用端铣刀端面刀齿垂直于铣刀轴线的表面进行切削的称为端铣。用圆柱铣刀的圆周刀齿进行切削称为周铣。

1）端铣

图 6-6 所示为端铣平面，其加工特点是：切削厚度变化小，同时进行切削的齿数多，因此，铣削比较平稳；端铣刀的切削刃承担主要切削工作，端面刃起修光作用，因此，工件表面粗糙度 Ra 值小。

2）周铣

图 6-7 所示为周铣平面，一般在卧式铣床上采用圆柱铣刀周铣平面。周铣方法可以分为逆铣法和顺铣法。

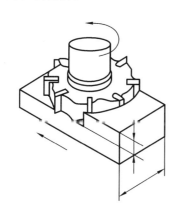

图 6-6　端铣平面

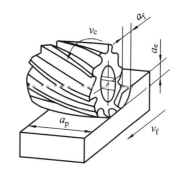

图 6-7　周铣平面

逆铣时，铣刀的旋转方向与工件的进给方向相反；顺铣时，则铣刀的旋转方向与工件的进给方向相同。逆铣时，切削的厚度从零开始渐增。实际上，铣刀的刀刃开始接触工件后，将在表面滑行一段距离后才真正切入金属。这就使得刀刃容易磨损，并增加加工表面的粗糙度。逆铣时，铣刀对工件有上抬的切削分力，影响工件安装在工作台上的稳定性。

平面轮廓多由直线和圆弧或各种曲线构成，通常采用三坐标数控铣床进行两轴半坐标加工。图 6-8 所示为由直线和圆弧构成的零件平面轮廓 $ABCDEA$，采用半径为 R 的立铣刀沿周向加工，虚线 $A'B'C'D'E'A'$ 为刀具中心的运动轨迹。为了保证加工面光滑，刀具沿 PA' 切入，沿 $A'K$ 切出。

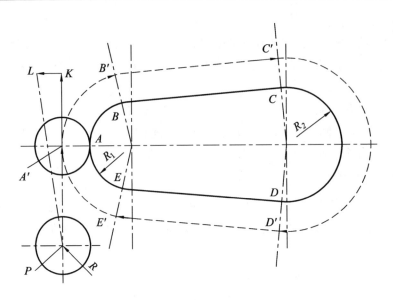

图 6-8　周铣平面轮廓

3）固定斜角平面加工

固定斜角平面是与水平面成一固定夹角的斜面，常用如下的加工方法。

当零件尺寸不大时，可用斜垫板垫平后加工；如果机床主轴可以摆角，则可以摆成适当的定角，用不同的刀具来加工，如图 6-9 所示。当零件尺寸很大时，斜角平面留下残留面积，需要用钳修方法加以清除。

加工斜面的最佳方法是采用五坐标数控铣床，主轴摆角后加工，可以不留残留面积。

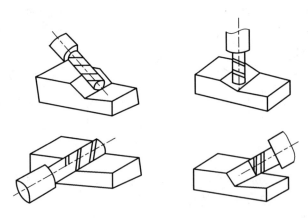

图 6-9　固定斜角平面加工

4）变斜角平面加工

（1）对于曲率变化较小的变斜角面，选用 x、y、z 和 A 四坐标联动的数控铣床，采用立铣刀（但当零件斜角过大，超过机床主轴摆角范围时，可用角度成型铣刀加以弥补）以插补方式摆角加工，如图 6-10(a) 所示。在加工时，为了保证刀具与零件型面在全长上始终贴和，刀具应绕 A 轴摆动角度 α。

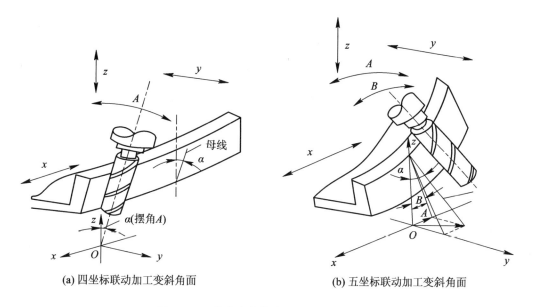

(a) 四坐标联动加工变斜角面　　　　　　　(b) 五坐标联动加工变斜角面

图 6-10　曲率变化较小的变斜角平面加工

　　(2) 对于曲率变化较大的变斜角面, 用四坐标联动加工难以满足加工要求时, 可用 x、y、z、A 和 B(或 C 转轴)的五坐标联动数控铣床, 以圆弧插补方式摆角加工, 如图 6-10(b)所示。图中夹角 A 和 B 分别是零件斜面母线与 z 坐标轴夹角 α 在 zOy 平面上和 xOz 平面上的分夹角。

　　(3) 还可以用球头铣刀和鼓形铣刀, 以直线或圆弧插补方式进行分层铣削加工, 加工后的残留面积用钳修的方法清除。如图 6-11 所示, 由于鼓形铣刀的鼓径可以做得比球头铣刀的球径大, 因此加工后的残留面积高度小, 加工效果比球头铣刀好。

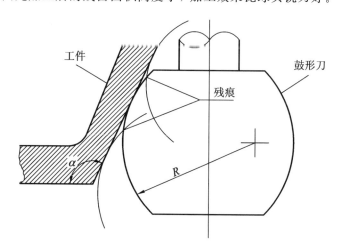

图 6-11　鼓形铣刀变斜角平面加工

3. 磨削平面加工工艺

　　平面磨削形式有圆周磨削(如图 6-12(a)、(c)所示)和端面磨削(如图 6-12(b)、(d)所示)两种形式。

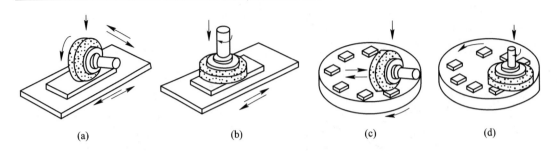

图 6 - 12　平面磨床的几种类型及其磨削运动

圆周磨削是用砂轮轮缘(即圆周)进行磨削的加工方法。磨削时砂轮与工件的接触面积小、发热少、散热快、排屑和冷却条件好,砂轮周面磨损均匀,因此可以获得较高的加工精度和表面质量,通常适用于加工精度要求较高的零件,主要用于精磨。

端面磨削是用砂轮端面进行磨削的加工方法,有立轴端面磨削和卧轴端面磨削两种。端面磨削砂轮与工件接触面积大,产生的磨削热大,切削液又不易浇注到磨削区,磨削温度高,零件热变形大,砂轮端面磨削不均匀,因而磨削精度较低,表面质量也稍差。

6.2.2　螺纹加工方法的选择

螺纹加工的工艺如表 6 - 3 所示。

表 6 - 3　螺纹加工工艺

螺纹类型	加工方法		加工精度等级(IT)	加工表面粗糙度 $Ra/\mu m$	适用范围
外螺纹	板牙套螺纹		9~8	6.3~3.2	各种批量
	车螺纹		7~4	3.2~0.4	单件小批
	铣螺纹		7~6	6.3~3.2	大批大量
	磨螺纹		6~4	0.4~0.1	各种批量
	液压	搓丝板	8~6	1.6~0.8	大批大量
		滚子	6~4	1.6~0.2	大批大量
内螺纹	攻螺纹		7~6	6.3~1.6	各种批量
	车螺纹		8~4	3.2~0.4	单件小批
	铣螺纹		8~6	6.3~3.2	成批大量
	拉螺纹		7	1.6~0.8	大批大量
	磨螺纹		6~4	0.4~0.1	单件小批

1. 车削螺纹

1) 车削三角螺纹

图 6 - 13 所示为车削三角螺纹。当车削三角螺纹时,要使车刀的刀尖角等于牙型角,车削普通螺纹的车刀刀尖角应等于 60°;当车削英制三角螺纹时,车刀刀尖应等于 55°。刀具的径向前角应该等于 0°,刀刃应磨成直线。

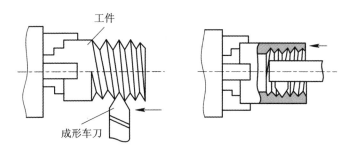

图 6-13 车削三角螺纹

2）车削矩形、梯形螺纹

车削螺纹时因受到螺旋线的影响，切削平面与基面的位置发生了变化，使工作时的前角与后角、刃磨前角和后角的数值不同，其变化程度取决于升角大小。矩形、梯形、多头螺纹导程大，螺旋升角较大，因此，在使用刃磨车刀时必须考虑这一问题。

车刀两侧的工作后角一般选取 $3°\sim5°$。在车螺纹时，由于基面发生变化，车刀两侧的工作前角与刃磨后角不相等，为了使刀具正常工作，将车刀的前面垂直于螺旋线装夹，即法向安装。使左右工作前角等于零或在前刀面两侧刃磨出较大的卷屑槽，使前角增大，排屑顺利。

2. 丝锥板牙加工螺纹

1）攻螺纹

用丝锥在内孔表面上加工出螺纹的加工方法，分为手攻螺纹和机攻螺纹。攻螺纹加工刀具是丝锥和铰杠，丝锥可分为手用丝锥（初锥、中锥、底锥）、机用丝锥和圆锥管螺纹丝锥。单件小批量生产时采用手攻，成批生产时则采用机攻。攻丝时速度一般很低且要加切削液。

（1）丝锥。

丝锥是用来加工较小直径内螺纹的成形刀具，一般选用合金工具钢 9SiGr 并经过热处理制成。通常 M6～M24 的丝锥一套有两支，分别称头锥和二锥；M6 以下，即 M24 以上的丝锥一套有三支，即头锥、二锥和三锥。

每个丝锥都由工作部分和柄部组成。工作部分由切削部分和校准部分组成。丝锥如图 6-14 所示。

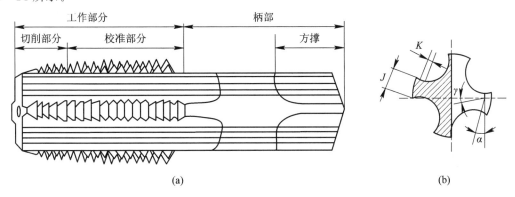

(a)   (b)

图 6-14 丝锥组成

（2）铰杠。

铰杠是用来夹持丝锥的工具，常用的是可调式铰杠。旋转手柄可以调节方孔的大小，以便夹持不同尺寸的丝锥。铰杠长度应根据丝锥尺寸大小进行选择，以便控制攻螺纹时的扭矩，防止丝锥因施力不当而扭断。

（3）攻螺纹方法。

① 钻孔。

在攻螺纹前需要钻孔。

② 用头锥攻螺纹。

开始时，必须将丝锥铅垂地放在工件孔内，然后，用铰杠轻压旋入。当丝锥的切削部分已经切入工件后，则只能转动，不能加压。每转一周应反转 1/4 周，以便断屑。

③ 二攻和三攻。

先把丝锥放入孔内，旋入几周后，再用铰杠转动。当旋转铰杠时不需加压。

（4）攻螺纹的操作要点及注意事项。

① 根据工件上螺纹孔的规格，正确选择丝锥，先头锥后二锥，不可颠倒使用。

② 当工件装夹时，要使孔中心垂直于钳口，防止螺纹攻歪。

③ 用头锥攻螺纹时，先旋入 1～2 圈后，要检查丝锥是否与孔端面垂直。当切削部分已切入工件后，每转 1～2 圈应反转 1/4 圈，以便切屑断落。

④ 攻钢件上的内螺纹，要加机油润滑，可以使螺纹光洁、省力并延长丝锥使用寿命；攻铸件上的内螺纹可以不加润滑剂，而要加煤油；攻铝及铝合金、紫铜上的内螺纹，可加乳化液。

⑤ 不要用嘴直接吹切屑，以防切屑飞入眼内。

2）套螺纹

套螺纹是用板牙在圆柱表面上加工出外螺纹的加工方法。套螺纹可以分为手工套和机器套。加工刀具是板牙。板牙有圆板牙、方板牙、钳工板牙、锥形螺纹板牙等。

（1）板牙。

板牙是加工外螺纹的刀具，用合金工具钢 9SiGr 并经过热处理淬硬制成。其外形像一个圆螺母，只是上面钻有排屑槽，并形成刀刃。

（2）板牙架。

板牙架是用来夹持板牙、传递扭矩的工具。不同外径的板牙应选用不同的板牙架。

（3）套螺纹前圆杆直径的确定和倒角。

① 圆杆直径的确定。

圆杆直径应稍小于螺纹的公称尺寸，圆杆直径可查表或按经验公式计算：

$$圆杆直径＝螺纹外径\ d-(0.13\sim0.2)螺距\ p$$

② 圆杆端部的倒角。

在套螺纹前圆杆端部应倒角，使板牙容易对准工件中心，同时也容易切入。倒角长度应大于一个螺距，斜角为 15°～30°。

（4）套螺纹的操作要点和注意事项。

① 在每次套螺纹前应将板牙排屑槽内及螺纹内的切屑清除干净。

② 在套螺纹前要检查圆杆直径大小和端部倒角。

③ 由于套螺纹时切削扭矩很大，已损坏圆杆的已加工面，因此应使用硬木制的 V 型槽衬垫或用厚铜板做保护片来夹持工件。工件伸出钳口的长度，在不影响螺纹要求长度的前提下，应尽量短。

④ 在套螺纹时，板牙端面应与圆杆垂直，操作时用力要均匀。开始转动板牙时，要稍加压力，套入 3～4 牙后，可只转动而不加压，并经常反转，以便断屑。

⑤ 在钢制圆杆上套螺纹时要加机油润滑。

3. 滚压螺纹加工工艺

螺纹滚压是用成形滚压模具使工件产生塑性变形以获得螺纹的加工方法。螺纹滚压一般在滚丝机、搓丝机或在附装自动开合螺纹滚压头的自动车床上进行，适用于大批量生产标准紧固件和其他螺纹连接件的外螺纹。

螺纹滚压的优点是：表面粗糙度小于车削、铣削和磨削；滚压后的螺纹表面因冷作硬化而提高了强度和硬度；材料利用率高；生产效率成倍于切削加工的生产效率，且易于实现自动化；滚压模具寿命很长。

1）搓丝

搓丝是指两块带螺纹牙型的搓丝板错开 1/2 螺距相对布置，静板固定不动，动板做平行于静板的往复直线运动。当工件送入两板之间时，动板前进搓压工件，使其表面产生塑性变形而形成螺纹。搓丝公差等级为 IT7～IT5 级，表面粗糙度 Ra 为 1.6～0.8 μm。搓丝工艺如图 6 - 15 所示。

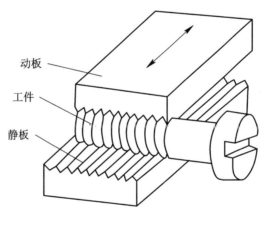

图 6 - 15　搓丝

2）滚丝

滚丝有径向滚丝、切向滚丝和滚压头滚丝三种。

（1）径向滚丝。

径向滚丝是指两个(或三个)带螺纹牙型的滚丝轮安装在互相平行的轴上，工件放在两轮之间的支撑上，两轮同向等速旋转，其中一轮还作径向进给运动。工件在滚丝轮带动下旋转，表面受径向挤压形成螺纹。对于某些精度要求不高的丝杠，也可以采用类似的方法滚压成形。滚丝公差等级为 IT5～IT3 级，表面粗糙度 Ra 为 0.8～0.2 μm。径向滚丝如图 6 - 16 所示。

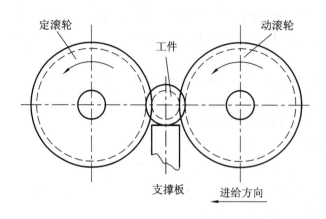

图 6 - 16　径向滚丝

（2）切向滚丝。

切向滚丝又称为行星式滚丝，滚压工具由一个旋转的中央滚丝轮和三块固定的弧形丝板组成。在滚丝时，工件可以连续送进，故生产效率比搓丝和径向滚丝高。切向滚丝如图 6 - 17 所示。

（3）滚丝头滚丝。

滚丝头滚丝在自动车床上进行，一般用于加工工件上的短螺纹。滚压头中有 3～4 个均匀分布于工件外周的滚丝轮。在滚丝时，工件旋转，滚压头轴向进给，将工件滚压出螺纹，如图 6 - 18 所示。

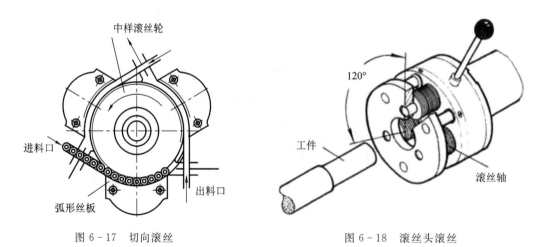

图 6 - 17　切向滚丝　　　　　　　　　　图 6 - 18　滚丝头滚丝

6.2.3　曲面轮廓加工方法的选择

立体曲面的加工应根据曲面形状、刀具形状以及精度要求采用不同的铣削加工方法，如两轴半、三轴、四轴及五轴等联动加工。

1. 曲率不大、精度不高的曲面粗加工

曲率不大、精度不高的曲面粗加工，可以使用两轴半坐标行切法加工，如图 6 - 19 所示。

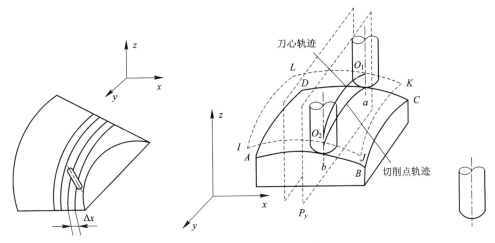

图 6 - 19　两轴半坐标行切法加工

2. 曲率较大、精度要求高的曲面精加工

曲率较大、精度要求高的曲面精加工可以使用三轴坐标联动插补的行切法加工，如图 6 - 20 所示。

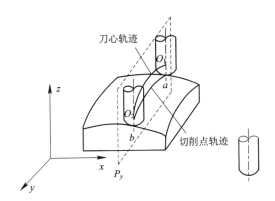

图 6 - 20　三轴坐标行切法加工曲面的切削点轨迹

3. 叶轮、螺旋桨等复杂零件的加工

对于叶轮、螺旋桨等复杂零件的加工，因刀具容易与相邻表面发生干涉，常采用五坐标联动机床加工，如图 6 - 21 所示。

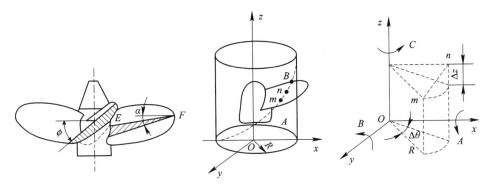

图 6 - 21　五坐标联动机床加工

6.2.4　孔的加工方法的选择

内孔的加工工艺如表 6-4 所示。加工方法包括车削、钻削、扩孔、铰孔、镗孔和攻螺纹等。

表 6-4　内孔的加工工艺

序号	加工方案	加工精度等级（IT）	加工表面粗糙度 $Ra/\mu m$	适用范围
1	钻削	13～11	50～12.5	加工未淬火钢及铸铁的实心毛坯，也可以用于加工非铁金属（但粗糙度稍高，孔径<20 mm）
2	钻削→铰孔	9～8	3.2～1.6	
3	钻削→粗铰→精铰	8～7	1.6～0.8	
4	钻削→扩孔	10～9	12.5～6.3	加工未淬火钢及铸铁的实心毛坯，也可以用于加工非铁金属（但粗糙度稍高，孔径>20 mm）
5	钻削→扩孔→铰孔	9～8	3.2～1.6	
6	钻削→扩孔→粗铰→精铰	7	1.6～0.8	
7	钻削→扩孔→机铰→手铰	7～6	0.4～0.1	
8	钻削→（扩孔）→拉（推）丝	9～7	1.6～0.1	大批量生产中小零件通孔
9	粗镗（扩孔）	12～11	12.5～6.3	除淬火钢外的各种材料，毛坯有铸出孔或锻出孔
10	粗镗（粗扩）→半精镗（粗扩孔）	10～9	3.2～1.6	
11	粗镗（精扩）→半精镗（精扩）→精镗（铰孔）	8～7	1.6～0.8	
12	粗镗（扩孔）→半精镗（精扩）→精镗→浮动镗刀块精铰	7～6	0.8～0.4	
13	粗镗（扩孔）→半精镗→磨孔	8～7	0.8～0.2	主要用于加工淬火钢，也可以用非淬火钢，但不宜用于非铁金属
14	粗镗（扩孔）→半精镗→粗磨→精磨	7～6	0.2～0.1	
15	粗镗→半精铰→精铰→金刚磨	7～6	0.4～0.05	主要用于精度要求很高的非铁金属加工
16	钻孔→（扩孔）→粗铰→精铰→珩磨 钻孔→（扩孔）→拉丝→珩磨 粗镗→半精镗→精镗→珩磨	7～6	0.2～0.025	主要用于精度要求较高的孔
17	以研磨代替上述方案中的珩磨	6～5	<0.1	
18	钻孔（粗镗）→扩（半精镗）→精镗金刚镗→脉冲滚挤	7～6	0.1	大批量生产非铁金属零件的小孔，铸铁箱上的孔

1. 车削内孔加工

如图 6-22 所示，车削台阶孔或不通孔的车刀，主偏角大于 90°，以保证台阶平面或不通孔底面的平面度。

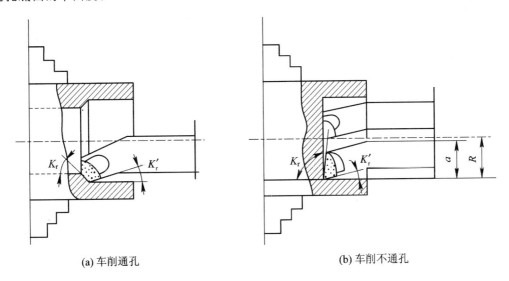

(a) 车削通孔   (b) 车削不通孔

图 6-22 车削台阶孔或不通孔

2. 磨削内孔加工工艺

孔的磨削方法可以分为中心内圆磨削、行星式内圆磨削和无心内圆磨削。

(1) 中心内圆磨削在内圆磨床或万能磨床上进行，可以磨削通孔、阶梯孔、孔端面、锥孔及轴承内流滚道等。中心内圆磨削能够修正前一道加工工序所导致的轴心线偏移和歪斜，能够提高孔的位置精度。

(2) 行星式内圆磨削使用行星式磨床或在其他机床上安装行星式磨头进行磨削，用于加工大直径短套零件，加工中使用两支撑无心磨专用夹具时，可以使工件获得较高的形状精度。

(3) 在无心内圆磨削中，工件支撑在滚轮和导轮上，压紧轮使工件紧靠导轮，并由导轮带动旋转，实现圆周进给运动。磨削轮除了完成旋转主运动外，还作纵向进给运动和周期的横向进给运动。加工循环结束时，压紧轮沿箭头方向摆开，以便装卸工件。

3. 镗削内孔加工工艺

镗孔是一种常见的孔加工方法，可以用于粗加工，也可以用于精加工。镗孔分为镗通孔和镗不通孔。

对于直径大于 $\phi30$ mm 的已铸出或锻出的毛坯孔的加工，一般采用粗镗→半精镗→孔口倒角→精镗的加工方案。

4. 锪孔加工工艺

对于直径小于 $\phi30$ mm 的无毛坯孔的加工，通常采用锪平端面→打中心孔→钻削→扩孔→孔口倒角→铰孔的加工方案，对有同轴度要求的小孔，需采用锪平端面→打中心孔→

钻削→半精镗→孔口倒角→精镗(或铰孔)的加工方案。为了提高孔的位置精度，在钻孔工步前需要安排锪平端面和打中心孔工步。孔口倒角安排在半精加工之后、精加工之前，以防孔内产生毛刺。

5. 螺纹孔加工工艺

螺纹的加工应根据孔径的大小，一般情况下，公称直径在 M6 mm～M20 mm 之间的螺纹，通常采用攻螺纹的方法加工。公称直径在 M6 mm 以下的螺纹，在加工中心上完成基孔加工，再通过其他手段攻螺纹。因为在加工中心上攻螺纹不能随机控制加工状态，小直径丝锥容易折断。公称直径在 M20 mm 以上的螺纹，可以采用镗刀片镗削加工。

6. 外圆表面的加工工艺

外圆表面加工工艺如表 6-5 所示。

表 6-5 外圆表面加工工艺

序号	加工方案	加工精度等级 (IT)	加工表面粗糙度 $Ra/\mu m$	适用范围
1	粗车	13～11	50～12.5	主要适用于淬火钢以外的各种金属
2	粗车→半精车	10～9	6.3～3.2	
3	粗车→半精车→精车	8～7	1.6～0.8	
4	粗车→半精车→精车→滚压(或抛光)	6～5	0.2～0.025	
5	粗车→半精车→磨削	7～6	0.8～0.4	主要适用于淬火钢，也可以用于非淬火钢，但不宜加工非铁金属
6	粗车→半精车→粗磨→精磨	6～5	0.4～0.1	
7	粗车→半精车→粗磨→精磨→超精加工	6～5	0.1～0.012	
8	粗车→半精车→精车→金刚石车	6～5	0.4～0.025	主要适用于精度要求较高的非铁金属的加工
9	粗车→半精车→粗磨→精磨→超精磨	5级以上	<0.025	主要用于极高精度要求的钢或铸铁的加工
10	粗车→半精车→粗磨→精磨→研磨	5级以上	<0.1	

1) 车削外圆表面加工工艺

用车削方法加工工件的外圆表面称为车外圆。外圆表面包括外圆柱表面和外圆锥表面。

(1) 外圆车刀。

如图 6-23(a)所示，主偏角 45° 的弯头车刀可以车削外圆、车削平面和倒角。但切削时背向力较大，当车削细长工件时，工件容易被顶弯而引起振动。

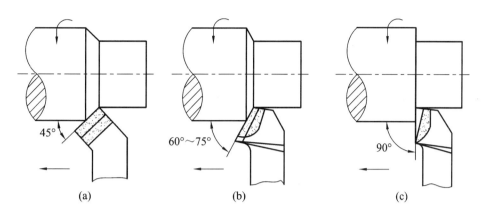

图 6 - 23　外圆车刀刀尖形状

如图 6 - 23(b)所示，主偏角 60°~75°的外圆车刀的刀尖强度较高，散热条件好。由于主偏角的增大，切削时背向力得以减小，因此能车削刚性稍差的工件，适用于粗、精车削外圆。

如图 6 - 23(c)所示，主偏角 90°的偏刀可以车削外圆、端面、台阶。由于主偏角很大，切削时背向力较小，不易引起工件弯曲和振动，但刀尖强度较低，散热条件差，容易磨损。

（2）车刀装夹。

① 车刀刀杆伸出刀架长度应不超过刀杆高度的 1.5 倍。

② 车刀刀杆中心线应与进给方向垂直。

③ 车刀刀尖一般应与工件轴线等高，但在粗车削外圆时刀尖应略高于工件轴线，精车削细长轴外圆时刀尖应略低于工件轴线。

（3）车床上零件的装夹。

车床上零件的装夹工艺如表 6 - 6 所示。

表 6 - 6　车床上零件的装夹工艺

名　称	装 夹 简 图	装夹特点	应　用
三爪卡盘		三个卡爪可以同时移动，自动定心，装夹迅速方便	长径比小于 4，截面为圆形、六方体的中小型工件加工
四爪卡盘		四个卡盘可以单独移动，装夹工件需要找正	长径比小于 4，截面为方形、椭圆形的较大型工件加工

名 称	装夹简图	装夹特点	应 用
双顶尖	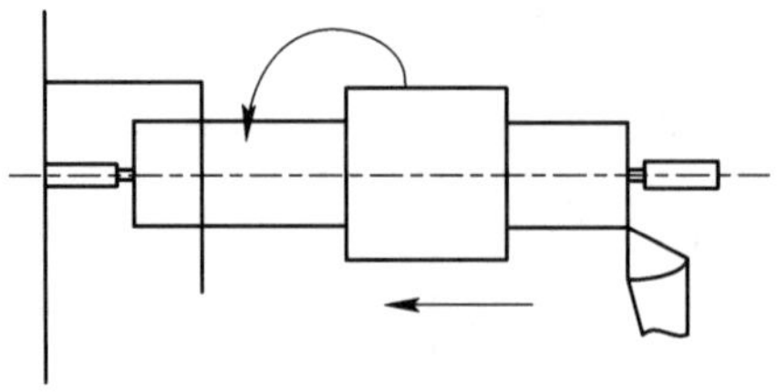	定心准确，装夹稳定	长径比为 4～15 的实心轴零件加工
双顶尖中心架	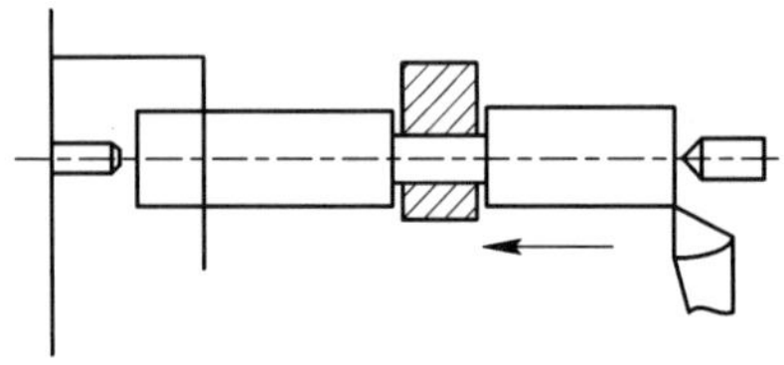	支爪可调，增加工件刚性	长径比大于 15 的细长轴工件的粗加工
一夹一顶跟刀架	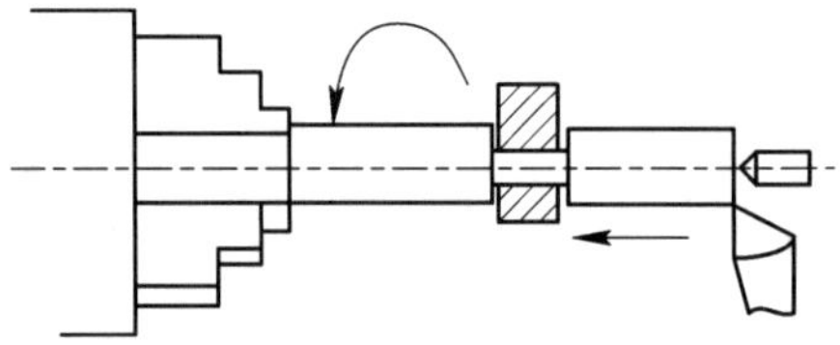	支爪随刀具一起移动，无接刀痕	长径比大于 15 的细长轴工件的半精加工、精加工
心轴	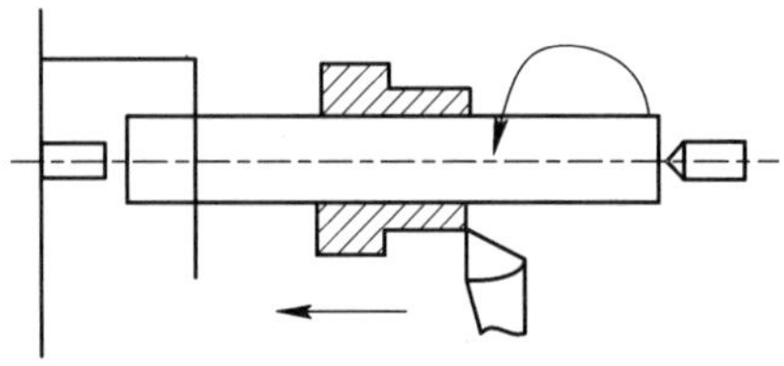	能保证外圆、端面对内孔的位置精度	以孔为定位基准的零件加工

（4）切削用量选择。

外圆的切削加工一般分为粗加工、半精加工和精加工三个阶段。

① 粗车削（粗加工）。

粗车削的主要目的是尽快地切除毛坯上大部分的加工余量，应采用较大的背吃刀量和进给量，然而，为了防止车床过载和车刀的过早磨损，应选取较低的切削速度。

② 半精车削（半精加工）。

半精车削是为了进一步提高精度和减小粗糙度值，可作为精车或磨削前的加工。半精车公差等级为 IT10～IT9，粗糙度 Ra 为 6.3～3.2 μm。

③ 精车削（精加工）。

精车削是切去留下的少量金属层，从而获得图样所要求的精度和表面粗糙度。为此，应选用较大的前角、后角和正刃倾角的精车刀，切削刃要光洁、锋利。精车公差等级为 IT8～IT6，粗糙度 Ra 为 1.6～0.8 μm。

2）磨削外圆表面加工工艺

（1）工件的装夹。

工件的装夹过程如图 6-24 所示。

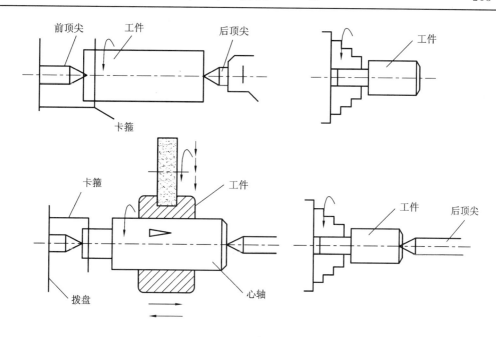

图 6-24　工件的装夹过程

（2）外圆磨床磨削。

外圆磨床主要用于磨削内、外圆柱和圆锥表面，也能磨阶梯轴的轴肩和端面。外圆的基本磨削方法有纵向磨法（如图 6-25 所示）、横向磨法（如图 6-26 所示）、混合磨法、深磨法（图 6-27 所示为深度磨削用阶梯砂轮）四种。

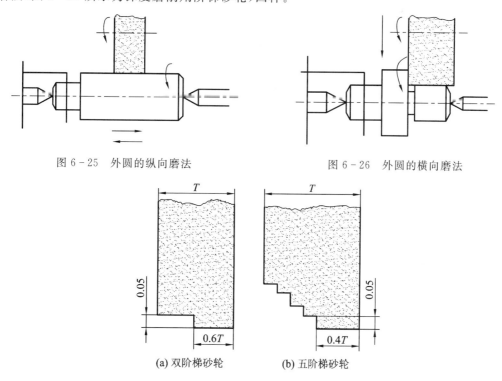

图 6-25　外圆的纵向磨法　　　　　　　　图 6-26　外圆的横向磨法

(a) 双阶梯砂轮　　　　(b) 五阶梯砂轮

图 6-27　深度磨削用阶梯砂轮

混合磨法是横向磨削与纵向磨削的综合。磨削时，先采用横向磨削法分段粗磨外圆，并留 0.03～0.04 mm 精磨余量，然后再用纵向磨削法精磨到规定的尺寸。混合磨法利用了横向磨削生产效率高的特点对工件进行粗磨，又利用了纵向磨削精度高、表面粗糙度值小的特点对工件精磨，因此适用于磨削余量大、刚度大的工件，但磨削长度不宜太长，通常以分成 2～4 段进行横向磨削为宜。

（3）无心外圆磨床磨削。

如图 6 - 28 所示，在无心外圆磨床上磨削生产效率高，工件尺寸稳定，不需用夹具，操作技术要求不高；适用于成批、大量生产光滑的销、轴类零件。

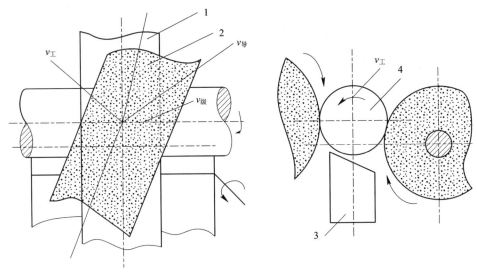

1—磨轮；2—导轮；3—支撑板；4—工件。

图 6 - 28　无心外圆磨床磨削

6.3　工件的安装、定位和夹紧

6.3.1　工件的安装

数控机床夹具是用以装夹工件和引导刀具的一种装置，其作用是将工件定位，以使工件获得相对于机床和刀具的正确位置，并把工件可靠地夹紧。

工件装夹的内容包括：

（1）定位：使工件相对于机床及刀具处于正确的位置。

（2）夹紧：工件定位后，将工件紧固，使工件在加工过程中不发生位置变化。

（3）定位与夹紧的关系：定位与夹紧是工件安装中两个有联系的过程，先定位后夹紧。

6.3.2　工件的定位

1. 定位安装的基本原则

定位安装的基本原则如下：

（1）力求设计、工艺与编程计算的基准统一。

（2）尽量减少装夹次数，尽可能在一次定位装夹后，加工出全部待加工表面。

（3）避免采用"占机-人工调整"式加工方案，以充分发挥数控机床的效能。

2. 定位基准分析

定位基准有粗基准和精基准两种，用未加工过的毛坯表面作为定位基准称为粗基准，用已加工过的表面作为定位基准称为精基准。除第一道工序采用粗基准外，其余工序都应使用精基准。

1）粗基准的选择原则

粗基准的选择原则如下：

（1）要求保证工件上某重要表面的加工余量均匀且以重要的面为基准。

（2）为了保证加工面与非加工面间的位置要求，应选非加工面为基准。

（3）要求粗基准平整光滑，有一定面积，定位可靠、夹紧方便。

（4）粗基准在同一方向上只能使用一次。

（5）对于具有较多加工表面的工件，选择粗基准时，应保证各主要表面都有足够的加工余量。

如图 6-29 所示，该零件有三个非加工表面，若要求表面 4 与表面 2 所组成的壁厚度均匀，则应选择非加工表面 2 作为粗基准来加工台阶孔。

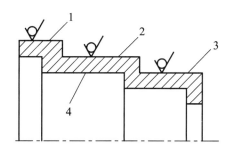

图 6-29　选择粗基准例一

保证各主要表面都有足够的加工余量，选择毛坯余量最小的表面作为粗基准。如图 6-30 所示的阶梯轴，应选择 ϕ55 mm 外圆表面作为粗基准。

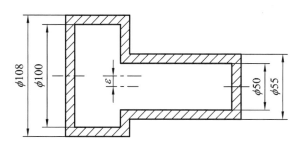

图 6-30　选择粗基准例二

粗基准通常只能使用一次，如图 6-31 所示，如重复使用 B 面加工 A 面、C 面，则 A 面和 C 面的轴线将产生较大的同轴度误差。

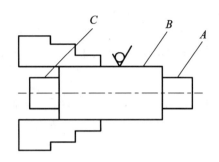

图 6-31　选择粗基准例三

2）精基准的选择原则

为了保证加工精度和工件安装方便可靠，精基准的选择原则有基准重合原则、基准统一原则、自为基准原则、互为基准原则、辅助基准原则。

图 6-32 所示为磨削床身导轨面时，选用自为基准原则，就是以床身导轨面作为定位基准。此时，床脚平面只是起一个支撑平面的作用，并非定位基准面。

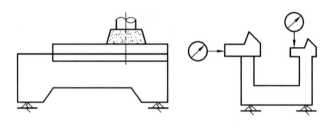

图 6-32　自为基准

为了保证齿轮的齿圈跳动精度，如图 6-33 所示，在齿面淬硬后，选用互为基准原则，先以齿面定位磨内孔，再以内孔定位磨齿面。

为了装夹方便或实现基准统一，选用辅助基准原则，如图 6-34 所示。

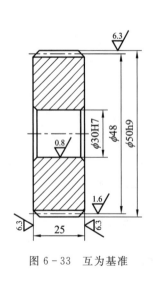

图 6-33　互为基准

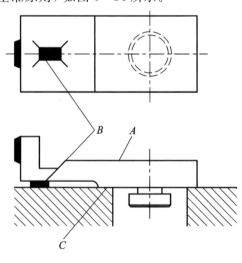

图 6-34　辅助基准

3. 六点定位原理

夹具用合理分布的六个支承点分别限制工件的六个自由度，使工件在夹具中的位置完全确定，称为"六点定位原理"（如图 6-35 所示）。

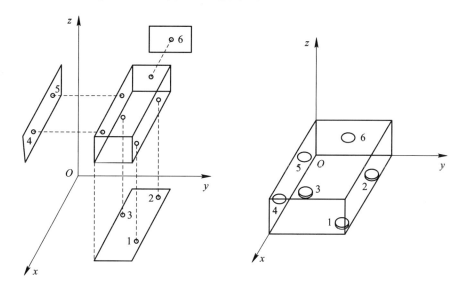

图 6-35 六点定位原理

4. 六点定位原理应用

六点定位原理在实际应用中衍生出以下几种情况：

1）完全定位

如图 6-36 所示，工件的六个自由度全部被夹具中的定位元件所限制，即为完全定位。

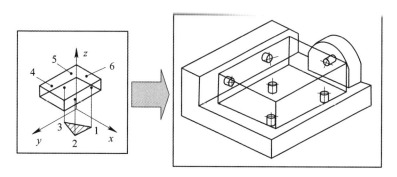

图 6-36 完全定位

2）不完全定位

不完全定位是指根据工件加工表面的不同加工要求，定位支承点少于 6 个定位。不完全定位中只设置与加工要求有关的支承点，用较少的元件达到定位要求。如图 6-37 所示为平板工件磨平面的不完全定位，工件只有厚度和平行度要求，通过电磁工作台只限制三个自由度。

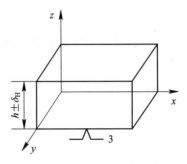

图 6 - 37　平板工件磨平面的不完全定位

3）欠定位

按照加工要求应该被限制的自由度没有被限制的定位称为欠定位，如图 6 - 38 所示。装夹中不允许有欠定位。

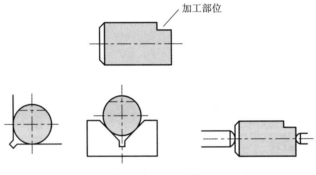

图 6 - 38　欠定位

4）过定位

工件的一个或多个自由度被不同的定位元件重复限制的定位称为过定位，如图 6 - 39 所示。过定位可能会造成无法安装工件或工件变形。

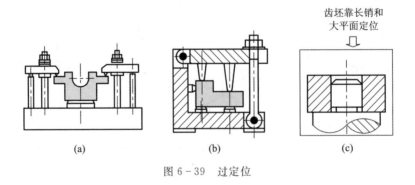

（a）　　　　　　　　　（b）　　　　　　　　　（c）

图 6 - 39　过定位

6.3.3　工件的夹紧

1. 夹具的分类

夹具可以按照工艺过程、机床种类、应用范围、夹紧动力源来分类。

（1）按照工艺过程的不同，夹具可以分为机床夹具、检验夹具、装配夹具、焊接夹具等。

（2）按照机床种类的不同，夹具又可以分为车床夹具、铣床夹具、钻床夹具等。车床常用夹具有三爪自定心卡盘、四爪单动卡盘、花盘、心轴、顶尖等。铣床常用夹具有虎钳结构、螺旋压板结构、偏心夹紧结构等。

（3）按照应用范围（用途）可将夹具分为通用夹具、专用夹具、组合夹具、通用可调夹具和成组夹具等类型，如图6-40所示。

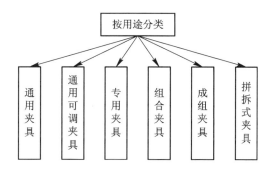

图6-40 夹具按用途分类

① 通用夹具。

通用夹具通用性强，被广泛应用于单件产品批量生产，专为某一工序设计，结构紧凑、操作方便、生产效率高、加工精度容易保证，适用于定型产品的成批和大量生产。

② 组合夹具。

组合夹具是由一套预先制造好的标准元件和合件组装而成的夹具。

③ 通用可调夹具。

通用可调夹具不对应特定的加工对象，适用范围宽，通过适当的调整或更换夹具上的个别元件，即可用于加工形状、尺寸和加工工艺相似的多种工件。

④ 成组夹具。

成组夹具专为某一组零件的成组加工而设计，加工对象明确，针对性强。通过调整可适应多种形状、尺寸和加工工艺的工件。

⑤ 专用夹具（随行夹具）。

专用夹具是自动或半自动生产线上使用的夹具，虽然它只适用于某一种工件，但毛坯装上专用夹具后，可从生产线始端一直到生产线终端在各位置上进行各种不同工序的加工。根据这一点，专用夹具的结构也具有适用于各种不同工序加工的通用性。图6-41所示为专用夹具。

图6-41 专用夹具（随行夹具）

（4）按照所采用的夹紧动力源的不同又可将夹具分为手动夹具、气动夹具等，如图 6-42 所示。

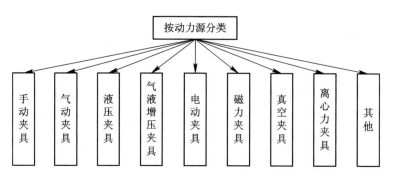

图 6-42　夹具按动力源分类

2. 夹具的组成与作用

1）夹具的组成

夹具主要由定位元件、夹紧装置、对刀或导引元件、夹具体、其他装置和连接元件组成。

（1）定位元件用于确定工件在夹具中的位置。

（2）夹紧装置用于夹紧工件。

（3）对刀或导引元件用于确定刀具相对夹具定位元件的位置。

（4）夹具体用于将夹具上的各种元件和装置连接成一个有机整体。

（5）其他装置，如分度元件等。

（6）连接元件（或连接表面）用于确定夹具本身在机床主轴或工作台上的位置。

2）夹具的作用

夹具的作用如下：

（1）保证稳定可靠地达到各项加工精度要求。

（2）缩短加工工时，提高劳动生产效率。

（3）降低生产成本。

（4）减轻工人劳动强度。

（5）可由较低技术等级的工人进行加工。

（6）能够扩大机床工艺范围。

为了保证夹具的精度，在加工一批工件时，只要在允许的刀具尺寸磨损限度内，都不必调整刀具位置，不需进行试切，就能够保证加工尺寸要求。这就是用夹具装夹工件时，采用调整法达到尺寸精度的工作原理。

3. 选择夹具的基本原则

数控加工的特点对夹具提出了两个基本要求：一是要保证夹具的坐标方向与机床的坐标方向相对固定；二是要协调工件坐标系和机床坐标系的尺寸关系。除此之外，还要考虑以下四点：

（1）当零件加工批量不大时，应尽量采用组合夹具、通用可调夹具及通用夹具，以缩短生产准备时间、节省生产费用。

（2）在成批生产时考虑采用专用夹具，并力求结构简单。

（3）零件的装卸要快速、方便、可靠，以缩短机床的停顿时间。

（4）夹具上各零部件应不妨碍机床对零件各表面的加工，即夹具要开敞其定位，夹紧机构元件不能影响加工中的走刀（如产生碰撞等）。

4. 工件的装夹方法

1）用找正法装夹

这种方法是把工件直接放在机床工作台上或放在四爪卡盘、机用虎钳等机床附件中，根据工件的一个或几个表面划针划出的线痕或指示表来找正工件准确位置后再进行夹紧；或按照加工要求进行加工面位置的划线工序，然后再按照划出的线痕进行找正，以便实现装夹。

这类装夹方法的特点是：劳动强度大、生产效率低、对工人技术等级要求高；定位精度较低，由于经常需要增加划线工序，因此增加了生产成本；只需要使用通用性很好的机床附件和工具，因此能够适用于加工不同零件的各种表面，特别适合于单件、小批量生产。

采用找正法装夹工件的步骤如下（以铣削为例）：

（1）先进行划线，划出槽子的位置。

（2）将工件放在立式铣床的工作台上，按照划出的线痕进行找正，找正完成后用压板或虎钳夹紧工件。

（3）根据槽子线痕位置调整铣刀相对工件的位置，调整好后才能开始加工。

（4）加工中需先试切一段行程，测量尺寸，根据测量结果再调整铣刀的相对位置，直至达到要求为止。

（5）每加工一个工件均重复上述步骤。因此这种装夹方法不但费工费时，而且加工出一批工件的加工误差分散范围较大。

2）用夹具装夹

这种方法是将工件安装在夹具上，不需要再进行找正，便能直接得到准确的加工位置。该方法不仅避免了找正法划线定位而浪费时间，还可以避免加工后工件的加工误差分散范围扩大，装夹方便。

6.4 数控加工工序的划分及安排

6.4.1 数控加工工序的划分

1. 工序划分原则

工序划分原则主要包括工序集中原则和工序分散原则。工序划分方法如下：

1）按所用刀具划分

该种划分方法适用于工件待加工面多、机床连续工作时间长、程序编制和检查难度大的情况，加工中心常用此方法。当加工中使用的刀具较多时，为了减少换刀次数，缩短辅助时间，可以将一把刀具所加工的内容安排在一个工序（工步）中。

2）按安装次数划分

这种划分方法适用于加工内容不多的工件，加工完就能够达到检验状态。

3）按粗、精加工划分

这种划分方法适用于加工后变形较大，需粗、精加工分开的零件（如毛坯为铸件、焊件或锻件）。通常先进行所有表面的粗加工，再进行所有表面的精加工。

4）按加工部位划分

这种划分方法适用于加工表面多而复杂的零件。

5）按结构特点划分

这种划分方法是指按结构特点划分工序，如按内形、外形、曲面等划分为多道工序。

数控加工中工序集中原则和工序分散原则的选择问题：

对于单件小批量生产应该采用工序集中原则；对于大批量生产应该采用工序集中或工序分散原则；对于重型零件应该采用工序集中原则；对于刚性差、精度高的零件应该采用工序分散原则。

2. 数控加工工序划分步骤

1）加工方法的选择

加工方法的选择原则是保证加工表面的加工精度和表面粗糙度的要求。由于获得同一级精度及表面粗糙度的加工方法一般有许多，因而在实际选择时，要结合零件的形状、尺寸和热处理要求等全面考虑。例如，对于IT7级精度的孔采用镗削、铰削、磨削等加工方法均可达到精度要求，但箱体上的孔一般采用镗削或铰削，而不宜采用磨削，一般小尺寸的箱体孔选择铰孔，当孔径较大时则应选择镗孔。此外，还应考虑生产效率和经济性的要求，以及工厂生产设备的实际情况等。常用加工方法的经济加工精度及表面粗糙度可通过查阅有关工艺手册获得。

2）加工方案的确定

零件上比较精密表面的加工，通常是通过粗加工、半精加工和精加工逐步达到的。对于这些表面，仅仅根据质量要求选择相应的最终加工方法是不够的，还应准确地确定从毛坯到最终成形的加工方案。在确定加工方案时，首先应根据主要表面的精度和表面粗糙度的要求，初步确定为达到这些要求所需要的加工方法。例如，对于孔径不大的IT7级精度的孔，最终加工方法选取为精铰，精铰孔前通常要经过钻孔、扩孔和粗铰孔等加工。

3）工序的划分

在数控机床上加工零件，工序可以比较集中，在一次装夹中尽可能完成大部分或全部工序。首先应根据零件图样，考虑被加工零件是否可以在一台数控机床上完成整个零件的加工工作，若不能则应决定其中哪一部分在数控机床上加工，哪一部分在其他机床上加工，即对零件的加工工序进行划分。

4）工步的划分

工步的划分主要从加工精度和效率两方面考虑。在一个工序内往往需要采用不同的刀具和切削用量对不同的表面进行加工。为了便于分析和描述比较复杂的工序，在工序内又细分为工步。下面以加工中心为例来说明工步划分的原则。

（1）同一表面按照粗加工、半精加工、精加工的顺序依次完成，或全部加工表面按照先粗加工后精加工的原则分开进行。

（2）对于既有铣面又有镗孔的零件，可以先铣面后镗孔。按此方法划分工步，可以提高孔的精度。因为铣削时切削力较大，所以工件易发生变形。先铣面后镗孔，使工件有一段时间恢复，可减少变形对孔的精度的影响。

（3）按刀具划分工步。某些机床工作台回转时间比换刀时间短，可按刀具划分工步，以减少换刀次数，提高加工效率。

总之，工序与工步的划分要根据具体零件的结构特点、技术要求等情况综合考虑。

6.4.2　数控加工工序的安排

1. 数控加工路线的确定

在数控加工中，刀具刀位点相对于工件的运动轨迹称为加工路线。在编程时，加工路线的确定原则主要有以下几点：

（1）加工路线应保证被加工零件的精度和表面粗糙度，且效率较高。

（2）应使数值计算简单，以减少编程工作量。

（3）应使加工路线最短，这样既可以减少程序段，又可以减少空刀时间。如确定是一次走刀还是多次走刀来完成加工以及在铣削加工中是采用顺铣还是采用逆铣等。

对于点位控制的数控机床，只要求定位精度较高，定位过程尽可能快，而刀具相对工件的运动路线是无关紧要的，因此这类机床应按照空程最短来安排走刀路线。除此之外，还要确定刀具轴向的运动尺寸，其大小主要由被加工零件的孔深来决定，但也应考虑一些辅助尺寸，如刀具的引入距离和超越量。

2. 切削加工工序的安排

1）先粗加工后精加工

当加工零件精度要求较高时，一般要经过粗加工、半精加工、精加工。如果精度要求更高，还应包括光整加工等几个阶段。

2）基准面先行原则

用作精基准的表面应先加工，任何零件的加工过程总是先对定位基准进行粗加工和精加工，例如，轴类零件总是先加工中心孔，再以中心孔为精基准加工外圆和端面；箱体类零件总是先加工定位用的平面及两个定位孔，再以平面和定位孔为精基准加工孔系和其他平面。

3）先加工面后加工孔

对于箱体、支架等零件，由于平面尺寸轮廓较大，用平面定位比较稳定，而孔的深度尺寸又是以平面为基准的，故应先加工平面，然后再加工孔。

4）先内后外

先内后外是指先加工内型腔，再加工外表面。

5）先主后次

先主后次是指先加工主要表面，然后加工次要表面。

3. 热处理工序的安排

热处理工序包括预备热处理和最终热处理。

1）预备热处理

预备热处理包括退火、正火、时效、调质等。

退火和正火用于处理经过热加工的毛坯。含碳量大于 0.5% 的碳钢或合金钢，为了降低金属的硬度，使其易于切削，常采用退火处理；含碳量低于 0.5% 的碳钢或合金钢，为了避免硬度过低，切削时粘刀，而采用正火处理。退火和正火能细化晶粒，均匀组织，为以后的热处理做好准备。退火和正火常安排在毛坯制造之后、粗加工之前进行。

时效处理主要用于消除毛坯制造和机械加工过程中所产生的内应力，最好安排在粗加工之后、半精加工之前进行。为了避免过多的运输工作量，对于精度要求不太高的零件，一般在粗加工之后安排一次时效处理即可。但对于高精度的复杂铸件，应安排两次时效工序，即铸造—粗加工—时效—半精加工—时效—精加工。简单铸件一般不进行时效处理。除铸件外，对于一些刚性差的精密零件，为了消除加工中产生的内应力、稳定零件的加工精度，常在粗加工、半精加工、精加工之间安排多次时效处理。有些轴类零件的加工在校直工序之后也要求安排时效处理。

调质，即在淬火后进行高温回火处理，能获得均匀细致的索氏体组织，为以后的表面淬火和渗碳处理时减少变形做好组织准备，因此调质可以作为预备热处理。由于调质后零件的综合力学性能较好，对某些硬度高、耐磨性好的零件，调质也可以作为最终的热处理工序。调质处理常安排在粗加工之后、半精加工之前进行。

2）最终热处理

最终热处理包括淬火、渗碳淬火等。

淬火分为整体淬火和表面淬火两种。其中表面淬火因为变形、氧化及脱碳较小而应用较多，而且表面淬火处理后的零件还具有外部硬度高、耐磨性好、内部保持良好的韧性、抗冲击能力强的优点。为提高表面淬火零件芯部的力学性能和获得细马氏体的表层组织，常需预先进行调质及正火处理。其一般工艺路线为：下料—锻造—正火（退火）—粗加工—调制—半精加工—表面淬火—精加工。

渗碳淬火适用于低碳钢和低合金钢，其目的是先使零件表面含碳量增加，经淬火后使表面获得高的硬度和耐磨性，而芯部仍然保持一定的强度和较高的韧性和塑性。渗碳处理分局部渗碳和整体渗碳两种。局部渗碳需要采取一定的防渗措施（例如镀铜或涂防渗材料）。由于渗碳淬火会使零件变形加大，且渗碳层深度一般为 0.5～2 mm 之间，所以渗碳工序排在半精加工和精加工之间。其工艺路线一般为：下料—锻造—正火—粗、半精加工—渗碳淬火—精加工。当局部渗碳零件的不渗碳部分采用加大加工余量（渗后切除）以防渗时，切除工序应安排在渗碳后、淬火前。

4. 辅助工序的安排

辅助工序是指检验、去毛刺、倒棱边、清洗等。其中检验要安排在粗加工全部结束后、精加工之前、重要工序之后，工件在不同车间之间转移前后，工件全部加工结束后，特种性能检验之前。

6.5　走刀路线和工步顺序的确定

6.5.1　数控机床刀具系统

1. 刀具管理系统的任务

通常数控机床与加工中心用于柔性自动化加工系统。在一个具有多台数控机床的系统中，需要配备许多把刀具，一台加工中心自身的刀库，少则十几把刀具，多则几十把刀具。每把刀具都包括两种信息：一是刀具描述信息，即静态信息，如刀具识别编码和几何参数等；另一种是刀具状态信息，即动态信息，如刀具所在位置、刀具累计使用次数、刀具剩余寿命、刀具刃磨次数等。要将如此大量的刀具以及有关信息管理好，必须有一个完善的计算机刀具管理系统，才能满足多品种零件加工对刀具的要求。

刀具管理就是及时而准确地对指定的机床提供适用的刀具，以便在维持较好的设备利用率的情况下，生产出所需数量的合格零件。因此刀具管理最重要的准则是：刀具供应及时，通过时间短，刀库存储量少及组织费用少。

刀具管理系统的任务包括以下几个方面：

1）刀具室的控制与管理

首先，刀具在刀具室内与装夹工具配成刀具组件，并在对刀仪上调好尺寸；然后，编码待用，根据零件的加工需要，调用相应的刀具组件并分配给机床。应按照自动加工系统的需要，对刀具的库存量进行控制，使刀具冗余量最少。刀具标准化也是刀具管理的重要任务，应结合加工工艺过程的标准化统一考虑，尽可能使用通用刀具，少用特殊的非标准刀具；使用不重磨刀片，采用标准的模块化的刀夹装置；使用可调刀具，以减少使用刀具的种类。

2）刀具的分配与传输

刀具的分配是根据零件加工工艺过程和加工系统作业调度计划以及刀具分配调度策略来决定的。关于刀具的传输，大型自动化加工系统采用无人小车（AGV），而小型系统则用机械手和高架传送带等。

3）刀具的监控

在加工过程中，应对刀具的状态进行实时监控，并且累计刀具的切削时间，当达到规定的使用耐用度时，刀具要重磨或更换。当发生刀具破损时，机床应立即停机，并发出报警信号，以便操作人员及时处理。

4）刀具信息的处理

应及时处理刀具的各种静态、动态信息，使这些信息在机床、刀具室、主控计算机之间传输，其中动态信息必须在加工系统运行时不断进行修改。

2. 刀库类型

1）鼓（盘）式刀库

鼓（盘）式刀库有下列两种形式：刀具轴线与鼓（盘）轴线平行的鼓式刀库和刀具轴线与鼓盘轴线不平行的鼓式刀库。

（1）刀具轴线与鼓（盘）轴线平行的鼓式刀库，如图 6-43 所示，刀具环形排列，分为径向取刀和轴向取刀两种形式。这种鼓式刀库结构简单，应用较多，适用于刀库容量较小的情况。为了增加刀库空间利用率，可以采用双环或多环排列刀具的形式，但是，鼓（盘）直径增大，转动惯量就增加，选刀时间也较长。

（2）刀具轴线与鼓（盘）轴线不平行的鼓式刀库，刀具轴线与鼓盘轴线夹角为锐角。这种鼓式刀库占用空间较大，使刀库容量受到限制，故应用较少。但应用这种刀库可以减少机械手换刀动作，简化机械手结构。

图 6-43　鼓式刀库

2）伞形刀库和斗笠式刀库

图 6-44 所示是伞形刀库，刀库容量有 16 把、20 把和 24 把等几种，采用电动凸轮传动。刀库中的刀具轴线是垂直的，靠重力挂在刀夹中，常用于立式加工中心上。当换刀时，主轴移到刀库上方直接换刀，不用机械手。图 6-45 所示是斗笠式刀库，刀库容量、挂刀方法、换刀方式及传动都与伞形刀库类似。

图 6-44　伞形刀库　　　　　　　　　图 6-45　斗笠式刀库

3）链式刀库

图 6-46 所示为链式刀库，它的结构比较紧凑，通常采用轴向取刀，刀库容量较大。链环可以根据机床的布局配置成各种形状，也可以将换刀位置的刀座突出，以便换刀。一般刀具数量在 30~120 把范围内时，可以采用链式刀库。图 6-47 所示是剪式机械手，刀库容量、挂刀方法、换刀方式及传动都与链式刀库类似。

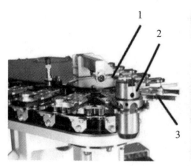

1—刀座；2—滚轮；3—主动链轮。

图 6-46　链式刀库

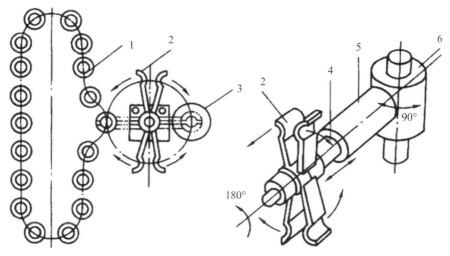

(a) 刀库刀座轴线与机床主轴轴线平行　　　　(b) 刀库刀座轴线与机床主轴轴线垂直

1—刀库；2—剪式手爪；3—机床主轴；4—伸缩臂；5—伸缩与回转机构；6—手臂摆动机构。

图 6-47　剪式机械手

4）格子盒式刀库

格子盒式刀库分为两种：固定型格子盒式刀库、非固定型格子盒式刀库。

（1）固定型格子盒式刀库。

固定型格子盒式刀库如图 6-48 所示，刀具分成几排直线排列，由纵向、横向移动的取刀机械手完成选刀动作，将选取的刀具送到固定的换刀位置的刀座上，由换刀机械手交换刀具。这种刀库由于刀具排列密集，空间利用率高，刀库容量大。

图 6-48　固定型格子盒式刀库

（2）非固定型格子盒式刀库。

非固定型格子盒式刀库如图 6-49 所示，刀库由多个刀匣组成，可以直线运动，刀匣也可以从刀库中沿垂直方向提出。

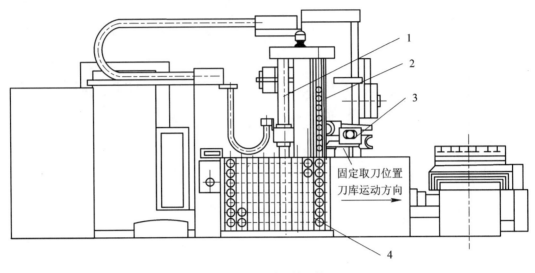

(a) 机床左视图(自动换刀装置)

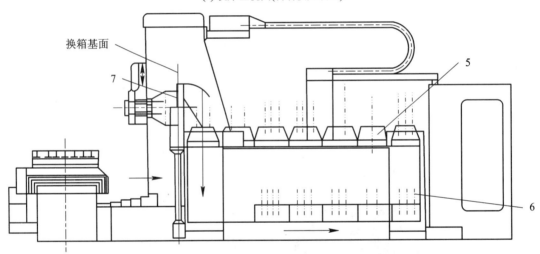

(b) 机床右视图(自动换箱装置)

1—导向柱；2—刀匣提升机构；3—机械手；4—格子盒式刀库；5—主轴箱库；6—主轴箱提升机；7—换箱翻板。

图 6-49　非固定型格子盒式刀库

6.5.2　数控系统刀具路线和工步顺序

在数控加工中，刀具(严格说是刀位点)相对于工件的运动轨迹称为加工路线，也叫走刀路线。它不但包括工步内容，也反映了工步顺序。工步顺序是指在同一道工序中，各个表面加工的先后顺序，它与加工质量、效率及加工路线有直接关系。

1. 加工路线的确定原则

加工路线是编写程序的依据之一，因此，在编写程序前，应确定加工路线。确定加工路线的一般原则如下：

(1) 寻求最短加工路线。选择正确的、最短的加工路线，可以节省定位时间，提高加工效率。

（2）最终轮廓通过一次走刀加工完成。为了满足加工后的工件轮廓表面粗糙度要求，最终轮廓应安排在最后一次走刀中，并且经过连续加工完成。

（3）选择切入、切出方向。当考虑刀具的进刀、退刀（切入、切出）路线时，刀具的切出或切入点应在沿零件轮廓的切线上，以保证工件轮廓的光滑性；应避免在垂直于工件轮廓面上下刀而划伤工件表面；应尽量减少在轮廓切削加工过程中的暂停（切削力突然变化会造成弹性变形），以免留下刀痕。

（4）选择使工件在加工后变形小的路线。对横截面积小的细长零件或薄板零件应采用分几次走刀或对称去除余量法安排走刀路线。安排工步时，应先安排对工件刚性破坏较小的工步。

另外，在确定加工路线时还要充分注意工序的划分和工序的安排。

（1）工序的划分。

根据数控加工的特点，数控加工工序的划分一般可按下列方法进行：

① 以一次安装、加工作为一道工序。这种方法适合于加工内容较少的工件，加工完就能达到待检状态。

② 以同一把刀具加工的内容划分工序。有些工件虽然能在一次安装中加工出很多待加工表面，但考虑到程序太长，会受到某些限制，如控制系统的限制（主要是内存容量、机床连续工作时间的限制）等。此外，程序太长会增加出错的概率与加大检索的困难。因此程序不能太长，一道工序的内容不能太多。

③ 以加工部位划分工序。对于加工内容很多的工件，可按其结构特点将加工部位分成几个部分，如内腔、外形、曲面或平面，并将每一部分的加工作为一道工序。

④ 以粗、精加工划分工序。由于粗加工后可能发生变形而需要进行校形，故一般来说，凡要进行粗、精加工的工件都要将工序分开。

（2）工序的安排。

工序的安排应根据零件的结构和毛坯状况，遵循以下原则：

① 上道工序的加工不能影响下道工序的定位与夹紧，也应综合考虑中间穿插通用机床的加工工序。

② 先加工工件的内腔，后加工工件的外轮廓。

③ 尽量减少重复定位与换刀次数。

④ 多道工序中，先安排对工件刚性破坏较小的工序。

数控机床在反向运动时会出现反向间隙，如果在加工路线中将反向间隙带入，就会影响刀具的定位精度，增加工件的定位误差，如图 6 - 50 所示。

当加工一个立体曲面时，可采取三种加工路线，即沿参数曲面的 U 向行切、沿 W 向行切和环切，如图 6 - 51 所示。

加工内槽时，一律使用平底铣刀，刀具边缘部分的圆角半径应符合内槽的图样要求。内槽的切削分为两步，第一步切内腔，第二步切轮廓。切轮廓通常又分为粗加工和精加工两步。内槽加工路线如图 6 - 52 所示。

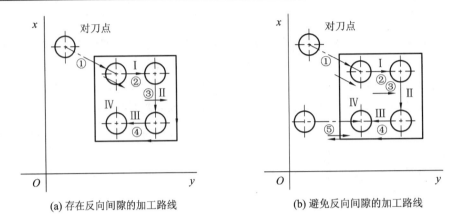

(a) 存在反向间隙的加工路线　　　　　(b) 避免反向间隙的加工路线

图 6-50　引入反向间隙的加工路线

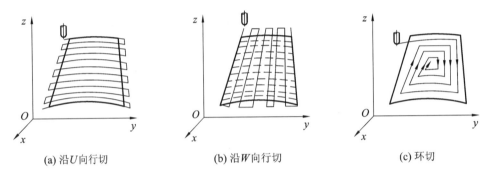

(a) 沿 U 向行切　　　　　(b) 沿 W 向行切　　　　　(c) 环切

图 6-51　立体轮廓的加工路线

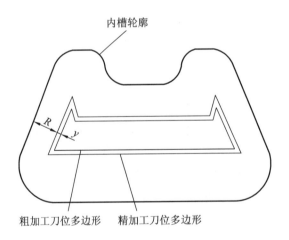

图 6-52　内槽加工路线

2. 切入点、切出点的选择原则

切入点是指在曲面的初始切削位置上,刀具与曲面的接触点。切出点是指在曲面切削完毕后,刀具与曲面的接触点。

切入点和切出点一般选取在零件轮廓两几何元素的交点处。引入线、引出线由与零件轮廓曲线相切的直线组成,这样可以保证零件轮廓曲线的加工形状平滑。

粗加工选择曲面内的最高角点作为切入点；精加工选择曲面内某个曲率比较平缓的角点作为切入点；将避免铣刀当钻头使用，否则会因受力过大而损坏刀具。图 6-53 为切入点选择实例。切出点应选择在连续完整的加工曲面上，并且要求切出的非加工时间短。

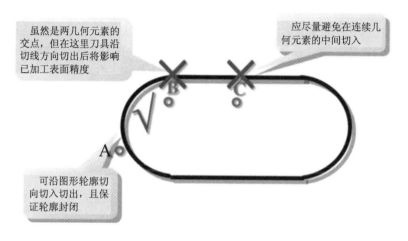

图 6-53 切入点选择

如图 6-54 所示，当铣切内表面轮廓形状时，也应该尽量遵循从切向切入的方法，但这样切入则无法外延，最好安排从圆弧过渡到圆弧的加工路线。当实在无法沿零件曲线的切向切入、切出时，铣刀只有沿法线方向切入和切出，在这种情况下，切入、切出点应选在零件轮廓两几何元素的交点上，而且进给过程中要避免停顿。

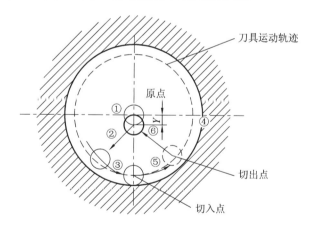

图 6-54 铣削内轮廓的切入切出路径

6.6 数控加工工艺参数的确定

确定工艺参数是工艺制定中重要的内容，对于自动编程更是成功与否的关键。通常情况下，在数控机床切削过程中，决策者重点考虑的是切削用量，即切削深度、宽度、主轴转速及进给速度等。切削用量的具体数值应根据数控机床使用说明书的规定、被加工工件材料、加工工序以及其他工艺要求，并结合实际经验来确定。在数控编程时，编程人员必须确定每道工序的切削用量，并以指令的形式写入程序中。

在工艺处理工作完成后，根据零件的几何尺寸、加工路线，计算数控系统所需输入的数据。一般数控系统都具有直线插补、圆弧插补和刀具补偿功能。加工由直线和圆弧组成的比较简单的平面零件，只需要计算出零件轮廓的相邻几何元素的交点或切点（称为基点）的坐标值。对于形状比较复杂的零件或当零件的几何形状与数控系统的插补功能不一致时，就需要进行比较复杂的数值计算。例如非圆曲线，需要用直线段或圆弧段来逼近，在满足精度的条件下，计算出相邻逼近直线或圆弧的交点或切点（称为节点）的坐标值。对于自由曲线、自由曲面和组合曲面的程序编制，其数学处理更为复杂，一般需要计算机辅助计算。

切削用量的选择原则是：保证零件加工精度和表面粗糙度，充分发挥刀具的切削性能，保证合理的刀具耐用度；在考虑机床工艺系统刚度的前提下，最大限度地提高生产效率，降低成本。

1. 主轴转速与切削速度的选择

主轴转速应根据允许的切削速度和工件（或刀具）直径来选择。其计算公式为

$$n = \frac{1000v}{\pi D} \tag{6-1}$$

式中：v——切削速度，单位为 m/min，由刀具的耐用度决定；

n——主轴转速，单位为 r/min；

D——工件直径或刀具直径，单位为 mm。

最后，计算出的主轴转速 n 要再根据机床说明书进行选取（选取机床已有的或比较接近的转速）。

2. 进给量（进给速度）的确定

进给量主要根据零件的加工精度和表面粗糙度的要求以及刀具、工件的材料性质选取。最大进给速度受到机床刚度和进给系统的性能的限制。

在轮廓加工中，在接近拐角处应适当降低进给量，以克服由于惯性或工艺系统变形在轮廓拐角处造成的"超程"或"欠程"现象。

进给量的确定原则具体如下：

（1）当工件的质量要求能够得到保证时，为了提高生产效率，可以选择较高的进给速度，一般在 100～200 mm/min 范围内选取。

（2）在切断、加工深孔或用高速钢刀具加工时，宜选择较低的进给速度，一般在 20～50 mm/min 范围内选取。

（3）当加工精度、表面粗糙度要求高时，进给速度应选择得小一些，一般在 20～50 mm/min 范围内选取。当刀具空行程运行时，特别是远距离"回零"时，可以使用机床数控系统设定的最高进给速度。

3. 背吃刀量的确定

背吃刀量根据机床、工件和刀具的刚度来决定。在刚度允许的条件下，应尽可能使背吃刀量等于工件的加工余量，这样可以减少走刀次数，提高生产效率。如在半精加工时，背吃刀量可取 0.5～2 mm；在精加工时，背吃刀量一般为 0.2～0.5mm。

针对切削用量三要素——主轴转速与切削速度、背吃刀量及进给量的选择原则，根据

车削、铣削、钻镗削工艺的不同要求,结合如表 6-7 所列出的推荐值,希望读者能够灵活掌握工艺参数的选择。

表 6-7 切削用量的选取(高速钢立铣刀、粗铣)

工 件		铸 铁		铝		钢	
刀具直径 /mm	刀槽数	转速/ (r/min)	进给速度/ (mm/min)	转速/ (r/min)	进给速度/ (mm/min)	转速/ (r/min)	进给速度/ (mm/min)
		切削速度/ (m/min)	每齿进给量/ (mm/齿)	切削速度/ (m/min)	每齿进给量/ (mm/齿)	切削速度/ (m/min)	每齿进给量/ (mm/齿)
8	2	1100	115	5000	500	1000	100
		28	0.05	126	0.05	25	0.05
10	2	900	110	4100	490	820	88
		28	0.06	129	0.06	26	0.05
12	2	770	105	3450	470	690	84
		29	0.07	130	0.07	26	0.06
14	2	660	100	3000	440	600	80
		29	0.07	132	0.07	26	0.07
16	2	600	94	2650	420	530	76
		30	0.08	133	0.08	27	0.07

6.6.1 数控车削加工工艺参数的确定

数控车削加工中的切削用量包括背吃刀量 a_p、主轴转速 n(与切削速度 v_c)(用于恒线速度切削)、进给速度 v_f(或进给量 f)。这些参数均应在给定的范围内选取。

1. 切削用量的选用原则

粗车时,应尽量保证较高的金属切削率和必要的刀具耐用度。在选择切削用量时,应首先选取尽可能大的背吃刀量 a_p,其次根据机床动力和刚性的限制条件,选取尽可能大的进给量 f,最后根据刀具耐用度要求,确定合适的切削速度 v_c。增大背吃刀量 a_p 可以使走刀次数减少,增大进给量 f 有利于断屑。

精车时,对加工精度和表面粗糙度要求较高,加工余量不大且比较均匀。在选择精车的切削用量时,应着重考虑如何保证加工质量,并在此基础上尽量提高生产效率。因此,精车时应选用较小(但不能太小)的背吃刀量和进给量,并选用性能好的刀具材料和合理的几何参数,以尽可能提高切削速度。

2. 切削用量的选取方法

1) 背吃刀量的选择

粗加工时,除留下精加工余量外,尽可能一次走刀切除全部余量,也可以分多次走刀。精加工的加工余量一般较小,可一次切除。在中等功率机床上,粗加工的背吃刀量可以达到 8~10 mm;半精加工的背吃刀量选取 0.5~5 mm;精加工的背吃刀量选取 0.2~1.5 mm。

2）进给速度（进给量）的确定

粗加工时，由于对工件的表面质量没有太高的要求，这时主要根据机床进给机构的强度和刚性、刀杆的强度和刚性、刀具材料、刀杆和工件尺寸以及已选定的背吃刀量等因素来选取进给速度。

进给速度 v_f 可以按照公式 $v_f = f' \times n$ 计算，式中 f' 表示每转进给量，粗车时一般选取 $0.3 \sim 0.8$ mm/r；精车时常取 $0.1 \sim 0.3$ mm/r；切断时常选取 $0.05 \sim 0.2$ mm/r。

3）切削速度的确定

切削速度 v_c 可以根据已经选定的背吃刀量、进给量及刀具耐用度进行选取。在实际加工过程中，也可以根据生产实践经验和查表的方法来选取。粗加工或工件材料的加工性能较差时，宜选用较低的切削速度。在精加工或刀具材料、工件材料的切削性能较好时，宜选用较高的切削速度。

切削速度 v_c 确定后，可以根据刀具或工件直径 D 按公式(6-1)来确定主轴转速 n(r/min)。在工厂的实际生产过程中，切削用量一般根据经验并通过查表的方式进行选取。常用硬质合金或涂层硬质合金刀具切削不同材料的切削用量推荐值如表6-8所示。表6-9所示为常用切削用量推荐表。

表 6-8　常用硬质合金或涂层硬质合金刀具切削用量推荐表

刀具材料	工件材料	粗加工			精加工		
		切削速度/(m/min)	进给量/(mm/r)	背吃刀量/mm	切削速度/(m/min)	进给量/(mm/r)	背吃刀量/mm
硬质合金或涂层硬质合金	碳钢	220	0.2	3	260	0.1	0.4
	低合金钢	180	0.2	3	220	0.1	0.4
	高合金钢	120	0.2	3	160	0.1	0.4
	铸铁	80	0.2	3	140	0.1	0.4
	不锈钢	80	0.2	2	120	0.1	0.4
	钛合金	40	0.3	1.5	60	0.1	0.4
			0.2	1.5	60	0.1	
	灰铸铁	120	0.3	2	150	0.15	0.5
	球墨铸铁	100	0.2	2	120	0.15	0.5
			0.3	2	120	0.15	
	铝合金	1600	0.2	1.5	1600	0.1	0.5

表 6-9　常用切削用量推荐表

工件材料	加工内容	背吃刀量 a_p/mm	切削速度 v_c/(m/min)	进给量 f/(mm/r)	刀具材料
碳素钢 $\sigma_b > 600$ MPa	粗加工	5~7	60~80	0.2~0.4	YT 类
	粗加工	2~3	80~120	0.2~0.4	
	精加工	2~6	120~150	0.1~0.2	

续表

工件材料	加工内容	背吃刀量 a_p/mm	切削速度 v_c/(m/min)	进给量 f/(mm/r)	刀具材料
碳素钢 $\sigma_b > 600$ MPa	钻中心孔		$500 \sim 800$ r·min^{-1}		W18Cr4V
	钻孔		$25 \sim 30$	$0.1 \sim 0.2$	
	切断(宽度<5 mm)		$70 \sim 110$	$0.1 \sim 0.2$	YT 类
铸铁 HBS<200	粗加工		$50 \sim 70$	$0.2 \sim 0.4$	YG 类
	精加工		$70 \sim 100$	$0.1 \sim 0.2$	
	切断(宽度<5 mm)		$50 \sim 70$	$0.1 \sim 0.2$	

3. 选择切削用量时应注意的问题

1) 主轴转速

应根据零件上被加工部位的直径，并按照零件和刀具的材料及加工性质等条件所允许的切削速度来确定主轴转速。切削速度除了通过计算和查表选取外，还可以根据实践经验确定，需要注意的是交流变频调速数控车床低速输出力矩小，因而切削速度不能太低。根据切削速度可以计算出主轴转速。

2) 车螺纹时的主轴转速

在数控车床加工螺纹时，会引起传动链的改变，原则上其转速只要能保证主轴每转一周时，刀具沿主进给轴(多为 z 轴)方向位移一个螺距即可。

在车削螺纹时，车床的主轴转速将受到螺纹的螺距 P(或导程)大小、驱动电机的升降频率特性以及螺纹插补运算速度等多种因素的影响，故对于不同的数控系统，推荐不同的主轴转速选择范围。大多数经济型数控车床车螺纹时推荐的主轴转速 n(r/min)为

$$N \leqslant \left(\frac{1200}{P} \right) - k$$

式中：P——被加工螺纹的螺距(mm)；

k——保险系数，一般选取为 80。

数控车床车螺纹时，会受到以下几方面的影响：

(1) 螺纹加工程序段指令中的螺距值，相当于以进给量 f(mm/r)表示的进给速度 v_f。如果将机床的主轴转速选择得过高，其换算后的进给速度 v_f(mm/min)则必定大大超过正常值。

(2) 刀具在其位移过程的全程都将受到伺服驱动系统升降频率和数控装置插补运算速度的约束，由于升降频率特性满足不了加工需要等原因，主进给运动产生的"超前"和"滞后"会导致部分螺牙的螺距不符合要求。

(3) 车削螺纹必须通过主轴的同步运行功能而实现，即车削螺纹需要有主轴脉冲发生器(编码器)，当其主轴转速选择过高时，通过编码器发出的定位脉冲(即主轴每转一周时所发出的一个基准脉冲信号)将可能因"过冲"(特别是当编码器的质量不稳定时)而导致工件螺纹产生乱纹(俗称"乱扣")的现象。

6.6.2　数控铣削加工工艺参数的确定

1. 用球铣刀加工曲面时与切削精度有关的工艺参数的确定

1) 步长 l(步距)的确定

步长 l(步距)是指每两个刀位点之间的距离长度。

步长 l 的确定方法有以下两种：

(1) 直接定义步长法是在编程时直接给出步长值，根据零件的加工精度来确定。

(2) 间接定义步长法是通过定义逼近误差来间接定义步长。

2) 逼近误差 e_r 的确定

逼近误差 e_r 是指实际切削轨迹偏离理论轨迹的最大允许误差。定义逼近误差的三种方式为(如图 6 - 55 所示)：指定外逼近误差值，指定内逼近误差值，同时指定内、外逼近误差值。

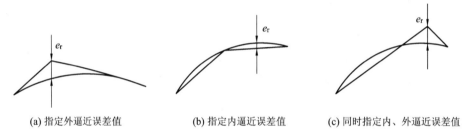

(a) 指定外逼近误差值　　　　　(b) 指定内逼近误差值　　　　　(c) 同时指定内、外逼近误差值

图 6 - 55　三种定义逼近误差的方式

指定外逼近误差值是以留在零件表面上的剩余材料的厚度作为误差值。指定内逼近误差值表示可以被接受的表面过切量。

3) 行距 S(切削间距)的确定

行距 S(切削间距)是指加工轨迹中相邻两行刀具轨迹之间的距离。行距越小，加工精度越高，但加工时间越长，费用越高。行距越大，加工精度越低，零件型面失真性越大，但加工时间越短。定义行距通常有两种方法：直接定义行距，用残留高度 h 来定义行距。直接定义行距算法简单、计算速度快，适用于粗加工、半精加工和形状比较平坦的零件精加工。残留高度 h 是指被加工表面的法矢量方向上两相邻切削行之间残留沟纹的高度。残留高度 h 越大，表面粗糙度值越大。残留高度 h 小，虽然可以提高加工精度，但是程序长，占机时间成倍增加，效率低。粗加工时，行距可选取得大些。有时为了减小刀锋高度，可在原两行之间加密行切一次，即进行曲刀锋处理，这相当于将 S 减小一半，实际效果更好些。

2. 与切削用量有关的工艺参数的确定

1) 背吃刀量 a_p 与侧吃刀量 a_e

背吃刀量 a_p 是平行于铣刀轴线测量的切削层尺寸。侧吃刀量 a_e 是垂直于铣刀轴线测量的切削层尺寸。

从刀具耐用度的角度出发，切削用量的选择方法是先选取背吃刀量 a_p 或侧吃刀量 a_e，然后确定进给速度，最后确定切削速度。如果零件精度要求不高，在工艺系统刚度允许的情况下，最好一次切尽加工余量，以提高加工效率；如果零件精度要求高，为了保证精度和表面粗糙度，只好采用多次走刀。

2）与进给有关的参数的确定

在加工复杂表面的自动编程中，有五种进给速度需设定，它们分别如下：

（1）快速走刀速度（空刀进给速度）。

为了节省非切削加工时间，快速走刀速度一般选为机床允许的最大进给速度，即 G00 速度。

（2）下刀速度（接近工件表面进给速度）。

为了保证使刀具安全可靠地接近工件，而不损坏机床、刀具和工件，下刀速度不能太高，要小于或等于切削进给速度。对于软材料一般选为 200 mm/min；对于钢类或铸铁类材料一般选为 50 mm/min。

（3）切削进给速度 F。

切削进给速度应根据所采用机床的性能、刀具材料和尺寸、被加工材料的切削加工性能和加工余量的大小来综合确定。一般确定原则是工件表面的加工余量大，切削进给速度低；反之，加工余量小，切削进给速度高。

切削进给速度可以由机床操作者根据被加工工件表面的具体情况进行手工调整，以获得最佳切削状态。切削进给速度不能超过按逼近误差和插补周期计算出的允许进给速度。加工塑料类制件的切削进给速度建议选为 1500 mm/min；加工大余量钢类零件的切削进给速度建议选为 250 mm/min；加工小余量钢类零件的切削进给速度建议选为 500 mm/min；精加工铸件的切削进给速度建议选为 600 mm/min。

（4）行间连接速度（跨越进给速度）。

行间连接速度是指刀具从一切削行运动到下一切削行的运动速度。该速度一般小于或等于切削进给速度。

（5）退刀进给速度（退刀速度）。

为了节省非切削加工时间，退刀进给速度一般选为机床允许的最大进给速度，即 G00 速度。

3）与切削速度有关的参数的确定

（1）切削速度 v 的高低主要取决于被加工零件的精度和材料、刀具的材料和耐用度等因素。

（2）主轴转速 n 根据允许的切削速度 v 来确定，见式（6-1）。

理论上，v 越大越好，这样可以提高生产效率，而且可以避开生成积屑瘤的临界速度，获得较低的表面粗糙度值。但实际上由于机床、刀具等的限制，使用国内机床、刀具时允许的切削速度常常只能在 100～200 mm/min 范围内选取。

6.7　数控加工工艺文件及典型零件的数控加工工艺分析

6.7.1　数控加工工艺文件

数控加工工艺文件既是数控加工、产品验收的依据，也是操作者要遵守、执行的规程，同时还为产品零件重复生产做了技术上的必要工艺资料积累和储备。它是编程员在编制加工程序单时做出的与程序单相关的技术文件。该文件主要包括数控加工编程任务书、数控加工工序卡、数控刀具调整单、机床调整单、零件加工程序单等。

不同的数控机床，工艺文件的内容有所不同，为了加强技术文件管理，数控加工工艺文件也应向标准化、规范化的方向发展。但目前由于种种原因，国家尚未制定统一的标准，各企业应根据本单位的特点制定上述必要的工艺文件。

1. 数控加工编程任务书

数控加工编程任务书是数控加工工艺文件的指导书，其内容如表 6-10 所示。

表 6-10 数控加工编程任务书

XXX 机械厂	数控加工编程任务书	产品零件图号	DEK0301	任务书编号	
		零件名称	摇臂壳体	18	
工艺处		使用数控设备	BFT130	共 页 第 页	
主要工序说明及技术要求： 数控精加工各行孔及铣凹槽，详见本产品工艺过程卡片，工序号 70 要求。					
编程收到日期		经手人		批准	
编制	审核	编程	审核	批准	

2. 数控加工工序卡

数控加工工序卡与普通加工工序卡有许多相似之处，但不同的是该卡中应反映使用的辅具、刀具切削参数、切削液等，它是操作人员配合数控程序进行数控加工的主要指导性工艺资料，工序卡应按照已确定的工步顺序填写。

若在数控机床上只进行零件的一个加工工步时，也可以不填写工序卡。在工序加工内容不十分复杂时，可以把零件草图反映在工序卡上，并注明编程原点和对刀点等。

数控加工工序卡（如表 6-11 所示）主要用于自动换刀数控机床，记录零件在机床上加工的工序、刀具及其切削用量等工艺信息，在加工之前由工艺人员填写完后交给机床操作人员。

表 6-11 数控加工工序卡

工序号	工序名称	工序内容	车间	数量	设备	加工人	工时	
							准终	单件
1	下料	下板材 1540 mm×1030 mm，厚度 8 mm 铝板	下料		剪板机			
2	转切	切至如图边框	机加		线切割			
3	转装配		焊接					
4								

3. 数控刀具调整单

数控加工对刀具要求比较严格，一般都要用对刀仪或用其他方法预先调整好。将工序卡中选用的刀具及其编号、型号、参数填入刀具调整单中，作为调整刀具的依据，调整后的实际参数也记录到表中，以供操作者输入机床刀具补偿值中。

6.7.2　典型零件的数控加工工艺分析

1. 零件图样工艺分析

对图 6 - 56 所示图样进行分析，主要分析凸轮轮廓形状、尺寸和技术要求、定位基准及毛坯等。已知所选机床为两轴联动，加工毛坯材料为铸铁，凸轮含有两个基准孔和直径为 φ280 mm、厚度为 18 mm 的圆盘。圆盘底面 A 及 φ8G7、φ12H7 两孔可用作定位基准，形位公差比较容易保证。

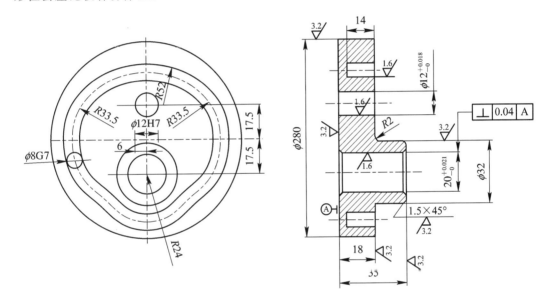

图 6 - 56　槽型凸轮零件图样

2. 确定装夹方案

一般大型凸轮可以用等高垫块垫在工作台上，然后再用压板螺栓在凸轮的孔上压紧。外轮廓平面盘形凸轮的垫块要小于凸轮的轮廓尺寸，不与铣刀发生干涉。对于小型凸轮，一般用心轴定位、压紧即可。在加工箱体、支架、连杆和机体类工件时，常以平面和垂直于此平面的两个孔为定位基准组合起来定位，称为"一面两孔"定位。此时，工件上的孔可以是专为工艺的定位需要而加工的工艺孔，也可以是工件上原有的孔。常用工件的"一面两孔"定位，须使设计基准和工序基准重合，即遵守"基准重合"和"基准统一"原则，以便减少定位误差。这种定位方式所采用的定位元件为支撑板、定位销和菱形销，称为"一面两销"。图 6 - 57 所示为采用"一面两孔"定位设计的一个"一面两销"专用夹具。

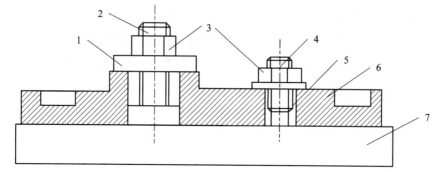

1—开口垫圈；2—带螺纹圆柱销；3—压紧螺母；4—带螺纹削边销；5—垫块；6—工件；7—支撑板。

图 6-57　"一面两销"专用夹具

为了避免工件定位时出现的干涉现象可采用削边销，如图 6-58 所示。

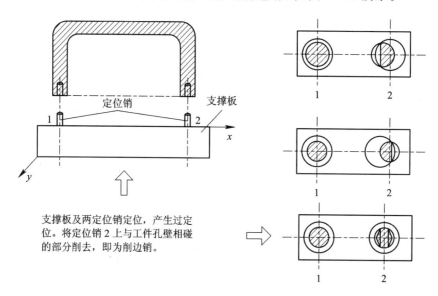

图 6-58　削边销定位

3. 确定进给路线

进给路线包括平面内进给和深度进给两部分。对于平面内进给，对外凸轮轮廓从切线方向切入(图 6-59(a))，对内凹轮廓从过渡圆弧切入(图 6-59(b))。在两轴联动的数控铣床上，对于铣削平面槽形凸轮，深度进给有两种方法：一种方法是在 xz(或 yz)平面内来回铣削逐渐进刀到既定深度；另一种方法是先打一个工艺孔，然后从工艺孔进刀到既定深度。

本例进刀点选在 $P(150,0)$，刀具在 y 坐标轴$[-15，+15]$之间来回运动，逐渐加深铣削深度，当达到既定深度后，刀具在 xy 平面内运动，铣削凸轮轮廓。为了保证凸轮的工作表面有较好的表面质量，采用顺铣方式，即从 $P(150,0)$ 开始，对外凸轮轮廓按顺时针方向铣削，对内凹轮廓按逆时针方向铣削，图 6-59 所示即为铣刀在水平面内的切入进给路线。

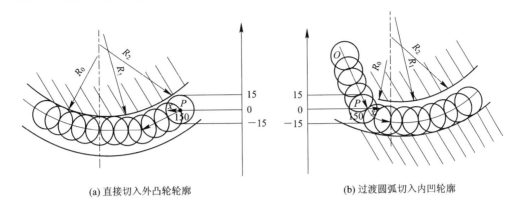

|(a) 直接切入外凸轮轮廓|(b) 过渡圆弧切入内凹轮廓|

图 6-59　铣刀在水平面内的切入进给路线

4. 选择刀具及切削用量

铣刀材料和几何参数主要根据零件材料切削加工性、工件表面几何形状和尺寸大小选择；切削用量依据零件材料特点、刀具性能及加工精度要求确定。通常为了提高切削效率要尽量选用大直径的铣刀；侧吃刀量选取刀具直径的 $1/3 \sim 1/2$；背吃刀量应大于冷硬层厚度；切削速度和进给速度应通过实验选取效率和刀具寿命的综合最佳值。精铣时切削速度应高一些。平行于铣刀轴线测量的切削层尺寸为背吃刀量。垂直于铣刀轴线测量的切削层尺寸为侧吃刀量。

图 6-59 中零件材料（铸铁）属于一般材料，切削加工性较好，选用 $\phi18$ mm 硬质合金立铣刀，主轴转速选取 $150 \sim 235$ r/min，进给速度选取 $30 \sim 60$ mm/min。槽深为 14 mm，铣削余量分三次完成，第一次背吃刀量为 8 mm，第二次背吃刀量为 5 mm，剩下的 1mm 随精铣一起完成。凸轮槽两侧面各留 $0.5 \sim 0.7$ mm 精铣余量。在第二次进给完成之后，检测零件几何尺寸，依据检测结果决定进刀深度和刀具半径偏置量，分别对凸轮槽两侧面精铣，达到图样要求的尺寸。

6.8　数控加工工艺三维工序模型

6.8.1　基于 MBD 的数控加工工艺建模

1. 零件 MBD 设计模型

1）零件 MBD 设计模型的总体定义

MBD 技术，即基于模型的工程定义，是一种将与产品相关的所有设计定义、工艺描述、属性和管理信息等都标注在三维实体模型中的先进的数字化定义方法，它详细规定了三维实体模型中产品尺寸、公差（尺寸公差、形状公差和位置公差）的标注规范和工艺信息（基准信息、表面粗糙度信息、材料信息、热处理信息等）的表达方法。零件 MBD 设计模型由三维几何模型和基本设计工艺信息共同构成。因此，可以用如下表达式定义：

$$M_\mathrm{d} = G_\mathrm{d} \cup \sum_{i=1}^{n} A_i \tag{6-2}$$

式中：M_d——MBD 设计模型，由三维几何模型和基本设计工艺信息共同构成。

G_d——MBD设计模型的三维几何体,由简单的三维几何元素构成,主要包括了模型几何元素和辅助几何元素。

A_i——MBD设计模型中与功能定义相关的工艺信息集,如材料、尺寸、表面精度和热处理要求等信息。

从以上表达式可以看出,从狭义上来说,MBD技术就是将一些原本定义在二维CAD图样上的几何信息和非几何属性信息标注在三维实体模型上;从广义上来说,MBD技术不仅仅是对三维实体模型进行简单的三维标注,它还代表了一种先进的设计理念,是完全摒弃二维工程图样的数字化设计技术,基于MBD技术设计的三维产品模型是工艺设计、数控编程的唯一数据源。产品的全生命周期中所有的数据均以三维MBD模型为载体进行表达和传递,取代了传统的以二维工程图样作为授权资料的设计模式,大大提高了数字化产品设计的效率。

2) 零件MBD设计模型的表达

零件MBD设计模型的组织结构如图6-60所示。零件MBD设计模型由三部分组成,即设计模型属性、几何元素构成的实体模型和文字表达的注释信息。几何元素构成的实体模型则以全三维的方式定义了产品的几何形状信息,包括拓扑结构信息等;设计模型属性数据则描述了产品的原材料规范、产品型号、产品名称、分析数据等产品内置信息;而文字注释则表达了零件实体模型的几何尺寸与公差、基准、表面粗糙度和精度要求等加工必需的工艺属性信息。

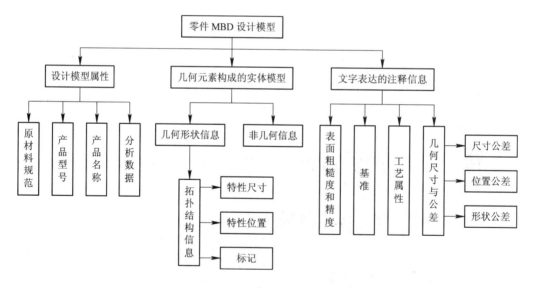

图6-60　零件MBD设计模型组织结构

2. 工艺信息MBD模型

1) 工序MBD模型的定义

工序MBD模型是在工艺设计过程中每道工序加工完成后形成的中间状态模型,它与传统的二维机加工艺卡片中的工序简图相对应。工序MBD模型是由工序几何模型、本道工序所需要加工的加工特征,以及该道工序对应的工序属性组成。因此,可以将工序MBD模型用如下公式表示:

$$M_i^{\mathrm{gx}} = G_i^{\mathrm{gx}} \bigcup \sum_{j=1}^{n_i} F_{ij} \bigcup \sum_{k=1}^{m_i} A_{ik}^{\mathrm{m}} \bigcup \sum_{t=1}^{t_i} S_{it} \qquad (6-3)$$

式中：M_i^{gx}——表示第 i 道工序的工序 MBD 模型；

G_i^{gx}——表示第 i 道工序的三维几何模型；

F_{ij}——表示第 i 道工序所需要加工的第 j 个特征；

A_{ik}^{M}——表示与该道工序对应的工序属性信息；

S_{it}——表示本道工序下面的一个工步内容。

通常来说，一道工序对应一个工序 MBD 模型，但是对于简单的零件而言，可以通过一个工序模型来表达多道工序，即多个工序共同对应一个工序模型。

2）工序 MBD 参考模型的定义

工序 MBD 参考模型是指进行本道工序设计时所依据的三维模型信息，是工序详细设计的输入。第一道工序的工序 MBD 参考模型是最初状态的毛坯模型和最终状态的 MBD 设计模型，后面每一道工序的工序参考模型都是其前一道工序的工序模型和设计模型。因此，可以将工序参考模型表示为

$$M_1^{\mathrm{r}} = M_{\mathrm{d}} \bigcup M_{\mathrm{b}} \qquad (6-4)$$

$$M_i^{\mathrm{r}} = M_{i-1}^{\mathrm{gx}} \bigcup M_{\mathrm{d}} \quad (i=2,3,4,\cdots) \qquad (6-5)$$

式中：M_1^{r}——表示第一道工序的工序参考模型；

M_i^{r}——表示第 i 道工序的工序参考模型；

M_{d}——表示最终状态的 MBD 设计模型；

M_{b}——表示最初状态的毛坯模型；

M_{i-1}^{gx}——表示第 $i-1$ 道工序所对应的工序模型。

3）工艺信息 MBD 模型的定义

工艺信息 MBD 模型是由最终状态的 MBD 设计模型、最初状态的毛坯模型、中间状态的多工序 MBD 模型以及工艺属性信息共同组成的。一个零件工艺对应一个工艺信息 MBD 模型。因此，工艺信息 MBD 模型可以用如下公式表示：

$$M_{\mathrm{gy}} = M_{\mathrm{d}} \bigcup M_{\mathrm{b}} \bigcup \sum_{i=1}^{n} M_i^{\mathrm{gx}} \bigcup \sum_{j=1}^{m} A_j^{m} \qquad (6-6)$$

式中：M_{gy}——表示工艺信息 MBD 模型；

M_{d}——表示 MBD 设计模型；

M_{b}——表示毛坯模型；

M_i^{gx}——表示第 i 道工序所对应的工序 MBD 模型，n 表示工序数；

A_j^{m}——表示第 j 道工序所对应的工序 MBD 模型中的工艺属性信息。

4）工艺信息 MBD 模型的表达

工艺信息 MBD 模型上所表达的工艺属性信息以工艺路线的方式组织在各道工序和工步节点下。以每道工序下的工序 MBD 模型为单元节点，主要表达三个方面的信息：本道工序 MBD 模型的几何形状信息、尺寸标注信息和与本道工序相关的工艺属性信息。几何形状信息主要是指产品零件在制造过程中的每道工序 MBD 模型自身的形状信息，包括本道工序需要加工的特征几何形状、特征所在位置和特征间的拓扑结构等。尺寸标注信息主要包括产品零件的总体尺寸及工序 MBD 模型的加工特征尺寸、公差、表面粗糙度、定位

基准和技术要求等信息。工艺属性信息主要指工序和工步下加工该特征所要用到的机床、刀具、工艺装备(夹具、量具等)以及切削参数等。通过自动创建的工序 MBD 模型来表达从最初状态的毛坯模型到最终状态的设计模型在加工过程中零件形状的演化过程，并按照工艺路线逐步建立工序、工步信息结构。

因此，工艺信息 MBD 模型主要是以工序 MBD 模型为载体，并将各道工序相关的工艺信息(基准、表面粗糙度、公差和注释等)定义在各工序 MBD 模型中，从而构成多工序 MBD 模型，再和设计模型和毛坯模型共同组成工艺信息 MBD 模型。工艺路线中每道工序对应着一个工序 MBD 模型，该道工序下又对应着一个或多个工步信息，各道工步下又包含了多个加工特征，并将加工该特征所要用到的加工方法、机床、刀具、工艺装备和切削参数等信息绑定在该特征上，从而获得一个完整规范的工艺信息 MBD 模型。工艺信息 MBD 模型组织结构示意图如图 6-61 所示。

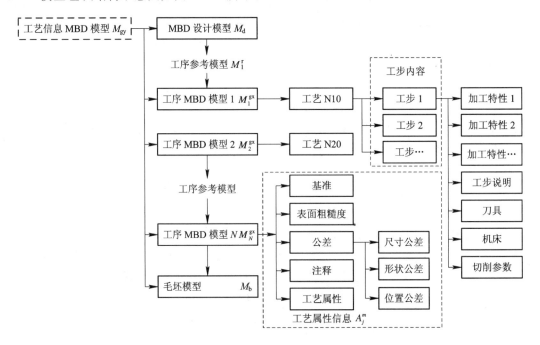

图 6-61 工艺信息 MBD 模型组织结构示意图

5) 工艺信息 MBD 模型的存储管理

工艺信息 MBD 模型以工序 MBD 模型为信息载体，工序 MBD 模型上的 PMI 信息均标注在模型之上，以. prt 文件的形式将三维实体模型和非几何属性信息组织在一个文件中。然而工艺信息 MBD 模型是多工序 MBD 模型的几何体，它不仅包含了几何实体模型和一些非几何工艺属性信息，还包含了各加工工序、工序下的多个加工工步、各工步所要加工的特征、加工方法、机床、刀具、工艺设备以及切削参数等信息，这些信息并非是以 PMI 的形式标注于三维实体模型中，而是以. xml 文件的形式组织并以与各工序 MBD 模型相关联的形式存在。

从以上分析可以得出结论，工序 MBD 模型只是以. prt 文件的形式存储于各对应的图层中，而工艺信息 MBD 模型则是以. prt 文件和. xml 文件相组合的形式存储于计算机中，并最终在 UG 三维软件平台中显示运行。因此，工艺信息 MBD 模型在计算机中的数据存储结构如图 6-62 所示。

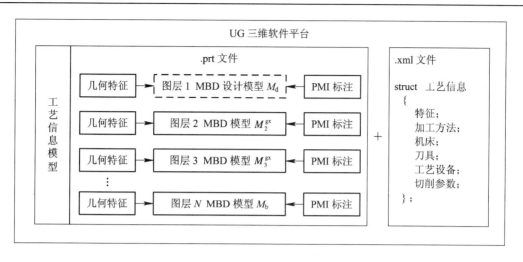

图 6 - 62　工艺信息 MBD 模型的数据存储结构

3. 基于图层的加工工艺 MBD 模型

1) 三维加工工艺信息的组织与存储现状

通过三维数字化工艺过程设计后,会生成一系列可视化的 MBD 工序模型,对这些工序模型进行高效的存储管理和可视化的方法如下:

(1) 基于 PDF 的存储管理方法。

田富君等人通过将三维工序 MBD 模型以及工艺信息嵌入 PDF 格式的工艺文件中并输出的方式来实现工艺信息 MBD 模型的存储管理,此种方法相对来说比较灵活便捷。然而,该方法并不能实现三维工序 MBD 模型向下游数控编程环节的传递,也就是说 CAM 编程过程中并不能直接利用 PDF 格式的文件中存储的三维工序模型,这样也就难以实现 MBD 数据源的唯一性。

(2) 基于数据库的存储管理方法。

张祥祥等人提出了一种基于数据库的三维工艺信息存储管理方法,该方法以基于工艺数据库的设计来组织工序 MBD 模型和三维工艺信息。虽然该种方式能够有效地组织工序模型的工艺信息,但是该种方式不可避免地增加了太多的人机交互,大大降低了工作效率,同时依然没有使得 MBD 信息模型贯穿始终,多工序 MBD 模型和工艺属性信息互相分离,不方便查看和更新,并且工艺信息数据库的维护也增加了工作量,并不见得是一种高效便捷的存储管理方式。

(3) 基于 XML 的存储管理方法。

田富君、何小波等人研究了基于 XML 文件来存储与表示工艺信息的方法。首先,建立基于轻量化模型的工艺信息模型,轻量化模型中仅包含了与显示有关的几何信息,并将轻量化模型存储于 PDM 系统中。整个工艺信息中的其他所有数据则存储于 XML 数据文件中,该方法不仅可以实现 CAPP 与 CAD 系统间的信息交流,还可以实现 CAPP 和 PDM 等系统的信息集成和共享。然而,该种方式依然没有摆脱跨平台的桎梏,工艺设计中所涉及的平台较多,设计人员需要在 CAPP 系统和 PDM 系统之间进行频繁的操作,并且也不利于数控编程环节中直接利用轻量化模型进行程序编制,难以实现与 CAM 系统的集成。

2）图层概述

在三维建模软件系统中，图层的建立主要是用于管理和控制不同的图形，尤其是对于复杂的装配体而言，用图层来管理各部件模型最为适用和方便。在绘图中，设计人员可以根据图形的不同类别和用途，将它们分别设置在不同的图层上，进而达到对图层统一管理的目的。因此，我们可以这样认为，图层其实是实现了一种归类的效果，就是说在一个部件文件里可以同时存在多个不同部件（可以是实体、片体、线条、点或者注释文字等）。当需要查看或者修改其中一个部件时，设计人员一般不会把所有的部件都显示在设计窗口中，这样不仅会使得操作异常烦琐且容易引起混乱，而是通过"隐藏"命令来实现，所以用户可以将不希望显示在界面中的东西放在特定的图层上，需要用到的时候将该图层激活，不需要的时候将该图层隐藏即可。

3）基于图层的多工序 MBD 模型数据组织流程

基于对图层的分析，吴容提出了一种基于图层的存储管理方法，即通过三维建模软件平台中图层的概念来对逆向生成的一系列的多工序 MBD 模型进行存储和管理，并且能够使得这些存储在特定图层上的工序 MBD 模型直接应用到下游的数控编程环节中去，实现数据流的传递，其具体思路如下：

（1）将 MBD 设计模型的图层设置为 1，即将 MBD 设计模型的位置指定在图层的第一层并将其作为工序 MBD 参考模型，根据工艺规程逆向生成第一道工序 MBD 模型。

（2）将上一步生成的工序 MBD 模型的图层设置为 2，并对该工序 MBD 模型重命名，然后将其保存，其保存路径和 MBD 设计模型全路径相一致。

（3）重复以上操作，即将逆向生成的第二道工序 MBD 模型的图层设置为 3，然后重命名后保存在设计模型路径下，以此类推，直至逆向生成该零件的毛坯模型。

（4）最后通过二次开发 API 接口将设计模型路径下生成的一系列完整的多工序 MBD 模型批量导入 MBD 设计模型中，这样在 MBD 设计模型部件下的不同图层上分布着不同的模型，只需要一个.prt 部件文件便可以统一存储和管理与之相关联的工序 MBD 模型集。图层管理多工序 MBD 模型示意图如图 6-63 所示。

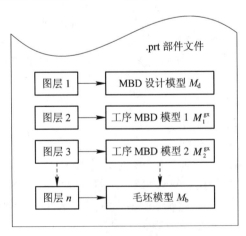

图 6-63　图层管理多工序 MBD 模型示意图

通过灵活运用三维建模软件中图层的方式来存储和管理工艺设计中生成的多工序 MBD 模型，能够实现一个部件同时管理多个模型的功能，也大大方便了各阶段模型的查看及对照；另外，存储于特定图层上的工序 MBD 模型与工艺树中各工序节点一一映射，可以通过二次开发 API 接口实现每点击一个工艺树下的工序节点即可显示出该道工序对应的工序 MBD 模型的功能，从而实现工序 MBD 模型关联映射、可视化的效果。

在 CAM 数控编程的环节中，由于在指定几何体时通常需要指定部件几何体和毛坯几何体，基于图层的多工序 MBD 模型存储与管理方法可以很好地实现这一功能。因为在图层中分布的模型是按从设计模型到工序模型，最后到毛坯模型的顺序依次分布的，因此，在数控编程环节中可以指定第 n 道工序模型为毛坯几何体，指定第 $n-1$ 道工序模型为部件几何体，以此类推，这样便能使工艺设计环节中数据完整地传递到数控编程环节中来，不用跨平台操作，也不用再重新建模，大大提高了生产效率和质量。

6.8.2　面向 MBD 的数控加工工艺三维工序模型

1. 面向 MBD 的数控加工工艺三维工序模型的定义

面向 MBD 的数控加工工艺三维工序模型是指工序加工后形成的包含能够指导本工序加工的完整工艺信息的集成化的三维数字化实体模型。完整的数控加工工艺三维工序模型由多道数控工序组成，相应地有多个三维工序模型。所有的三维工序模型以一个装配体的形式输出，这个装配体是定义的核心和基础，它详细描述了数控加工的毛坯模型、设计模型及三维工序模型的几何形状特征模型、工序的注释和属性等特征，如图 6-64 所示。

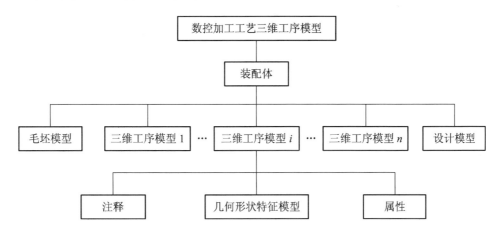

图 6-64　面向 MBD 的数控加工工艺三维工序模型数据组织

在面向 MBD 的数控加工工艺设计过程中，假设有 n 道工序，就会产生 n 个三维工序模型，三维设计模型、三维工序模型、毛坯模型以及工序相互之间的关系如图 6-65 所示。毛坯模型通过第 1 道工序依据三维设计模型形成三维工序模型 1。同理，三维工序模型 $n-1$ 通过第 n 道工序依据三维设计模型形成三维工序模型 n。三维工序模型 n 有与三维设计模型相同的三维几何形状特征，但所包含的描述信息不同，三维工序模型 n 包含第 n 道工序的工艺信息，而三维设计模型包含产品信息。

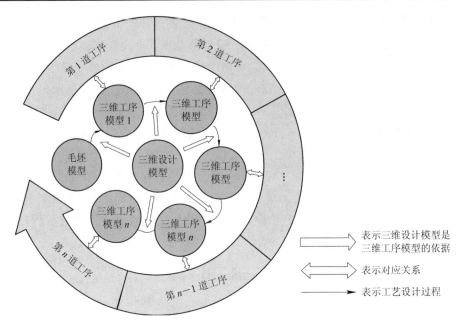

图 6-65　三维设计模型、三维工序模型、毛坯模型及工序相互之间的关系

2. 面向 MBD 的数控加工工艺三维工序模型数据

数控加工工艺三维工序模型数据是指数控加工工艺设计过程中的某道工序描述的几何
形状信息和工艺过程信息的数据总和。三维工序模型数据如表 6-12 所示。

表 6-12　三维工序模型数据分类表达汇总

信息名称	信息来源	与几何模型有无关联性	表达方法
x、y、z 坐标轴	三维设计模型	关联	系统默认
xy、yz、zx 坐标平面	三维设计模型	关联	系统默认
三维实体模型	工序建模	关联	几何模型
工序信息	工艺过程规划	无关联	属性
建模说明	工艺过程规划	无关联	属性
版本信息	历史版本信息	无关联	属性
批准信息	企业标准	无关联	属性
材料牌号	设计模型	无关联	属性
设备型号	工艺过程规划	无关联	属性
工时	企业标准	无关联	属性
切削液	工艺过程规划	无关联	属性
背吃刀量	工艺过程规划	无关联	属性
进给量	工艺过程规划	无关联	属性
切削速度	工艺过程规划	无关联	属性
主轴转速	工艺过程规划	无关联	属性
进给速度	工艺过程规划	无关联	属性
刀具信息	工艺过程规划	无关联	属性

3. 面向 MBD 的数控加工工艺三维工序模型建立

1）IPM 的建立

要建立二维工序模型需要先创建在制品毛坯模型（In-Process Model，IPM），IPM 的创建方法有修订式和创成式两种。数控加工工艺都采用渐进的方式，每道工序只对部分加工特征进行加工，所以前后两道工序的 IPM 存在一定的相似性。修订式的建模方式就是利用这种相似性，通过继承、布尔运算（主要是移除）、参数修改等创建 IPM。某些 IPM 中存在复杂型面的创建，而这些复杂型面通过简单的继承、移除、参数修改等操作很难实现，或者是不能满足精度要求，就需要使用创成式的建模方法，即直接通过三维建模软件来创建，但是工作量大，对工艺人员要求高。图 6-66 所示为三维工序模型建立流程。

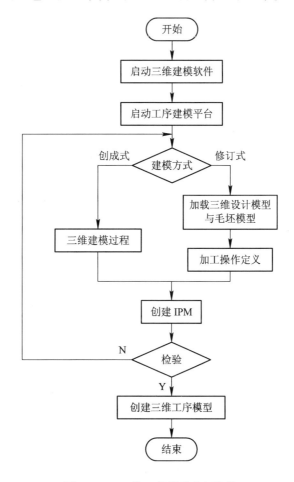

图 6-66　三维工序模型建立流程

修订式 IPM 是通过对前一道工序的 IPM 进行修改而形成模型的，具体可以通过顺序和逆序两种方式建立。顺序方式，即按照加工顺序，从毛坯一步一步形成零件的过程，该过程主要通过继承和布尔运算实现；逆序方式，即将设计模型反补形成毛坯，该过程通过继承和加工特征修改或删除实现。

假设 M_P 代表零件模型，M_S 代表毛坯模型，IPM_i 代表第 i 道工序的工序模型，F_{ij} 代表第 i 道工序切除的第 j 个体积特征，n 代表工序总数，S_i 代表第 i 道工序加工的体积数，顺

序方式 IPM 建立过程可以表示为

$$IPM_1 = M_S, \ IPM_i = IPM_{i-1} - \sum_{j=0}^{S_i} F_{ij} \quad (i = 2, 3, \cdots, n-1)$$

逆序方式 IPM 建立过程可以表示为

$$IPM_i = M_i = IPM_{i+1} + \sum_{j=0}^{S_j} F_{ij} \quad (i = n-1, n-2, \cdots, 1)$$

由以上公式可以看出，在零件模型 M_P 和毛坯模型 M_S 都已知的情况下，建立 IPM 需要确定的是第 i 道工序切除的第 j 个体积特征 F_{ij}，即加工操作定义的区域特征。

2) 三维工序模型的建立

面向 MBD 的数控加工工艺三维工序模型的建立是指在建立 IPM 的基础上，通过一定的表达方法将加工工艺信息展示在三维环境中，并建立一定的规则对加工工艺信息进行显示控制，使工作人员认识和了解工艺设计的意图、方法和过程，为使用三维工序模型提供一个良好的入口。

(1) 信息表达。

信息表达是将非几何制造信息准确、清晰地表达在三维环境中，并保证数据的完整性和唯一性。非几何制造信息的表达方法有属性表达法和标注表达法。属性表达法是将特定类型的文本信息放入定制的属性项中形成一条属性，将所有属性项用属性结构树表示，属性信息可以以定制的表格形式显示。属性表达法适用于与工序模型几何特征没有关联的非几何制造信息的表达，在描述工序模型的非几何制造信息时，刀具信息、工序管理类信息、建模说明类信息、批准发放类信息、技术要求类信息等都适合用属性表达法来表达。

标注表达法是借助特定符号或文本将非几何制造信息表达在三维实体模型的显示区域，这些特定符号或文本可以与三维实体模型关联也可以不关联。标注表达法适用于尺寸公差及定位夹紧等信息的表达。

(2) 信息操作。

当一个工序需要加工多个特征时，这个三维工序模型中将包含大量的非几何制造信息。如果将它们用传统的标注表达法表达并与三维实体模型一起显示，数据量大，显示效果得不到保证。根据这些非几何制造信息类型的不同，可以对标注信息按照不同类型进行分类组织和显示。具体实现方法有两种：一种是全分离式视图显示，一种是分标注平面显示。全分离式视图显示是指每个视图中都包含本工序的三维工序模型，表达本工序中部分加工步骤的非几何制造信息，所有视图完整地表示本工序的加工过程；分标注平面显示是指在一个标注集下建立多个标注平面，将不同类型的信息标注在不同的标注平面上，标注平面之间完全独立，以标注信息的类型名作为标识。标注平面是在三维空间定义的、具有特定空间位置的平面。为了提高显示效果，一个标注集中的所有标注平面可以根据需要全部或部分显示。

6.9 数控加工工艺参数的设计和选择

2015 年 5 月，我国政府将先进制造技术列为我国制造业未来十年的重点发展方向之一。数控加工作为一种重要的先进制造技术手段，对我国制造企业提高产品生产质量、缩短生产周期、降低生产成本至关重要。我国数控机床保有量与西方制造强国的差距已经大大缩小，但利用效率却不高，往往导致数控机床无法充分发挥自身性能，难以达到理想的加工精度和效率，造成加工资源的浪费和成本的增加。要使我国由制造大国迈向制造强国，不断提升数控机床的利用效率是重中之重。工艺参数优化是提升数控机床利用效率的一个重要方面。

工艺参数的选取直接影响机床的加工能耗、刀具寿命、加工质量、加工成本和加工效率等性能指标。若选取不当，甚至会损坏机床、刀具和工件，造成不必要的资源浪费，同时也会大幅增加制造成本。生产实践表明，采用合理科学的加工工艺参数组合，能够充分发挥加工设备和加工刀具的性能。特别是对于数控机床而言，高度自动化的加工设备可以使加工时间大大缩短，因而在有效的加工时间内充分利用合理的或优化的加工工艺参数，对于提高整个加工系统的经济效益尤为重要。此外，通过对数控加工系统中的加工信息进行预测与优化，既为实际数控加工过程的智能化创造了有利条件，也为研究和把握数控加工过程提供了重要手段。因此，对数控加工工艺参数进行优化，具有很重要的现实意义。数控加工的不断变革和创新，在提高制造水平的同时，也提高了国民经济的效益。

6.9.1　数控机床加工工艺参数的设计和选择

1. 数控机床加工工艺参数的设计

为了更加明确地研究数控机床加工的工艺参数优化问题，本节以数控机床切削工艺为例，对数控机床切削参数优化问题进行研究。目前，关于数控机床切削参数优化，国内外学者应用较多的算法有模拟退火算法、粒子群优化算法、遗传算法、基于边缘分布估计的优化算法与多目标教与学算法。整体上，上述算法对数控机床切削工艺参数的优化都有积极作用，为了减少数控机床切削加工能耗，提高切削加工绩效，决策者必须科学、合理地优化切削参数，在实践工作中，决策者需要做好以下几项工作。

1）建立数控机床切削效率目标函数模型

以 CXK650 型数控机床为例，要优化数控机床切削参数，决策者首先要建立切削效率目标函数，以确保机床切削绩效最高。通常情况下，在数控机床切削过程中，决策者重点考虑的是切削三要素：切削速度、进给量和背吃刀量。这三要素也是切削效率目标函数中的三大变量。决策者应根据这三大变量建立切削效率目标函数。以切削参数表示金属切除率，列出的函数式为

$$\eta = v a_p f \tag{6-7}$$

式中：v——切削速度；

　　　a_p——背吃刀量；

　　　f——进给量。

用切削参数表示刀具成本，列出的函数式为

$$C = k v^x a_p^n f^m \tag{6-8}$$

式中：k——成本系数；

　　　x、n、m——影响指数。

综合式(6-7)、式(6-8)，得出切削效率目标函数模型为

$$W = \frac{K\eta}{C} = K v^{1-x} a_{\mathrm{p}}^{1-n} f^{1-m} \qquad (6-9)$$

式中：K——切削效率目标函数系数。

2）建立数控机床切削加工效率时间函数模型

切削时间反映了数控机床切削加工的效率，切削时间短，机床生产效率高；相反，机床生产效率低。决策者应在保证切削加工质量的前提下，尽量缩短切削时间，提高机床生产效率。在实践中，机床切削加工时间包括三个内容：一是实际切削时间，二是换刀时间，三是辅助时间。

将切削加工时间用函数式表示为

$$t = t_{\mathrm{m}} + t_{\mathrm{a}} \frac{t_{\mathrm{m}}}{T} + t_{\mathrm{o}} \qquad (6-10)$$

式中：t_{m}——实际切削时间；

t_{a}——换刀时间；

$\dfrac{t_{\mathrm{m}}}{T}$——换刀次数；

T——刀具寿命；

t_{o}——工序辅助时间，一般情况下，可以考虑不计，因此可以将式(6-10)简化为

$$g(a_{\mathrm{p}}, v, f) = \min T \qquad (6-11)$$

式中：g——求切削加工时间最小值的目标函数；

a_{p}——背吃刀量；

v——切削速度；

f——进给量。

若工序辅助时间忽略不计的话，切削加工时间可用函数式表示为

$$T = t_{\mathrm{m}} + t_{\mathrm{a}} \frac{t_{\mathrm{m}}}{T} \qquad (6-12)$$

需要注意的是，在实践工作中，实际切削时间常常会受到诸多因素的影响，如刀具转速、进给量速度以及零件实际的切削长度等，而零件实际的切削长度又受入切量、超切量等因素的影响。为此，综合考虑以上参数，切削加工效率时间函数为

$$T = \frac{l_0 + y + \Delta}{nf}\left(l + \frac{t_{\mathrm{a}}}{T}\right) = \frac{\pi d (l_0 + y + \Delta)}{1000 v f}\left(l + \frac{t_{\mathrm{a}}}{T}\right) \qquad (6-13)$$

式中：l_0——入切量；

y——切削点纵坐标；

Δ——超切量；

n——转速；

f——进给量；

l——切削长度；

t_{a}——换刀时间；

T——刀具寿命；

d——切削外圆直径；

v——切削速度。

3）约束条件的建模

对目标函数进行优化，需要在一定约束条件下进行。通常情况下，约束条件主要包括机床切削速度约束、机床进给量约束、机床背吃刀量约束、机床功率约束、切削力约束、表面粗糙度约束。下面对以上约束条件进行简要分析。

（1）机床切削速度约束：机床主轴转速必须符合机床允许的转速要求，即既不能低于最小转速，也不能高于最大转速，而应在最小转速与最大转速之间。用函数式表示为

$$v_{min} < v < v_{max} \tag{6-14}$$

（2）机床进给量约束：与机床切削速度约束相似，机床进给量必须符合机床允许的进给量要求，即既不能低于最小进给量，也不能高于最大进给量，而应在最小进给量与最大进给量之间。用函数式表示为

$$f_{min} < f < f_{max} \tag{6-15}$$

（3）机床背吃刀量约束：背吃刀量必须在刀具材料、工件材料以及机床允许的最大切削力范围内。用函数式表示为

$$a_{pmin} < a_p < a_{pmax} \tag{6-16}$$

（4）机床功率约束：机床加工消耗功率必须在机床允许的最大有效功率范围内。用函数式表示为

$$P_c = \frac{k v^m f^m a_p^t}{1000\eta} \leqslant P_{cmax} \tag{6-17}$$

（5）切削力约束：主切削力必须在机床允许的最大切削力范围内。用函数式表示为

$$F_X = r v^a f^b a_p^c \leqslant F_{max} \tag{6-18}$$

（6）表面粗糙度约束：通常情况下，粗糙度可以由决策者按照加工要求根据实际情况选取。以刀尖圆弧半径为例，其表面粗糙度约束用函数式表示为

$$Ra = \frac{125 f^2}{r_E} \leqslant R_{max} \tag{6-19}$$

4）优化模型

基于切削参数的复杂性，决策者可以采用遗传算法对切削参数优化模型进行求解。求解过程中，决策者可以在可行域内随机产生多个个体作为初始种群，然后采用轮盘赌方式对每代的优秀个体进行选择。选择个体之间的交叉方式应为单点随机交叉，而交叉概率与个体的变异概率应根据实际情况设置。

2. 数控机床加工工艺参数的选择

参数选择即在多组参数前沿解中选出最优的一组解。在此过程中，决策者最好用层次分析的方法进行选择。具体实践方法为：第一步，将多组参数前沿解作为一个方案层，将多个目标函数计算出的最终值作为准则层；第二步，对方案层与准则层进行对比分析，确定一个最优的参数组合作为目标层；第三步，采用多个标准度（如设置 9 个标准度，1～9）来判断各目标能实现 1～9 个标准度中的哪一个。此方法需要决策者首先根据每个决策方案（即每组参数算法）的标准确定权数，然后再利用这些权数计算每组决策方案的最终次序，进而根据次序排名决断出哪一个是最优的参数组合。

在数控机床加工工艺参数的优化与选择过程中，决策者需要注意两个问题：第一，在参数优化与选择过程中，决策者要充分遵守数控机床加工的一般与特殊规律，并积极利用

现代最新的科技手段与智能方法，提高数控机床加工工艺参数的优化与选择的科学性，进一步提高加工的工艺水平与生产效率；第二，在参数优化与选择过程中，决策者应积极利用多媒体技术，对数控机床的用户界面进行更加图形化的设计，这不仅能够提高决策者操作的便捷性，还有利于决策者及时检修机床的运行问题。

6.9.2 数控车削加工工艺参数的设计和选择

在传统车削加工过程中，工艺人员和车间操作人员一般根据待加工材料、所选用的刀具手册、操作人员的实践经验，进行多次切削实验来优化本次车削加工的参数。在计算机水平以及各种仿真技术还不发达的过去，这种方法有一定的可行性，但带来的问题是所选用的工艺过程和切削参数并不能达到最佳效果，直接造成工件材料、刀具的浪费，以及生产成本的大幅增加，且生产效率低下，最主要的问题是不能按时按量完成生产、保证产品质量。在竞争日益激烈的现代化生产中，针对外形复杂的零件以及难加工的材料，传统的完全依靠人员经验的参数优化方法就显得力不从心，无形中增加了企业的成本。在激烈的竞争中，生产的零件与设备就明显处于劣势。从长远趋势来看，这会严重影响企业的长久发展。因此，本节以提高生产效率、节省成本为出发点，对于特性材料和工件，从优化切削参数方面来进行分析，为提升企业经济效益、降低成本提供一种切实可行的方案。

数控加工参数优化的一般过程是根据加工设计参数、优化目标函数、优化约束条件三个方面对待加工零件和刀具进行优化。根据优化参数指导工艺人员和操作人员最终确定实际加工参数。

为了优化的有效性，在优化过程中首先要确定加工设计参数，并且要确定重点优化的参数以建立数学模型。对加工影响不大的辅助参数可以弱化，因为数学模型参数过多会严重影响优化的效率与结果，同时也不利于参数优化方法的实现。所以，优化人员要根据车削机床的特性，选择合理的优化参数，比如：机床功率、机床刚度、最大转速、工件材料、刀具材料以及刀具几何尺寸等，以尽可能简化优化模型。在粗加工过程中，为了提高加工效率、加快仿真过程，一般先优化其中一个参数，比如切削深度或者切削进给率。在精加工过程中，在保证产品质量的前提下要尽可能提高加工效率，所以要同时优化其中的两个或三个参数。

根据切削三要素建立优化目标函数 $T=G(v, f, a)$，其中以加工时间作为优化目标，以切削三要素作为自变量。那么，单件工件加工所需的总时间可以用以下函数表示：

$$T=T_p+T_1+T_c\frac{T_p}{T_z}+T_a \tag{6-20}$$

式中：T_p——加工工件所需的切削时间；

T_1——空走刀时间；

T_z——更换磨损刀具所消耗的时间；

T_c——一把新刀具的最长使用时间；

T_a——加工辅助时间。

在车削过程中，在给定零件和毛坯的情况下，切削长度 l、进退刀行程 l_0、零件外径 d 及工件余量 D 是确定值，那么进给率 f、快进进给率 f_0、平均进刀深度 a_p、设定转速 v 作为优化的变量，根据以上参数可得单件工件加工所需的切削时间为

$$T_{\mathrm{p}} = \frac{(l + l_0) D \pi d}{1000 f v a_{\mathrm{p}}} \qquad (6-21)$$

那么，非切削空走刀时间可表示为

$$T_l = \frac{l_0 D}{f_0 a_{\mathrm{p}}} \qquad (6-22)$$

根据刀具切削原理，刀具最长使用时间可表示为

$$T_{\mathrm{c}} = \frac{C_0}{\sqrt[x_0]{v} \sqrt[y_0]{f} \sqrt[z_0]{a_{\mathrm{p}}}} \qquad (6-23)$$

式中：x_0、y_0、z_0、C_0——常数，与所用刀具材质、工件材质以及切削条件相关。

把式(6-21)~式(6-23)代入式(6-20)，即可得到单件工件加工所需的总时间。从总时间函数表达式可以看到，它是切削速度、进给率以及切削深度的函数。在实际加工过程中要同时考虑无切削条件下机床的最大速度、切削条件下刀具能承受的最大进给速度、工件表面质量、机床所能提供的最大进给率等条件的限制，在考虑以上条件的限制下，为了获得最小的加工时间，可以把总切削时间表达式(6-20)分别对切削速度、进给率以及切削深度求偏导，利用拉格朗日定理，即可求得在确定约束条件下的最小切削加工时间。

6.9.3　数控铣削加工工艺参数的设计和选择

数控铣削加工是数控加工中的一种重要方式。铣削加工作为先进制造的重要基础技术，具有高精度、高效率、低成本等诸多优势，广泛应用于汽车、轮船、航空航天及模具等行业。数控铣床是在普通铣床的基础上发展起来的，两者的加工工艺基本相同。工艺分析是对零件进行数控加工的前期准备，如果工艺分析不周全、工艺处理不合理，会导致在数控加工时出现错误，严重的会出现废品。因此，保证和提高零件加工质量和生产效率的关键是正确、合理地对零件进行加工工艺分析。此外，仔细分析零件图纸，确定工件在机床上的装夹方式，正确选择数控铣床，确定数控加工刀具的材料和类型，正确选择工艺参数等，是工艺分析的重要内容。在加工过程中合理选择铣削用量，对于提高数控铣床的生产效率也具有重要意义。

下面主要介绍常用的数控铣削加工工艺参数、工艺指标，以及国内外数控铣削加工的主要工艺参数优化方法和过程。优化方法包括人工神经网络法、田口法、响应面法、灰色关联分析法、方差分析法、遗传算法等。工艺参数的优化是数控铣削加工工艺研究的主要方向之一，通过研究工艺参数优化方法，可以了解各种优化方法的特点及应用范围，为新工艺、新材料的数控铣削加工工艺参数优化提供思路与参考。

1. 铣削加工工艺参数

数控铣削加工工艺参数是指在铣削加工过程中可以控制的参数，通过合理选择这些参数，可以提高机床的加工效率。以圆柱形铣刀铣削为例，对铣削加工有重大影响的参数有铣削力、铣削用量(进给量、铣削速度、铣削深度和铣削宽度等)，这些参数直接或间接影响工件的加工时间与加工质量。

1) 铣削力

数控铣削加工过程是非连续的过程，在铣削加工过程中，由于铣削面积是随着刀具的移动而变化的，因此铣削力及力矩也是变化的，是一个动态的数值。铣削力和铣削力矩的

变化，会引起工艺系统的受力变形、振动和冲击，这些影响因素会使工件加工精度、表面质量以及机床使用寿命和刀具寿命下降。在铣削中的径向分力通过铣刀作用在刀轴上，易使刀轴产生弯曲变形，增大铣刀的径向跳动，会影响铣削工件的加工质量和刀具的使用寿命。铣削中的轴向分力会使机床主轴受到轴向拉力或者轴向推力，若铣刀安装不当，则会使刀具从主轴中拔出，造成安全事故。为了防止事故发生，操作人员一般按经验来选择铣削力的大小，但这会使机床不能发挥应有的效率，因此，对铣削力进行优化，有利于提高机床效率。

2）铣削用量

铣削用量包括铣削速度 v_c、进给量 f、铣削宽度（侧吃刀量）a_c 和铣削深度（背吃刀量）a_p。

铣削速度 v_c 是指铣刀在旋转时的圆周线速度，计算公式为 $v_c = \pi dn/1000$，其中 d 为铣刀直径，n 为主轴（铣刀）转速。

在铣削时，工件在进给运动方向上相对刀具的移动量即为铣削加工时的进给量 f。铣刀为多刃刀具，计算时按单位时间不同，有三种度量方法，分别为每齿进给量 f_z、每转进给量 f 和每分钟进给量 v_f，三者关系为 $v_f = fn = f_z zn$，其中 z 为铣刀齿数。

铣削宽度 a_c 是垂直于铣刀轴线方向测量的铣削层尺寸。

铣削深度 a_p 是平行于铣刀轴线方向测量的铣削层尺寸。

随着铣削速度加快，工件材料去除率增大，加工效率提高。每齿进给量保持在小范围内变化，对工件材料去除率和刀具使用寿命有一定影响，对工件表面粗糙度影响比较明显。当铣削速度加快时，工件表面粗糙度值有明显减小。因此，适当加快铣削速度，可以改善工件表面质量，并提高生产效率。所以，铣削用量的选择与刀具耐用度和工件材料去除率息息相关，选择合理的铣削用量，可以提高加工效率，减少加工成本。

2. 铣削加工工艺指标

数控铣削加工工艺指标直接反映了加工成本、效率和质量。在数控铣削加工工艺参数优化中，常用的工艺指标有以下几种。

1）材料去除率

工件材料去除率 Γ 定义为单位时间 s 内切除材料的体积，是主轴转速 n、铣刀齿数 z、铣刀半径 r、铣削深度 a_p、每齿进给量 f_z 的函数，完全由铣削参数确定，可以表示为

$$\Gamma = \frac{a_p n z S_c}{60} \tag{6-24}$$

$$S_c = r^2 a_p \sin\frac{f_z}{2r} + \frac{f_z r}{2}\cos\left(a_p \sin\frac{f_z}{2r}\right) - f_z(r - a_p) \tag{6-25}$$

式中：S_c——每齿铣削面积。

绝大多数数控技术人员通常根据自身的经验来确定铣削参数，选择的铣削参数往往过于保守，材料去除率低，从而导致数控铣床加工效率低，难以充分发挥数控铣床的性能，特别是高速数控铣床所具有的优势。合理增大铣削深度或每齿进给量，可以有效提高材料去除率，这样可以充分发挥机床性能，缩短加工时间，减少加工成本，提高加工效率。但是，盲目增大铣削深度或每齿进给量，虽然提高了材料去除率，但是因铣削力过大，会加大铣刀崩刃或破损的概率。同时，铣削力平均值增大，使刀具、工件变形增大，会产生较高

的铣削热,降低工件的铣削加工质量。因此,在机床性能允许范围内,合理选择铣削参数,可以提高工件材料去除率和加工效率。

2) 表面粗糙度

表面粗糙度是衡量数控铣削加工过程性能和评定工件表面质量的一个重要指标,对工件的使用性能,即接触刚度、密封性、耐磨性、耐腐蚀性、抗疲劳强度等有很大影响。在铣削加工过程中,工件的成形过程是铣刀每一齿铣削工件,进而形成已加工表面的过程。在此过程中,由于铣刀与工件被加工表面的摩擦、铣屑分离时的塑性变形、刀痕、工艺系统中的高频振动等原因,会导致已加工工件表面产生较小的间距和微小的峰谷,这些间距的大小和微小峰谷的高低程度统称为表面粗糙度。

表面粗糙度主要影响的工件性能包括:① 强度,工件表面粗糙度值越小,强度越大;② 抗腐蚀性,工件表面粗糙度值越小,抗腐蚀性越好;③ 密封性,工件表面粗糙度值越小,密封性能越好;④ 耐磨性,适中的工件表面粗糙度会使工件表面具有较好的耐磨性。

综上所述,工件表面粗糙度的评估对于工件的加工而言是必不可少的。

3) 能耗

加工过程中产生的能耗是对数控铣削加工过程进行能效监控和节能优化的基础,建立高精度的能耗模型,可以精确表达加工过程能耗与铣削加工工艺参数之间的关系,进而可以通过优化工艺参数,减少加工过程能耗,提高加工的效率。数控铣床相比普通机床,能量流动环节多,加工过程能耗受电机功率、空载率、工件材料、刀具参数和工艺参数等因素的影响较大,要考虑的因素较多,所以精确建模非常困难。能耗预测模型的建立是面向节能降耗和低碳制造的数控加工过程建模的重要部分,同时也是环境保护和可持续制造的基础。考虑功耗、能量和工艺参数,以不完全非对称面铣削为例,机床能耗 E 的计算式为

$$E = \frac{\pi D F_1}{3.672 \times 10^6 \eta} \quad (6-26)$$

式中：D——铣削半径;

η——铣削效率,$\eta = f(v_c, D, F_1)$;

F_1——铣削力的径向分量,$F_1 = (v_c, f_z, a_p, B, z, A)$,$B$ 为铣刀的铣削长度,A 为非对称铣削面积。

综上可见,在其他加工工艺参数确定的情况下,能耗与铣削速度、每齿进给量和铣削深度等成函数关系。

4) 铣刀颤振

铣刀颤振是指在铣削加工过程中铣刀的一种强烈的自激振动,源于铣削力与刀具、工件之间振动的耦合。铣刀颤振的发生会严重制约铣削加工的效率,降低工件的加工精度,严重损害刀具的使用寿命和机床主轴精度。若对铣削参数选择不当,甚至会直接威胁操作者的生命安全,所以对铣刀颤振的研究具有重要意义。对于铣刀颤振的研究,重点在于找出铣刀颤振的发生原因,可通过选择最优的工艺方案和优化铣削参数来避免在铣削过程中发生铣刀颤振,进而实现材料去除率的最大化,提高铣削效率。

3. 铣削加工工艺参数优化

数控铣削加工工艺参数优化流程如图 6-67 所示,主要过程为:确定待优化的目标,

并以此确定铣削参数；进行试验设计，并进行仿真试验或机床加工试验，以获得数据建立近似的数学模型和物理模型；选择合适的优化方法，对模型进行求解。下面按照优化流程对国内外近年来铣削加工工艺参数优化的研究情况进行介绍。

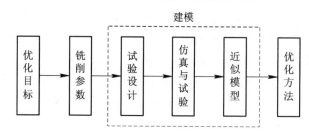

图 6-67　数控铣削加工工艺参数优化流程

1）优化目标

优化目标的选取在参数优化中非常重要。由于铣削参数相互关联，一个因素往往会对多个铣削工艺指标产生影响，因此多目标优化的试验设计比较烦琐。在试验设计时一般偏向于选择单个目标进行优化，目的性强。针对单目标进行优化工作，可以大大减小优化工作量，如 Zhou 等以最小表面粗糙度值为目标，Yildiz 以最大限度提高利润率为目标，Kuram 等以最小化刀具磨损为目标，马卫东等以提高模具加工的生产效率为目标，黄拯滔等以单位体积能耗（即去除单位体积材料时数控机床系统所消耗的能量）最小化为目标。有时为了减少工作量，可以考虑各目标函数之间的关系，通过引入权重因数，将多目标函数转换为单目标函数进行优化，如 Zhang 等以高效率、低能耗和低碳排放量为目标，引入权重因数，将多目标优化模型转换为单一目标进行优化。在实际工作中，往往需要对多个目标进行优化，获得多个目标在彼此影响下的最优值，所以现在很多学者开始研究多目标优化设计，如 Yan 等以表面粗糙度、材料去除率和铣削力为目标，Lin 等以减少碳排放和缩短加工操作时间为目标，Malghan 等以提高机器的利用率和尽量缩短工件加工时间为目标，Pereira 等以提高刀具使用寿命、缩短刀具更换时间和非生产时间为目标，Bhavsar 等以材料去除率和表面粗糙度为目标，Klancnik 等以表面粗糙度、铣削力和刀具使用寿命为目标。

2）试验设计

正确合理的试验设计，有利于仿真与试验的进行以及数据采集，并能提高建模的成功率。Yan 等依据田口法设计试验，验证了提出的优化算法具有良好的优化能力，优化后的参数满足可持续加工的要求。Lin 等运用层次分析法确定最佳的解决方案。Zhou 等采用单因素设计和正交试验相结合的混合试验方案，获得样本数据集。Yang 等采用全因子试验设计方法，研究铣削参数对残余应力的影响，且在铣削参数中，轴向和径向铣削深度被设定为恒定。Santhana 等采用中央复合旋转试验设计方法进行试验，使用响应面方法开发预测模型，并使用方差分析验证模型的充分性。Malghan 等采用多元回归方法，研究工艺参数与响应面之间的交互作用。Das 等用田口法中的 L25 正交阵列设计，在复合板上进行数控铣削数据的提取。Karabulut 采用田口法的 L18-21-32 混合正交试验法进行铣削试验，试验结果用人工神经网络进行训练，并对合适的网络结构、不同的周期和神经元数进行了研究。马廉洁等设计了单因素试验，并在单因素试验的基础上设计了 L16 正交试验，正交试验的前 12 组数据用于多因素数值模拟,通过遗传算法优化求解,后 4 组数据用于检验模型的可靠性。

3) 仿真与试验

仿真与试验被用来进行建模数据的采集和优化结果的验证,在优化过程中有举足轻重的作用。优化模型的建立需要通过仿真与试验来获得样本点数据,数据的精度也会影响建模的精度,进而影响优化结果。可见,选用合适的仿真软件、合适的加工机床及高精度的数据采集装置尤为重要。优化后需要通过机床加工试验进行验证,以检验优化效果是否明显,性能是否满足要求。

Wang 等采用 MATLAB 软件进行模拟仿真,优化模型对工件和产能定额的确定具有参考价值。李聪波等应用普瑞斯 PL700 立式加工中心,以重庆大学自主研发的机床能效监控系统为平台,采用平面铣削加工方式验证了模型的有效性和实用性。Zhang 等的铣削试验使用 KVC800 加工中心进行,工件为 C45 中碳钢毛坯,刀具为山特维克 R290-12t308M 进口铣刀,采用 Kistler 9257B 测力仪测量铣削力,用扫描电子显微镜观察刀具的磨损情况。黄拯滔等以沈阳机床厂 TC50OR 钻铣加工中心为平台进行试验,在完成平面立铣粗加工的过程中采集功率数据,通过非线性回归分析对数据进行研究。周超等采用三坐标铣床,使用自制的刀具磨损检测装置,根据刀具厂家推荐的实际工况铣削参数进行侧铣加工,铣削方式为顺铣,走刀路线为直线,刀具达到磨钝标准时,停止试验。盘家俊等设计了正交试验方案,确定影响铣削加工因素的初始参数,采用 Advant Edge 仿真软件,依据相关参数进行铣削加工仿真,对仿真结果进行极差分析,最终得出优化后的加工参数。Yang 等的加工试验在 DAEWOOACE-V500 立式加工中心上进行,刀具材料为硬质合金,工件材料为 Ti_6Al_4V 钛合金,在圆周铣削中每个样品都用新刀具加工,基于布拉格定律的 X 射线衍射方法来测量晶格应变,进而计算残余应力。Atlati 等通过应用 ABAQUS 显示有限元代码的 VUINTER 子程序,实现对加工工具与工件材料接触界面的热力学规律仿真分析。

Wu 等采用 ABAQUS 有限元软件开发了一个三维有限元模型,用于对 Ti_6Al_4V 钛合金复杂的铣削过程进行加工过程仿真模拟,得到了铣屑形成、应力分布、铣削力和铣削温度等输出结果。Wu 等在菲迪亚 HS664RT 机床上进行了一系列不同铣削条件下的铣削加工 Ti_6Al_4V 钛合金试验,采用 Kistler 9257B 测力仪检测铣削力。Ji 等应用 ABAQUS/Explicit 有限元软件对 Ti_6Al_4V 钛合金螺旋铣孔二维有限元模型进行开发,建立了端铣刀与工件接触面的接触模型,模型考虑了工件材料的损伤萌生和演化过程。研究中使用 DMC-75V 五轴加工中心进行螺旋铣削试验,采用 Kistler 9257B 测力仪和 Kistler 5070 电荷放大器来收集铣削力数据,应用 MATLAB 软件进行数据分析。Gao 等在 DMU80 整体铣削加工中心上进行铣削试验,采用干式铣削操作,使用的三把铣刀均为硬质合金刀具,涂层材料均为氮铝钛,研究中,将工件直接固定在 Kistler 9257B 测力仪上,工件材料为 12Cr18Ni9 耐热不锈钢。陈国三等基于 ABAQUS 有限元分析软件,针对 Ti_6Al_4V 钛合金的高速铣削过程建立了三维有限元模型,模拟出铣屑的形成过程,得到了铣削过程的应力分布云图、铣削温度分布云图及铣削力随时间变化的曲线,并通过铣削试验验证了所建立的有限元模型的正确性。Thepsonthi 等采用 Deform3D 有限元软件建立 Ti_6Al_4V 钛合金微铣削加工时铣屑生成过程的三维有限元模型,对刀具端部磨损进行了预测。

黄政等应用 UG 软件构建了 XKA714 机床几何模型，基于 Vericut 软件对机床实际结构及其运动关系建立虚拟仿真系统，并以此虚拟仿真系统对待加工零件进行加工仿真，加工过程仿真中可以清晰并动态地观察到刀具的走刀路径，在研究中，应用 Vericut 软件的 AUTO - DIFF 模块，进行过切与欠切检查。陈贞奇等针对两道工序合并翻面的模拟方法及参数设置，应用 Vericut 软件的仿真功能，对加工工件进行了全局运动仿真，进而调整加工参数，进行数控程序优化。羊毅等通过应用 Advant Edge 仿真软件对 7075 铝合金进行铣削仿真，研究铣削时每齿进给量对铣削力和温度的影响。晏升辉等采用 OpenGL 三维图形接口，在 Visual 软件的 C++ 开发环境下，开发了五轴 G 代码程序的离线和在线仿真功能，并应用仿真功能进行了铝合金整体叶轮铣削加工试验。Zong 等针对金刚石工具对磷酸二氢钾晶体进行飞切加工的情况，开发了一种新的对成品表面质量有显著影响的三维有限元模型，采用 Deform 有限元软件模拟金刚石飞切加工过程，并且通过多次切割计算来模拟三维表面拓扑的生成。Kivak 在 MCV 350 三轴数控铣床上进行干铣削试验，采用物理气相沉积涂层和化学气相沉积涂层两种涂层刀具对高锰钢进行铣削加工，工件加工表面的平均表面粗糙度由泰勒 Surtronic 25 便携式表面粗糙度测试仪测量，刀具侧面磨损量使用专业的手持式数字显微镜进行测量。

4）近似模型

近似模型的概念在 20 世纪 80 年代由 Kleijnen 提出，近似模型的类型主要包括克里格模型、径向基函数模型、移动最小二乘曲线模型等，在铣削参数优化中被广泛应用。黄健以 DMC60H 数控机床为试验平台，以铝合金零件加工为试验对象，对数控加工铣削参数进行优化，进而提高数控机床的综合效率。Zhou 等提出了一种基于综合灰色关联分析、径向基函数神经网络和粒子群优化算法的多目标优化方法。Yan 等提出了一种基于加权灰色关联分析和响应面的多目标优化方法，用于铣削过程中铣削参数的优化。Chaskar 等提出了一种基于神经网络的铣削加工参数优化方法，研究了非传统优化技术，即人工神经网络和反向传播算法在铣削加工参数优化中的应用。Karabulut 应用大量试验数据训练后的人工神经网络和回归分析成功地预测了 Al7039 铝合金和 Al_2O_3 复合材料球磨过程中的表面粗糙度和铣削力。Li 等应用开发的反向传播神经网络模型预测加工时间、能耗和表面粗糙度，通过大量训练和测试，确认建立的反向传播神经网络模型可以准确地预测最佳的铣削参数。

5）优化方法

模型建立完成后，需要选择合理的优化方法进行求解，不同的优化算法有不同的优化效果，所以需要比较各种优化方法，选择优化效果最佳的优化方法。Li 等提出了一种多目标参数优化模型，以最大限度地提高能量利用率，降低生产成本，并采用自适应多目标粒子群优化算法进行求解。祁雪沙等采用线性加权组合法，即引入加权因子，将复杂的多目标函数优化求解问题转变为单目标函数的最优化问题，研究中采用遗传算法计算，应用 MATLAB 软件实现参数优化，得到目标函数的最优铣削参数。李聪波等应用基于自适应网格的多目标粒子群算法对多工步数控平面铣削工艺参数多目标优化模型进行了求解。Zhang 等采用具有良好全局搜索能力的遗传算法求解优化问题，根据遗传算法的操作流程，应用 MATLAB 软件对铣削参数进行优化。沈宏采用一种改进的人工蜂群算法对铣削参数进行优化，在基于人工蜂群算法的基础上，嵌入粒子群算法，以提高算法的局部寻优能力，算法由 MATLAB 软件来实现。Yildiz 提出了一种布谷鸟搜索算法，成功地实现了对铣削加工参数的优化。布谷鸟搜索算法是一种非常有效和稳健的方法。李爱平等建立了平面端铣削粗、精加工总能耗模型与总生产效率模型，通过试验对模型进行验证与完善，在研究中，使用 MATLAB 软件遗传算法工具箱，采用遗传算法对多目标函数进行全局优化求解，获得粗、精加工铣削参数与加工余量的优化值。Pereira 等通过稳健参数设计、均方误差和增强归一化法则约束方法，对 Al7075 铝合金的螺旋铣削工艺进行了多变量建模和优化，实现了该毛坯加工工艺的可持续优化。Klanenik 等提出了一种引力搜索算法和针对数控铣削加工过程的改进非支配排序遗传算法。引力搜索算法是一种群体智能方法，利用牛顿法在搜索空间计算基本质量物体的相互作用。非支配排序遗传算法则是一种基于非支配排序的进化算法。

本 章 小 结

　　零件的数控加工过程需要在数控加工工艺指导下进行，要想深刻理解并掌握数控加工技术，必须掌握数控加工工艺设计方法。本章首先介绍了数控机床加工工艺分析过程及数控加工工艺特点，使学生了解数控加工工艺设计与分析的内容、方法、步骤；其次，具体介绍平面加工方法的选择、螺纹加工方法的选择、曲面轮廓加工方法的选择、孔的加工方法的选择，使学生掌握不同表面的加工工艺方法的选用；再次，根据工艺设计过程，介绍了工件的安装、定位和夹紧、数控加工工序的划分及安排、走刀路线和工步顺序的确定、数控加工工艺参数的选择，使学生重点掌握数控加工工艺设计的过程和内容，将数控加工工艺设计与数控加工技术建立知识关联性；最后，介绍了数控加工工艺文件及典型的数控加工工艺分析、数控加工工艺三维工序模型、数控加工工艺参数设计和选择，使学生熟悉常用的数控加工工艺文件的制定以及工艺参数的设计和选择。

第7章　智能制造技术

　　智能制造是一个从产品概念开始，到产品形成、使用，一直到处理报废的集成活动和系统。在产品的设计中，不仅要进行结构设计、零件设计、装配设计，而且特别强调拆卸设计，使产品报废处理时，能够进行材料的再循环，节约能源，保护环境。

7.1　智能制造技术的概念

　　智能制造系统能发挥人的创造能力，具有人的智能和技能，将人、组织、技术三者结合起来。现代制造技术强调人的创造性和作用的永恒性，提出了由技术支撑转变为人、组织、技术的集成，强调了经营管理、战略决策的作用。在智能制造系统中，智能和集成并列，集成是智能的重要支撑，反过来智能又促进集成水平的提高。

　　谈起智能制造，首先应介绍日本在1990年4月所倡导的"智能制造系统IMS"国际合作研究计划。许多发达国家如美国、欧洲共同体国家、加拿大、澳大利亚等参加了该项计划。该计划共投资10亿美元，对100个项目实施了前期科研计划。智能制造系统是一种由智能机器和人类专家共同组成的人机一体化智能系统，它在制造过程中能以一种高度柔性与集成度不高的方式，借助计算机模拟人类专家的智能活动进行分析、推理、判断、构思和决策等，从而取代或者延伸制造环境中人的部分脑力劳动，同时，收集、存储、完善、共享、集成和发展人类专家的智能。常见的智能制造系统列举如下：

1. DNC

　　DNC(Distributed Numerical Control)早期只是作为数控设备通信的网络平台，随着客户的不断发展和成长，仅仅解决设备联网已远远不能满足现代制造企业的需求。早在20世纪90年代初，美国Predator Software INC就赋予DNC更丰富的内涵——生产设备和工位智能化联网管理系统，这也是全球范围内最早且使用最成熟的"物联网"——车间内"物联网"，这也使得DNC成为离散制造业MES系统必备的底层平台。DNC必须能够承载更多的信息，同时DNC系统必须能有效地结合先进的数字化数据录入或读出技术，如条码技术、射频技术、触屏技术等，帮助企业实现生产工位数字化。

　　Predator DNC系统的基本功能是使用一台服务器，对企业生产现场所有数控设备进行集中智能化联网管理(已能在64位机上实现对4096台设备的集中联网管理)。所有程序编制人员可以在自己的PC上进行编程，并上传至DNC服务器指定的目录下，而后现场设备操作者即可通过设备CNC控制器发送"下载(LOAD)"指令，从服务器中下载所需的程序，待程序加工完毕后再通过DNC网络回传至服务器中，由程序管理员或工艺人员进行比较或归档。这种方式首先大大减少了数控程序的准备时间，消除了人员在工艺室与设备端之间的奔波，并且可以完全确保程序的完整性和可靠性，消除了很多人为导致的"失误"，最重要的是通过这套成熟的系统，将企业生产过程中所使用的所有NC程序都能合理有效地集中管理起来。

2. CIMS

从广义概念上来理解，CIMS(Computer Integrated Manufacturing System，计算机集成制造系统)、敏捷制造等都可以看作是智能自动化的例子。的确，除了制造过程本身可以实现智能化外，还可以逐步实现智能设计、智能管理等，再加上信息集成、全局优化，逐步提高系统的智能化水平，最终建立智能制造系统，这可能是实现智能制造的一种可行途径。

3. 多智能体系统

多智能体系统(Multi-Agent System，MAS)是一种全新的分布式计算技术。自 20 世纪 70 年代出现以来得到迅速发展，目前已经成为一种进行复杂系统分析与模拟的思想方法与工具。一个 MAS 是由在一个环境中交互的多个智能体组成的计算系统。MAS 也能被用于解决分离的智能体以及单层系统难以解决的问题。智能可以由一些方法、函数、过程、搜索算法或加强学习来实现。

目前，MAS 已经应用在各种实际领域。由 MAS 构成的智能分布式交通信号控制系统已经在城市复杂路网拥堵地区使用，显著提高了通行效率，降低了等待时间，并减少了尾气排放。MAS 技术对解决产品设计、生产制造乃至产品的整个生命周期中的多领域间的协调合作提供了一种智能化的方法，也为系统集成、并行设计、实现智能制造提供了更有效的手段。

4. 整子制造系统

整子制造系统(Holonic Manufacturing System，HMS)是"智能制造系统 IMS"国际合作研究计划中提出的一种未来的制造模式，它的基本构件是整子(Holon)。Holon 是从希腊语音译过来的，人们用 Holon 表示系统的最小组成个体，HMS 就是由很多不同种类的整子构成。HMS 采用了一种松弛的动态递阶控制结构。目前 HMS 仍然处于"下一代制造模式"的研究阶段，离实际应用还有一定的距离。整子的最本质特征是：① 自治性，每个整子可以对其自身的操作行为作出规划，可以对意外事件(如制造资源变化、制造任务及货物要求变化等)作出反应，并且其行为可控；② 合作性，每个整子可以请求其他整子执行某种操作行为，也可以对其他整子提出操作申请提供服务；③ 智能性，整子具有推理、判断等智力，这也是它具有自治性和合作性的内在原因；④ 敏捷性，整子具有自组织能力，可快速、可靠地组建新系统；⑤ 柔性，整子对于快速变化的市场和制造要求有很强的适应性。

整子的上述特点表明，它与智能体的概念相似。由于整子的全能性，有人也把整子系统称为全能系统。

除此之外，HMS 还有生物制造、绿色制造、分形制造等模式。制造模式主要反映了管理科学的发展，也是自动化、系统技术的研究成果，它将从各种单元自动化技术拓展出新的研究方向，从而在整体上影响制造自动化的发展方向。

7.2　智能制造系统的特征与分类

7.2.1　智能制造系统的特征

和传统的制造系统相比，智能制造系统具有以下特征：

1. 自律能力

自律能力即搜集与理解环境信息和自身信息，并进行分析判断和规划自身行为的能力。具有自律能力，能够按照自己意识行动的设备称为"智能机器"。"智能机器"在一定程度上表现出独立性、自主性和个性，甚至相互间还能协调运作与竞争。强有力的知识库和基于知识的模型是自律能力的基础。

2. 人机一体化

智能制造系统不单纯是"人工智能"系统，而是人机一体化智能系统，是一种混合智能系统。基于人工智能的智能机器只能进行机械式的推理、预测、判断，它只能具有逻辑思维（专家系统），最多做到形象思维（神经网络），完全做不到灵感（顿悟）思维，只有人类专家才真正同时具备以上三种思维能力。因此，想以人工智能全面取代制造过程中人类专家的智能，独立承担起分析、判断、决策等任务是不现实的。人机一体化一方面突出人在制造系统中的核心地位，同时在智能机器的配合下，更好地发挥出人的潜能，使人机之间表现出一种平等共事、相互"理解"、相互协作的关系，使二者在不同的层次上各显其能，相辅相成。

因此，在智能制造系统中，高素质、高智能的人将发挥更好的作用，使机器智能和人的智能真正地集成在一起，互相配合，相得益彰。

3. 虚拟现实技术

虚拟现实技术（Virtual Reality，VR）是实现虚拟制造的支持技术，也是实现高水平人机一体化的关键技术之一。虚拟现实技术以计算机为基础，融合信号处理、动画技术、智能推理、预测、仿真和多媒体技术为一体；借助各种音像和传感装置，虚拟展示现实生活中的各种事物等，因而也能虚拟展示现实制造过程和未来的产品，从感官和视觉上使人获得如同真实的感受。但其特点是可以按照人们的意愿任意变化，这种人机结合的新一代智能界面，是智能制造的一个显著特征。

4. 自组织超柔性

自组织超柔性是指智能制造系统中的各组成单元能够依据工作任务的需要，自行组成一种最佳结构，其柔性不仅突出在运行方式上，而且突出在结构形式上，所以称这种柔性为超柔性，如同一群人类专家组成的群体，具有生物特征。

5. 自行学习与维护能力

智能制造系统能够在实践中不断地充实知识库，具有自学习功能。同时，在运行过程中能够自行诊断故障，并具备对故障自行排除、自行维护的能力。这种特征使智能制造系统能够自我优化并适应各种复杂的环境。

7.2.2　智能制造系统的分类

智能制造系统是一个覆盖面大，而且不断演进的大系统，也是新一代信息技术与先进制造技术的深度融合，它贯穿于产品制造及产品全生命周期的各个环节，以相应系统的优化集成，实现制造的数字化、网络化、智能化。

中国工程院院士周济在出席 2020 中国智能制造系统解决方案大会暨联盟会员代表大

会时指出，"智能制造是中国制造业的历史性机遇，'十四五'期间，要统筹全国各方面资源，集中力量办大事，全面深入推进智能制造，实现中国制造业的数字化、网络化升级。"会上，周济在《智能制造为主攻方向，推动制造业数字转型、智能升级》的主旨演讲中指出，智能制造是制造业高质量发展与科技创新驱动的一个重要交汇点，也是第四次工业革命的核心驱动力。数字化、网络化、智能化技术是第四次工业革命的共性赋能技术，相当于第一次工业革命的蒸汽机技术、第二次工业革命的电力技术以及第三次工业革命的数字化技术。

1. 数字化制造

数字化制造，国际上称之为 Digital Manufacturing，数字化制造是智能制造的第一种基本范式，也可以称为第一代智能制造。20 世纪 80 年代后期，智能制造的概念被首次提出。当时智能制造的主体就是数字化制造，是后两个智能制造基本范式的基础。20 世纪下半叶以来，随着制造业对于技术进步的强烈需求，数字化制造引领和推动了第三次工业革命。数字化制造是在制造技术和数字化技术融合的背景下，通过对产品信息、工艺信息和资源信息进行数字化描述、集成、分析和决策，进而快速生产出满足用户要求的产品。

数字化制造的主要特征表现为：第一，在产品方面，数字化技术得到普遍应用，形成数控机床等"数字一代"创新产品。第二，大量采用计算机辅助设计/计算机辅助工程/计算机辅助工艺规划/计算机辅助制造(CAD/CAE/CAPP/CAM)等数字化设计、建模和仿真方法；大量采用数控机床等数字化装备；建立了信息化管理系统，采用制造资源计划/企业资源计划/产品数据管理(MRPII/ERP/PDM)等，对制造过程中的各种信息与生产现场实时信息进行管理，提升各生产环节的效率和质量。第三，实现生产全过程各环节的集成和优化，产生了以计算机集成制造系统(CIMS)为标志的数字化制造解决方案。

在这个阶段，以现场总线为代表的早期网络技术和以专家系统为代表的早期人工智能技术在制造业得到应用。

20 世纪 80 年代，我国企业开始了解和认识到数字化制造的重大意义，经过几十年的发展，我国数字化制造从探索示范阶段渐入推广发展阶段。但是，相对我国巨大的企业基数，我国真正完成数字化制造转型的企业还是少数。因此，我国的智能制造发展必须坚持实事求是的原则，踏踏实实从数字化"补课"做起，进一步夯实智能制造发展的基础。与此同时，并行推进数字化制造和数字化网络化制造，在扎实完成数字化制造"补课"的同时，实现数字化、网络化制造升级。

2. 数字化、网络化制造

数字化、网络化制造，国际上称之为 Smart Manufacturing，数字化和网络化制造是智能制造的第二种基本范式，也可以称为"互联网＋"制造或者第二代智能制造。20 世纪末，互联网技术开始广泛应用，网络将人、流程、数据和事物联系起来，通过企业内、企业间的协同和各种社会资源的共享与集成，重塑制造业的价值链。

"互联网＋"制造主要特征表现为：第一，在产品方面，数字技术、网络技术得到普遍应用。第二，在制造方面，实现企业内、企业间的供应链、价值链的连接和优化，打通整个制造系统的数据流、信息流。第三，在服务方面，企业与用户通过网络平台实现连接和交互，企业掌握用户的个性化需求，用户能够参与产品全生命周期活动，将产业链延伸到为用户提供产品保障服务等。

规模定制生产逐渐成为消费品制造业发展的一种普遍模式,远程运维服务模式在工程机械行业得到广泛应用。企业生产开始从以产品为中心向以用户为中心转型,企业形态也逐步从生产型企业向生产服务型企业转型。德国"工业4.0"以CPS为核心,将产品、制造、服务数据化和集成化,实现企业内和企业间的集成和互联互通。美国工业互联网联盟(Industrial Internet Consortium,IIC)提出了将全球工业系统与高级计算、分析、传感技术及互联网高度融合,重构全球工业,激发生产力。德国"工业4.0"和美国工业互联网联盟完整地提出和阐述了数字化、网络化制造范式及实现的技术路线。我国大力推进"互联网+"制造,一批企业在进行数字化改造的同时,逐渐形成了从内部互联到企业间互联互通,形成了一些典型试点示范项目。海尔集团建立起以智能制造执行系统(iMES)为核心的互联工厂,可以实时、同步地响应全球用户需求,并快速交付智能化、个性化的方案。西安飞机工业(集团)有限责任公司构建了飞机协同开发与制造云平台(DCEaaS),实现10家参研单位和60多家供应商的协同开发、制造、服务、资源动态分析与弹性配置。在未来一段时间,我国推进智能制造的重点是推广和大规模应用"互联网+"制造。

3. 智能化制造

智能化制造,国际上称之Intelligent Manufacturing,智能化制造是智能制造第三种基本范式,也可以称为新一代智能制造。新一代人工智能技术和先进制造技术的深度融合,形成了新一代智能制造,是真正意义上的智能制造,将从根本上引领和推进第四次工业革命。

新一代智能制造的主要特征表现在制造系统具备了"认知学习"能力。通过深度学习、增强学习、迁移学习等技术的应用,新一代智能制造中制造领域的知识产生、获取、应用和传承效率将发生革命性变化,显著提高创新与服务能力。新一代智能制造将给制造业带来革命性变化,为我国实现制造业换道超车、跨越发展带来了历史性机遇。如果说数字化、网络化制造是新一轮工业革命的开始,那么新一代智能制造的突破和广泛应用将推动形成新一轮工业革命的高潮。

智能制造发展具有两个特性:延续性和融合性。智能制造的三个基本范式同时具有时间上和目标上的延续性,数字化制造、"互联网+"制造和新一代智能制造逐级展开,目标聚焦制造业的效率和质量提升。数字化制造、"互联网+"制造和新一代智能制造范式并不是分离的,而是相互交织、迭代升级的。综合中国国情,基于对智能制造延续性和融合性的认识,伴随着智能制造的十大关键技术,我国推进智能制造应采取三个基本范式"并行推进、融合发展"的技术路线,从而实现制造业的智能升级、跨越发展。

7.2.3　智能制造技术的关键技术

智能制造是整个制造业价值链的智能化和创新,是信息化与工业化深度融合的进一步提升。智能制造融合了信息技术、先进制造技术、自动化技术和人工智能技术。智能制造包括:开发智能产品;应用智能装备;自底向上建立智能生产线,构建智能车间,打造智能工厂;践行智能研发;形成智能物流和供应链体系;开展智能管理;推进智能服务;最终实现智能决策。

目前,智能制造的"智能"还处于"聪明"(Smart)的层次,智能制造系统具有数据采集、数据处理、数据分析的能力,能够准确执行指令,能够实现闭环反馈;而智能制造的趋势是真正实现"智能"，使智能制造系统能够实现自主学习、自主决策，不断优化。

　　在智能制造的关键技术中，智能产品与智能服务可以帮助企业带来商业模式的创新；智能制造装备、智能生产线、智能车间与智能工厂，可以帮助企业实现生产模式的创新；智能研发、智能管理、智能物流与供应链则可以帮助企业实现运营模式的创新；而智能决策可以帮助企业实现科学决策。智能制造的十项关键技术之间是息息相关的，制造企业应当渐进地、理性地推进这十项智能技术的应用。

1. 智能产品

　　智能产品(Smart Product)通常由机械结构、电气控制系统和嵌入式软件组成，具有记忆、感知、计算和传输功能。典型的智能产品有智能手机、智能可穿戴设备、无人机、智能汽车、智能家电、智能售货机等，如图 7-1 所示。企业应该思考如何在产品上加入智能化的单元，提升产品的附加值。

　　(a) 智能手机　　　　　(b) 智能可穿戴设备　　　　　(c) 无人机　　　　　(d) 智能汽车

图 7-1　智能产品

2. 智能服务

　　人类社会已经历了农业化、工业化、信息化阶段，正在跨越智能化时代的门槛。物联网、移动互联网、云计算方兴未艾，面向个人、家庭、集团用户的各种创新应用层出不穷，代表各行业服务发展趋势的"智能服务"(Smart Service)应运而生。智能服务是指能够自动辨识用户的显性和隐性需求，并且主动、高效、安全、绿色地满足其需求的服务。

　　智能服务实现的是一种按需和主动的智能，即通过捕捉用户的原始信息，通过后台积累的数据，构建需求结构模型，进行数据挖掘和商业智能分析，除了可以分析用户的习惯、喜好等显性需求外，还可以进一步挖掘与时空、身份、工作生活状态关联的隐性需求，主动给用户提供精准、高效的服务。这里需要的不仅是传递和反馈数据，更需要系统进行多维度、多层次的感知和主动、深入的辨识。

　　高安全性是智能服务的基础，没有安全保障的服务是没有意义的，只有通过端到端的安全技术和法律法规实现对用户信息的保护，才能建立用户对服务的信任，进而形成持续消费和服务升级。节能环保也是智能服务的重要特征，在构建整套智能服务系统时，如果最大程度降低能耗、减小污染，就能极大地降低运营成本，使智能服务多、快、好、省，产生效益，一方面更广泛地为用户提供个性化服务，另一方面也为服务的运营者带来更高的经济和社会价值。

　　中国当前正处于消费需求大力带动服务行业的高速发展期，消费者对服务行业也提出了越来越高的要求，服务行业从低端走向高端势在必行，而要想实现这个产业升级，必须依靠智能服务。

　　基于智能传感器和物联网(Internet of Things，IoT，如图 7-2 所示)，可以感知产品的状态，从而进行预防性维修/维护，及时帮助客户更换备品/备件，甚至可以通过了解产品运行的状态，带来商业机会；还可以采集产品运营的大数据，辅助企业进行市场营销决策。此外，企业通过开发面向客户服务的 App，可以针对用户购买的产品提供有针对性的服务，从而锁定用户，开展服务营销。

(a) 智能传感器

(b) 物联网

图 7-2　基于智能传感器和物联网的智能服务

　　智能服务是在集成现有多方面的信息技术及其应用的基础上，以用户需求为中心，进行服务模式和商业模式的创新。因此，智能服务的实现需要跨平台、多元化的技术支撑。该平台建立的前提条件分别为基于标准的信息基础设施建设、可高效使用的数据的积累、基于标准的数据的开放和共享、数据合法使用的法律准备。该平台是由智能层、传送层、交互层组成的三层结构，各层都需要多元化的技术支撑。智能层需要的多元化技术支撑为存储与检索技术、特征识别技术、行为分析技术、数据挖掘技术、商业智能技术、人工智能技术、SOA 相关技术。传送层需要的多元化技术支撑为弹性网络技术、可信网络技术、深度业务感知技术、Wi-Fi/WiMax/3G&4G&5G 无线网络技术、IPv6。交互层需要的多元化技术支撑为视频采集技术、语音采集技术、环境感知技术、位置感知技术、时间同步技术、多媒体呈现技术、自动化控制技术。

3. 智能制造装备

　　智能制造装备(Smart Manufacturing Equipment)是指具有感知、分析、推理、决策、控制功能的制造装备，它是先进制造技术、信息技术和智能技术的集成和深度融合。制造装备经历了机械制造装备到数控制造装备的发展过程，目前正在逐步发展为智能制造装备(如图 7-3 所示)。智能制造装备具有检测功能，可以实现在线检测，从而补偿加工误差，提高加工精度，还可以对热变形进行补偿。以往一些精密装备对环境的要求很高，现在由于有了闭环的检测与补偿，可以降低对环境的要求。

(a) 高档数控机床

(b) 智能控制系统

(c) 智能工程机械

图 7-3　智能制造装备

4. 智能生产线

很多行业的企业高度依赖智能生产线(Smart Production Line,如图 7-4 所示),实现自动化的加工、装配和检测,比如钢铁、化工、制药、食品饮料、烟草、芯片制造、电子组装、汽车整车和零部件制造等,一些机械标准件生产也应用了自动化生产线,比如轴承。但是,装备制造企业目前还是以离散制造为主。很多企业的技术改造重点就是建立智能生产线、装配线和检测线。美国波音公司的飞机总装厂已经建立了 U 型的脉动式总装线。智能生产线可以分为刚性智能生产线和柔性智能生产线,柔性智能生产线一般建立了缓冲。为了提高生产效率,工业机器人、吊挂系统在智能生产线上应用得越来越广泛。

(a) 美国波音 787 智能生产线   (b) 智能汽车制造生产线   (c) 智能零部件生产线

图 7-4 智能生产线

5. 智能车间

一个车间通常有多条生产线,这些生产线要么生产相似的零件或产品,要么有上下游的装配关系。要实现车间的智能化,需要对生产状况、设备状态、能源消耗、生产质量、物料消耗等信息进行实时采集和分析,进行高效排产和合理排班,提高设备利用率(OEE)。因此,无论什么制造行业,制造执行系统(MES)将成为企业未来的必然选择。

智能车间(Smart Workshop)(如图 7-5 所示)可以对仓库到货检验、入库、出库、调拨、移库移位、库存盘点等各个作业环节的数据进行自动化的无线数据采集、无线数据更新,保证仓库管理各个环节数据输入的快速性和准确性,确保企业及时准确地掌握库存的真实数据,合理保持和控制企业库存。通过科学编码,还可以方便地对物品的批次、保质期等进行有效管理。利用系统的库位管理功能,可以及时掌握所有库存物资的当前所在位置,有利于提高仓库管理效率。智能车间管理系统是一套多种软硬件结合,基于对企业的

图 7-5 智能车间

人、机、料、法(法律法规)、环境等制造要素的全面精细化感知,采用大规模、多种物联网感知技术手段,支持生产管理科学决策的新一代智能化制造过程管理系统。智能车间无线传输网络可以根据仓库需要接入温度、湿度、安防、设备监控等仓库信息智能设备,将各种系统完全整合在一个网络中,一次投资多重应用,避免重复投资。

6. 智能工厂

一个工厂通常由多个车间组成,大型企业有多个工厂。作为智能工厂(Smart Factory),不仅生产过程应实现自动化、透明化、可视化、精益化,同时,产品检测、质量检验和分析、生产物流也应当与生产过程实现闭环集成。一个工厂的多个车间之间要实现信息共享、准时配送、协同作业。一些离散制造企业也建立了类似流程制造企业那样的生产指挥中心,对整个工厂进行指挥和调度,及时发现和解决突发问题,这也是智能工厂的重要标志。智能工厂必须依赖无缝集成的信息系统支撑,主要包括 PLM(Product Lifecycle Management,产品生命周期管理)、ERP(Enterprise Resource Planning,企业资源管理)、CRM(Customer Relationship Management,客户关系管理)、SCM(Supply Chain Management,供应链管理)和 MES(Manufacturing Execution System,制造执行系统)五大核心系统。大型企业的智能工厂需要应用 ERP 系统制定多个车间的生产计划(Production Planning),并由 MES 系统根据各个车间的生产计划进行详细排产(Production Scheduling),MES 排产的力度是天、小时,甚至分钟。

智能工厂是现代工厂信息化发展的新阶段,是在数字化工厂的基础上,利用物联网技术和设备监控技术加强信息管理和服务,清楚掌握产销流程、提高生产过程的可控性、减少生产线上人工的干预、即时正确地采集生产线数据,合理地编排生产计划与生产进度,并加上绿色智能的手段和智能系统等新兴技术于一体,构建一个高效节能的、绿色环保的、环境舒适的人性化工厂。图 7-6 所示是 IBM"智慧地球"理念在制造业的实际应用结果。

(a) IBM"智慧地球"

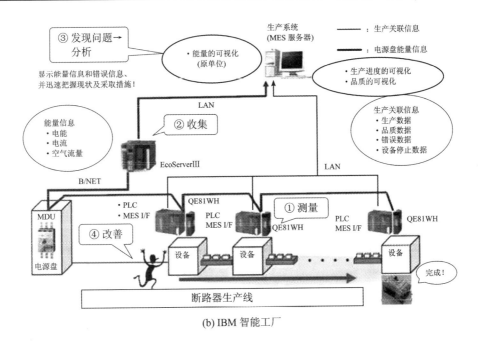

(b) IBM 智能工厂

图 7 - 6　IBM"智能地球"理念在智能制造业的应用

智能工厂实现的技术包括无线感测器、控制系统网络化、工业通信无线化。智能工厂的发展是智能工业发展的新方向,其在制造生产上的特征如下:

(1) 系统具有自主能力:可以采集与理解外界及自身的资讯,并以之分析判断及规划自身行为;

(2) 整体可视化技术的实践:结合信号处理、推理预测、仿真及多媒体技术,将实境扩增、展示现实生活中的设计与制造过程;

(3) 协调、重组及扩充特性:系统中各组成部分承担了相应的工作任务,自行组成最佳系统结构;

(4) 自我学习及维护能力:通过系统的自我学习功能,在制造过程中落实资料库补充、更新及自动故障诊断,并具备对排除故障、维护、通知对应的系统执行的能力;

(5) 人机共存的系统:人机之间具备互相协调合作关系,各自在不同层次之间相辅相成。

智能工厂的功能模块包括:

(1) 智能仓储:自动备料、自动上料;

(2) 智能车间:自动生产、组装、包装;

(3) 智能品质管控:自动品质管控;

(4) 集成其他系统:与 ERP、MES 系统集成;

(5) 追溯管理:对材料、生产环节、品质管控等各个环节的追溯。

7. 智能研发

离散制造企业在产品研发方面,已经应用了 CAD/CAM/CAE/CAPP/EDA 等工具软件和 PDM/PLM 系统，但是很多企业应用这些软件的水平并不高。企业要开发智能产品，需要机、电、软件等多学科的协同配合；需要缩短产品研发周期，深入应用仿真技术，建立虚拟数字化样机，实现多学科仿真，通过仿真减少实物试验；需要贯彻标准化、系列化、模块化的思想，以支持大批量客户定制或产品个性化定制；需要将仿真技术与试验管理结合起来，以提高仿真结果的置信度。流程制造企业已经开始应用 PLM 系统实现工艺管理和配方管理，LIMS(Library Information Management System，实验室信息管理系统)的应用也比较广泛，其功能图如图 7-7 所示。

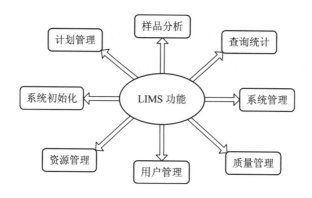

图 7-7　LIMS 功能图

8. 智能管理

智能管理(Smart Management)是人工智能与管理科学、知识工程与系统工程、计算机技术与通信技术、软件工程与信息工程等多学科、多技术相互结合、相互渗透而产生的一门新技术、新学科。它研究如何提高计算机管理系统的智能水平，以及智能管理系统的设计理论、方法与实现技术。智能管理是现代管理科学技术发展的新动向。智能管理系统是在管理信息系统(Management Information System，MIS)、办公自动化系统(Office Automation System，OAS)、决策支持系统(Decision Support System，DSS)的功能集成、技术集成的基础上，应用人工智能专家系统、知识工程、模式识别、人工神经网络等方法和技术，进行智能化、集成化、协调化、设计和实现的新一代的计算机管理系统。

智能管理是建立在个人智能结构与组织(企业)智能结构基础上实施的管理，既体现了以人为本，也体现了以物为支撑基础。教育有"因材施教"，根据受教育者不同的智能结构，有针对性地采用教学方法，包括教学的道具和情景设计；同样，管理也要"因材施管"，要根据管理者与被管理者的智能结构，根据组织机构本身的智能结构，采用适当的管理模式、方法，才能达到预期效果。

制造企业核心的运营管理系统还包括人力资产管理系统(HCM)、客户关系管理系统(CRM)、企业资产管理系统(EAM)、能源管理系统(EMS)、供应商关系管理系统(SRM)、企业门户(EP)、业务流程管理系统(BPM)等，国内企业也把办公自动化(OA)作为一个核心信息系统(如图 7-8 所示)。为了统一管理企业的核心主数据，近年来主数据管理(MDM)也在大型企业中开始部署应用。实现智能管理和智能决策，最重要的条件是基础数据准确和主要信息系统无缝集成。

图 7 - 8　东北电力大学办公自动化(OA)智能管理系统

9．智能物流与供应链

物流管理(Logistics Management)是指在社会再生产过程中，根据物质资料实体流动的规律，应用管理的基本原理和科学方法，对物流活动进行计划、组织、指挥、协调、控制和监督，使各项物流活动实现最佳的协调与配合，以降低物流成本，提高物流效率和经济效益。供应链管理是指使供应链运作达到最优化，以最小的成本，令供应链从采购开始，到最终满足客户需求的所有过程。供应链管理比物流管理的范围宽广。

制造企业内部的采购、生产、销售流程都伴随着物料的流动，因此，越来越多的制造企业在重视生产自动化的同时，也越来越重视物流自动化，自动化立体仓库、无人引导小车(AGV)、智能吊挂系统因而得到了广泛的应用。而在制造企业和物流企业的物流中心，智能分拣系统、堆垛机器人、自动辊道系统的应用日趋普及(如图 7 - 9 所示)。WMS (Warehouse Management System，仓储管理系统)和 TMS(Transport Management System，运输管理系统)也受到制造企业和物流企业的普遍关注。

(a) 无人引导小车　　　　　(b) 智能分拣系统　　　　　(c) 堆垛机器人　　　(d) 自动辊道系统

图 7 - 9　智能物流与供应链

10．智能决策

智能决策(Smart Decision Making)支持系统是人工智能(Artificial Intelligence，AI)和决策支持系统(DSS，如图 7 - 10 所示)相结合，应用专家系统(Expert System，ES)技术，使 DSS 能够更充分地应用人类的知识(如关于决策问题的描述性知识、决策过程中的过程性知识、求解问题的推理性知识)，通过逻辑推理来帮助解决复杂的决策问题的辅助决策系统。

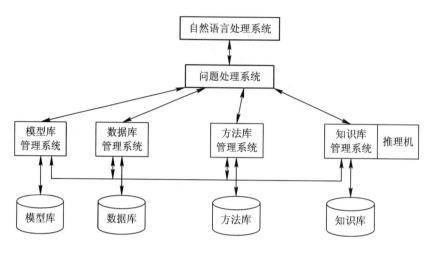

图 7 - 10　DSS 系统

　　企业在运营过程中，产生了大量的数据。一方面是来自各个业务部门和业务系统产生的核心业务数据，比如合同、回款、费用、库存、现金、产品、客户、投资、设备、产量、交货期等数据，这些数据一般是结构化的数据，可以进行多维度的分析和预测，这就是业务智能(Business Intelligence，BI)技术的范畴。同时，企业可以应用这些数据提炼出企业的关键绩效指标(Key Performance Indicator，KPI)，并与预设的目标进行对比，再对 KPI 进行层层分解，来对干部和员工进行考核，这就是企业绩效管理(Enterprise Performance Management，EPM)的范畴。从技术角度来看，内存计算是 BI 的重要支撑。

7.3　智能制造技术的国内外研究现状解析

　　面对智能制造模式给制造业带来的新机遇，世界各主要发达国家紧密围绕智能制造的发展趋势，提出了相应的发展战略。

1. 美国的智能制造技术

　　美国为了保持其在全球制造业中的竞争优势，从 1992 年起就大力支持关键重大技术创新，期望借助智能制造新技术改造传统制造业。在 2008 年的金融危机之后，美国联邦政府又先后推出了一系列制造业振兴计划，比如 2009 年 12 月提出的"A Framework For Revitalizing American Manufacturing"、2011 年 6 月提出的"Advanced Manufacturing Partner Program"以及 2012 年 2 月提出的"A National Strategic Plan for Advanced Manufacturing"等。这些计划旨在依靠新一代信息技术、新材料与新能源技术等，在美国快速发展以先进传感器、工业机器人、先进制造测试设备为代表的智能制造。

　　2011 年美国通用电气公司总裁伊梅尔特首次提出了"工业互联网"的概念，并组建工业互联网联盟，与美国政府的战略举措相呼应，其明确的"智能化"理念成为新一轮工业与互联网变革中的鲜明主题。从工业网络基础和互联网应用两个方面剥离工业互联网中的智能制造。工业网络基础即通过物联网、互联网等技术实现工业全系统的互联互通，促进工业数据的采集和充分流动，达到泛在感知、实时监测、精准控制、数据集成的目的。这里包含两个方面，一方面是工业互联网体系的构建，即以工厂网络 IP 化改造为基础的工业网络体系和由网络地址资源、标识、解析系统构成的关键基础资源体系。另一方面是嵌入机器与设备中的智能传感与控制软硬件、智能仪器仪表等检测装置。互联网应用包含新型制造模式和工业大数据应用。在新型制造模式上，包含基于互联网平台实现的精准营销、个性定制、智能服务、协同制造、柔性制造等。工业大数据在智能化生产中的应用包括虚拟设计与虚拟制造、生产工艺与流程优化、设备预测维护、智能生产排程、产品质量优化、能源消耗管控等。通过对异构数据的集成处理、机器数据的边缘计算、经验模型的固化迭代、基于云的大数据计算分析，实现对生产现场状况、协作企业信息、市场用户需求的精确计算和复杂分析，从而形成企业运营的管理决策以及机器运转的控制指令，驱动从机器设备、运营管理到商业活动的智能和优化。

2. 德国的智能制造技术

德国为了应对来自亚洲制造业的竞争威胁以及美国先进制造计划的发展，提出了"工业 4.0"计划，希望依靠德国自身在制造业的传统优势，保证德国制造业未来的发展。德国制造业在全球具备竞争力，是制造设备行业的全球领导者，这些基本上都因为德国对新制造技术在创新方面的研究、开发以及在复杂工业制造业进程的管理方面的专业化。德国强悍的机械和设备制造业、在全球具有竞争优势的 IT 能力以及其在嵌入式系统和自动化工程方面的专业知识决定了它非常适合发展成为制造工程行业的领导者。德国因此提出了一种新型工业化模式——"工业 4.0"。为了从工业制造业的生产加工转变到"工业 4.0"，德国采取了两个层面的战略。一是德国的制造设备行业通过不断将信息和通信技术整合到其传统的高科技战略中，使其成为智能制造技术的领先供应商；二是通过创建和服务信息物理融合系统(Cyber-Physical Systems，CPS)技术和产品以开拓新的主要市场。德国通过落实三项集成即横向、纵向、端到端集成来实现上述战略目标，并在其认定的八个关键领域采取切实行动。

德国为了保持其在工业制造业领域的领先地位，并抢占新一轮工业转型升级的先机，"工业 4.0"的概念在 2013 年 4 月被提了出来。学者们把"工业 4.0"的要求概括成十六个字，即"一个网络、两大主题、三项集成、八项计划"。其中的一个网络是指 CPS 信息物理融合系统；两个主题即智能工厂和智能生产；三项集成可以理解为实现上述两个层面之后智能制造的一种表现特征，出发点是确保德国成为智能制造技术的主要供应商和产品主导市场的双重战略；八项计划则是针对八个关键领域的行动方案。这里从信息物理融合系统和智能工厂及智能生产两个层面剖析"工业 4.0"中的智能制造。

在信息物理融合系统层面，一方面是连接的实现，通过宽带互联网基础设施将机器、存储系统和生产设施融入 CPS 系统中，实现与资源、物品、信息和人的互联，并让其中的物理设备实现通信、计算、精准控制、远程协调和自适应等五项功能，将网络空间的高级计算能力有效地运用于现实世界中。另一方面是基于信息物理系统的数据和新制造模式的应用。数据将通过传感器装置实现实时采集与实时分析，从而实现决策优化、资源生产率和利用效率等方面的提高。产品生命周期和整个制造过程中的数字化和基于信息、通信、技术(Information Communication Technology，ICT)的模块集成，将形成一种灵活、个性化、数字化的产品和服务生产模式，以支持智能工厂的网络制造、个性化定制和数字化生产。

在智能工厂及智能生产层面，工厂将转化为智能环境，以端到端的工程制造为特征，实现能够根据动态的业务实时调整工程流程的动态的模块化生产线。

3. 中国的智能制造技术

我国对智能制造的研究开始于 20 世纪 80 年代末，并在近几年越来越受重视。我国于 2015 年出台的《中国制造 2025》是我国实施制造强国战略的第一个十年的行动纲领，该规划从发展形势和环境、战略目标与方针、战略任务和重点、战略支撑和保障等四个方面对我国制造业未来十年的发展做出了详细规划。在战略任务和重点中，提出了制造业创新中心建设工程、智能制造工程、工业强基工程、绿色制造工程、高端装备创新工程等五项，并于 2015 年底推出了《中国制造 2025》重点领域技术路线图。其中单独针对智能制造工程，我国于 2012 年首先发布了一项《智能制造科技发展"十二五"专项规划》（以下简称"规划"），该规划分为总体思路、基本原则及发展目标、重点任务、保障措施、技术路线五个部分。在此之后，我国又相继在 2015 年和 2016 年推出了智能制造试点示范专项活动，以推广实施其定义的五种智能制造新模式的试点示范工作，其中五种新模式分别是离散型智能制造、流程型智能制造、网络协同制造、大规模个性化定制、远程运维服务。

智能制造工程在《中国制造 2025》中作为政府引导推动的五个工程之一出现，目的是更好地整合全社会资源，统筹兼顾智能制造各个关键环节，突破发展瓶颈，系统地推进技术与装备开发、标准制定、新模式培育和集成应用。该战略从智能制造装备、制造过程智能化、互联网应用、互联网基础设施建设四个层面剖析智能制造。

在智能制造设备、装备中，涵盖决策智慧、深度知觉、工业机器人、增材制造设备、高端数控机床等智能制造设备和智能生产线的自动执行功能，以及新的传感器、智能仪表、工业控制系统、智能钥匙装置驱动器、伺服电机、减速器和智能物流、仓储设备等。

在制造过程智能化上，一是基于数字化的车间和智能工厂以及上述智能装备在生产过程中的应用，实现状态信息的实时监控和自适应控制、数字控制仿真和制造工艺优化等；二是通过客户关系管理、产品全生命周期管理、供应链管理系统应用智能管控。

在互联网应用上，一是以客户需求动态监测为核心的众包设计、云制造、个性化定制等新型制造模式；二是以物联网技术为基础的远程诊断管理、完整产业链追溯、智能检测等工业互联网和工业大数据应用。

在互联网基础设施建设上，通过部署和建设光纤网络、移动通信网络和制造集群无线局域网实现工业互联网，同时通过各类软件系统及相关工具实现人与设备及产品的实时连接与通信。

7.4 智能制造技术的发展趋势

随着智能制造领域政策的持续出台，中国制造业逐渐向智能制造方向转型，并开始大量应用云计算、大数据、机器人等相关技术。在国家政策推动、制造业技术转型升级等背景下，中国智能制造产业发展迅速，对产业发展和分工格局带来深刻影响。中商产业研究院整理的数据显示（如图 7-11 所示），2017 年中国智能制造行业市场规模为 15150 亿元，增长率为 22.6%，伴随着技术的逐渐完善，应用产业的不断拓展，市场规模将持续增长，2019 年市场规模已超 19000 亿元。

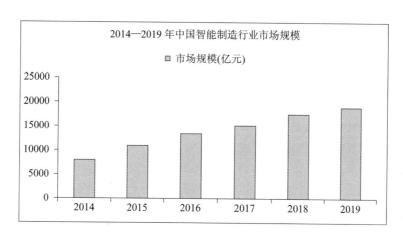

图 7 - 11　2014—2019 年中国智能制造行业市场规模

智能制造行业作为中国制造业的主要驱动力之一，随着利好政策的不断出台，行业将持续稳定增长，其在中国制造业中所起到的作用将会越来越重要。从发展前景、技术融合、商业模式等方面来看中国智能制造将迎来十大发展趋势。

（1）短期阴霾难挡智能制造发展持续升温的步伐。

目前，我国工业机器人在汽车制造、电子产品制造等成熟度高的领域应用率逐渐饱和。随着企业数字化、网络化、智能化改造的内在需求和动力逐渐增长，智能制造将逐渐向以冶金、石化、纺织、工程机械等为代表的传统领域渗透，智能制造发展将持续升温。

（2）技术纵深程度高的工业场景有望成为"AI＋"广泛应用的突破点。

人工智能与工业的深度融合将逐步从通用性技术领域向技术纵深程度高的专业技术场景转变，实现从上游设计、原料投递，到中游制造、人机协作，再到下游服务、监测运维，最终再指导工业设计和技术升级的应用闭环。

（3）构建精准数据流闭环将成为打造智能制造生态体系的关键。

随着工业数据属性发生根本性改变，工业大数据的价值越来越被重视。未来工业数据将呈现从消费数据、工业大数据到精准数据流的转变，构建从采集、分析到转化、反馈等环节的精准数据流闭环将成为打造智能制造生态体系的关键。

（4）行业及场景的聚焦将引领互联网企业进军工业领域。

互联网企业进军工业领域有天然的技术和平台优势，我国"互联网＋"智能制造已取得初步成效。未来，聚焦智能制造具体行业及场景将成为互联网企业发展智能制造的重要切入点。

（5）行业级工业互联网平台将率先探索出市场化商业模式。

通用性行业平台由于纵深程度有限，市场供给与需求并不匹配，使得企业上"云"意愿不强，尚未探索出成熟的市场化模式。行业级工业互联网平台由于兼具聚焦和普适双重特性，面对智能制造各行业的不同需求，有望率先探索出可行的市场化商业模式。

（6）工业企业附加值提升关键点将由设备价值挖掘转向用户价值挖掘。

工业发展进程正在从企业产品牵引用户需求转变为用户需求引领企业生产，智能制造对于工业领域附加值的提升也应该逐步从生产制造环节的降本增效，转向提供高附加值衍生服务，即"智能制造"生产的"智能产品"提供的"智能服务"将成为工业企业附加值提升的关键。

（7）安全性将成为企业智能化升级决策的重要依据。

工业核心数据、关键技术专利、企业用户数据等数字化资产已成为企业的核心资产。目前我国数据安全法规体系和监督机制尚不健全，一定程度上抑制了企业智能化升级步伐。未来，提高数据全生命周期安全性、增加企业对"云"的信任度和上"云"意愿，将成为中国企业智能化升级决策的重要依据。

（8）智能制造系统集成发展将深度根植行业。

智能制造系统解决方案作为综合性集成服务，既要面对资金压力，还要满足团队对于专业人才的高需求，多领域"全面出击"的发展路线将给企业带来沉重的包袱。未来，深度聚焦细分行业的系统集成商有望扛起产业发展的大旗。

（9）超高附加值制造领域将成为增材制造在工业领域的最优切入点。

增材制造技术具有生产成本下限高、上限低的特性，在桌面级应用及简单工艺大规模制造场景中都不具备成本优势，规模化商用迟迟不能铺开，而以发动机、风电叶片、潜艇螺旋桨等为代表的超高附加值、超大型定制化单品制造领域，有望成为增材制造技术在工业领域的最优切入点。

（10）汽车、3C 等行业将引领数字孪生技术加速普及。

数字孪生技术作为企业数字化升级和智能工厂建设的第一选择，将从数字产品孪生、生产制造流程数字孪生和设备数字孪生三个层面，优先在工艺成熟度较高的汽车制造、电子制造领域铺开。未来，至少 50％年收入超过 10 亿元的制造商将为其产品或资产启动至少一项数字孪生项目。

本 章 小 结

本章通过引入智能制造技术的基本概念，介绍了智能制造的特征与分类，对智能制造技术的国内外现状进行了研究与解析，阐述了智能制造技术的发展趋势。

附　　录

附录一　准备功能 G 代码及其意义

代码	程序指令 字母表示	功能仅在所出现的 程序段内有作用	功　能
G00	a		快速定位
G01	a		直线插补
G02	a		顺时针方向圆弧插补（右手法则判定）
G03	a		逆时针方向圆弧插补（右手法则判定）
G04		*	暂停
G05			暂不指定
G06	a		抛物线插补
G07	(a)		暂不指定（正弦插补）
G08	b	*	以指数函数形式自动加速
G09	b	*	以指数函数形式自动减速
G10	(a)		极坐标系下快速点定位
G11	(a)		极坐标系下直线插补
G12～G16			暂不指定
G17	c		xy 平面选择
G18	c		zx 平面选择
G19	c		yz 平面选择
G20	(e)		暂不指定（精车复合式固定循环）
G21	(e)		暂不指定（外圆粗车复合式固定循环）
G22	(l)		存储行程极限（建立或改变禁区）
G23	(l)		存储行程极限（解除禁区）
G24			
G25	(l)		安全区（下限尺寸（小尺寸））
G26	(l)		安全区（上限尺寸（大尺寸））
G27		(*)	返回参考点检验
G28		(*)	自动返回参考点

代码	程序指令 字母表示	功能仅在所出现的 程序段内有作用	功　　能
G29		（＊）	从参考点返回
G30		（＊）	返回第二、第三、第四参考点
G31		（＊）	跳步
G32			暂不指定
G33	a		螺纹切削，等螺距
G34	a		螺纹切削，变螺距
G35	a		螺纹切削，顺时针方向
G36	a		螺纹切削，逆时针方向
G37～G38			永不指定
G39	（d）		尖角圆弧过渡
G40	d		刀具补偿/偏移注销
G41	d		刀具半径补偿-左
G42	d		刀具半径补偿-右
G43	♯（d）	♯	刀具长度补偿-正
G44	♯（d）	♯	刀具长度补偿-负
G45	♯（d）	♯	刀具位置偏置-增加一倍位置偏置
G46	♯（d）	♯	刀具位置偏置-减少一个位置偏置
G47	♯（d）	♯	刀具位置偏置-增加两倍位置偏置
G48	♯（d）	♯	刀具位置偏置-减少两个位置偏置
G49	♯（d）	♯	刀具位置偏置-正 y 轴
G50	♯（d）	♯	刀具位置偏置-负 y 轴
G51	♯（d）	♯	刀具位置偏置-正 x 轴
G52	♯（d）	♯	刀具位置偏置-负 x 轴
G53	f		数据偏移，注销
G54	f		数据偏移1
G55	f		数据偏移2
G56	f		数据偏移3
G57	f		数据偏移4
G58	f		数据偏移5
G59	f		数据偏移6
G60	h		准确定位1，精
G61	h		准确定位2，中
G62	h		快速定位，粗

续表二

代码	程序指令字母表示	功能仅在所出现的程序段内有作用	功　能
G63			攻丝
G64			暂不指定
G65	(m)		简单调用宏指令
G66	(m)		模态调用宏指令开始
G67	(m)		模态调用宏指令结束
G68	♯(d)	♯	刀具偏移，内角
G69	♯(d)	♯	刀具偏移，外角
G70	g		英制数据输入
G71	g		公制数据输入
G72	(e)		端面粗车复合式固定循环
G73	(e)		高速深孔间歇进给/封闭车削复合式固定循环
G74	(e)		反攻丝/端面槽深孔加工复合式固定循环
G75	(e)		外径槽和外径切断复合式固定循环
G76	(e)		精镗/螺纹切削复合式固定循环
G77	(e)		直线车削固定循环
G78	(e)		直螺纹和螺纹固定循环
G79	(e)		端面切削固定循环
G80	e		固定循环注销
G81	e		钻孔循环，划中心孔
G82	e		钻孔、扩孔固定循环
G83	e		深孔钻孔循环
G84	e		攻丝循环
G85	e		镗孔循环
G86	e		镗孔循环，在底部主轴停
G87	e		反镗循环，底部主轴停
G88	e		镗孔循环，有暂停，主轴停，手动返回
G89	e		镗孔循环，有暂停，进给返回
G90	j		绝对尺寸
G91	j		增量尺寸
G92		＊	预置寄存，不运动
G93	k		时间的倒数，即进给速率数
G94	k		每分钟进给
G95	k		主轴每转进给

代码	程序指令字母表示	功能仅在所出现的程序段内有作用	功　能
G96	i		主轴恒表面速度
G97	i		主轴每分钟转数，注销 G96
G98	(e)		钻、镗孔循环的初始平面
G99	(e)		钻、镗孔循环的参考 R 平面

注：① ♯号表示如选作特殊用途，必须在程序段格式中说明。

② 指定功能代码中，凡用小写字母 a，b，c，…指示的，为同一组代码，属于模态（即保持）代码，每一个程序中不能同时出现同组的两个以上代码。

③ "暂不指定"代码，表示在将来修订标准时，可能对它规定功能。

④ "永不指定"代码，表示在本标准内以及将来都不指定其功能，但可以被用于指定其他代码功能以外的功能，但这时必须把使用的代码及其功能在程序段格式中进行说明。

⑤ 标准上已指定了功能的代码，不能用于其他功能。

⑥ "＊"号表示功能仅在所出现的程序段内有效，即非模态代码。

⑦ 如在直线切割中，没有刀具补偿，则 G43～G52 可指定作其他用途。

⑧ 表中第二栏括号中的字母(d)表示可以被同组中没有括号的字母 d 所代替或注销，亦可被有括号的字母(d)所代替或注销。

⑨ 在数控装置上没有 G53～G59、G63 功能时，这些代码可以指定作其他用途。

附录二　辅助功能 M 代码及其意义

代码	功　　能	功能与运动同时开始	功能在程序段指令后开始	功能保持到注销	功能仅在出现的程序段中使用
M00	程序停止、主轴停转、进给停止、冷却液关断。利用启动按钮才能再次自动运转，继续执行下一个程序段				
M01	计划停止，但必须是操作面板上"任选停止"按钮被按下才起作用				*
M02	程序结束，此时主轴、进给和冷却液全部停止，机床复位，纸带卷回到程序开始字符		*		*
M03	主轴顺时针方向（运转）	*		*	
M04	主轴逆时针方向（运转）	*		*	
M05	主轴停止		*	*	
M06	自动换刀或显示待换刀号	#	#		*
M07	2 号冷却液开（雾状冷却液）	*		*	
M08	1 号冷却液开（液态冷却液）	*		*	
M09	冷却液关		˅	˅	
M10	夹紧（滑座、工件、夹具、主轴等）	#	#	*	
M11	松开（滑座、工件、夹具、主轴等）	#	#	*	
M12	暂不指定（同步代码）	#	#（*）	#	#（#）
M13	主轴顺时针转及冷却液开	#	#	*	
M14	主轴逆时针转及冷却液开（禁止高度方向）	#	#（*）	*（*）	
M15	正运动（允许高度方向）	*（*）	#（*）	（*）	*
M16	负运动（抬高喷头）	*		（*）	*
M17	暂不指定（粉剂标志器旋转断开）	#	（*）	#（*）	#

代码	功能	功能与运动同时开始	功能在程序段指令后开始	功能保持到注销	功能仅在出现的程序段中使用
M18	暂不指定(粉剂标志器断开)	#	#(*)	#(*)	#
M19	主轴定向停止(粉剂标志器接通)	(*)	*	*(*)	
M20	永不指定(等离子切割器断开)	#	#(*)	#(*)	#
M21	永不指定(等离子切割器接通)	#(*)	#	#(*)	#
M22	永不指定(左倾切割断开)	#	#(*)	#(*)	#
M23	永不指定(左倾切割接通)	#(*)	#	#(*)	#
M24	永不指定(右倾切割断开)	#	#(*)	#(*)	#
M25	永不指定(右倾切割接通)	#(*)	#	#(*)	#
M26	永不指定(中心切割断开)	#	#(*)	#(*)	#
M27	永不指定(中心切割接通)	#(*)	#	#(*)	#
M28	永不指定(自动回转,倾斜切割)	#(*)	#	#(*)	#
M29	永不指定(程序编制回转,倾斜切割)	#(*)	#	#(*)	#
M30	纸带结束,主轴、进给和冷却液停止,使控制机和机床复位,程序返回到开始字符		*		*
M31	互锁旁路	#	#		*
M32	不指定(燃烧桥接)	#(*)	#		
M33	不指定(拐角停定时计数循环)	#	#(*)	#	#(*)
M34	不指定(额定压力夹紧)(钻削循环)	#(*)(#)	#(#)	#(*)(#)	#(#)
M35	不指定(减压夹紧)	#(*)	#	#(*)	#
M36	进给范围1	*		*	
M37	进给范围2	*		*	
M38	主轴速度范围1	*		*	

续表二

代码	功　能	功能与运动同时开始	功能在程序段指令后开始	功能保持到注销	功能仅在出现的程序段中使用
M39	主轴速度范围2	＊		＊	
M40	暂不指定(主轴齿轮换挡,自动选择,或用作附加齿轮挡)	#(＊)	#	#(＊)	#
M41	暂不指定(主轴第一挡齿轮挡)	#(＊)	#	#(＊)	#
M42	暂不指定(主轴第二挡齿轮挡)	#(＊)	#	#(＊)	#
M43	暂不指定(主轴第三挡齿轮挡)	#(＊)	#	#(＊)	#
M44	暂不指定(主轴第四挡齿轮挡)	#(＊)	#	#(＊)	#
M45	暂不指定(主轴第五挡齿轮挡)	#(＊)	#	#(＊)	#
M46、M47	暂不指定	#	#	#	#
M48	注销M49		＊	＊	
M49	进给率修正旁路	＊		＊	
M50	3号冷却液开	＊		＊	
M51	4号冷却液开	＊		＊	
M52、M53	暂不指定	#	#	#	#
M54	暂不指定(尾座顶尖向后)	#(＊)	#	#(＊)	#
M55	刀具直线位移,位置1(尾座顶尖向前)	＊(#)		＊(＊)	
M56	刀具直线位移,位置2(尾座架断开)	＊(#)		＊(＊)	
M57	暂不指定(尾座架接通)	#(＊)	#	#(＊)	#
M58	暂不指定(注销M59)	#(＊)	#	#(＊)	#
M59	暂不指定(主轴速度保持不变)	#(＊)	#	#(＊)	#
M60	更换工件		＊		＊
M61	工件直线位移,位置1	＊		＊	
M62	工件直线位移,位置2	＊		＊	
M63	暂不指定(辅助气体:空气)	#(＊)	#	#(＊)	#
M64	暂不指定(辅助气体:氧气)	#(＊)	#	#(＊)	#
M65~M69	暂不指定	#	#	#	#

代码	功 能	功能与运动同时开始	功能在程序段指令后开始	功能保持到注销	功能仅在出现的程序段中使用
M70	暂不指定(立即启动命令)(禁止冲压)	#(*)(#)	#(#)	#(#)	#(*)(#)
M71	工作角度位移,位置1(立即起动命令)(恢复冲压)	*(*)(#)	(#)	*(#)	*(#)
M72	工作角度位移,位置2(立即起动命令)(低速冲压)	*(*)(#)	(#)	*(#)	*(#)
M73	暂不指定(立即起动命令)(常速冲压)	#(*)(#)	(#)	#(#)	#(*)(#)
M74	暂不指定(立即起动命令)(回原位循环)	#(*)(#)	#(#)	#	#(*)(#)
M75	暂不指定(立即起动命令)	#(*)	(#)	#	#(*)
M76	暂不指定(立即起动命令)(禁止冲压延迟)	#(*)(#)	(#)	#	#(*)(#)
M77	暂不指定(立即起动命令)(允许冲压延迟)	#(*)(#)	#(#)	#	#(*)(#)
M78	暂不指定(立即起动命令)	#(*)	#	#	#(*)
M79	暂不指定(立即起动命令)	#(*)	#	#	#(*)
M80	暂不指定(固定中心架1断开)(分别切割)	#(*)	#	#(*)	#
M81	暂不指定(固定中心架1接通)(夹紧衡量)	#(*)	#	#(*)	#
M82	暂不指定(固定中心架2断开)(辅助夹紧)	#(*)	#	#(*)	#
M83	暂不指定(固定中心架2接通)(镜面夹紧)	#(*)	#	#(*)	#
M84	暂不指定(固定中心架断开)	#(*)	#	#(*)	#
M85	暂不指定(固定中心架接通)	#(*)	#	#(*)	#
M86	暂不指定	#	#	#	#(*)
M87	暂不指定(状态)	#(*)	#	#	#(*)
M88	暂不指定(状态)	#	#(*)	#	#(*)
M89	暂不指定(状态)	#	#(*)	#	#

续表四

代码	功　能	功能与运动同时开始	功能在程序段指令后开始	功能保持到注销	功能仅在出现的程序段中使用
M90	永不指定(左预热断开)(条件启动)	♯	♯(＊)	♯(＊)	♯
M91	永不指定(左预热接通)(条件启动)	♯(＊)	♯(＊)	♯(＊)	♯
M92	永不指定(中心预热断开)(条件启动)	♯	♯(＊)	♯(＊)(＊)	♯
M93	永不指定(中心预热接通)(条件启动)	♯(＊)	♯(＊)	♯(＊)(＊)	♯
M94	永不指定(右预热断开)(条件启动)	♯	♯(＊)(＊)	♯(＊)	♯
M95	永不指定(右预热接通)(条件启动)	♯(＊)	♯(＊)	♯(＊)	♯
M96	永不指定(条件启动)	♯	♯(＊)	♯(＊)	♯
M97	永不指定(条件启动)	♯	♯(＊)	♯(＊)	♯
M98	永不指定(条件启动)	♯	♯(＊)	♯(＊)	♯
M99	永不指定(条件启动)	♯	♯(＊)	♯(＊)	♯

注：① "♯"表示如选作特殊功能，必须在程序中说明。

② M90～M99可指定特殊用途。

③ "＊"表示功能仅在出现的程序段内起作用。

④ "暂不指定"代码，表示在将来修订标准时，可能对它规定功能。

⑤ "永不指定代码"，表示现在、将来在标准中都不指定功能，作其他用途时，要事先说明。

⑥ 在机床的CNC装置中不要求使用所有定义的全部M功能。在一种类型机床中，一个M代码只能有一种功能，M代码的功能分10组：0组为通用的M指令；1组为铣床、卧式钻镗床、坐标镗和加工中心使用的M代码；2组为车床、立车、镗床、车削中心用M代码；3组为磨床和测量机用M代码；4组为火焰、等离子、激光、水束切割机，线电极切割机用M代码；5组为最佳和适应控制用M代码；6组为多托板、多头、多主轴机床和相应的搬运设备用M代码；7组为冲孔和步压式压力机用M代码；8组为永不指定，可用于特殊用途；9组用于代码扩展。

⑦ 有些代码只有一种意义，有些有多种意义，但必须应用在不同的设备上。

⑧ 代码执行时间不一样，保持时间也不一样，有的代码在一个程序段中起作用，还有些代码在未注销或被取代之前一直起作用。

参 考 文 献

[1] 彭天好. 高效节能普及型数控系统的研究[C]. Proceedings of the 4th International Conference on Frontiers of Design and Manufacturing. 2000：792－794.

[2] 米泽正明，长谷川圣，河田泰纪，等. 可编程控制器：CN1046987 A[P]. 1990－11－14.

[3] 机床数控技术翻译组. 机床数控技术[M]. 北京：机械工业出版社，1972.

[4] 吴容. 基于MBD的数控加工工艺模型及设计系统研究[D]. 南京：南京航空航天大学，2016.

[5] 唐健钧，贾晓亮，田锡天，等. 面向MBD的数控加工工艺三维工序模型技术研究[J]. 航空制造技术，2012(16)：54－58.

[6] 唐健钧. 面向MBD的数控加工工艺三维工序模型技术研究[J]. 新视点，2012，(12)：62－66.

[7] 曾芬芳，景旭文. 智能制造概论[M]. 北京：清华大学出版社，2001.

[8] 王永章. 机床的数字控制技术[M]. 哈尔滨：哈尔滨工业大学出版社，2009.

[9] 程美玲. 数控车床操作入门[M]. 合肥：安徽科学技术出版社，2005.

[10] 李体仁. 加工中心编程实例教程[M]. 北京：化学工业出版社，2006.

[11] 李体仁，孙建功. 数控手工编程技术及实例详解[M]. 北京：化学工业出版社，2010.

[12] 王孜. 浅谈机械数控技术的应用现状和发展趋势[J]. 内燃机与配件，2019(24)：72－73.

[13] 江贤勇. 智能制造与先进数控技术[J]. 湖北农机化，2019(23)：16.

[14] 陈兴云. 机械数控技术的创新及应用分析[J]. 湖北农机化，2019(22)：90.

[15] 闫辉. 数控技术发展趋势：智能化数控系统[J]. 时代农机，2019，46(10)：1－2.

[16] 赵子义，王砚良，王连明，等. 智能装备综述[J]. 设备管理与维修，2019(14)：164－165.

[17] 周亮. 数控技术在机械加工机床中的应用与发展[J]. 南方农机，2019，50(14)：156.

[18] WANG Lihui, ADAMSON Göran, HOLM Magnus, et al. A review of function blocks for process planning and control of manufacturing equipment [J]. Journal of Manufacturing Systems，2012，31(3)：269－279.

[19] 王伟中. 开放式加工中心数控程序译码算法研究及仿真[D]. 杭州：浙江工业大学，2009.

[20] 丁东旭，陈锐勇，李伟. 基于残余高度控制的刀具动态补偿技术研究[J]. 新技术新工艺，2019(04)：51－55.

[21] 高健. 基于伺服接触探测功能的刀具补偿系统的实现[J]. 电子技术与软件工程，2018(11)：136－137.

[22] 蔡安江，宋仁杰，杜金健，等. 五轴数控加工 3D 刀具补偿及其后置处理方法[J]. 长安大学学报(自然科学版)，2018，38(01)：120 − 126.

[23] 曾霞，雒钰花. 基于刀具补偿的镗铣类数控系统对刀原理的分析[J]. 科技创新与应用，2015(03)：70.

[24] 李传军，李振华. 三维空间刀具半径补偿算法实现[J]. 承德石油高等专科学校学报，2014，16(05)：29 − 32.

[25] 黄秀文. 多轴联动空间刀具半径补偿算法研究[D]. 广州：广东工业大学，2013.

[26] 方小明. 基于 FANUC 数控系统的刀具补偿算法研究[D]. 杭州：浙江工业大学，2012.

[27] 李旭宇. 数控刀具新型半径补偿算法的研究与实现[D]. 广州：华南理工大学，2010.

[28] 李叶龙. 数控车床"对刀"及工件坐标系建立原理分析[J]. 科技信息，2009(12)：154.

[29] 钟玉利. 数控车床刀具补偿功能原理及应用[J]. 煤矿机械，2009，30(12)：110 − 111.

[30] 赵佩凤. 刀具补偿控制系统的研究与开发[D]. 大连：大连交通大学，2010.

[31] 李恩林. 数控系统插补原理通论[M]. 北京：国防工业出版社，2008.

[32] 刘明黎. 自动化生产线中速度的同步控制原理及应用[J]. 制造业自动化，2012，34(20)：70 − 72.

[33] 刘明敏. 基于机械原点偏移原理的数控机床热误差补偿技术应用[J]. 电子技术与软件工程，2019(23)：115 − 116.

[34] 陈邦晟. 数控机床在机测量系统综合误差补偿建模方法的研究[D]. 合肥：安徽理工大学，2019.

[35] 马雨萌. 立式加工中心热误差的测量与分析研究[D]. 济南：济南大学，2019.

[36] 张全喜. 斜齿轮电解加工两轴联动 PLC 控制系统的设计与实现[D]. 合肥：合肥工业大学，2014.

[37] SIVA P K, CHAITANYA G. Experimental study on surface roughness and dimensional accuracy of hole machining process on GFRP composites using abrasive water jet technique [J]. Materials Today：Proceedings，2020，23(3)：651 − 658.

[38] 陈俊锋，穆君，刘芳. 不规则零件上的孔加工[J]. 金属加工(冷加工)，2020(2)：22 − 24.

[39] CHU C H, CHEN H Y, CHANG C H. Continuity-preserving tool path generation for minimizing machining errors in five-axis CNC flank milling of ruled surfaces[J]. Journal of Manufacturing Systems，2020：55.

[40] 张勇，卢继. UG 数控铣削加工编程优化设置[J]. 科技风，2020(05)：153 − 154.

[41] 江晖，曾飞，黄舟. 基于一种曲线逼近加工策略的数控机床自动编程系统研究[J]. 工具技术，2018，52(11)：63 − 66.

[42] 张浩. 五轴数控旋压自动编程技术及仿真[D]. 沈阳：沈阳航空航天大学，2016.

[43] 张星. 数控自动编程介绍[J]. 科技视界，2011(02)：102 − 103，74.

[44] 李绣峰. 数控机床零件源程序数控编程的插弧问题[J]. 五邑大学学报(自然科学

版），1995(1)：27－33.

[45] 应松. JGAPT 数控自动编程系统的体系结构[J]. 南昌大学学报（工科版），1991(4)：61－67.

[46] 张永杰. 沿过渡曲面纵向加工无干涉刀具轨迹生成方法研究[D]. 武汉：华中科技大学，2015.

[47] 高云峰. 风扇叶盘数控加工轨迹规划及软件二次开发[D]. 北京：北京交通大学，2019.

[48] 韦煜萍，李成华，吴奉明，等. 螺纹铣削加工工艺及数控程序自动生成技术研究[J]. 航空精密制造技术，2020，56(01)：44－47.

[49] 康琦文. 典型零件数控加工工艺分析[J]. 机电信息，2020(5)：65，67.

[50] 徐俊. 数控铣加工工艺编制初探[J]. 机电信息，2020(5)：73－74.

[51] 李大卫. 新型数控机械加工进刀工艺的改进措施初探[J]. 南方农机，2020，51(3)：122.

[52] 杨铮. 数控机床对机械加工工艺规程的影响分析[J]. 科技风，2020(3)：156.

[53] 吴爽. 数控机械加工进刀工艺优化措施分析[J]. 内燃机与配件，2019(24)：84－85.

[54] 陈继霞，陈伟博. 数控车削加工工艺特点与程序的优化[J]. 新技术新工艺，2019(12)：9－12.

[55] 刘慧. 基于数控加工下工艺设计原则及方法的分析[J]. 南方农机，2019，50(23)：110.

[56] 范彩霞. 基于 DELMLA 的三维数控工艺研究[D]. 兰州：兰州理工大学，2007.

[57] 朱文丹. 数控加工工艺知识智能生成关键技术研究[D]. 济南：山东大学，2019.

[58] 宁泉. 航天电连接器小孔内槽工艺参数优化[D]. 哈尔滨：哈尔滨工业大学，2017.

[59] 胡权威，乔立红，樊景松，等. 基于 MBD 的数控工艺设计及快速编程方法研究[J]. 航空制造技术，2016(03)：102－105，109.

[60] 李阳. 基于遗传算法的数控加工工艺参数优化研究[D]. 石家庄：河北科技大学，2014.

[61] 李涛. 数控加工工艺参数查询系统设计[J]. 黑龙江交通科技，2009，32(07)：167－168.

[62] 许贻波. 智能制造及其核心信息设备的研究进展及趋势[J]. 计算机产品与流通，2020(03)：87.

[63] 林资源. 锻造铝合金车轮智能制造关键技术及其应用[J]. 机电技术，2020(01)：37－40，49.

[64] 孙洪光. 智能制造时代机械设计技术研究[J]. 内燃机与配件，2020(02)：241－242.

[65] 鄢铁强. 探讨人工智能技术在有色行业智能制造中的应用[J]. 世界有色金属，2019(22)：11－13.

[66] 杨建武. 国内外数控技术的发展现状与趋势[J]. 制造技术与发展，2008(12)：57－62.

[67] 刘恒丽，董靖川，于治强. 基于 Pareto 遗传算法和 TRIZ 理论的数控装备加工参数智能优化[J]. 天津大学学报，2017，50(2)：121－127.